科学出版社"十四五"普通高等教育本科规划教材

摄影测量学

周　杨　张　衡　蓝朝桢
胡校飞　徐　青　张保明　编著

科学出版社

北　京

内 容 简 介

摄影测量是获取全要素地理空间信息最重要、最快捷、应用最广泛的技术手段。本书系统阐述了摄影测量的理论、技术和方法，并介绍了数字摄影测量、新型传感器成像模型、无人机摄影测量、雷达摄影测量、遥感影像智能解译等当前摄影测量最新的理论和技术成果，力求能够将经典与前沿结合、理论与应用并重，形成内容完善、覆盖面更广的教材内容体系。本书是战略支援部队信息工程大学在中国大学 MOOC 网上课程"摄影测量学"的配套教材。

本书可作为测绘科学与技术专业本科和研究生的教学用书，也可供摄影测量与遥感及相关专业从事教学、科研和工程实践工作的人员学习参考。

图书在版编目（CIP）数据

摄影测量学/周杨等编著. —北京：科学出版社，2024.3
科学出版社"十四五"普通高等教育本科规划教材

ISBN 978-7-03-077513-9

Ⅰ.①摄⋯ Ⅱ.①周⋯ Ⅲ.①摄影测量学–高等学校–教材 Ⅳ.①P23

中国国家版本馆 CIP 数据核字(2024)第 013700 号

责任编辑：石 珺 马珺荻 / 责任校对：郝甜甜
责任印制：赵 博 / 封面设计：无极书装

科学出版社 出版
北京东黄城根北街 16 号
邮政编码：100717
http://www.sciencep.com

涿州市般润文化传播有限公司印刷
科学出版社发行 各地新华书店经销
＊

2024 年 3 月第 一 版 开本：787×1092 1/16
2024 年 8 月第二次印刷 印张：22 1/2
字数：534 000
定价：**188.00 元**
（如有印装质量问题，我社负责调换）

前　言

　　摄影测量是获取全要素地理空间信息最重要、最快捷、应用最广泛的技术手段。经过170多年的发展，摄影测量已经进入全数字摄影测量阶段，尤其是近十年来人工智能、深度学习、机器视觉、元宇宙等新技术的不断融入，激发了摄影测量持续创新的活力，也广泛拓展了摄影测量的应用领域。为了便于广大师生更好地掌握摄影测量的理论、技术和方法，笔者编著了这本《摄影测量学》教材。本书可作为测绘科学与技术专业本科和研究生"摄影测量学"课程的教学用书，同时也是战略支援部队信息工程大学在中国大学MOOC网上课程"摄影测量学"的配套教材，另外也可供摄影测量与遥感及相关专业从事教学、科研和工程实践工作的人员学习参考。

　　本书是根据战略支援部队信息工程大学2021年新修订的人才培养方案和教学大纲，并参考已出版的摄影测量学基础教材，对教学过程中发现的不足之处进行了改进，补充了数字摄影测量、新型传感器成像模型、无人机摄影测量、雷达摄影测量、遥感影像智能解译等当前摄影测量最新的理论和技术成果，力求能够将经典与前沿结合、理论与应用并重，形成内容完善、覆盖面更广的教材内容体系。全书内容包括12章：第1章绪论，介绍了摄影测量的基本概念、发展历史、分类方法和发展方向等内容；第2章遥感影像获取，分别介绍了航空摄影测量、倾斜航空摄影和航天摄影测量及其对摄影平台、影像质量和飞行质量的要求；第3章单张影像解析基础，介绍了航摄光学影像的投影类型及几何性质、摄影测量常用坐标系、影像方位元素、成像模型、比例尺、倾斜误差、投影误差，以及像点坐标系统误差等内容；第4章单像作业理论，介绍了影像内定向、单向空间后方交会、光学相机检校、正射影像制作等内容；第5章立体像对与立体观测，介绍了立体像对基本知识、几何模型、立体像对方位元素、标准式立体像对、立体像对观察与量测等内容；第6章立体像对作业理论，介绍了立体像对相对定向、绝对定向和空间前方交会等内容；第7章数字空中三角测量，介绍了空中三角测量基本概念、区域网空中三角测量三种方法和其他空中三角测量方法；第8章影像匹配，介绍了影像匹配的基本思想、遥感影像预处理、特征提取算法和影像匹配的方法、核线影像生成等内容；第9章影像解译，介绍了影像解译的概念、目视解译、半自动解译和影像智能解译等内容；第10章无人机摄影测量，介绍了无人机摄影测量的基本概念、计算机视觉理论基础和无人机摄影测量的生产流程等内容；第11章雷达摄影测量，介绍了雷达摄影测量的定义、成像原理、雷达影像特性、成像模型和定位原理等内容；第12章数字摄影测量生产应用，介绍了摄影测量生产技术流程、内外业工作，以及数字摄影测量系统等内容。

本书充分吸收了战略支援部队信息工程大学地理空间信息学院"摄影测量学"课程教学组长期以来在教学与科研实践中积累的成果,编写过程中还得到了王慧教授和靳国旺教授许多有益的建议和帮助,在此一并表示诚挚的感谢!

由于编者水平所限,书中疏漏在所难免,敬请读者批评指正。

编　者

2023 年 10 月于郑州

目　　录

第1章 绪 论

1.1 什么是摄影测量

摄影测量是利用摄影机或其他传感器采集被测目标的影像信息,经过加工处理和分析,获取有价值的可靠信息的理论和技术[1]。

摄影测量的定义中包含了三个关键要素:目标、影像、信息。对目标进行摄影得到影像,然后对影像进行测量,得到有价值的可靠信息。因此摄影测量的英文 Photogrammetry 是英文单词 Photograph(摄影)与希腊语单词 Metry(测量的艺术、工序或科学)的组合词。

摄影测量的主要任务之一是测绘系列比例尺地形图,为地理信息系统、土地信息系统,以及各种工程应用提供地理空间基础数据。除此之外,摄影测量也广泛服务于非地形领域,如工业、农业、城市规划、工程建设、生物、医学、考古、军事侦察等领域。可以说摄影测量是目前获取全要素地理空间信息最重要、最快捷、使用最广泛的手段。

1.2 摄影测量发展历史

1.2.1 摄影及摄影测量的起源

从 1793 年开始,法国人尼普斯 Niépce 和其哥哥 Claude 便开始研究如何不用手绘便可记录真实世界的方法,即摄影术。直至 1826 年,尼普斯在其家乡用了超过 8h 的曝光时间,拍摄了据称是世界上第一张影像的"Window At Le Gras",后人又称这张相片为"鸽子屋",如图 1-1 所示。

图 1-1 世界上第一张影像 Window At Le Gras

1839 年，法国巴黎舞台布景画家达盖尔抱着把真实景物记录在画布上的想法，对暗箱记录影像的方法产生了兴趣。在尼普斯等前人对摄影术的研究与发明的基础上，达盖尔发明了可携式木箱照相机，实现了具有实用价值的银版摄影术，真正地开启了摄影技术的高速发展时期。因此，1839 年被摄影界称为摄影元年。

1840 年，法国科学院的地形测量学家多米尼克•阿拉戈首次提出并使用了摄影测量（photogrammetry）这个词。但真正将摄影术用于测量的是法国陆军上校劳赛达特，他在 1849 年提出了交会摄影测量的概念，成为第一个将对地面拍摄的照片用于地形图制作的测量学家，因此被称为摄影测量之父。由于当时飞机尚未发明，摄影测量的几何交会原理仅限于处理地面的近景摄影。1858 年劳赛达特尝试在风筝上携带相机进行空中摄影，但并未取得理想效果。1862 年，劳赛达特利用影像测绘地图的方法被马德里科学院官方承认。在 1867 年的巴黎博览会上，劳赛达特展出了世界上第一台摄影经纬仪和他用摄影测量技术测绘的巴黎平面图。

1855 年，法国摄影师纳达尔乘坐热气球在巴黎郊外 80m 上空拍摄了世界上第一张空中影像（图 1-2）。空中摄影技术的军事应用价值被逐步认识，1858 年，为准备索尔费里诺战役，拿破仑命令纳达尔拍摄侦察影像。在 19 世纪 70 年代的普法战争时期，普鲁士军队成立了一个摄影小分队来获取斯特拉斯堡军事防御工事的立体照片。1887 年 8 月，美国人詹姆斯•费尔曼获得一个空中摄影设备专利的授权，该设备在气球或风筝上安装一个由钟表机械装置控制快门的相机，实现了从空中对地面进行摄影。

1858 年，法国人谢瓦利尔发明了自动摄影平板仪，如图 1-3 所示。该设备的光学观测装置安装在可水平旋转的影像盘上，通过光学观测装置中的棱镜实现光线的直角反射。1893 年 11 月，美国人亚当斯获得了一种摄影测量方法的专利，该方法可以利用气球上的相机从不同位置获取地面同一区域的两张影像。另外，亚当斯还发明了辐射三角测量方法，该方法可利用平板摄影测量原理来实现气球上所获取影像的测量。因此，国外有学者把 1850 年至 1900 年这段时期称为平板摄影测量时代[2]。

图 1-2　纳达尔从热气球上对地面拍摄影像

图 1-3　谢瓦利尔的平板摄影测量仪[2]

1.2.2　摄影测量的发展历史

虽然学者 Konecny 基于苏联经济学家康德拉季耶夫的经济学理论将摄影测量分为平板摄影测量、模拟摄影测量、解析摄影测量和数字摄影测量四个阶段[3]，但摄影测量学界普遍认为平板摄影测量并不能算作真正的摄影测量技术范畴，而是将摄影测量的发展按照技术特点划分为：模拟摄影测量、解析摄影测量和数字摄影测量三个阶段。

1）模拟摄影测量阶段（1900～1960 年）

立体镜的广泛应用和飞机的发明推动了摄影测量进入模拟摄影测量阶段，立体观测设备为立体摄影测量奠定了基础，飞机为地形摄影测量提供了非常好的摄影平台。1896年，加拿大测量员德维尔[图 1-4(a)]发明了第一台立体测图仪[图 1-4(b)]，首次通过立体镜对立体重叠影像实现了立体模型观测，但设备过于复杂，制约了应用。德维尔将相机和经纬仪安装在同一个三角架上，经纬仪建立控制条件，相机获取用于制图的影像，同时使用"加拿大投影格网"投影方法实现影像向地图的转换。德维尔使用该方法成功制作了加拿大落基山脉的地图[图 1-4(c)]，被誉为加拿大摄影测量之父。开普敦•塔尔迪沃第一个实现了利用航空影像进行地图测绘，制作了意大利班加西地区 1∶4000 影像图，并在 1913 年 9 月维也纳举办的摄影测量协会会议上发表了相关工作的论文。美国地质调查局则从 1904 年开始使用摄影测量方法测绘地形图。第一次世界大战爆发后，巨大的军事需求推动了航空摄影测量的迅速发展。

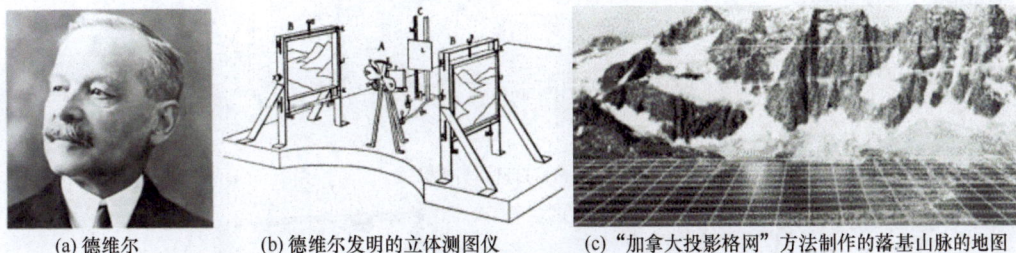

(a) 德维尔　　　　　(b) 德维尔发明的立体测图仪　　　　　(c) "加拿大投影格网"方法制作的落基山脉的地图

图 1-4　加拿大测量员德维尔发明的设备与测绘的地图[2]

在摄影测量理论研究方面，德国人芬斯特瓦尔德从 1899 年开始发表关于摄影测量解析原理的论文，他研究了单像空间后方交会和双像空间前方交会。他用向量证明了满足光学相交条件后所形成的空间后方交会平面，并描述了双像立体摄影测量的原理，以及相对定向和绝对定向理论。他还介绍了利用多余光线重建正确几何结构的必要性，并使用最小二乘理论描述了相应光线之间的向量关系。

1901 年，德国物理学家普伊夫里奇设计了世界上第一台实用型的立体坐标量测仪，这也是蔡司公司制造的第一台摄影测量仪器。虽然普伊夫里奇左眼失明，但由于其在立体测量仪器制造上的卓越成就，被业内称为立体摄影测量之父。与此同时，南非人富尔卡德博士也独立开发了一种相似的立体测图仪。与普伊夫里奇研制的设备不同之处在于，该设备用栅格板代替了 x 和 y 坐标。因为两人各自的贡献，人们把立体测图仪又称为普伊夫里奇–富尔卡德立体测图仪。奥地利蒂罗尔山区如果使用传统测绘手段非常困难甚至危险，普伊夫里奇的立体测图仪被成功用于该地区测绘，但此时的摄影测量技术仍然被认为经济成本过高。

1908 年，德国人奥瑞尔开发了第一台允许操作员直接追踪高程等高线的立体自动测图仪，这台测图仪意义重大，因为它的构造原理使得在山区进行地面摄影测量进入实用化阶段。后来由德国卡尔蔡司厂进一步发展，成功地制造出实用的"奥瑞尔–蔡司立体自动测图仪"。

1921 年，德国摄影测量学家哈格肖夫教授[图 1-5（a）]制造了一台模拟绘图仪，被称为"哈格肖夫自动制图机"[图 1-5（b）]，这是一台包括两个光度计的复杂机械绘图仪，该仪器可以用来绘制平面特征和轮廓，可适用于地面、空中的垂直、倾斜和交会摄影。此外，哈格肖夫还研制了航空投影绘图仪[图 1-5（c）]、光电经纬仪[图 1-5（d）]、立体坐标量测仪[图 1-5（e）]等设备应用于工程项目，使摄影测量师拥有了进行模拟空中三角测量的能力。

(a) 哈格肖夫　　　　　(b) 哈格肖夫自动制图机　　　　　(c) 航空投影绘图仪

(d) 光电经纬仪　　　　　(e) 立体坐标量测仪

图 1-5　哈格肖夫和他的哈格肖夫自动制图机

在美国，罗素·克尔·本为摄影测量仪器的制造作出了重大贡献。1956 年，他取得授权的专利"用于立体摄影测量地图绘制的椭圆反射器投影仪"（称为 ER–55）[图 1-6（a）]被用于美国地质勘探局（United State Geological Servey，USGS）。1959 年他又取得了一项正射仪专利，利用该专利制造的正射仪[图 1-6（b）]能制作与地形图同样投影性质的正射影像，且成本较低。

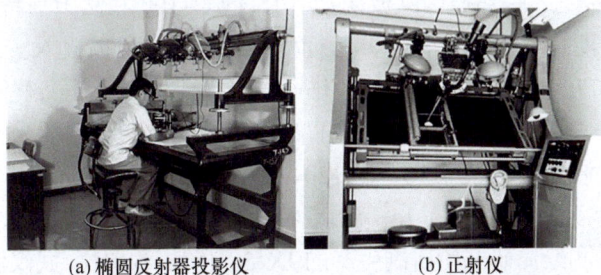

(a) 椭圆反射器投影仪　　　　　　　　　(b) 正射仪

图 1-6 罗素·克尔·本发明的摄影测量设备

由于这些仪器均是通过恢复摄影时物和像的关系，按照一定的方式模拟摄影时的光线，用模拟光线交会被摄物体的空间位置，达到测量的目的，所以称之为"模拟摄影测量仪器"，这一时期也被称为"模拟摄影测量时代"。模拟摄影测量阶段，摄影测量基本上是围绕十分昂贵的立体测图仪来进行的，这些仪器按照模拟摄影光线的不同方式，又分为光学投影仪器、机械投影仪器、光学–机械投影仪器。20 世纪 60 和 70 年代是模拟摄影测量仪器发展的黄金时期。

2）解析摄影测量阶段（1960～1990 年）

传统的模拟摄影测量仪器庞大笨重，结构复杂，维修困难，作业劳动强度大、效率低。电子计算机的出现和自动控制技术、模拟转换技术的实用化，为摄影测量立体测图仪的发展提供了新的技术条件。海拉瓦在 1957 年提出了"数字投影代替物理投影"的摄影测量新概念——解析摄影测量思想，即利用电子计算机进行共线条件方程的解算，从而交会计算被摄物体的空间位置，实现"数字投影"，以取代利用模拟测图仪来模拟投影光线的"物理投影"。解析摄影测量基本思想就是依据像点与相应的地面点间的数学关系，用电子计算机解算像点相应地面点的坐标并实现测图解算。虽然解析摄影测量的理论逐步成熟，但受到当时计算机软硬件水平的限制，实用化的解析摄影测量仪器难以生产。直至 1970 年，解析测图仪开始才进入商品市场，并在各国的摄影测量生产中加以应用，这才标志着摄影测量全面进入了"解析摄影测量"阶段[4]。在解析摄影测量中，利用少量的野外控制点，加密测图用的控制点或其他用途的更加密集的控制点的工作，叫作解析空中三角测量，也称为电算加密或影像控制点加密[5]。

解析测图仪与模拟测图仪的主要区别有三点：①前者使用数字投影方式，后者使用模拟的物理投影方式（光学或机械投影）；②在仪器设计和结构上前者为由计算机控制的坐标量测系统，后者使用纯光学、机械型的模拟测图装置；③在操作方式上前者是计算机辅助的人工操作，后者是完全手工操作。

解析测图仪的发展大致可以分为三个阶段：

第一阶段：1957～1976 年，研制阶段。仪器的发展受计算机水平的限制，只有少量的仪器可以用于生产。在 1976 年第 13 届国际摄影测量学会上（ISP），只有 7 家公司展出设备。代表性产品有：联邦德国欧波同–蔡司厂的 C–100 和法国马特拉公司的 Traster，具有功能齐全，性能良好，设计合理、运行稳定的特点，可以投入实际生产作业。

第二阶段：1977～1987 年，完善、改进阶段。主要致力于提高解析测图仪的性能价格比。逐步地取代了模拟测图仪。该阶段的解析测图仪以联机测图为主。代表性产品主要有：联邦德国欧波同厂的 C–110、C–120、C–130[图 1-7（a）]系列，瑞士科恩厂的 DSR–1、DSR–11 系列[图 1-7（b）]，瑞士威特厂的 AC1、AC2、BC1、BC2 系列，美国 US-2 和我国原国家测绘局研究所研制生产的 JX–3 型解析测图仪，武汉测绘科技大学研制的 DPG 型仪器和总参测绘研究所生产的解析测图仪 APS 系列[图 1-7（c）]等第二代解析测图仪[4]。它们除能代替模拟仪器完成各种摄影测量作业外，还具有机助测图的功能。这一代解析测图仪均直接与数控绘图仪相连，进行联机的绘图，即产品仍为各类地形图、专题图、剖面图等图件。此阶段各仪器厂家原则上已停止对模拟仪器的研究和生产。

第三阶段：1987～1993 年，数字测图阶段。随着摄影测量向数字摄影测量阶段的发展，此时解析测图仪以数据库系统为基础，面向数字测图，成为摄影测量数据采集工作站，主要强调数据采集和数字产品的生成、管理和使用。代表性产品：德国欧波同–蔡司厂的 P1、P2、P3[图 1-7（d）]系列，瑞士威特厂的 System9、BC–3，瑞士科恩厂的 DSR–15、DSR–18，美国 Intergraph 公司的 IMAP，乌克兰的 ANAGRAF 型解析测图仪 [图 1-7（e）]。

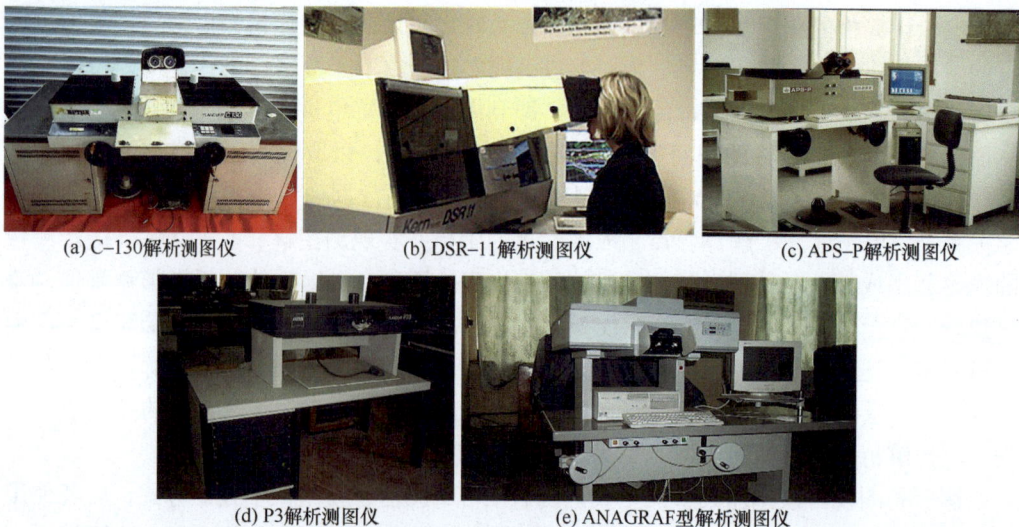

(a) C-130解析测图仪 (b) DSR-11解析测图仪 (c) APS-P解析测图仪

(d) P3解析测图仪 (e) ANAGRAF型解析测图仪

图 1-7　代表性解析测图仪

3）数字摄影测量（1990 年至今）

从 20 世纪 80 年代开始，随着成像传感器和计算机软硬件的快速发展，获取高质量数字影像并利用计算机对其进行处理成为现实，摄影测量逐步迈向数字摄影测量阶段，其标志就是数字摄影测量工作站 DPW（digital photogrammetric workstation）逐步广泛应用。数字摄影测量就是以数字影像为基础用电子计算机进行分析和处理，确定被摄物体的几何信息（坐标、大小和形状等）和属性信息。数字摄影测量与模拟、解析摄影测量的最大区别在于：处理的原始数据是数字影像，输出数字产品或模拟产品；通过计算机实现了同名像点的自动匹配，取代了人眼实现同名像点识别的工作；最终是以计算机视觉代替人眼的主体观测，因而它所使用的仪器最终将只是通用计算机及其相应外部设备。

20 世纪 60 年代美国研制了第一台全数字化测图系统 DAMC。1988 年，由瑞士科恩厂与英国剑桥 GEMS 公司共同研制的第一台商品化的数字摄影测量系统 DSP1（digital stereo photogrammetric system）在京都国际摄影测量与遥感学会第 16 届大会上展出，第一次将数字摄影测量系统作为商品推出。20 世纪 90 年代，随着成熟的数字摄影测量工作站不断推出，数字摄影测量进入了实用化阶段。

1.2.3 摄影测量与遥感

自 20 世纪 60 年代之后，随着对地观测卫星发射与广泛应用，产生了遥感（remote sensing）这一技术与学科。因为光学相机等传感器就是一种遥感设备，因而摄影测量与遥感之间存在着必然的联系。于是在 1980 年，国际摄影测量学会（International Society for Photogrammetry，ISP）更名为国际摄影测量与遥感学会（International Society for Photogrammetry and Remote Sensing，ISPRS）。

作为一级学科"测绘科学与技术"下的二级学科，"摄影测量与遥感"中的"摄影测量"和"遥感"既存在紧密的联系，同时在处理对象、技术手段和应用领域等方面都有所区别。摄影测量主要研究物体形状、尺寸及位置，量测并重建物体的几何表面；而遥感则侧重感知物体的物理与化学属性，重建物体的理化属性模型。因此，只有将摄影测量与遥感进行结合，才能准确提取出被测对象的几何和属性信息，所以说摄影测量与遥感是研究影像的获取、处理、加工并进行定量定性理解的学科与技术[6]。2022 年，"遥感科学与技术"成为新的一级学科，隶属于交叉学科门类。

1.3 摄影测量分类

摄影测量可以从应用对象、成像距离、技术手段、处理方式等不同方面进行分类。不同的分类方法并不是完全孤立的，在一些应用中往往需要不同类型的摄影测量方法互为补充、互相配合。

1.3.1 按应用对象分类

按照摄影测量定义中的"目标"或应用对象或用途的不同，摄影测量可分为地形摄影测量与非地形摄影测量。地形摄影测量的主要任务是测绘各种比例尺的地形图及城镇、农业、林业、地质、交通、工程、资源与规划等部门需要的各种专题图，建立地形数据库，为各种地理信息系统提供三维的基础数据，如图 1-8 所示。非地形摄影测量用于工业、建筑、考古、医学、生物、体育、变形监测、事故调查、公安侦破与军事侦察等各方面，其对象与任务千差万别，但其主要方法与地形摄影测量一样，即从二维影像重建三维模型，在重建的三维模型上提取所需的各种信息，如图 1-9 所示。

图 1-8 地形摄影测量

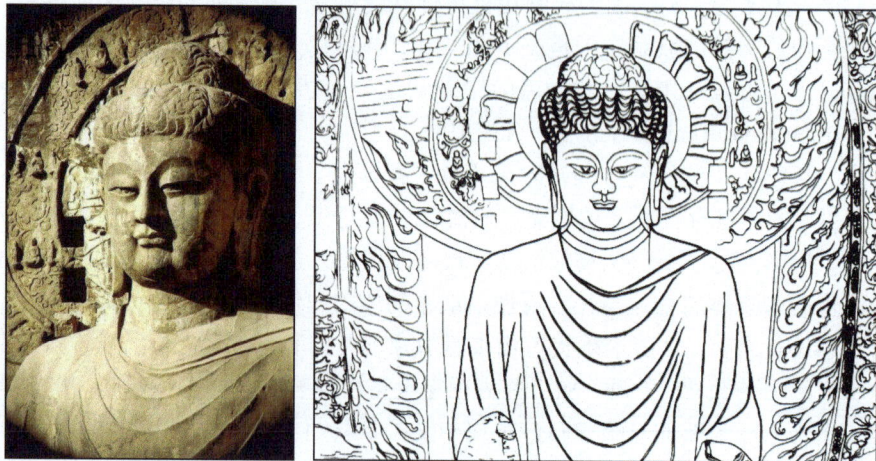

图 1-9 非地形摄影测量

1.3.2 按成像距离分类

按照成像距离的不同（即按照地面目标和获取影像传感器之间的距离不同），摄影测量可分为航天摄影测量（成像距离≥200km，传感器平台一般为卫星，如图 1-10 所示）、航空摄影测量（2km＜成像距离＜10km，传感器平台一般为航摄飞机，如图 1-11 所示）、低空摄影测量（100m＜成像距离＜2km，传感器平台一般为无人机，如图 1-12 所示）、地面摄影测量（100m＜成像距离＜300m，传感器平台一般为迷你型无人机、飞艇、系留气球、地面测量车等）、近景摄影测量（成像距离＜100m）和显微摄影测量等。

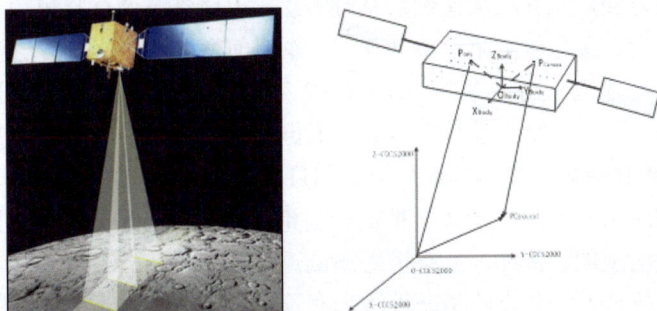

图 1-10　航天摄影测量

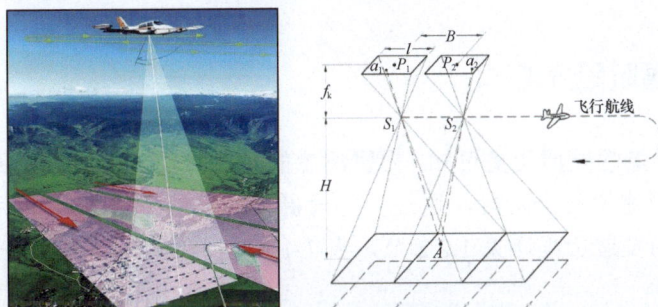

图 1-11　航空摄影测量

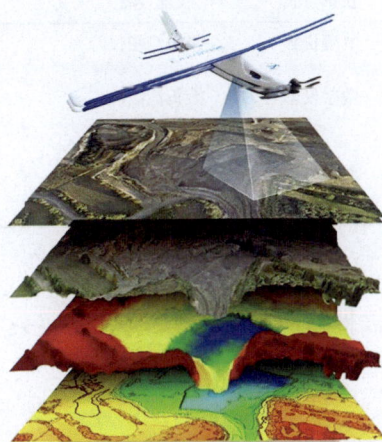

图 1-12　无人机低空摄影测量

航天摄影测量、航空摄影测量、低空摄影测量和地面摄影测量，主要用于测绘地形图和建立相应的数据库，所以四者均属于地形摄影测量。需要强调的是随着无人机、载荷、导航和电子技术的发展，利用无人机开展低空摄影测量作业，已经成为当今地理信息获取的重要手段，也成为航天摄影测量和传统航空摄影测量手段的有力补充。无人机测绘可广泛应用于国家重大工程建设、灾害应急与处理、国土监察、资源开发、新农村和小城镇建设等方面，尤其在大比例尺基础测绘、土地资源调查监测、土地利用动态监测、数字城市建设、应急救灾测绘数据获取、军事侦察等方面具有广泛应用。近景摄影测量主要用于工业建筑、文物考古、公安侦破、事故调查，以及弹道轨迹、落点定位、变形测量、矿山工程、生物医学等诸多非地形摄影测量任务中，由于两者有很强的对应性，所以也常称近景摄影测量为非地形摄影测量。显微摄影测量主要用于生物医学研究。按成像距离或按应用对象分类的每一种摄影测量，都是由一种或一种以上的按技术方法分类的摄影测量实现的。例如，航空摄影测量，既可以是模拟法的，也可以是解析法或数字法的。而按技术方法分类的每一种摄影测量，又都必然体现在按距离或按用途分类的多个摄影测量之中。如数字摄影测量，既可用于航空、航天摄影测量，也可用于地面和近景摄影测量等。

1.3.3　按发展阶段分类

学习摄影测量的发展历史可知，摄影测量的发展经历了模拟摄影测量、解析摄影测量和数字摄影测量三个阶段，这三个阶段摄影测量的技术方法和手段有着显著区别。三个阶段的发展历程详见 1.2.2 节，表 1-1 归纳总结了摄影测量三个阶段的技术特点。

表 1-1　摄影测量三个发展阶段的特点[6]

发展阶段	原始资料	投影方式	仪器设备	操作方式	产品
模拟摄影测量	影像	物理投影	模拟测图仪	作业员手工	模拟产品
解析摄影测量	影像	数字投影	解析测图仪	机助作业员操作	模拟产品 数字产品
数字摄影测量	影像 数字化影像 数字影像	数字投影	数字摄影测量工作站	自动化操作+作业员干预	数字产品 模拟产品

进入 21 世纪，人类社会逐步进入智能化、工业 4.0 时代，人工智能、深度学习、知识图谱、云计算、物联网、高性能计算等新科学技术方兴未艾，结合摄影测量智能解析与建模、智能计算与构建、智能赋能与生产，摄影测量必将进入智能摄影测量时代，天空地综合智能摄影测量系统、云端遥感影像智能解译系统、卫星在轨数据处理系统等国产智能软件的成功研发与应用，使我国摄影测量行业肩负起了时代赋予的重任，实现了我国高水平科技的自主自立自强。

1.3.4　按获取数据的传感器类型分类

传统摄影测量主要是对光学相机拍摄的可见光影像进行处理，除此之外，摄影测量根据获取数据的传感器类型还可以分为：雷达摄影测量、X 射线摄影测量等。雷达摄影测量是利用雷达成像技术进行地物和地形测量的技术，属于主动式测量技术，通过距离投影的方式进行成像，具有全天候、全天时测量的特点；双介质摄影测量是被摄物体与摄影机处于不同介质中的摄影测量方法；X 射线摄影测量是根据电磁波谱 X 射线波段获取影像，进而研究物体形状、尺寸及位置的技术和理论，广泛用于医学、工业等领域。

1.4　摄影测量发展趋势

当前，摄影测量的数据获取呈现出"三多、四高"的发展趋势和特点，数据处理技术则从"数字化"走向"智能化"。"三多"指多传感器、多平台、多角度，逐渐形成了涵盖光学、雷达、激光测高、重力、导航定位等多种类型传感器，可搭载于卫星、飞机、无人机、汽车，以及单兵手持设备等不同平台，实现不同角度对目标的摄影全覆盖；"四高"指获取的遥感数据具有高空间分辨率、高时间分辨率、高光谱分辨率，以及高辐射分辨率的特点。数据获取与处理技术的发展使得摄影测量的测绘能力和应用水平不断提升[3]。

1.4.1　高分辨率遥感测绘卫星蓬勃发展

航天摄影测量又称卫星摄影测量，是以人造地球卫星、宇宙飞船或航天飞机等航天器作为运载工具，搭载摄影相机、星敏感器（或星相机），以及全球卫星导航系统（global navigation satellite system，GNSS）等设备，在轨道空间对地球或其他星球进行探测，并根据获取的信息进行几何量测与定性识别等摄影测量处理，制作地理信息产品的技术[7]。本节主要介绍光学测绘卫星的发展现状和趋势。

美国是最早发展对地观测卫星的国家，拥有连续对地观测长达 40 年的 Landsat 系列、世界上第一颗分辨率为 1m 的 IKONOS、世界首颗亚米级分辨率的 QuickBird 等商业遥感卫星。目前，分辨率已达 0.31m 的 WorldView-3、4 的定位精度 2m、高程精度 1～2m（无控制点），代表了当前民用遥感测绘卫星的最高水平。欧洲的光学遥感卫星主要以法国 SPOT 系列、Pleiades 系列和俄罗斯的 RESURS 系列为代表，其中 SPOT-6/7 全色分辨率达到 1.5m，无控定位精度优于 10m，Pleiades-1A/1B 全色分辨率达到了 0.5m，无控定位精度优于 3m，RESURS-P 卫星全色分辨率达到了 1m。亚洲国家的光学遥感卫星技术水平也已具备相当的国际竞争力，其中日本宇宙航空研究开发机构（Japan Aerospace Exploration Agency，JAXA）研制并发射的三线阵陆地观测卫星 ALOS，可满足 1∶2.5

万比例尺地形图测绘的精度要求。印度成功发射了多颗 Cartosat 制图卫星，韩国的 KOMPSAT 系列卫星其全色分辨率也达到了亚米级。

中国长期以来一直十分重视光学遥感测绘卫星的研制与应用，1975 年 11 月，我国自行研制的第一颗返回式对地观测卫星成功发射，拍摄的对地观测影像用于国土资源调查，实现了我国空间对地观测技术的历史性突破。21 世纪以来，国产光学遥感测绘卫星的传感器分辨率、几何定位精度等性能指标都有显著提高，卫星应用系统建设也稳步推进，已经实现了资源三号（ZY–3）、高分七号（GF–7）和资源一号（ZY–1）、其他高分系列卫星、天绘系列卫星等多系列、多分辨率卫星的组网运行，空间分辨率、时间分辨率和测图精度不断提高[8]。

2010 年 8 月发射的天绘一号 01 卫星是我国首颗传输型立体测绘卫星，后续又发射了 02、03、04 星，主要用于 1∶5 万比例尺地理信息产品测绘和无控高精度定位[9]，其中 03、04 星的无控定位精度能够达到平面 3.7 m，高程 2.4 m[10]。

2012 年 1 月，"资源三号" 01 星成功发射，卫星搭载三线阵相机，获取的立体影像可用于 1∶5 万比例尺地理信息产品测绘，在无控条件下定位精度达到平面 10m、高程 5m。搭载了激光测距仪的 "资源三号" 02、03 星分别于 2016 年和 2020 年发射，多颗 "资源三号" 测绘卫星组网运行，在卫星系统重访周期有效缩短的同时，平面和高程定位精度均达到 5m，为全球地理信息资源建设、新型基础测绘、导航图及相关行业应用提供了更多更好的立体影像和地理信息产品。

"高分二号" 卫星的发射，标志着国产遥感卫星进入亚米级 "高分时代"[11]。2018 年 3 月成功发射的 2m/8m 光学卫星星座（"高分一号" 02、03、04 卫星）作为我国首个自然资源业务卫星星座，在充分继承 "高分一号" 卫星成熟技术的基础上，突出高分辨率、宽覆盖、灵活观测等应用导向，开启了我国自然资源调查监测和保护监管的新时代。2019 年 11 月成功发射的 "高分七号" 卫星是国家高分辨率对地观测系统的第一颗亚米级光学传输型立体测绘卫星，搭载的两线阵立体相机获取的全色影像分辨率优于 0.8m，多光谱影像分辨率优于 3.2m，单景影像地面覆盖幅宽 20km，在有地面控制点条件下，能够满足 1∶1 万比例尺地理信息产品测绘的要求。于 2020 年 12 月成功发射的高分十四卫星采用了先进的多载荷一体化对地观测技术，卫星上搭载的 3 束激光测距系统可用于提高高程精度。该卫星一次摄影可同步获取幅宽 40km 的 0.6m 分辨率两线阵影像、2.4m 分辨率多光谱影像，以及 9.9km 幅宽的高光谱影像，无控定位精度达到平面 1.83m（RMS）、高程 0.93m（RMS）[11]。

除上述遥感测绘卫星外，"北京一号" "北京二号" "吉林一号" "高景一号" 等多颗商业高分辨率光学遥感卫星已经在轨运行，其中 "北京二号" 是由 3 颗高分辨率小卫星组成的民用商业遥感卫星星座（DMC-3），属于中英合作项目。"吉林一号" 系列卫星由长光卫星技术有限公司自主研发，2015 年 10 月首次发射并组网，2022 年 5 月通过一箭 8 星的方式将宽幅 01C 星、高分 03D27～33 星（共包含 8 颗卫星）送入预定轨道。"吉林一号" 宽幅 01C 星充分继承了宽幅 01A/B 星的成熟技术，其幅宽大于 150km，可为用户提供分辨率全色 0.5m、多光谱 2m 的影像产品，具有高分辨、超大幅宽、超大存储、高速数传等特点。"吉林一号"高分 03D27～33 星是轻小型高分辨遥感卫星，该系列卫星幅宽大于 17km，可为用户提供分辨率全色 0.75m、多光谱 3m 的影像产品，具有低成本、低功耗、低重量、高分辨的特点。至此，"吉林一号"在轨卫星数量增至 54 颗，可对全球任意地点实现每天 17～20 次重访，为农业、林业、海洋、资源、环保、城市建设，以及科学试验等领域提供更加丰富的遥感数据和产品服务。"高景一号"（SuperView-1，SV-1）01/02 星于 2016 年 12 月 28 日发射，SuperView-1 03/04 星于 2018 年 1 月 9 日发射，两次均以一箭双星的方式成功发射，四颗卫星以 90 度夹角在同一轨道运行，组成 SuperView-1 星座，重访周期缩短至 1 天。SuperView-1 全色分辨率 0.5m，多光谱分辨率 2m，轨道高度 530km，幅宽 12km，是国内首个具备高敏捷、多模式成像能力的商业卫星星座，不仅可以获取多点、多条带拼接等影像数据，还可以进行立体采集，可实现全球任意地点每天 1～2 次重访。总体而言，我国光学高分辨率测绘卫星技术与国际发展前沿相比，尽管还存在一定的差距，但差距在逐渐缩小[12]。

1.4.2　轻小型低空无人遥感平台广泛应用

近年来，随着经济建设的快速发展，地表形态发生着剧烈变化，迫切需要实现地理空间数据的快速获取与实时更新。在轻小型低空无人飞行器（无人机）上搭载普通数码相机的无人机摄影测量技术具有机动灵活、便捷高效、性价比高等优点，能提高制图速度和精度，已经在三维城市建模、区域规划、大比例尺地形图测绘、应急测绘、环境监测等方面发挥了重要作用，是航空、航天摄影测量的有力补充。

无人机低空航测系统一般包括飞行平台、成像系统、地面指控系统、数据处理等四个部分[13]。飞行平台由无人飞机、机载飞行控制系统、通信系统等构成；成像系统包括成像传感器、云台、POS（position and orientation system）系统、控制与记录设备、电源等；地面指控系统包括航线规划系统、地面飞行控制系统、地面 RTK（real-time kinematic）观测设备、后勤保障的车辆等；数据处理系统主要指摄影测量系统，包括影像预处理、空三测量、正射纠正、立体测图等软件模块。

与传统航空摄影测量相比，无人机摄影测量的主要理论与技术并没有更多的差异，但在应用上具有一定的优势：

（1）作业效率高。无人机体型较小，便于携带运输，组装方便，起飞降落时受场地空间限制小，飞行控制操作较为容易，具有较高的灵活性和便捷性，特别是在工程类项目或险峻地形环境中，更能够凸显应用优势，受气候和地形的限制影响小。因为无人机飞行高度较低，因此受到天气气候的影响较小，只要在可控范围内，阴天也可以正常摄影作业，在一定程度上提高了作业的安全性和灵活性。

（2）测量精度高。无人机可以搭载多个不同角度的高分辨率 CCD 数码相机、激光扫描仪、POS 系统等多种设备，且由于飞行高度低，影像分辨率高，再结合地面 GNSS

设备，使得无人机摄影测量具有精度高的优势，可应用于 1∶500 以上的大比例尺测图和数字表面模型（digital surface model，DSM）重建，能够快速制作高精度城市三维景观模型。

（3）生产与应用成本低。当前，无人机及其搭载的传感器、POS 等设备的成本不断降低，一套满足高精度测绘要求的无人机摄影测量系统的价格也越来越低，而且由于无人机摄影测量操作简单、生产周期短、作业效率高。因此，与传统摄影测量相比，无人机摄影测量的生产与应用成本要更低，非常适合小范围、大比例尺的高精度测图。

1.4.3　人工智能技术推动摄影测量作业迈向自动化

根据摄影测量的定义可知，摄影测量的目的是从影像上提取有价值的可靠信息。有价值的可靠信息包括几何信息和语义信息。现阶段的摄影测量依据像点与地面点之间的解析关系，通过影像特征提取、影像匹配等技术已经解决了大部分的几何信息提取问题，但语义信息的自动提取即对目标的"解译"问题制约了数字摄影测量走向全面自动化。目前影像的解译工作需要通过人机交互的方式半自动或全人工判读来完成，工作量大、作业效率低、准确度不高。幸运的是，以深度学习为主体的人工智能方法开辟了关于计算机"学习"的新航道，较好地解决了影像智能解译难题，极大推动了摄影测量自动化的发展。

人工智能的主要研究方向之一：机器视觉又称计算机视觉，是一门研究用电脑代替人眼对视频或影像中感兴趣的目标进行检测、识别和测量的学科，包括了影像处理、影像识别与理解、目标三维重建等关键技术[14]。摄影测量与计算机视觉在理论、技术和应用上都有很多相通之处，目标都是从影像上获取信息。虽然摄影测量的历史远早于计算机视觉，但计算机视觉的应用领域更加广泛，从事相关研究的人员更多，因此新理论和新方法发展更快。而计算机视觉取得的研究成果可为摄影测量等应用型学科提供理论和技术支撑。进入 21 世纪后，摄影测量与计算机视觉得到进一步的交叉融合，随着计算机视觉的新理论、新技术在摄影测量中得到应用，困扰摄影测量已久的影像自动解译问题正逐步得到解决，有力地促进了摄影测量的智能化发展。

1.4.4　摄影测量从地球测绘走向深空测绘

随着航天技术的发展，人类的活动范围正从地球逐步向深空拓展，测绘作为人类探测活动的先行者，深空测绘技术应运而生。我国对深空的定义为"距离地球约等于或大于地月平均距离（约 $3.84×10^5$km）的宇宙空间"。深空测绘是获取月球、行星和其他深空星体的形貌和影像信息并测绘其形貌图，测绘深空星体的重力场和磁场，测定各类深空探测器的轨道、形状、位置和尺寸，收集深空环境要素（如大气、电离层、磁场等）模式和数据，提供深空导航服务的理论、技术、方法及保障体系的总称。从深空测绘的定义可以看到，深空测绘的首要任务就是获取深空星体表面形貌数据，目前采用的技术手段主要就是摄影测量。

目前已经开展的深空探测活动已基本覆盖了太阳、月球、七大行星、小行星和彗星等太阳系各类天体[15]，在探索宇宙奥秘的同时，也承载着人类拓展生存空间、寻找地外生命的使命。我国已成功实施嫦娥工程一、二、三期，实现了月球探测"绕、落、回"三步走目标，并于 2020 年 7 月成功发射了"天问一号"火星探测器，开始对火星进行探测，目前已完成环火星探测和着陆采样。由于摄影测量具有不接触探测的技术特点，已成为人类探测未知空间活动的先行者。探月工程和探火工程的第一步都是先通过探测器绕月球和绕火星轨道飞行，对星体表面进行遥感观测，通过摄影测量的方法测绘星体表面形貌，获取高精度形貌数据和高分辨率正射影像图，为后续的一系列探测活动提供数据保障。

从"月球 3 号"首次获取月球背面影像开始，美国、俄罗斯（苏联）、欧洲等国家和地区就开始采用摄影测量的方法对月球、火星等行星，以及小行星的形貌进行测绘，使用的传感器包括 CCD 相机、激光高度计，以及其他辅助设备，后来也有学者提出使用雷达干涉测量的方法测绘行星表面形貌。随着深空探测任务的逐年增加，一些主流的商业摄影测量系统与地理信息软件都提供了行星测量与制图的模块，并内置了月球、火星、金星、小行星等深空天体的椭球参数。美国国家地质勘探局（USGS）就采用了 Socet Set 系统来处理深空探测任务数据，Socet Set 系统的摄影测量处理模块是以插件形式单独开发的。

以火星表面形貌测绘为例，其数据源包括影像、激光测高数据，以及传感器位置和姿态等，摄影测量的技术流程如图 1-13 所示。

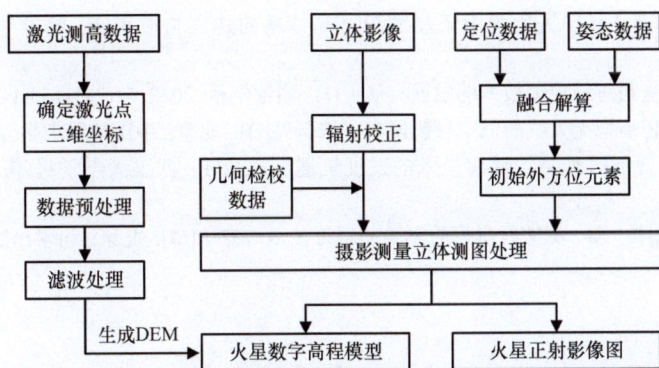

图 1-13 火星形貌摄影测量数据处理技术流程[15]

思 考 题

1. 什么是摄影测量？摄影测量和遥感的区别是什么？

2. 摄影测量的发展主要经历了哪些阶段，每个阶段的特点是什么？

3. 摄影测量的分类方式有哪些？

4. 你认为与模拟摄影测量和解析摄影测量相比，数字摄影测量的技术优势有哪些？

5. 摄影测量目前处在一个什么样的发展阶段？你觉得制约当前摄影测量发展的技术难点有哪些？

6. 归纳总结摄影测量的发展趋势。

本章参考文献

[1] 张保明, 龚志辉, 郭海涛. 摄影测量学[M]. 北京: 测绘出版社, 2018.

[2] History of photogrammetry, The Center for Photogrammetric Training.

[3] Konecny, G. The International Society for Photogrammetry and Remote Sensing-75 Years Old, or 75 Years Young[J]. Photogrammetric Engineering and Remote Sensing, 1985, 51(7): 919-933.

[4] 李德仁. 从摄影测量学到影像信息科学—论摄影测量与遥感学的历史发展[J]. 测绘通报, 1991, (4).

[5] 张伟, 冯秀江. 浅谈摄影测量及其发展历史[J]. 山东煤炭科技, 2013, (2).

[6] 耿则勋, 张保明, 范大昭. 数字摄影测量学[M]. 北京: 测绘出版社, 2010.

[7] 胡莘, 王仁礼, 王建荣. 航天线阵影像摄影测量定位理论与方法[M]. 北京: 测绘出版社, 2018.

[8] 唐新明, 胡芬. 卫星测绘发展现状与趋势[J]. 航天返回与遥感, 2018, 39(4).

[9] 王任享, 王建荣, 李晶, 等. 天绘一号 03 星无控定位精度改进策略[J]. 测绘学报, 2019, 48(6): 671-675.

[10] 王建荣, 杨元喜, 胡燕, 等. 光学测绘卫星现状与发展趋势分析[J/OL]. 武汉大学学报(信息科学版).

[11] 唐新明, 王鸿燕. 我国民用光学卫星测绘产品体系的建立与应用[J]. 测绘学报, 2022, 51(7): 1386-1397.

[12] 江碧涛. 我国空间对地观测技术的发展与展望[J]. 测绘学报, 2022, 51(7): 1153-1159.

[13] 胡科林. 基于轻小型无人机的低空摄影测量方法研究[D]. 北京: 中国地质大学, 2016.

[14] 龚健雅. 人工智能时代测绘遥感技术的发展机遇与挑战[J]. 武汉大学学报(信息科学版), 2018, 43(12).

[15] 徐青, 邢帅, 周杨, 等. 深空行星形貌测绘的理论技术与方法[M]. 北京: 科学出版社, 2016.

第2章 遥感影像获取

2.1 数字影像

数字影像是二维影像像点空间分布和强度幅值的离散化表示，通常用一个二维矩阵来描述（图 2-1）。

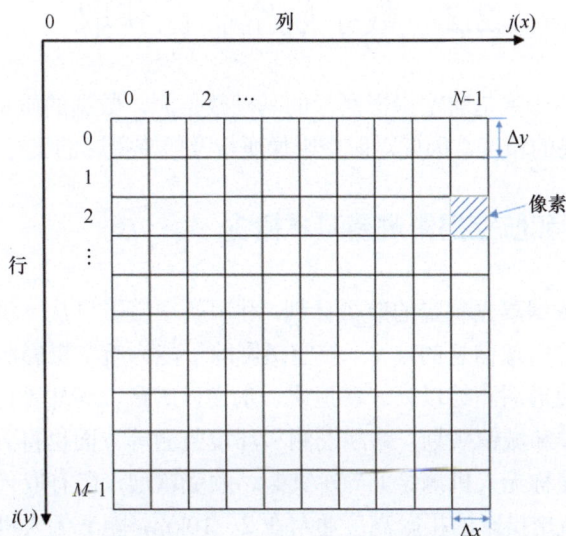

图 2-1 数字影像存储示意图[1]

如图 2-1 所示，影像像点的空间分布范围被离散化为规则排列的 $M \times N$ 个格网点，也就是将像点的浮点型坐标 (x, y) 离散为整型坐标 (i, j) [(i, j) 表示像点在二维矩阵中的行列号，是整数值]，Δx 和 Δy 分别为 x 和 y 方向的格网间距（一般情况下 $\Delta x = \Delta y$）。空间分布范围离散化的过程称为采样。将像点的强度幅值离散化为有限的等级，这一过程称为量化。表达影像的连续函数 $g(x, y)$ 通过采样和量化后，如式（2-1）得到一个离散的二维数组 $g'(i, j)$。

$$\begin{bmatrix} g'(0,0) & g'(0,1) & \cdots & g'(0, N-1) \\ g'(1,0) & g'(1,1) & \cdots & g'(1, N-1) \\ \vdots & \vdots & & \vdots \\ g'(M-1,0) & g'(M-1,1) & \cdots & g'(M-1, N-1) \end{bmatrix} \tag{2-1}$$

式中，M、N 分别表示数字影像的行数和列数，也称为影像的维数，决定了影像的尺寸大小。矩阵中的每一个元素称为像元或像素，具体数值 $g'(i, j)$ 是该像元的灰度值，通常分为 256 个等级，取值范围是 0～255 的整数，这样表示的影像称为全色影像。如果是真彩色影像，则需要 3 个同样大小的二维矩阵来分别表示像元的红（R）、绿（G）、蓝（B）三个颜色通道的量值，因此一幅彩色影像的数据量通常是同等尺寸全色影像的 3 倍。

数字影像的获取方式主要有两种，即模拟影像（纸质或胶片影像）的扫描数字化和数字相机摄影成像。模拟影像扫描数字化主要指利用扫描仪等设备将模拟影像扫描成数字影像存储在电脑里，供数字摄影测量作业使用。这种影像获取方式主要在解析摄影测量向数字摄影测量过渡阶段使用，当前的全数字摄影测量阶段通常使用数字相机直接拍摄获得数字影像。

2.2　数字航空影像获取

航空摄影获取的影像是航空摄影测量的基础数据源，数据的质量直接关系到后期作业的难易和测绘成果的精度，因此对航空影像质量及航空摄影的飞行质量均有严格要求。

2.2.1　航空摄影和航空摄影测量基本概念

航空摄影就是依据事先制定的航摄计划，利用航空摄影机从飞机或其他航空器上获取地面或空中目标的影像信息的技术。航空摄影除了能为航空摄影测量提供影像等基础资料，广泛应用于地形图测绘以外。在地质、水文、矿藏、森林等自然资源勘测，农业产量预估，大型厂矿和城镇规划，路线勘测和环境监测等方面也得到应用。近几年无人机航空摄影测量（简称无人机测绘）异军突起，颇受欢迎，已有取代传统载人航空摄影测量的趋势。传统航空摄影的摄影高度通常在 2～10km，随着无人机等小型低空摄影平台的快速发展，航空摄影平台的飞行高度已经扩展到几十米至几十公里的范围。航空摄影受地理条件限制较少，能快速获取较大地域范围的高分辨率影像。

航空摄影测量是指在飞机或其他航空器上用航摄仪器（或航摄相机）对地面连续系列影像，结合地面控制点测量、影像调绘、空中三角测量和立体测绘等作业步骤，测绘地形图的技术。如第一章所述，航空摄影测量是摄影测量中最为常见，应用最广泛的一种技术手段。

开展航空摄影测量作业的第一步就是航空摄影。航空摄影前，首先要在综合考虑作业地区地理位置、地形地貌特点、气象条件、成图比例尺等因素基础上，利用相应航摄规划软件制订航空摄影计划，绘制航线图。然后利用航摄飞机搭载的光学相机等成像传感器，从空中一定高度对地面进行摄影。应该选择在天空晴朗少云、能见度好、气流平稳的天气条件下进行航空摄影，摄影时间最好是中午前后的几个小时。飞机依据领航图起飞进入摄区航线，按预定的拍摄时间和计算的拍摄间隔连续对地面摄影，直至第一条航线拍完为止，接着飞机盘旋转弯 180°进入第二条航线进行拍摄，直至一个摄区拍摄完毕，如图 2-2 所示。如果一个摄影测量区域较大，一次航摄飞行难以全覆盖，可以将区域划分为多个摄区。飞行中一般利用全球卫星导航系统（GNSS）和惯性测量装置（inertial measurement unit，IMU）设备进行实时定位、定姿与导航，拍摄过程中，操作人员利用航摄操作软件对航摄结果进行实时监控与评估。最后将拍摄的原始影像数据进行处理后输出航摄成果，传统相机需要进行底片冲洗、晒印等工作，数字相机需要将数字影像导入电脑进行数据预处理，同时要按相应的技术质量标准检查，如果出现遮挡、漏拍、重叠度超限等问题，应立即采取重拍等补救措施。

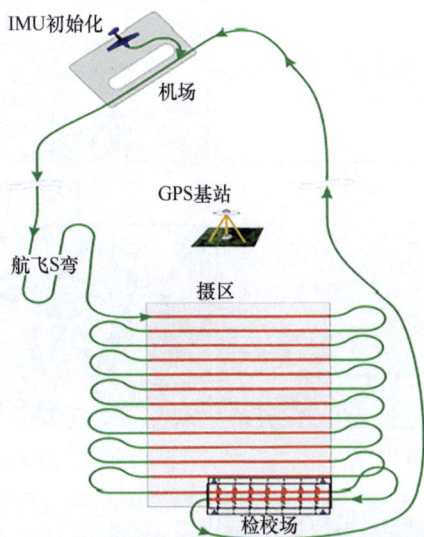

图 2-2　航空摄影过程

2.2.2　航空摄影平台

航空摄影平台是指能搭载成像传感器用于在一定高度获取地面影像的航空飞行设备。常用的航空摄影平台主要有载人航摄飞机和各类无人机。目前我国航空摄影作业使用的载人航摄飞机主要是中小型固定翼飞机，国内有近 20 多家单位和公司可以提供航空摄影飞行服务，飞机数量大约有 50～60 架。载人航摄飞机具有飞行稳定、载重大、续航时间长、飞行作业效率高等优点，但存在空域协调难、飞行成本高、作业周期长、灵活性较差的不足。随着无人机技术的不断成熟与发展，利用小型民用无人机作为航空摄影测量平台进行高分辨率航空摄影，已成为地形测绘、资源调查、环境监测、智慧城市等领域的一个重要支撑，尤其是近几年倾斜摄影三维建模技术的发展，更是推动了无人机在航空摄影测量领域的广泛应用。无人机航空摄影测量具有航测反应能力快、时效性和性价比突出、空域限制小、安全系数高、地表数据快速获取和建模能力强、成像质量和精度高等突出优势。

1. 具有代表性的载人航摄飞机

由德国多尼尔公司研制的小型载客飞机 Do228 是一款双引擎短距离起飞和降落涡轮螺旋桨飞机，没有增压舱。经过特殊改装，如增加 28VDC 和 220VAC 仪表电源，挂载点，泡沫窗，屋顶上的圆形支架，以及带滚轮门的舱口等装置，使其成为搭载合成孔径雷达（synthetic aperture radar，SAR）等大型传感器有效载荷的理想平台，如图 2-3（a）所示。

(a) 德国: Do228-212飞机   (b) 中国新舟60遥感飞机

(c) 中国运8-H飞机   (d) 苏联安-30飞机

(e) 奥地利钻石飞机   (f) 美国"奖状"飞机

图 2-3 载人航摄飞机

新舟 60 遥感飞机是以国产新舟 60 飞机为基础改装设计的航空遥感对地观测特种飞机，于 2019 年 11 月交付中国科学院使用。为满足遥感飞机搭载不同功能设备及观测目的多样化需求，设计人员对原机体结构进行了较大的改动，使得新舟 60 遥感飞机的技术指标达到了世界先进水平，如图 2-3（b）所示。

运 8-H 型飞机是我国陕西飞机制造公司在运 8 原型机的基础上，针对航空摄影任务特点设计改进的大型航测专用飞机，具有航程远、续航时间长、巡航高度高的特点，适合中、小比例尺航测作业，如图 2-3（c）所示。

安-30 飞机是苏联安东诺夫飞机制造公司生产的航测专用飞机，该飞机整机采用密封舱设计，工作空间大，机身下部设计多个照相舱，搭载不同设备，可以实施空中侦察、探矿和航空摄影等多种任务，如图 2-3（d）所示。

钻石飞机（DA42MPP）是奥地利 Diamond 公司生产的多用途多任务航摄飞机，可以满足高效率、长航时、大载荷、高性价比的航摄飞行作业需求，可在机腹和机头快速换装红外/光电吊舱、航测相机及合成孔径雷达等不同类型载荷，广泛用于地理测绘、环保领域、智慧城市、基础设施监控、灾难监控，以及应急救援等一系列特种任务，也可改装成为无人机，如图 2-3（e）所示。

"奖状"（CITATION S/Ⅱ）高空遥感飞机是美国 CESSNA 公司生产，具有全天候飞行性能，是为数不多的高性能飞行平台。"奖状"遥感飞机载荷主要以可见光、红外遥感为主，还能够装载各类型传统模拟光学相机及新一代数字航空相机，如 RC–30、LMK3000、ADS40、UCD 等，并具有较强业务化运行的能力，如图 2-3（f）所示。

2. 无人机航测平台

近年来国内外无人机平台发展迅速，无人机系统种类繁多、用途广泛、特点鲜明，在尺寸、质量、航程、航时、飞行高度、飞行速度、执行任务等多方面存在较大差异。2010 年前，航空摄影使用的无人机主要以汽油发动机为动力的固定翼飞机为主，该类飞机价格高，操作难度大。2011 年开始，以深圳大疆创新公司为代表的国内多家公司推出了用于航空摄影测量的以锂电池为动力的多旋翼无人机，主要用于无人机倾斜摄影测量。常用测绘无人机类型如表 2-1 所示，常用的测绘无人机品牌如表 2-2 所示。

表 2-1　常用测绘无人机类型

无人机类型	优点	缺点	应用
多旋翼	起飞场地限制小、可在空中悬停、可控性强	续航时间短，一般就三十分钟左右、负载能力弱	工业、消费
固定翼	续航时间长、巡航速度高、负载能力强	起降要求高、不能在空中悬停	工业、军用
无人直升机	灵活性强、可垂直起降	续航时间短、维护成本高	军用、工业
复合翼无人机	具备固定翼与多旋翼的优点	结构复杂、造价成本高	军用、工业

表 2-2　常用测绘无人机

无人机名称	图片	类型及型号	特点	产地
大疆无人机		类型：多旋翼 型号：经纬 M300 RTK	为中型航测无人机，集成 DJJ 先进飞控系统、下视及前视视觉系统、红外感知系统，性价比高、精度高、功能多，主要用于测绘、安防、电力及巡检等行业	中国深圳
纵横无人机		类型：垂直起降固定翼 型号：CW-100	全方位航空级大型无人机，有效载荷达 20kg，可集成多个传感器，负载续航 4～8h，作业效率高，具有自主飞行、RTK 定点起降、精准导航等优异功能	中国成都
飞马无人机		类型：垂直起降固定翼 型号：V1000	主打轻量、便携、高效航测/遥感解决方案，配备高精度差分 GNSS 板卡，支持 PPK/RTK 融合解算，用于高精度地形勘测、三维建模、遥感监测等领域	中国深圳

续表

无人机名称	图片	类型及型号	特点	产地
华测无人机		类型：多旋翼 型号：P580	一款长续航、大载重、远航程的六旋翼无人飞行平台，集成三冗余高可靠飞控系统、毫米波避障雷达、高效能动力系统等，适用于测绘、遥感、监控、巡查、检测等多种应用场景	中国上海
中海达无人机		类型：垂直起降复合翼 型号：iFly V10	采用三旋翼两倾转垂直起降的设计，支持 PPK/RTK 融合模式，同时支持双天线定位定向，配备高分辨率倾斜载荷模块，主打高效、高精度航测解决方案	中国广州
拓普康无人机		类型：固定翼 型号：TOPCON 天狼星	业内领先的高精度无人机航空测绘平台，具有响应速度快、精细度高、使用成本低特点，集成高精度 GNSS 模块，无须布设地面控制点，可服务于国土测量、电力、海洋勘测、精准农业和应急救灾等领域	美国
Sensefly eBee		类型：固定翼 型号：Plus	迷你型无人机，内置 RTK，搭载专为摄影测量优化设计的 RGB 传感器，配套有多类型相机，能进行高精度、高效率测绘作业，适用于测绘、大型工程、地理信息系统等领域	瑞士

2.2.3　航空摄影测量常用成像载荷

在上一小节描述的航空摄影测量平台上装载各类成像载荷，就可以获取地面物体影像了，航空摄影测量主要使用的是专用航空摄影量测相机，也称航摄仪。航摄仪可分为胶片航摄仪和数字航摄仪两种，我国常用的光学胶片航摄仪主要有 RC 和 RMK 两种型号，数字航摄仪根据成像方式的不同分为框幅式（面阵 CCD）和推扫式（线阵 CCD）两种。随着数字摄影测量技术的发展，有时无人机摄影测量也使用普通数字相机，但存在影像畸变大、画幅小、数量多、基高比小等缺点。

1. 胶片航摄仪

光学航摄仪是基于胶片的光学模拟摄影机，获取的影像画幅尺寸多为 23cm×23cm，其主要安装在载人航摄飞机上。其除了与普通照相机一样有物镜、光圈、快门、暗箱及检影器等主要部件外，还有座架、压平装置、滤光片、像移补偿器等附属部件（框幅式光学航摄仪的结构如图 2-4 所示），主要用于减少影像的压平误差与摄影过程的像移误差，以确保后期影像的量测精度。航摄仪镜箱里的物镜是由若干不同曲率半径的透镜组合成的对称式物镜，借以消除或减少像差；滤光片用于消除大气蒙雾的影响，提高景物反差，补偿焦面照度不均匀分布；物镜的焦平面还有框标记号，用于成像在影像上（图 2-5），便于后期建立框标坐标系。

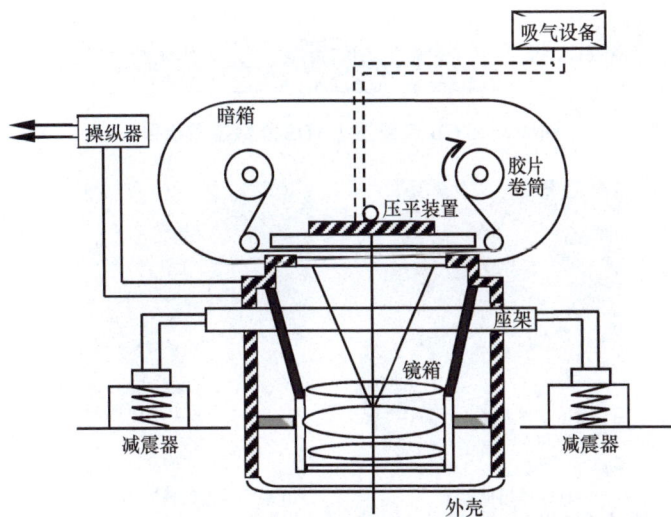

图 2-4　框幅式光学航摄仪结构图[2]

经典的胶片型航摄仪主要有瑞士徕卡公司的 RC 系列航摄仪（如 RC30）[图 2-6（a）]，德国蔡司厂的 RMK、LMK 系列航摄仪（如 RMK-TOP）[图 2-6（b）]，以及我国 HS2323 航摄仪。

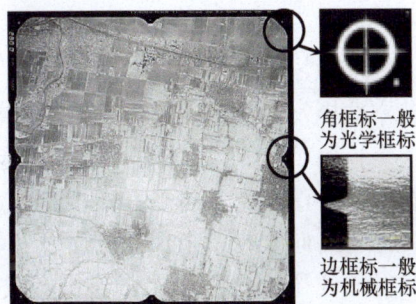

图 2-5　胶片影像框标

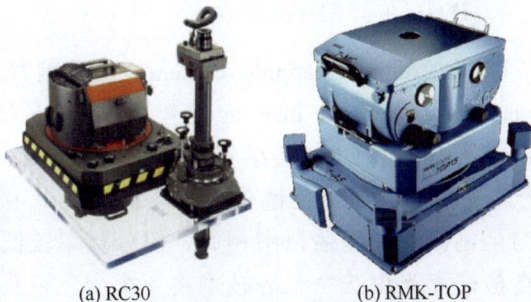

图 2-6　光学胶片航摄仪

（a）RC30　　　　（b）RMK-TOP

2. 光学数字航摄仪

随着计算机和数字成像传感器技术的发展，数字航摄仪已经逐步取代了传统胶片航摄仪，因其无需胶片、免冲洗、免扫描等优势迅速成为了摄影测量主要的信息获取手段。数字成像传感器主要包括 CCD（charge coupled device，电荷耦合器件，如图 2-7 所示）和 CMOS（complementary metal-oxide-semiconductor，互补金属氧化物半导体）两种类型。成像传感器相当于传统相机的感光胶片，它能感受通过镜头的光线并将其转换成电信号，然后再通过 A/D 转换器将电信号转换成数字影像信号输出以形成数字影像。图 2-8（a）是以 12.5μm 精度扫描的胶片影像，相当于影像地面分辨率（ground sampling distance，GSD）为 15cm，图 2-8（b）为直接通过数字航摄仪获取的数字影像，影像地面分辨率为 16cm。通过比较，可见数字航摄仪拍摄的数字影像质量好于胶片扫描得到的影像。

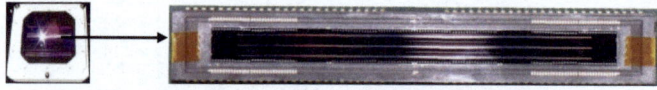

图 2-7　CCD 传感器（ADS40 数字航摄仪）

(a) 胶片扫描影像
扫描分辨率12.5μm；15cm GSD

(b) 数字航摄仪获取影像
16cm GSD

图 2-8　胶片扫描影像与数字航摄仪获取影像对比

　　常用的框幅式（面阵 CCD）数字航摄仪有 DMC、UCD 和 SWDC 等，推扫式（线阵 CCD）数字航摄仪有 ADS 系列航摄仪等。

1）DMC 面阵数字航摄仪

　　DMC（digital mapping camera）是德国蔡司公司（Carl Zeiss）与美国鹰图公司（Intergraph）旗下 Z/I imaging 合作设计的测量型数字航摄仪。其第一代航摄仪 2000 年推出，是由 8 个 CCD 传感器构成[图 2-9（a）、（b）]，中间 4 个面阵获得全色影像，4 个多光谱面阵在全色镜头周围环绕排列，主光轴与中心轴线方向平行，多光谱影像与全色影像的覆盖范围相同，但分辨率较低，通过几何检校、影像匹配，以及相机自检校和光束法空三等技术将 4 个全色镜头获得的 4 个中心投影的影像拼合成 1 幅具有虚拟中心投影影像（像幅为 7680×13824 像素）。DMC 数字航摄仪同时采集真彩色、彩红外和黑白数据，通过高速数据传送通道传到硬盘中，采集的数据最大优点是具有中心投影的几何性质，与现有的数字影像工作平台及软件完全适应，采用像移补偿装置 FMC，使资料具有真实性和可靠性。DMC 二代航摄仪[图 2-9（c）]有五个正摄镜头，其中四个获取红、绿、蓝及近红外的多光谱影像，一个第五代高分辨率镜头获取全色影像，每个镜头都定制了一个特别的机载压力驱动快门执行自动自检校，确保五个镜头在曝光周期里的动作达到最大的同步。DMC 三代航摄仪[图 2-9（d）]使用 CMOS 传感器获取大面阵框幅式影像，航摄仪由 1 个全色镜头、4 个多光谱镜头组成，CMOS 传感器技术区别于其他框幅式 CCD 成像技术，无须顾虑影像拼接问题，保证影像无中心投影误差，且不随飞行高度、飞行质量等因素变化。

(a) DMC一代航摄仪外型　(b) DMC一代航摄仪镜头结构

4个多光谱镜头

视频探头

4个全色镜头

(c) DMC二代航摄仪　(d) DMC三代航摄仪

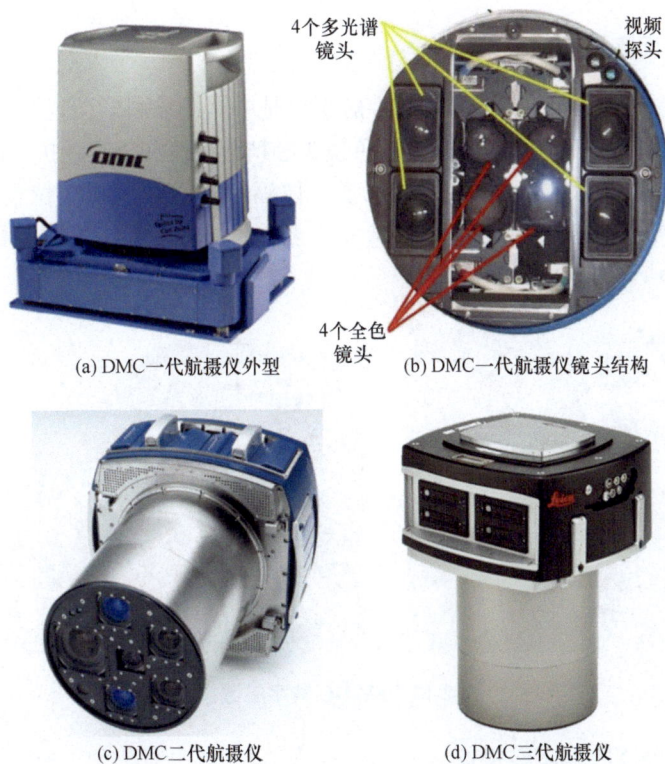

图 2-9　DMC 系列航摄仪

2）UCD 面阵数字航摄仪

UCD（ULTRACAMD Digital）是奥地利 Microsoft Vexcel 公司生产的多镜头组成的框幅式数字航摄仪，也是由 4 个全色镜头和 4 个多光谱镜头组成，如图 2-10 所示。该航摄仪按照先中心、后四角、再上下、最后左右的顺序依次曝光，共生成 9 张黑白影像，最后生成一张完整的中心投影影像（像幅为 11500×7500 像素），成像过程如图 2-11 所示。

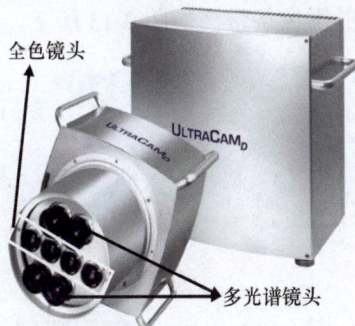

全色镜头

多光谱镜头

图 2-10　UCD 航摄仪结构　图 2-11　UCD 成像过程

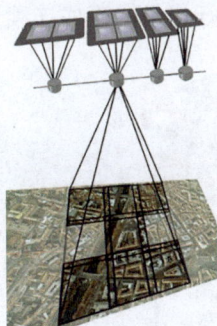

3）SWDC 面阵数字航摄仪

SWDC（Si Wei Digital Camera）数字航摄仪是中国测绘科学研究院和北京四维远见信息技术有限公司合作研发的，由四个彩色镜头经精密检校和外视场拼接而成，如图 2-12 所示，通过多相机高精度拼接生成虚拟影像（像幅为 14000×10000 像素）。该航摄仪具有高分辨率、高几何精度、体积小、质量轻特点，还具有高程测量精度高、真彩色、镜头可更换等优势。

图 2-12　SWDC 数字航摄仪

4）ADS 系列线阵数字航摄仪

德国徕卡公司（Leica）于 2001 年推出世界上第一台推扫式线阵航摄仪 ADS40，可实现三线阵立体成像，2008 年推出第二代产品 ADS80，2013 年又推出第三代产品 ADS100。ADS100 集成了高精度的 IMU 和 GPS（global positioning system）系统，像幅宽度为 20000 像素，三组扫描线共 13 条 CCD，其中前视组和后视组都是由红、绿、蓝和近红外（RGBN）四个波段 CCD 组成，下视组由红、蓝、近红外和一对相互错开半个像素的绿色波段 CCD 组成。ADS100 通过焦平面的前视、下视和后视三组 CCD 分别对地面进行连续采样，分别对前视、下视和后视的红（R）、绿（G）、蓝（B）和近红外（N）波段信息进行记录，形成连续无缝的影像条带，如图 2-13 所示。

图 2-13　ADS100 数字航摄仪及成像过程

5）无人机光学相机

无人机的遥感载荷是测绘无人机执行任务的核心部件。随着传感器技术的发展，特别是传感器做得越来越轻小，为无人机测绘提供了各种多样化的、丰富的载荷选择。目前，无人机载传感器按照感光波段可以分为下面几类：可见光数码相机、高光谱相机、热红外相机、激光雷达与合成孔径雷达几大类，下面重点介绍常见的可见光数码相机。

丹麦飞思公司（Phase One）生产的全新无人航拍机专用相机 Phase One iXU 1000 在专业无人机载高分辨率可见光相机中首屈一指，尺寸为 97.4×93×110mm，重量为 930g，单张影像像幅 11608×8708 像素，堪称无人机载相机中的旗舰产品，如图 2-14 所示。在消费级相机中，日本索尼公司生产的 SONY A6000[图 2-15（a）]和 A7RII[图 2-15（b）]，也是无人机搭载的常用相机。SONY A6000 为 APS-C 半画幅相机，分辨率为 6000×4000 像素，含镜头重量不到 500g。而 A7RII 相机为全画幅微单相机，传感器尺寸为 36×24mm，分辨率为 7952×5304 像素，含镜头重量为 700g 左右。

图 2-14　Phase One iXU 1000 无人机可见光载荷

(a) SONY A6000　　　　　　　(b) A7R Ⅱ

图 2-15　索尼公司生产的无人机可见光载荷

3. 雷达成像传感器

合成孔径雷达（synthetic aperture radar，SAR）是一种高分辨率成像雷达，利用一个小天线沿着长线阵的轨迹等速移动并辐射相参信号，把在不同位置接收的回波进行相干处理，从而获得类似光学影像的高分辨雷达影像。作为一种主动式微波传感器，合成孔径雷达具有不受光照和气候条件等限制实现全天时、全天候对地观测的特点，且对地表或植被具有一定的穿透能力。这些特点使其在军事、农林业、地质、矿产、防灾减灾等军民用领域具有广泛的应用前景。尤其是未来的战场空间将由传统的陆、海、空向太空延伸，作为一种具有独特优势的侦察手段，合成孔径雷达卫星为夺取未来战场的制信息权，甚至对战争的胜负具有举足轻重的影响。

1）航空雷达传感器

德国航空航天中心（DLR）研制的机载 SAR 系统 F-SAR 结合了极化、干涉和多频谱成像等模式，能够提供分米级分辨率的 SAR 影像。其主要设计特点是在多达 5 个频段（X，C，S，L 和 P 波段）内全极化工作，能够同时采集不同波段和极化方式的数据，如图 2-16 所示。该系统搭载在 Do228-212 飞机[图 2-3（a）]上，采用多频配置，包括 3 个 X 波段，1 个 C 波段，2 个 S 波段，1 个 L 波段的 7 个双极化天线安装在飞机右侧，P 波段天线安装在飞机机头下方。

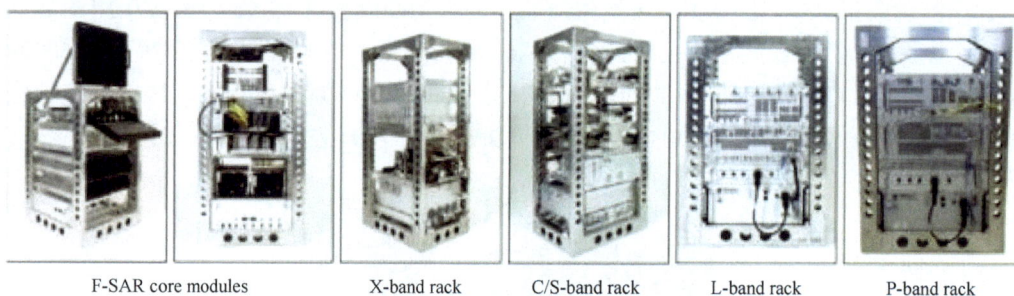

F-SAR core modules　　X-band rack　　C/S-band rack　　L-band rack　　P-band rack

图 2-16　F-SAR 系统不同波段的雷达传感器[3]

国内中科院空天院、中电 38 所等先后开展了机载 SAR 系统的研制。中国科学院空天信息创新研究院联合国内优势单位，在高分辨率对地观测重大专项项目支持下，研制出国内首套覆盖 6 个波段的全极化多维度合成孔径雷达工程样机，基于新舟 60 遥感飞机平台完成全系统集成，构建形成机载多维度 SAR 航空观测系统，如图 2-17 所示[4]。

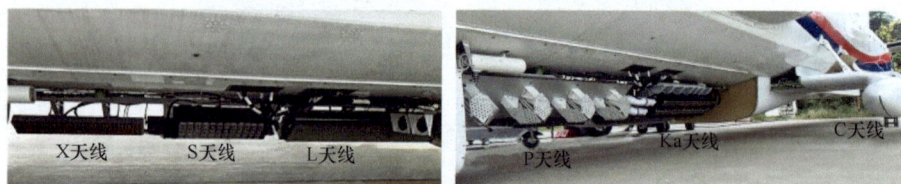

X天线　　S天线　　L天线　　　P天线　　Ka天线　　C天线

图 2-17　搭载在新舟 60 飞行平台上的多波段 SAR 系统

2）无人机 SAR 传感器

随着新技术方法的发展以及新器件、新材料的采用，使得 SAR 的分辨率等性能指标不断提高的同时，设备的重量、体积、耗电量逐步减少，雷达传感器逐渐在大中型无人机甚至微小型无人机上装备。

图 2-18 所示 Lynx 和 PicoSAR AESA SAR 都是用于无人机的合成孔径成像设备。其中 Lynx 是一种高分辨率合成孔径雷达（SAR），由 Sandia 国家实验室与通用原子公司（GA）合作设计和制造，主要用于无人驾驶飞行器。莱昂纳多公司在 2017 年澳大利亚航展上宣布，将为奥地利 Schiebel 公司的 S-100 无人机提供 PicoSAR 有源相控阵（AESA）雷达，并提供给一个北非国家的武装部队，用于支持边境监视和反恐任务。PicoSAR 雷达是一种小型雷达，非常适合无人机系统，已经用于莱昂纳多公司的 SW4-Solo 无人机，而 Schiebel 公司则是第二次选择该雷达作为 S-100 无人机的传感器。

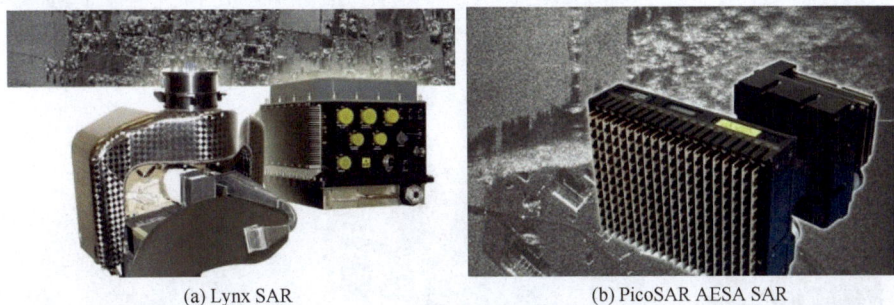

(a) Lynx SAR　　　　　　　　　(b) PicoSAR AESA SAR

图 2-18　无人机载合成孔径雷达硬件

4. 机载激光雷达

LiDAR（Light Laser Detection and Ranging）是激光探测及测距系统的简称，按照其搭载平台主要分为星载、机载、车载、船载以及手持等类型。机载 LiDAR 系统在航摄飞机或无人机上搭载 GNSS、IMU、激光扫描仪、数码相机等设备，对地面进行扫描成像，实现地面的高精度定位和三维重建，主要应用于基础测绘、城市三维建模和林业应用、铁路、电力等领域。激光扫描仪是主动传感器设备，工作原理与雷达类似，常用的测距方法包括脉冲法和相位法两种[5]。脉冲法是在发射端发射激光脉冲，接收端接收被测物体反射回的脉冲信号，通过脉冲计数器计算激光信号传输时间，然后通过光速和大气折射系数计算出传感器与目标物间距离，进而实现目标物的定位。脉冲法激光雷达量程长、功耗低、结构简单，但受限于系统时钟频率导致测量精度不高，因而主要用于对精度要求一般的远距离场景。相位法利用固定频率的高频正弦信号，连续调制激光源的发光强度并测定调制激光往返一次所产生的相位延迟，间接地测定信号传播时间，从而得到被测距离。相位法测量精度更高，通常达毫米量级。

机载激光雷达的扫描方式分为振荡式、章动式、旋转棱镜式、光纤式等，如图 2-19 所示。

加拿大 Optech 公司生产的 GEMINI[图 2-20（a）]、瑞士 Leica 公司的 ALS70 [图 2-20（b）]、德国 IGI 公司的 LiteMapper7800[图 2-20（c）]、奥地利 RIEGL 公司的 LMS-Q1560[图 2-20（d）]、美国 Trimble 公司的 AX60[图 2-20（e）]，以及中国北科天绘公司的 AP-3500[图 2-20（f）]等都是当前较成熟的商业系统。

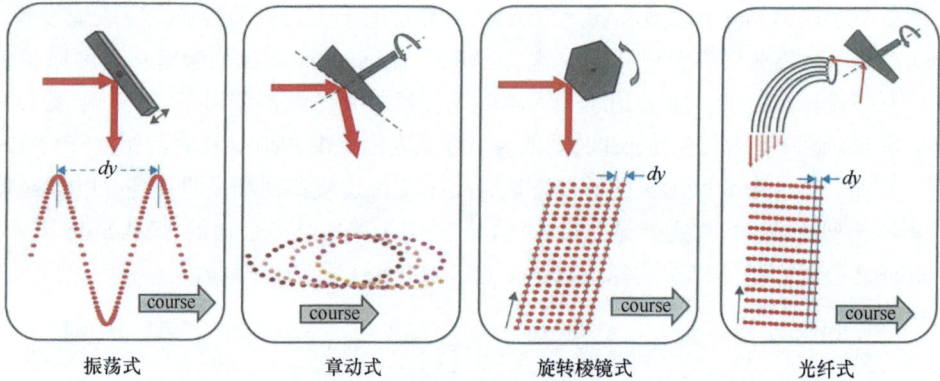

振荡式　　　　　　章动式　　　　　旋转棱镜式　　　　　光纤式

图 2-19　机载激光雷达的扫描方式

(a) Optech GEMINI　　　　　(b) Leica ALS70　　　　　(c) LiteMapper 7800

(d) LMS-Q1560　　　　　(e) Trimble AX60　　　　　(f) AP-3500

图 2-20　部分机载 LiDAR 系统

2.2.4　航空摄影测量对影像质量和飞行质量的要求

1. 影像质量要求

影像质量主要包括辐射质量和几何质量两个方面。辐射质量通常包括影像灰度层次、影像波段能量、影像噪声、信息容量（熵）、清晰度、辐射分辨率、无效像元等，几何质量体现在影像的量测性能方面，包括空间分辨率、几何纠正精度、波段配准精度等[6]。具体要求包括：

（1）影像应清晰，层次丰富，反差适中，色调柔和；应能辨认出与地面分辨率相适应的细小地物影像，能够建立清晰的立体模型。

（2）影像上不应有云、云影、烟、大面积反光、污点等缺陷。如图 2-21 所示，图 2-21

（a）是受到云雾影响的遥感影像，图 2-21（b）是利用算法消除云雾影响后的结果。可以看到，经过算法处理，消除云雾影响的影像质量得到明显改善。虽然存在少量缺陷，但不影响立体模型的连接和测绘时，则认为可以用于测绘线划图。

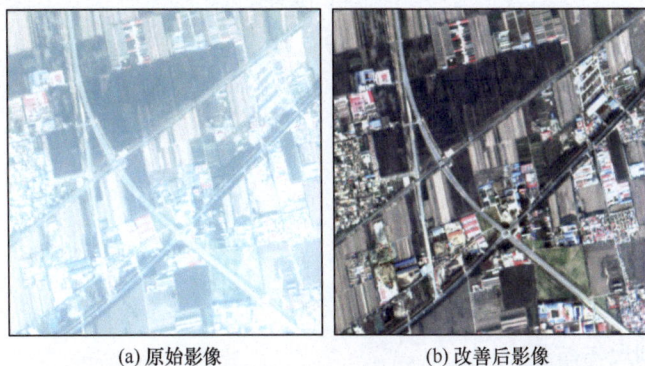

(a)原始影像　　　　　　(b)改善后影像

图 2-21　利用算法改进受云雾影响的影像质量

（3）拼接影像应无明显模糊、重影和错位现象。

（4）融合形成的高分辨率彩色影像不应出现明显色彩偏移、重影、模糊现象。

（5）确保因飞机地速的影响，在曝光瞬间造成的像点位移一般不应大于 1 个像素，最大不应大于 1.5 个像素。像点移位按式（2-2）计算：

$$\delta = \frac{t \times v}{GSD} \tag{2-2}$$

式中，v 是航摄飞机飞行速度，单位为 m/s；t 是相机曝光时间，单位为 s；GSD（ground sample distance）是地面分辨率代表影像上一个像素所对应的实际地面距离。

为了保证影像质量，通常可以根据拍摄地区大气晴朗的天数、大气透明度、光照、地表植被及覆盖物对摄影和成图的影响等因素选择最佳的航摄时间，在北方一般避开冬季进行彩红外、真彩色摄影。

2. 飞行质量要求

航空摄影的飞行质量主要包括影像倾斜角、航摄比例尺与航高、影像重叠度、航线弯曲度、影像旋偏角等方面。

1）影像倾斜角

影像倾斜角是航摄仪主光轴与通过物镜中心的铅垂线的夹角，如图 2-22 所示。传统的航空摄影测量要求影像倾斜角一般不大于 2°，最大不超过 3°。影像倾斜角的概略值可由影像边缘的水准器影像中的气泡所处位置判读。对无水准器记录的影像，若发现可疑，可用摄影测量方法进行计算。

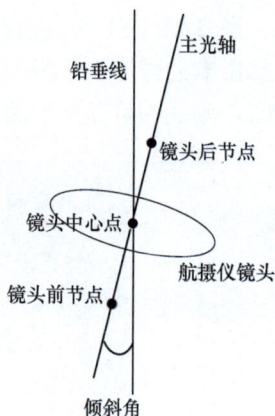

图 2-22   影像倾斜角

2）航摄比例尺与航高

如图 2-23 所示，影像比例尺定义为影像上线段 l 与地面上相应水平线段长度 L 之比。公式如下：

$$\frac{1}{m} = \frac{l}{L} = \frac{f}{H} \tag{2-3}$$

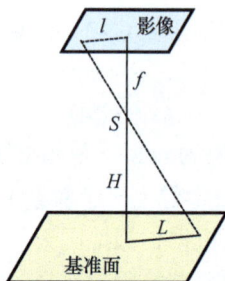

图 2-23   影像比例尺

式中，H 是摄影瞬间影像相对于测区平均水平面的高度，称为相对航高；f 为物镜中心至像面的垂距，称为航摄机主距。航空摄影时，物距即航高远大于像距，根据透镜成像公式，此时像距为相机焦距时，可保证成像清晰，所以主距 f 就等于相机焦距。

航摄比例尺的选定取决于成图比例尺，两者之间的关系详见 3.9.3 节。在做航摄计划时，选定了航摄仪（即确定了主距）和航摄比例尺以后，相对航高可根据式（2-3）计算。飞机应按预定航高飞行，摄影分区内实际航高与设计航高之差不得大于设计航高的 5%；同一航线内相邻影像的航高差不得大于 30m，最大航高与最小航高之差不得大于 50 m。

3）影像重叠度

用于地形测量的航摄影像必须覆盖整个测区，而且要能够满足立体测图要求，所以相邻影像之间应有一定的重叠。重叠大小用影像重叠部分的长度与像幅长度之比的百分数表示，称为影像重叠度。如图 2-24 所示，同一条航线内相邻影像间的重叠称为航向重叠，相邻航线间的重叠称为旁向重叠。

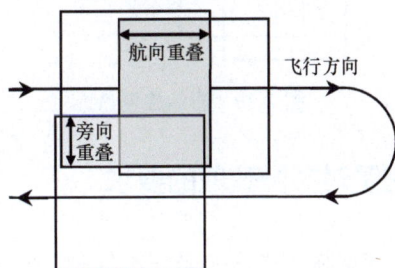

图 2-24　航向重叠和旁向重叠

航向重叠一般规定为 60%~65%，最小不得小于 53%，最大不大于 75%；旁向重叠一般规定为 20%~30%，最小不得小于 13%，但不得连续出现。重叠度小于最小限定值时，称为航摄漏洞，必须补飞补摄。重叠度过大时，将影响作业效率和提高作业成本。

4）航线弯曲度

把一条航线的航摄影像根据地物影像叠拼起来，连接首尾影像主点成一直线，航线中各张影像的像主点若不落在该直线上，航线则呈曲线状，称之为航线弯曲，用航线弯曲度 ε 表示，如图 2-25 所示。航线弯曲度 ε 由式（2-4）计算：

$$\varepsilon = \frac{\delta}{L} \times 100\% \qquad (2\text{-}4)$$

式中，δ 为像主点偏离航线首末主点连线的最大距离，单位为 mm，L 为航线首尾两端像主点连线的长度，单位为 mm。航线弯曲度一般不大于 1%，当航线长度小于 5000m 时，航线弯曲度最大不大于 3%。

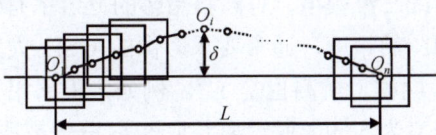

图 2-25　航线弯曲度

5）影像旋偏角

如图 2-26 所示，一条航线中，相邻影像主点的连线与同方向影像边框方向的夹角称为影像旋偏角 κ。

1∶500、1∶1000、1∶2000 测图时，影像旋偏角一般不应大于 15°，在确保影像航向和旁向重叠度满足要求的前提下最大不应大于 25°；1∶5000、1∶10000、1∶25000、1∶50000 测图时，影像旋偏角一般不应大于 10°，在确保影像航向和旁向重叠度满足要求的前提下最大不应大于 15°[7]。

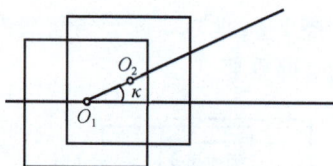

图 2-26   影像旋偏角

2.2.5   倾斜航空摄影测量对影像获取的要求

倾斜摄影测量主要用于获取城市地区实景三维模型。与航空摄影传统的垂直向下摄影方式不同,倾斜摄影三维建模的关键在于通过大倾斜角摄影,获取目标各个不同角度的高分辨率的重叠影像。五镜头相机(图 2-27)每个曝光点可同时获取下视、前视、后视、左视、右视五个方向影像(图 2-28),可以较好地胜任这份工作。那么采用五镜头倾斜摄影相机获取影像都有哪些要求?下面具体阐述。

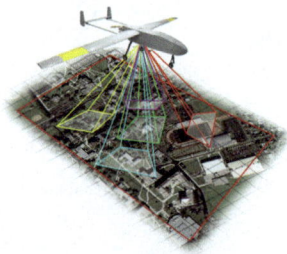

图 2-27   五镜头倾斜摄影相机   图 2-28   五镜头相机倾斜摄影模式

1. 影像分辨率和航高要求

为了获取高质量的精细三维模型,对倾斜摄影的分辨率有较高的要求。如果要让三维模型达到某一比例尺测图的精度,通常要求影像的 GSD 大约是相同成图比例尺垂直摄影要求的 GSD 的 1/3,同样,航高也是 1/3。例如,根据相关测绘行业规划,1∶500 成图比例尺垂直摄影分辨率为 5cm,假设要获取 5cm 分辨率影像航高为 600m。那么,如果采用倾斜摄影方式获得的三维模型同样达到采集 1∶500 线划图的精度要求,则影像 GSD 则是 5cm 的 1/3,大约是 1.7cm,航高也降低到 200m。分辨率提高会导致影像数据的增加,同时航高降低,也将增大航空摄影的风险。

2. 影像重叠率的要求

城市环境由于楼房密集,如果采用传统航空摄影测量的航向 60%、旁向 30%左右的重叠率,很容易导致楼房遮挡形成死角(图 2-29),特别是在旁向方向,造成地物覆盖得不完整,影响建模效果。因此,为了尽可能地拍摄到建筑物侧面和楼群缝隙,减少死角,并且尽可能从多个角度摄影,必须设置更高的重叠率。一般航向和旁向重叠率都要设置 75%～85%。如此高的高重叠率必然带来巨大的数据量和较低的生产效率。因此，如果测区建筑物密度较低，相互之间遮挡不严重的话，可以适当减小重叠率，以减小数据量。

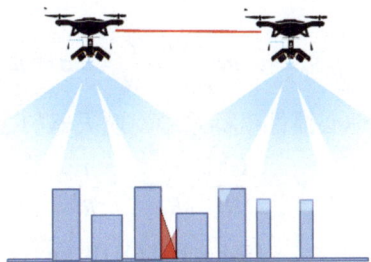

图 2-29　楼房遮挡造成盲区

3. 航向外扩要求

倾斜摄影时为了获取测区边缘建筑完整的侧面纹理，航摄飞行时需要在航向和旁向均外扩一定的距离。按照倾斜相机 45°方向安置为例，每个方向一般外扩 1 个航高的距离，如图 2-30 所示。外扩后，摄影区域将明显变大，如图 2-31 所示。在外扩区域只有朝向测区的影像是有效的，其他几个角度的影像无法拍摄到测区，故而属于无效冗余数据，在处理时可以加以剔除。航线外扩进一步增大了数据量，增加了航线长度，降低了飞行效率和生产处理效率。

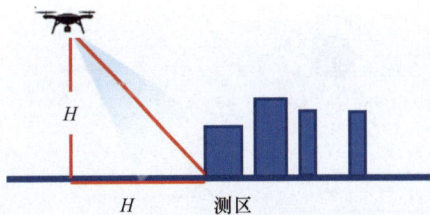

图 2-30　倾斜摄影航线外扩

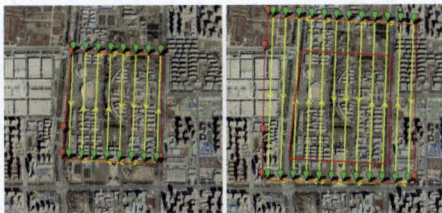

图 2-31　倾斜摄影航线外扩后摄影区域对比图

2.3　卫星影像获取

2.3.1　航天器轨道

航天器在以地球引力为主的多种力的作用下绕地球运动，如果只考虑地球引力，且将地球看作一个密度均匀的正球体，则航天器绕地球运动称为二体运动或二体问题，此时的航天器运行轨道称为正常轨道（无摄动轨道）。但是，地球并不是一个密度分布均匀的球体，此外，航天器还要受到大气阻力、太阳辐射压力和日月引力等各种摄动力的影响，致使其轨道不断变化，此时的轨道称为摄动轨道。虽然航天器的实际运行轨道是摄动轨道，但正常轨道能够描述航天器运动的基本规律，是研究复杂摄动轨道的基础。下面简要介绍航天器在地球引力作用下的二体轨道基本原理。

假定航天器绕地球运动构成一个二体系统，以矢量形式应用牛顿万有引力定律并与运动方程结合，为

$$F_{地球引力} = -m \cdot \frac{GM}{R^2} \cdot \frac{r}{R} = ma = m\ddot{r} \tag{2-5}$$

等式两端消去 m，则在地心惯性坐标系中，航天器的二体问题运动方程为

$$\ddot{r} = -\frac{GM}{R^2} \cdot \frac{r}{R} = -\mu\frac{r}{R^3} \tag{2-6}$$

式中，R 是航天器的地心向径，$\mu = GM = 3.986 \times 10^5 \, km^3/s^2$ 为地球引力常数，r 是航天器位置向量，$\ddot{r}$ 是 r 的二阶导数即加速度向量。

经过相应的数学推导[8]，可以得到卫星轨道方程是以地心为焦点的圆锥曲线方程，其极坐标形式表示如下

$$r = \frac{a(1-e^2)}{1+e\cos\nu} \tag{2-7}$$

式中，a 是半长轴，e 是偏心率，ν 是真近点角。因为绕地球飞行的卫星轨道是椭圆轨道，其形状及各种参数可用图 2-32 表示。

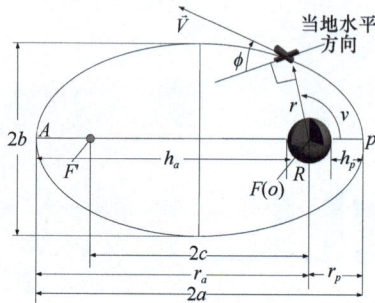

图 2-32 人造地球卫星轨道形状

图 2-32 中，F 和 F' 是椭圆的主焦点和虚焦点，地球质心在主焦点上，$2c$ 是焦点距离；r_p 是近拱点半径，h_p 是近地点高度，r_a 是远拱点半径，h_a 是远地点高度，a 是轨道半长轴，b 是轨道半短轴；ϕ 是飞行路径角，等于本地水平线与速度向量 $\vec{V}$ 的夹角。

描述一个轨道和轨道上航天器的位置需要六个参数，称之为开普勒六轨道根数或尤拉元素。六个开普勒根数的定义及作用如表 2-3 所示。

上述六个开普勒根数，a 和 e 确定了轨道大小和形状；i、Ω 确定了轨道面在空间的位置；ω 确定了轨道在轨道面内的旋转方位；ν 确定了航天器某时刻在轨道上的位置。在二体问题中研究航天器轨道时，六个开普勒根数除真近点角 ν 随时间变化外，其余五个元素为常数，用它来说明航天器运行的规律和特征，尤其是在计算轨道摄动时更为方

表 2-3　航天器轨道定义

轨道根数	名称	定义	范围	备注
a	半长轴	轨道大小	取决于圆锥曲线	
e	偏心率	$e = \dfrac{\sqrt{a^2 - b^2}}{a}$，决定了轨道形状	$e = 0$，圆； $0 < e < 1$，椭圆	$e = 0$ 时为圆周轨道
i	轨道倾角	轨道平面相对于赤道平面的倾斜程度	$0° \leqslant i \leqslant 180°$	当 $i = 0°$ 或 $180°$，赤道轨道；$i = 90°$，极轨道；$0° \leqslant i < 90°$，顺行轨道；$90° < i \leqslant 180°$，逆行轨道
Ω	升交点赤经	从春分点逆时针度量到升交点的角度值	$0° \leqslant \Omega \leqslant 360°$	轨道平面相对于主方向（春分点方向）的方位，描述轨道平面在空间的旋转
ω	近地点幅角	从升交点顺卫星运行方向度量到近地点的角度	$0° \leqslant \omega \leqslant 360°$	给出轨道在轨道平面内的方位
v	真近点角	从近地点到航天器的角度	$0° \leqslant v \leqslant 360°$	给出航天器在轨道中的位置，因为航天器是不停运动的，所以 v 是随时间变化的

便，因而在轨道计算中常使用开普勒根数，测轨部门一般提供开普勒根数。但在航天摄影测量中，轨道根数常用航天器在某一时刻在某一直角坐标系中的位置向量 $r(X, Y, Z)$ 和速度向量 $\vec{V}(\dot{X}, \dot{Y}, \dot{Z})$ 来表示。给定航天器在某时刻的位置向量 $r(X, Y, Z)$ 和速度向量 $\vec{V}(\dot{X}, \dot{Y}, \dot{Z})$，确定六个开普勒轨道根数的计算方法详见参考文献[8][9]。

2.3.2　遥感测绘卫星轨道类型

考虑成像分辨率、成像光照条件、地面覆盖等多种因素，遥感测绘卫星主要使用近地轨道，具体轨道类型包括太阳同步轨道、准回归轨道等。

1. 太阳同步轨道

由于地球并不是一个密度分布均匀的球体，讨论绕地球的航天器运动时，不能把地球看作质点，因此航天器绕地球运动存在引力摄动，不是一个二体问题。由于地球密度分布不均匀和形状不规则引起的地球形状摄动使得航天器轨道是一个随时都在变化的椭圆。地球形状摄动对航天器轨道的影响之一就是轨道面绕地球自转轴旋转，旋转时轨道倾角不变，升交点赤经 Ω 的变化率 $\dot{\Omega}$（°/d）可近似表达为

$$\dot{\Omega} = -9.96468 \frac{1}{\left(1 - e^2\right)^2} \left(\frac{R_E}{a}\right)^{3.5} \cos i \tag{2-8}$$

式中，e 为轨道偏心率，a 为轨道半长轴，i 为轨道倾角，R_E 为地球赤道半径。顺行轨道的轨道倾角 $i < 90°$，$\dot{\Omega} < 0$，升交点西退。逆行轨道的轨道倾角 $i > 90°$，$\dot{\Omega} > 0$，升交点东进。极地轨道的轨道倾角 $i = 90°$，$\dot{\Omega} = 0$，轨道面的方位不变。

如果选择合适的 a、i、e，使得轨道面进动角速度 $\dot{\Omega}=0.98565°/\text{d}$，则航天器轨道面在一恒星年时间内沿地球自转方向转一周（每日约转 0.985°），此时轨道面与日心和地心连线的夹角 θ 保持不变，这种轨道称为太阳同步轨道，如图 2-33 所示。

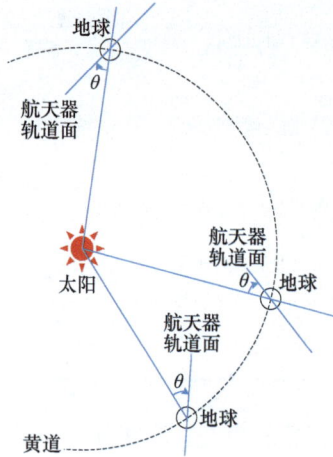

图 2-33   太阳同步轨道

由于太阳同步轨道面绕地球转动的角速度与地球绕太阳公转的平均角速度相等，因此在太阳同步轨道上运行的航天器每天在同一地方平太阳时以同一方向通过同一纬度，这样可以保证对某一地区的每次观测都具有相同的太阳方位角，成像的光照条件接近，影像之间辐射度一致性比较高，便于影像的摄影测量处理。

2. 准回归轨道

航天器相邻两个升交点（或降交点）时刻之间的平均时间称为航天器轨道周期 T。设地球的自转角速度为 ω，$\omega=360°/0.997269\text{d}$（恒星日），则航天器一天相对于地球运行的圈数 N 等于 $360°/(\omega-\dot{\Omega})T$，其中 $\dot{\Omega}$ 仍为轨道面进动角速度。如果 N 为整数，则航天器每天以整圈数 N 经过同一地点，这类轨道称为回归轨道，N 称为航天器轨道回归数。回归轨道星下点轨迹以等间隔经过赤道，赤道上相邻轨迹之间平均间隔 d 的计算公式如下

$$d=\frac{2\pi R_E}{N} \tag{2-9}$$

式中，R_E 为地球赤道半径。当 $N=1$ 时，航天器一天绕地球一周，称为地球同步轨道。当 $N=1$ 时，如果轨道倾角 $i=0°$，轨道偏心率 $e=0$，这种轨道为地球静止轨道，轨道高度为 35787km。这种轨道的优势是航天器星下点位置不动，用作通信或信号中继比较好，但由于轨道高度太高，当前成像传感器性能不足以得到理想分辨率的影像，所以遥感测绘卫星一般不采用这种类型轨道。

由于地球大气阻力对轨道的衰减影响，航天器轨道高度一般不能低于 160km，根据

轨道根数的相应计算公式可知，此时航天器轨道周期大于 88min，所以回归数 N 小于 17[9]。如果回归数为 16，根据式（2-9）可以计算出赤道上相邻轨迹之间平均间隔为 2504km，这个距离对于大多数传感器的地面覆盖范围来说太大，相邻航线之间存在非常大的摄影漏洞。为了实现全球覆盖，遥感测绘卫星一般采用准回归轨道。下面说明准回归轨道的基本原理。

在此先引用等分圆定理：把一个圆周等分成每份为 L 度的 N 份后，还多（或少）kd 度，k 是正整数，若 L 能被 d 整除，即 $L/d = m$ 为正整数，且 k/m 为不可约分数，则 d 可等分圆，而 L 可等分 $m \cdot 360°$ 圆。据此可列出等式 $360° = NL \pm kd$，所以

$$\frac{360°}{L} = N \pm \frac{kd}{L} = N \pm \frac{k}{L/d} = N \pm \frac{k}{m} \tag{2-10}$$

设航天器每天绕地球运行的圈数为 P，则

$$P = \frac{360°}{L} = N \pm \frac{k}{m} \tag{2-11}$$

将上式两边同乘以 m，可得

$$K = \frac{m \cdot 360°}{L} = Nm \pm k \tag{2-12}$$

因为 $Nm \pm k$ 是整数，设 $K = Nm \pm k$，则 K 就是等分 $m \cdot 360°$ 圆的圈数。

如果航天器轨道周期 T 满足：

$$K = \frac{360°}{(\omega - \dot{\Omega})T} = N \pm \frac{k}{m} \tag{2-13}$$

即

$$m \cdot 360° = (Nm \pm k)(\omega - \dot{\Omega})T \tag{2-14}$$

则该轨道就称为准回归轨道。即经过 m 天，卫星运行 $Nm \pm k$ 圈，乘以卫星轨道周期 T 和地球对航天器轨道面的相对角速度 $(\omega - \dot{\Omega})$，正好等于地球自转 $m \cdot 360°$，与原来的星下点轨迹重合。m 称为回归周期或覆盖周期，单位为天，d 为赤道上相邻轨迹间隔，kd 为一天的轨道回归差。

准回归轨道，赤道上相邻星下点轨迹之间距离为

$$d = \frac{2\pi R_E}{Nm \pm k} \tag{2-15}$$

当升交点东进时（逆行轨道），式中取+号，当升交点西退时（顺行轨道），式中取–号。

3. 遥感测绘卫星对卫星轨道的要求

遥感测绘卫星由于其任务特点决定了其轨道选择需要考虑以下因素：

（1）采用圆形和近圆形轨道。目的是使遥感影像的地面分辨率不会因卫星轨道高度变化过大而差异过大，能够保持基本一致的比例尺。

（2）轨道高度一般在 500～1000km。轨道高度过低，大气阻力造成卫星轨道高度的不断衰减，严重影响卫星寿命。轨道高度过高，传感器地面分辨率有限，难以清晰成像。轨道高度在此区间，既能保持较长的工作寿命，实现对地面区域的长期重复观测，又能达到清晰成像的目的。

（3）采用近极地轨道。轨道倾角 i 要大于等于目标区域的最高纬度，才能实现对目标区域的成像覆盖。选择近极地轨道，可以获得包括南北极在内的全球影像，实现全球覆盖。当然，轨道倾角愈大，卫星发射时能够利用地球自转的速度愈小，需要运载工具提供的推力也愈大。

（4）采用太阳同步轨道。太阳同步轨道能让卫星以同一地方时飞过摄影区域上空，轨道面与太阳的相对位置不变，对同一地区进行多次重复观测时保持较为一致的光照条件，有利于提高影像质量，保证后期摄影测量处理的精度。

（5）采用准回归轨道。为了实现卫星所拍摄区域的全地面覆盖，传感器成像的瞬时地面覆盖宽度应大于星下点相邻轨迹之间的距离，以满足一定的旁向重叠率。如前所述，为了满足重叠率要求，必须采用准回归轨道。

2.3.3　航天摄影测量对影像重叠度的要求

航天摄影测量对影像航向重叠和旁向重叠的要求如下[9]。

1. 航向重叠

航天摄影航向重叠要求 80%，考虑的主要因素是：

（1）有利于提高目标点位测定和测图的精度。如果相邻影像间保持 80% 的航向重叠，则每张影像将有 100% 的幅面都能够达到五度重叠。此时，在每条航线上，影像覆盖的任意点都可以从五个摄影站十次测定，如图 2-34 所示。图中 AB 为 O_6（像主点）片的片幅，相邻的 O_1、O_2、…、O_{11} 片航向重叠 80%。

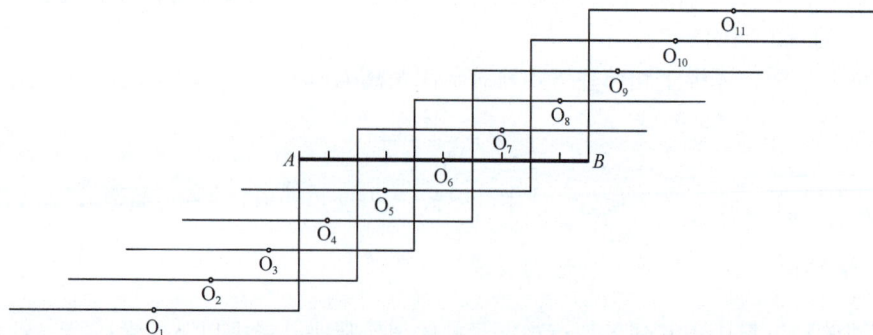

图 2-34　80%航向重叠

若按 60% 的航向重叠，则每张影像只有 60% 的幅面是三度重叠带，40% 的幅面是两度重叠带，这样在每条航线上，只有 60%的地区的目标点可以从三个相邻的摄影站三次确定，如图 2-35 所示。图中 AB 为 O_4（像主点）片的片幅，相邻的 O_1、O_2、…、O_7 片航向重叠 60%。

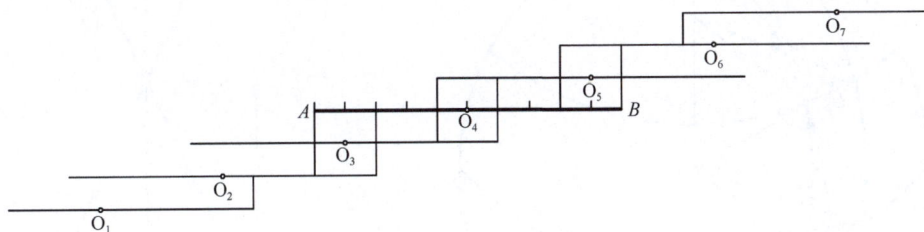

图 2-35　60%航向重叠

（2）防止摄影漏洞。若遇上云层遮盖，就可能造成绝对漏洞。当航向重叠率较大时，就有可能选择影像质量较好的影像进行定位和测图，从国内外航天摄影资料来看，这一点考虑是十分必要的。例如搭载在美国航天飞机上的大幅面相机（large formate camera，LFC），在 1984 年 10 月的飞行中，八天共取得 2140 幅影像，而在北美洲和欧洲重点试验区，只有 60%的影像上云层量覆盖小于 30%，可以被利用，大约 26%的影像被 40%～70%的云层覆盖，尚能从中提取部分信息，另外的 14%是不能利用的。

航天影像的航向重叠率 P 与航天器运行速度 V，摄影高度 H，摄影机焦距 f，像幅航向边长 l_x 和摄影时间间隔 t 的关系为

$$P = \left(1 - \frac{Vtf}{l_x H}\right)100\% \tag{2-16}$$

由上式可求曝光时间间隔 t：

$$t = \frac{Hl_x}{fV}(1-P) \tag{2-17}$$

航天摄影的旁向重叠率容易实现，一般用控制曝光时间间隔即可达到。

2. 旁向重叠

航天摄影要求旁向重叠≥20%，其目的是构成区域覆盖，便于区域网平差，从而提高目标点定位和测图的精度。对于近圆形轨道而言，由于航高变化小，可以认为航天影像的地面覆盖不随纬度变化而变化，而椭球上平行圈弧长随纬度的增高而减小，故星下点轨迹要向最高纬圈会聚，因此星下点间距离随着纬度的增高而减小，旁向重叠率也随之增大，如图 2-36 所示。设纬度为 φ 的影像旁向重叠率为 q_φ，相邻轨道星下点间距离为 D_φ，经差为 $\Delta\Omega$，地球赤道半径为 R，纬度为 φ 的平行圈半径为 R_φ，像幅旁向的地面覆盖长度为 L_Y，则由旁向重叠率定义可得

$$q_\varphi = 1 - \frac{D_\varphi}{L_Y} \tag{2-18}$$

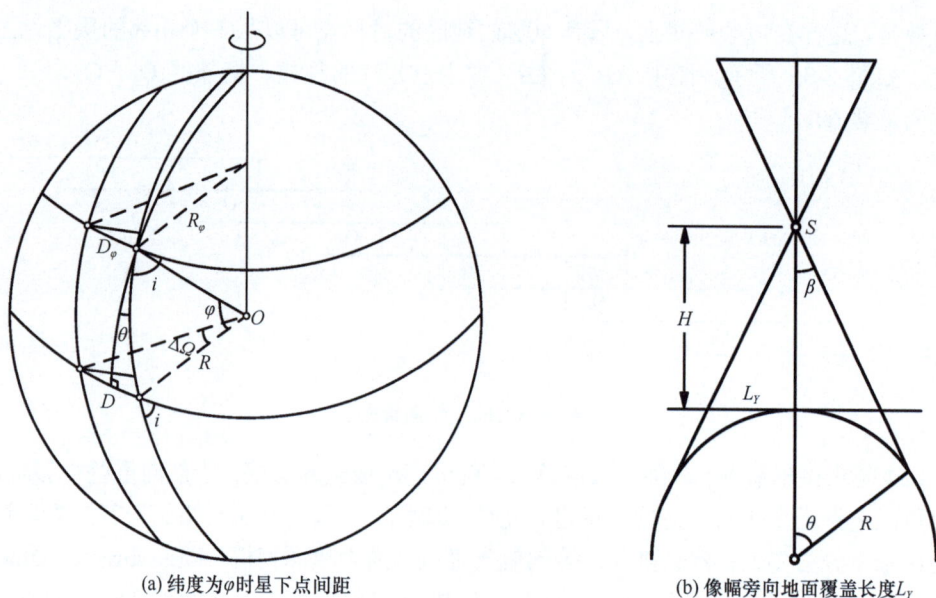

(a) 纬度为φ时星下点间距   (b) 像幅旁向地面覆盖长度L_Y

图 2-36   旁向重叠计算

从图 2-36（a）可知

$$D_\varphi = R_\varphi \Delta\Omega\cos\theta \qquad (a)$$

$$\sin\theta = \cos i / \cos\varphi$$

$$\cos\theta = \sqrt{1 - \frac{\cos^2 i}{\cos^2\varphi}} \qquad (b)$$

$$R_\varphi = R\cos\varphi \qquad (c)$$

将（b）、（c）式代入（a）式得

$$D_\varphi = R\cdot\Delta\Omega\sqrt{\sin^2 i - \sin^2\varphi} \qquad (2\text{-}19)$$

式中，i 为轨道倾角。

如图 2-36（b），

$$L_Y = 2R\theta = 2R\left[\arcsin\left(\frac{H+R}{R}\sin\beta\right) - \beta\right] \qquad (2\text{-}20)$$

将式（2-19）、式（2-20）代入式（2-18）得

$$q_\varphi = 1 - \frac{\Delta\Omega\sqrt{\sin^2 i - \sin^2\varphi}}{2\left[\arcsin\left(\frac{H+R}{R}\sin\beta\right) - \beta\right]} \qquad (2\text{-}21)$$

式（2-21）为旁向重叠率较严密的计算式，式中 β 为半像场角。

对于近极地轨道，$i \approx 90°$，则式（2-21）变为

$$q_\varphi = 1 - \frac{\Delta\Omega\cos\varphi}{2\left[\arcsin\left(\dfrac{H+R}{R}\sin\beta\right) - \beta\right]} \tag{2-22}$$

在航天摄影轨道设计及航天摄影测量中，常需要求出目标区旁向重叠率 q_φ 与赤道上旁向重叠率 q_e 的关系，现设赤道上相邻轨道星下点距离为 D，则由旁向重叠率定义可得

$$(1-q_e)L_Y = D, \quad (1-q_\varphi)L_Y = D_\varphi \tag{2-23}$$

$$\therefore \frac{1-q_\varphi}{1-q_e} = \frac{D_\varphi}{D} = \sqrt{\sin^2 i - \sin^2\varphi} \tag{2-24}$$

$$q_\varphi = 1 - (1-q_e)\sqrt{\sin^2 i - \sin^2\varphi} \tag{2-25}$$

式（2-25）即为纬度为 φ 的目标区旁向重叠率 q_φ 与赤道上旁向重叠率 q_e 的关系式。

对于近极地轨道，$i \approx 90°$，则式（2-25）变为

$$q_\varphi = 1 - (1-q_e) \tag{2-26}$$

$$q_e = 1 + (q_\varphi - 1)\sec\varphi \tag{2-27}$$

文献[10]分析了在无地面控制点条件下，影像重叠度与定位精度的关系，出随着影像重叠度的增加，几何校正的定位精度开始呈现出明显提高的趋势，随后定位误差下降趋势变缓，在达到 14 度重叠以后，定位误差趋势稳定下来。

思 考 题

1. 描述数字影像的定义，数字影像的获取方式有哪些？
2. 对比无人航摄平台和载人航摄平台的优缺点。
3. 摄影测量常用成像载荷有哪些类型？
4. 摄影测量对航空影像即航空摄影的基本要求有哪些？
5. 倾斜航空摄影测量对影像获取的有哪些要求？
6. 根据航天摄影测量的技术特点，总结归纳遥感测绘卫星轨道的类型和特点。

本章参考文献

[1] 耿则勋, 张保明, 范大昭. 数字摄影测量学[M]. 北京: 测绘出版社, 2010.
[2] 张保明, 龚志辉, 郭海涛. 摄影测量学[M]. 北京: 测绘出版社, 2008.
[3] https://view.inews.qq.com/a/20211017A01RZY00.
[4] 周良将, 汪丙南, 王亚超, 等. 机载多维度 SAR 航空观测实验初步进展[J]. 电子与信息学报, 2022,

网络首发.

[5] 王潇, 张美娜, Zhou J F, 等. LiDAR 传感器即技术在农业场景的应用进展综述[J]. 中国农机化学报, 2022, 43(11): 155-164.

[6] 刘飒, 王明志, 吴亮, 等. 基于相关因素的遥感影像辐射质量度量模型研究[J]. 影像科学与光化学, 2014, 32(3): 1243-1253.

[7] 数字航空摄影规范 第 1 部分: 框幅式数字航空摄影, GB/T 27920.1—2011.

[8] 张海云, 李俊峰. 理解航天[M]. 北京: 清华大学出版社, 2007.

[9] 钱曾波, 刘静宇, 肖国超. 航天摄影测量[M]. 北京: 解放军出版社, 1992.

[10] 姚星辉, 尤红建, 王峰等. 多重观测卫星影像的无控区域网平差[J]. 遥感技术与应用, 2018, 33(6): 555-562.

第 3 章　单张影像解析基础

3.1　中心投影及其特征

3.1.1　投影及其分类

在摄影测量学范围内，通常把一个空间点按一定方式在一个平面上的构像，叫作这个空间点的投影。被投影的空间点叫作物点，物点对应的投影点叫作像点，物点与像点的连线叫作投射线，承载像点的平面叫作承影面或像面。

投射线互相平行的投影叫作平行投影（图 3-1）。如阳光照射下物体在地面上的阴影就是平行投影。投射线都垂直于承影面的投影是垂直投影（图 3-2），显然，垂直投影是一种特殊的平行投影。在局部范围内，可以近似地把地形图当作是地面景物在当地水平面上的垂直投影（图 3-3）。

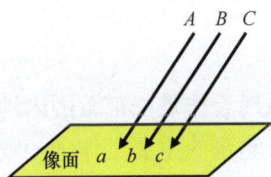

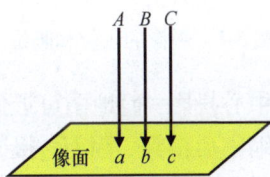

图 3-1　平行投影　　　　图 3-2　垂直投影　　　　图 3-3　近似垂直投影的地形图

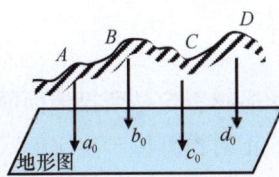

所有投射线或其延长线都通过一个固定点时的投影叫作中心投影，这个固定点称为投影中心，如图 3-4 所示。中心投影时，所有的投射线构成了一个以投影中心为顶点的光束。一般的光学摄影就是利用凸透镜成像原理实现的中心投影。所以光学遥感影像是所摄地面的中心投影，地面点发出的光线经过物镜中心（叫作中心光线）后与像面相交得到的交点就是像点。

在摄影测量学中还经常用到阴位和阳位的概念。如图 3-5 所示，当投影中心位于物和像之间时，则称影像处于阴位。反之，如果把阴位的影像绕主光轴（通过镜头透镜两个球面中心的直线）旋转 180°，并沿主光轴把影像平移到投影中心与物之间，使之距投影中心 S 的距离与阴位相同，这时影像处于阳位。摄影时得到的负片影像与地面的实际方位恰好相反，是阴位影像。将阴位负片晒印成的正片，影像方位就与地面一致，是阳位影像。本书通常采用阳位影像来讨论影像的数学关系。

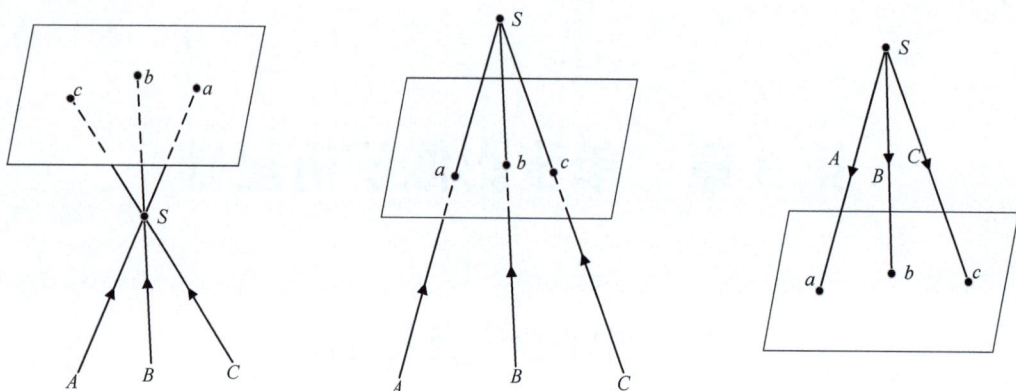

图 3-4　中心投影

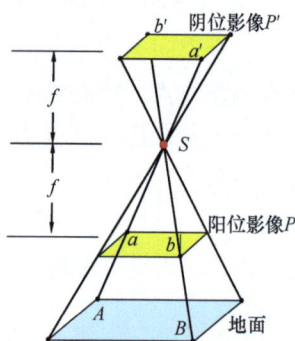

图 3-5　影像的阴位和阳位

光学遥感影像是所摄地面的中心投影,而地图可近似地看作是局部范围内地面在水平面上的正射投影按一定比例尺缩小后得到。因而,摄影测量的主要工作之一就是将中心投影的光学遥感影像转换为正射投影的地图。

3.1.2　中心投影的主要特征

研究中心投影的特征对于按影像形状进行目标识别、分析和改正影像的变形,以及进行投影之间的变换等方面都有重要意义。这里着重从几何学方面阐述中心投影的特征如下:

(1)点的中心投影通常是点。在只有一个投影中心的前提下,通过一个点只能做出一条投射线,而一条投射线与一个承影面最多只能相交于一个点。如果物方空间某一点的投射线与承影面平行,则与承影面没有交点(相交于无穷远),这是一个特例。如图 3-6 所示,S 是投影中心,P 是像面,A 点在像面上成像为 a 点,B 点在像面上不成像。

(2)线段的中心投影通常是一线段。如图 3-7 所示,如果一条线段及其延长线不经过投影中心,该线段与投影中心所唯一确定的平面叫作投射面,如果投射面与承影面不平行，会相交于一条直线，该空间线段的中心投影便是这条直线上由端点投射线截割出来的那个线段，如线段 BC 的中心投影为线段 bc。如果空间线段或其延长线通过投影中心，则投射面退缩为投射线，线段的中心投影退缩为一个点，如线段 AB 的中心投影为点 a。当空间线段其中一个端点的投射线与像面平行时，线段的中心投影为半直线，如线段 DC 的中心投影为半直线。如果空间线段的投射面与承影面平行时，投射面与承影面没有交线，即线段的中心投影位于无穷远处而不再是一个有限线段。投射面与像面平行的情形未画出。

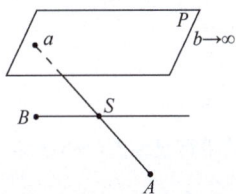

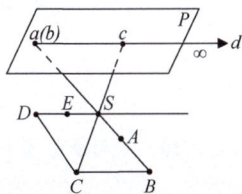

图 3-6　点的中心投影　　图 3-7　线段的中心投影

由这个特征可得出一个重要推论，就是中心投影保持点与直线的结合性。结合性的含义是如果一个点位于一条空间线段上，那么这个点的像也必然在空间线段的投影线段上。这是容易证明的，因为该点的投射线必然位于该线段的投射面内，因而该点的像必然位于该投射面与承影面的交线上，故仍结合在该空间线段的投影线段内。

（3）相交线段的中心投影通常是相交线段。由于中心投影保持点与直线的结合性，所以相交线段交点的像仍然位于各相交线段的投影线段上，因而它必然是各投影线段的交点，即各投影线段仍然是相交线段，如图 3-8 所示。如果各相交线段处于同一平面，且该平面包含投影中心，如果该平面不与承影面平行，则相交线段的中心投影退缩为同一直线上的线段；如果该平面与承影面平行，则相交线段在承影面上不成像。此外，还存在另一个重要的特殊情况，如图 3-9 所示，如果相交线段的交点 K 的投射线与承影面平行，即 K 点成像于承影面上无穷远处，因此相交线段的中心投影便是平行的半直线。

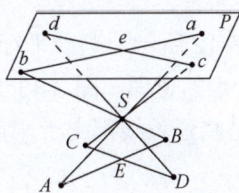

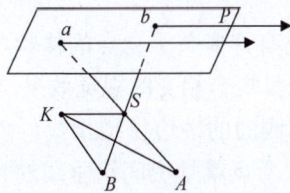

图 3-8　相交线段的中心投影　　图 3-9　相交线段的中心投影特例

（4）空间一组不与承影面平行的平行直线，其中心投影为一平面线束。如图 3-10 所示，空间有一组不与承影面平行的平行直线 L_1、L_2、L_3 上分别有 3 个点 A、B、C。这 3 个点在承影面上的中心投影为 a、b、c，当点 A、B、C 分别在 L_1、L_2、L_3 上移动，它们的投射线也将随之改变方向。当 A、B、C 分别趋近无穷远时，它们的投射线则趋近

于和 L_1、L_2、L_3 相平行，极限位置则是与它们相平行。此时，过投影中心 S 做这三条直线的平行线与承影面的交点即是三条直线无穷远处点的像。因此，当空间一组平行直线与承影面不平行时，其中心投影为一平面线束，线束的顶点是过投影中心并与空间平行线相平行的投射线与承影面的交点，这个点叫作合点。

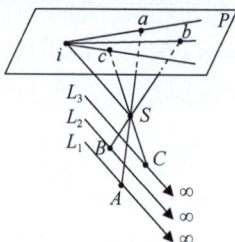

图 3-10　不与承影面平行的平行直线的中心投影

合点具有一个重要性质：合点是空间直线上或空间一组平行直线上无穷远点的中心投影。根据这个性质可以给出合点的定义，即：空间直线上或空间一组平行直线上无穷远点的中心投影，称为该直线或该组空间平行直线的合点。合点的求法，原则上是过投影中心作空间直线或空间一组平行直线的平行线，即投射线，再求其与像面的交点。

如图 3-11 所示，如果空间一组平行线与像面平行，过投影中心 S 作这一组平行直线的平行线，由于其与影像平面平行，没有交点，即它们的中心投影在像平面上仍是一组平行线，且与空间平行线相平行。

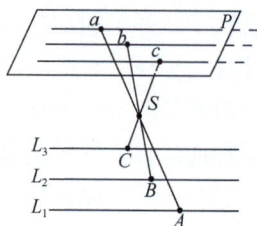

图 3-11　与承影面平行的平行直线的中心投影

日常生活中也有许多关于合点的体验，如图 3-12 所示，顺着平行的铁轨向远处看，铁轨的影像在远处呈汇合相交的视觉效果，就是合点的道理。图 3-13 是一幅航空影像，在影像上沿建筑物侧面的棱边作延长线，会发现这些延长线都交于一点，因为建筑物都是铅垂的，所以这个点就是空间铅垂线的合点。

（5）平面曲线的中心投影一般仍然是平面曲线。曲线可以用折线逼近，封闭曲线可以用多边形逼近。折线或多边形的中心投影可以由线段投影推论得出，即它们一般仍然是折线或多边形。所以平面曲线的中心投影一般仍为曲线（图 3-14），除非曲线所在平面包含投影中心，此时平面曲线在像面上成像为一条直线。

（6）空间曲线的中心投影是平面曲线（图 3-15）。这个结论可由平面曲线的中心投影推论得出。

图 3-12　平行铁轨在光学影像上呈相交的特征

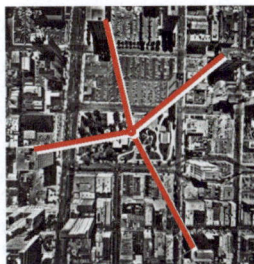
图 3-13　航空影像上的合点

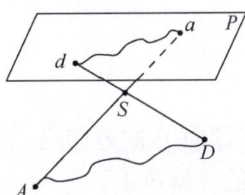
图 3-14　平面曲线的中心投影

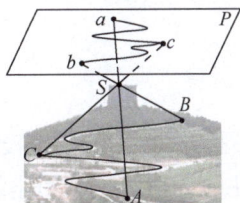
图 3-15　空间曲线的中心投影

3.1.3　透视变换中的特殊点、线、面

摄影测量中为了便于讨论物方和像方的几何关系，引入一种重要的特殊情况，就是二维景物与二维影像之间的中心投影变换关系。实际上，当被摄影的地区为平坦而水平的地面时，则地面景物与影像之间就是二维的变换关系。为区别起见，将两平面间的中心投影变换称为透视变换。在透视变换之下，投影中心亦称透视中心，像点亦称透视点，物点亦称投影点。

如图 3-16 所示，P 是像面，T 是水平的物面，S 是透视中心，这三者是构成透视变

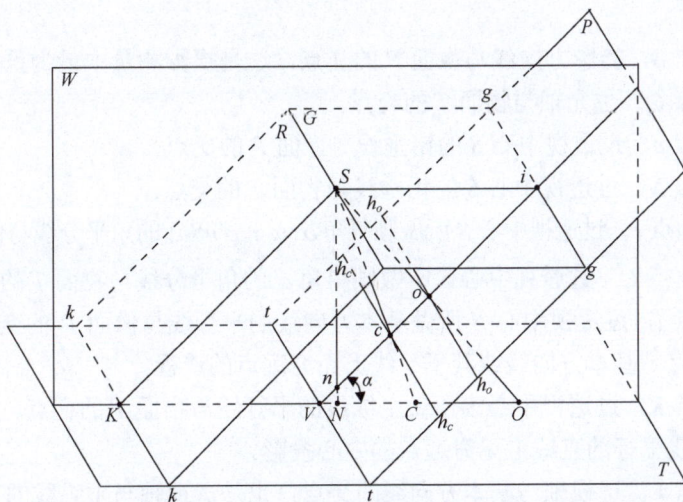
图 3-16　透视变换中的特殊点、线、面

换的基本要素。此外，透视变换中还有一些特殊意义的点、线、面，在后续建立物方空间和像平面的解析几何关系时会发挥作用，共涉及 3 个特殊面、7 条特殊线和 9 个特殊点。

1. 特别面

——主垂面 W，过投影中心且垂直于物面 T 和像面 P 的平面。

——真水平面 G，过 S 所做平行于物面 T 的平面。物面上无穷远点的投射线都在真水平面上。

——遁面 R，过 S 所做平行于像面 P 的平面。遁面上的点均构像于像面上无穷远处，即不成像。

2. 特别线

——摄影方向线 SO，过投影中心 S 且垂直于像面 P 的方向线，也称主光轴。摄影方向线在主垂面内，它与铅垂线的夹角等于影像的倾斜角 α。

——基本方向线 KV，主垂面 W 与物面 T 的交线。

——主纵线 iV，主垂面 W 与像面 P 的交线。主纵线代表影像的最大倾斜方向，它与基本方向线的夹角就是影像倾斜角 α。

——透视轴 tt，像面 P 与物平面 T 的交线。透视轴上的点既在物面上又在像面上，所以既是物点又是像点，叫作二重点或迹点。

——真水平线 gg，真水平面 G 与像面 P 的交线。

——灭线 kk，遁面 R 与物面 T 的交线。

——像水平线 hh，像面上与主纵线垂直的直线（即与真水平线 gg 平行的直线，如 $h_c h_c$、$h_o h_o$）。

3. 特别点

——像主点 o，摄影方向线与像面 P 的交点，这是摄影测量中最为重要的点。

——地主点 O，主光轴与物面 T 的交点。

——像底点 n，过透视中心 S 的铅垂线与像面 P 的交点。

——地底点 N，过透视中心 S 的铅垂线与物面 T 的交点。

——像等角点 c，过透视中心 S 所做倾斜角 $\alpha(\alpha = \angle nSo)$ 的角平分线与像面 P 的交点。

——地等角点 C，过透视中心 S 所做倾斜角 α 的角平分线与物面 T 的交点。

——主合点 i，过透视中心 S 所做基本方向线的平行线与像面 P 的交点。由合点性质可知，主合点是基本方向线或其平行线上无穷远点的透视。

——主灭点 K，过透视中心 S 所做主纵线的平行线与物面 T 的交点。它是像面上主纵线或与主纵线平行的直线上无穷远点的中心投影。

——主迹点 V，透视轴与基本方向线的交点，也是透视轴与主纵线的交点。

以上各特别点中 V、n、c、o、i 都在主纵线上，V、K、N、C、O 都在基本方向线

上。在摄影测量当中最常用的点为 o、c、n 点。

——主横线 h_oh_o，过像主点 o 的像水平线。

——等比线 h_ch_c，过像等角点 c 的像水平线。

此外，在主垂面内存在的简单几何关系在后续也会用到。

如图 3-17 所示，$SN = II$，H 是航高。$\angle nSo = \alpha$，$\angle cSn = \angle cSo = \alpha/2$，则 $\angle KSC = \angle SCK = \angle iSC = \pi/2 - \alpha/2$，即 ΔKSC、ΔiSc、ΔVcC 都是等腰三角形。而 $SKVi$ 是平行四边形，称为透视平行四边形，在摄影测量中的作用较为重要，它的两个边 iS 和 iV 对透视变换有重要意义，叫作透视指数，由图 3-17 推导出式（3-1）所示几何关系。

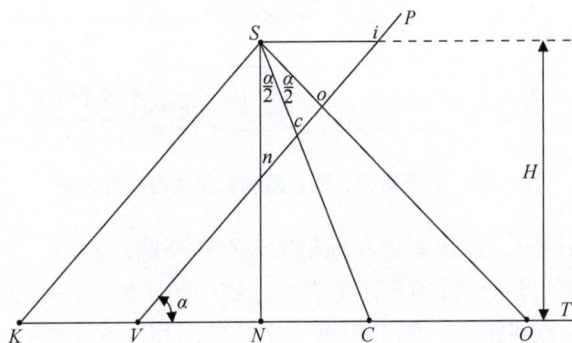

图 3-17 主垂面内的简单几何关系

$$
\left.
\begin{aligned}
iS &= KV = ic = \frac{f}{\sin\alpha} \\
iV &= SK = KC = \frac{H}{\sin\alpha} \\
Vc &= VC = iV - iS = \frac{H - f}{\sin\alpha} \\
on &= f\tan\alpha \\
oc &= f\tan\frac{\alpha}{2} \\
ON &= H\cot\alpha \\
CN &= H\cot\frac{\alpha}{2} \\
oi &= f\cot\alpha
\end{aligned}
\right\}
\tag{3-1}
$$

式（3-1）连同图 3-17 表示了透视平行四边形和 3 个等腰三角形的各种关系。

3.1.4 航摄影像和地形图的比较

由前文知识可知，在局部范围内，地形图可近似看作地面在当地水平面上的垂直（或正射）投影按一定比例尺缩放后得到，而航摄影像是所摄地面的中心投影。将中心投影的航摄影像转化为垂直投影的地形图，是航空摄影测量学的主要任务之一，如图 3-18 所示。

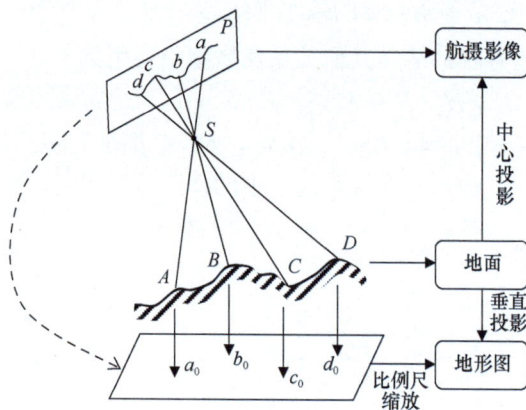

图 3-18 航摄影像、地形图和真实地面三者关系

除了投影方式不同外，航摄影像和地形图还存在一些差异：

（1）几何性质的差异：一幅地形图上有一个统一的比例尺，可以量测地图上某个点的地面坐标及任意两点间距离，图上距离与实际地面相应水平距离之比就是地图比例尺；而原始的航摄影像由于受到影像倾斜和地形起伏等因素影响，没有统一比例尺，不能直接从影像上量测出像点所对应地面点的坐标。

（2）表示方法和内容的差异：地形图是按照一定标准和法则，按一定的比例尺，运用线条、符号、颜色、注记等描绘地球表面的地形地貌、地物、行政区划、社会状况等的图形，其内容是严格按照图式规范进行科学概括、综合取舍的，具有一定主观性；航摄影像则是在不接触目标的基础上，利用成像传感器收集地表光谱信息获取的，内容丰富、所见即所得，是地面景物的真实客观反映，如图 3-19 所示。

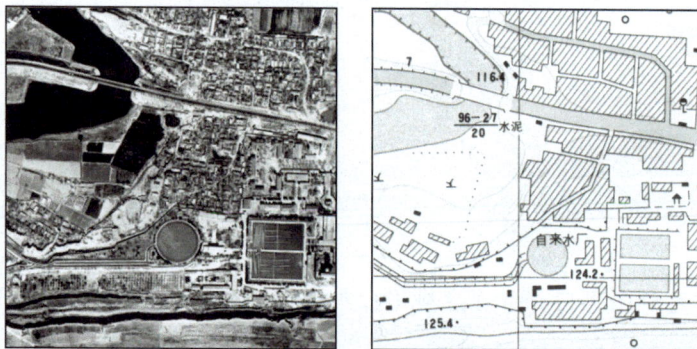

图 3-19 航摄影像和地形图

（3）现势性差异：地形图生产周期较长，更新速度相对较慢；而航摄影像更新快、

现势性强,能够对地表进行实时监测,因而可利用航摄影像现势性强的特点修测地形图,如图 3-20 所示。

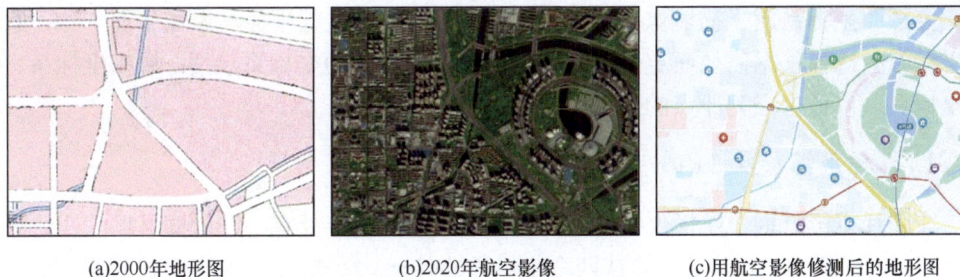

(a)2000年地形图　　　　　(b)2020年航空影像　　　　(c)用航空影像修测后的地形图

图 3-20　利用航摄影像对地形图修测

目前大部分地图的制作与更新均是通过摄影测量方法完成的。虽然航摄影像和地形图存在以上差异,但它们都是地理信息的载体,都是 GIS 的重要数据源,二者结合可以生成非常重要的地理数据产品——影像地图(图 3-21),该类型地图既包含了航摄影像的丰富内容,又保证了地形图的几何精度和整饰,具有可量测的属性,高德、百度等平台的影像地图即属于此类产品。

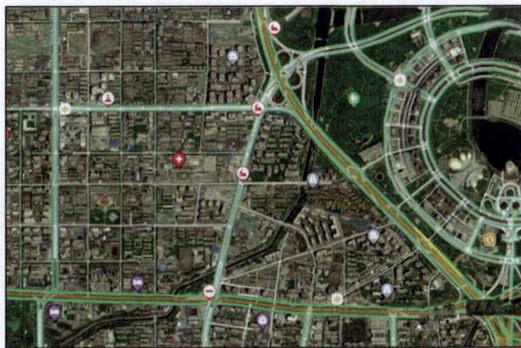

图 3-21　影像地图局部(集成了实时路况、交通事件、注记等信息)

3.2　摄影测量常用坐标系的建立

建立像点和相应地面点间的坐标关系时,首先遇到的问题就是在什么坐标系统中表达像点和地面点位置。一般来说,表达像点位置的坐标系统应该直接与像点的坐标量测相联系,而表达地面点位置的坐标系统则应直接与大地测量的坐标系统相联系。此外,还应该建立一些过渡性的坐标系统,以便把主要用来表示像点位置的坐标系统与主要用来表示地面点位置的坐标系统联系起来。本书主要采用如下 5 个坐标系统:像平面坐标系、像空间坐标系、摄影测量坐标系、地面辅助坐标系和大地坐标系。

3.2.1　像平面坐标系

像平面坐标系用于描述像点在影像平面内的坐标，坐标平面与影像平面一致，原点和坐标轴的选择根据需要而定。摄影测量中常用的像平面坐标系包括：框标坐标系、影像坐标系、以像主点为原点的像平面坐标系。

1. 框标坐标系 $o'—x'y'$

在胶片摄影时期，航摄仪镜箱上物镜筒和暗盒的衔接处有一贴附框，框的四边严格地处于同一平面内，每边的中点或四个角隅各设有一个标志，即为框标。航空摄影时，框标与物方景物一起成像，利用影像四边中央的框标连线可正交得到影像中心点。如图 3-22 所示，以影像中心点为原点，框标连线为坐标轴的像平面坐标系称为框标坐标系 $o'—x'y'$，像点在框标坐标系的坐标为 (x', y')，坐标单位通常用毫米表示。

2. 影像坐标系 $o''—uv$

进入数码摄影时代后，摄影测量的原始数据是数字影像（数字影像）。如是否对应前面的 2.1 节所述，数字影像都是由像素组成的，通常使用影像坐标系来描述像素在影像中的位置。如图 3-22 所示，影像坐标系 $o''—uv$ 是以像素为单位的直角坐标系，原点位于影像左上角，行方向为 u 轴，向右为正；列方向为 v 轴，向下为正。像素在影像坐标系的坐标为 (u, v)，横坐标 u 与纵坐标 v 分别是在其影像数组中所在的列数与所在行数。

框标坐标系与影像坐标系的转换公式如下

$$\left. \begin{array}{l} u = \left(x' + x_{o'}\right)\big/d_x \\ v = \left(y_{o'} - y'\right)\big/d_y \end{array} \right\} \tag{3-2}$$

式中，$\left(x_{o'}, y_{o'}\right)$ 是框标坐标系原点（影像中心点）o' 在影像坐标系中的坐标，d_x、d_y 是像素在 x 和 y 方向的物理尺寸。

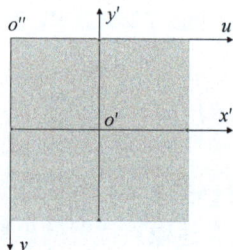

图 3-22　影像坐标系 $o''—uv$ 和框标坐标系 $o'—x'y'$

3. 以像主点为原点的像平面坐标系 $o—xy$

在摄影测量中，用于建立物点与像点的构像方程式的像平面坐标系 $o—xy$ 是以像主点 o 为原点，以接近航线方向的影像边方向为 x 轴，且取航摄飞行方向或其反方向为正方向，y 轴及 y 轴的正方向则按右手直角坐标系的规则确定，如图 3-23 所示。理想情况下，像主点应与影像中心点重合，但由于相机制造工艺等因素的影响，像主点并不位于影像中心。像点在像平面坐标系的坐标 (x, y) 与框标坐标系坐标 (x', y') 的转换公式为

$$\left.\begin{array}{l} x = x' - x_0 \\ y = y' - y_0 \end{array}\right\} \tag{3-3}$$

式中，(x_0, y_0) 是像主点在框标坐标系中的坐标，属于影像内方位元素，详见 3.3 节。

以像主点为原点的像平面坐标系的坐标轴还有其他许多取法，还有一些不以像主点为原点的像平面坐标系，其坐标轴的取法也是多种多样的，这些将在后续介绍。

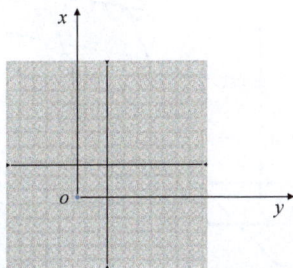

图 3-23　以像主点为原点的像平面坐标系 o—xy

3.2.2　像空间坐标系

像空间坐标系简称像空系，是一种主要用于表示像点位置的空间直角坐标系。像空系作为一种空间坐标系自然可以表示任何点的空间位置，所以它不仅可以表示像点的空间位置，而且可以表示地面点的空间位置。之所以称为像空系是因为这种坐标系的建立直接与像平面坐标系相联系，并且主要用于表示像点的空间位置。像空系是以投影中心 S 为原点，x，y 坐标轴与以像主点为原点的像平面坐标系相应轴平行，z 轴由右手规则确定的空间直角坐标系，记作 S—xyz，如图 3-24 所示。任一像点 m 在像空系中的坐标为 $(x, y, -f)$，其中 (x, y) 就是像点 m 的像平面坐标。所有像点的 z 坐标显然都相等，即 $z = -f$。f 是投影中心 S 至像平面的垂距，叫作摄影仪镜箱主距或影像的主距，在航空摄影测量中它近似等于航摄仪镜头的焦距。可以看出，像空系的空间方位代表着影像的空间方位。像空系的移动和绕原点的旋转就代表着航摄影像的移动和旋转。

3.2.3　摄影测量坐标系

摄影测量坐标系简称摄测系，它是像空间与物空间之间的一种过渡性坐标系，主要用于表示物点的空间位置，也可用于表示像点的空间位置。摄测系也是一个右手空间直角坐标系，它的原点通常选在某一摄影站或某一地面控制点上。在航空摄影测量中，摄

测系的 X 轴大体上与航线方向或其反方向一致，Y、Z 轴则分别接近水平和铅垂构成右手空间直角坐标系，记作 $S{-}XYZ$ 或 $D{-}XYZ$，如图 3-25 所示。

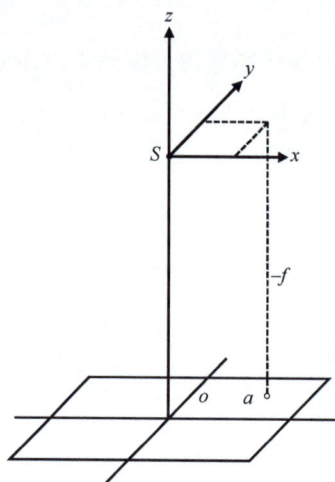

图 3-24　像空间坐标系　　　　图 3-25　摄影测量坐标系

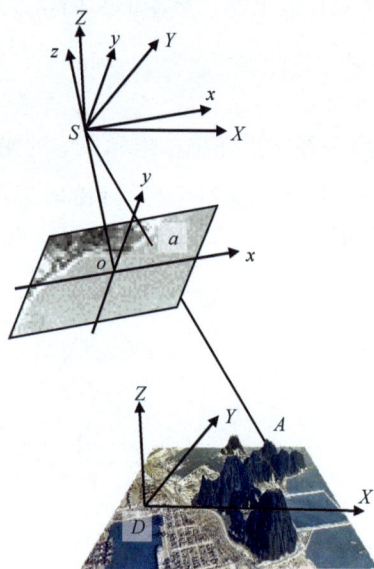

3.2.4　地面辅助坐标系

地面辅助坐标系简称地辅系，是最常用的坐标系中的一种，用于表示物点空间位置的三维直角坐标系统。地辅系是物方空间坐标系，Z 轴铅垂，其轴 X 和 Y 的方向或由一个地面（或物面）坐标系决定，或由一个航线的飞行方向决定，是右手空间直角坐标系。

3.2.5　大地测量坐标系

大地测量坐标系是一种固定在地球上，随地球一起转动的非惯性坐标系统。根据其原点位置不同，分为地心坐标系系统和参心坐标系统。前者的原点与地球质心重合，后者的原点与参考椭球（与某一地区或国家地球表面最佳吻合的地球椭球）中心重合。从表现形式上又分为空间直角大地坐标系和球面大地坐标系两种。空间直角坐标用 (X,Y,Z) 表示，球面大地坐标用（经度 L，纬度 B，大地高 H）表示，其中大地高 H 是指空间点沿椭球面法线方向高出椭球面的距离。

我国曾经使用过的参心坐标系有北京 54 坐标系和西安 80 坐标系。目前，国内常用的大地坐标系包括 2000 国家大地坐标系（CGCS2000）和美国 WGS–84 坐标系。

地面点的位置可用大地坐标系表示在参考椭球面上，按一定比例尺进行缩小后得到的是一个地球仪，不便于制作、保管和使用。因此，需要将参考椭球面上的三维图形按一定投影方式投影到平面上，得到平面地形图。根据高斯–克吕格尔投影所建立的平面坐标系简称高斯平面坐标系，是表达平面地形图常用的坐标系。高斯平面坐标加上高程便可描述地面点的空间位置，构成的空间坐标系也是最常用的坐标系中的一种，我国现行的大于 1 : 50 万的基本比例尺地形图通常都采用高斯–克吕格投影。高斯平面直角坐标系是左手系，纵轴为 X_G，横轴为 Y_G。我们把高程方向加上去作为 Z_G 轴，亦构成一个左手空间直角坐标系，记作 $O - X_G Y_G Z_G$。这个坐标系是最后用来表示地面点的空间位置的。

3.3　影像的内外方位元素

在摄影测量中需要确定镜头中心（投影中心）与影像，以及摄影瞬间影像与所摄地面的基本几何关系，用以确定该几何关系的参数称为影像的方位元素。影像的方位元素分为两组，一组为内方位元素，一组为外方位元素。

3.3.1　影像内方位元素

像点在像空系中的坐标是 (x, y, f)，其中 (x, y) 是像点在以像主点为原点的像平面坐标系中的坐标，但像主点在影像上并不能直接获得，所以像点的坐标量测通常是在以影像中心点为原点的框标坐标系中进行的。如果同名坐标轴互相平行，则两个坐标系的变换就可通过原点的平移来实现（图 3-26 和图 3-27）。

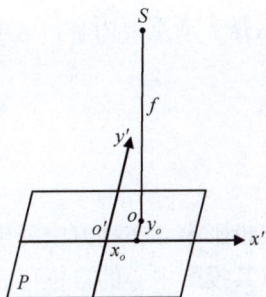

图 3-26　航摄影像的内方位元素　　**图 3-27　摄影光束**

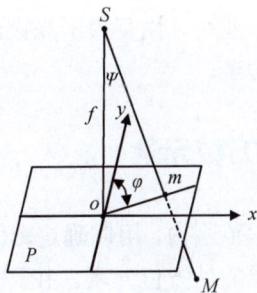

如图 3-26 所示，设像主点 o 在框标坐标系 $o' - x'y'$ 中的坐标为 (x_0, y_0)，影像的主距为 f，则只需要 3 个独立参数 x_0、y_0、f，便可将像点的框标坐标系坐标 (x', y') 变换为像空系坐标 (x, y, f)，变换公式如下

$$\left. \begin{array}{l} x = x' - x_0 \\ y = y' - y_0 \end{array} \right\} \tag{3-4}$$

x_0、y_0、f 就是影像的三个内方位元素，这三个参数共同确定了投影中心对影像的相对位置，f 是影像主距，x_0、y_0 是像主点在框标坐标系中的坐标。影像的内方位元素

通过相机检校给出，所以一般是已知的，相机检校的原理详见 4.3 节。理想情况下，相机结构要求像主点与影像中心点重合，即 $x_0 = y_0 = 0$，但实际情况下 x_0、y_0 是不为零的小值，在较精密的摄影测量作业中要顾及它们的影响。

影像的内方位元素除了用于像点的框标坐标系坐标向像空系坐标的改化，还可确定摄影光束的形状。如图 3-27 所示，摄影光束由无数条摄影光线（投射线）组成，每条摄影光线在像空系中有一个确定的方向，这个方向可以用两个角度 φ 和 ψ 来表示。对任一光线 Sm 可以写出以下关系式：

$$\left.\begin{aligned} \tan\varphi &= \frac{x}{y} \\ \tan\psi &= \frac{1}{f}\sqrt{x^2 + y^2} \end{aligned}\right\} \tag{3-5}$$

式中，(x, y) 是像点 m 在以像主点 o 为原点的像平面坐标系 o — xy 中的坐标，将（3-4）式代入（3-5）式，可得

$$\left.\begin{aligned} \tan\varphi &= \frac{x' - x_0}{y' - y_0} \\ \tan\psi &= \frac{1}{f}\sqrt{(x' - x_0)^2 + (y' - y_0)^2} \end{aligned}\right\} \tag{3-6}$$

因此，可见在内方位元素 x_0、y_0、f 给定之后，便可由像点的框标坐标系坐标 (x', y') 确定出该摄影光线在像空系中的方向，无数条摄影光线综合起来就确定了摄影光束的形状。

在摄影测量作业中，恢复摄影光束的形状是一项重要内容，这项工作就由恢复影像的内方位元素来实现。

3.3.2　影像外方位元素

在摄影测量学范围内，用以确定影像及其投影中心在物方空间坐标系中的位置和方向的元素叫作影像的外方位元素。由于影像及其投影中心的方位可完全等价地由像空系的方位来代表，所以影像外方位元素也可定位为：确定像空系（或摄影光束）在物方空间坐标系中位置和方向的元素。在航空摄影测量中，这个物方空间坐标系就是地辅坐标系。

确定位置需要空间直角坐标系中的 3 个坐标，确定方向则需要 3 个欧拉角。因此，影像的外方位元素共有 6 个，3 个线元素 X_S、Y_S、Z_S 是像空系 S — xyz 的原点（摄站 S）在物方空间坐标系（地辅系 D — XYZ）中的坐标，3 个角元素用以确定像空系三轴在物方空间坐标系中的方向。如图 3-28 所示，S — XYZ 是地辅系 D — XYZ 的平行系，P 是内外方位元素都得到恢复了航摄影像，用阳位来表示。在航空摄影测量中，外方位角元素有 3 种表示形式，又称 3 种角元素系统，这 3 种系统所定义的角元素反映了由地辅系变换到像空系所循的不同旋转途径，现分别加以介绍（图 3-28）。

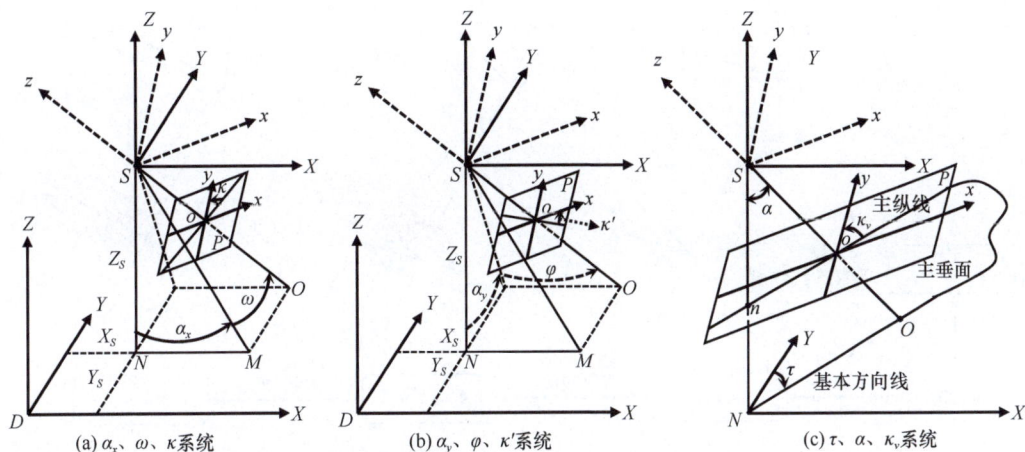

(a) α_x、ω、κ 系统　　(b) α_y、φ、κ' 系统　　(c) τ、α、κ_v 系统

图 3-28　三种不同的外方位角元素系统

1. α_x、ω、κ 系统

如图 3-28（a）所示，α_x、ω、κ 系统的 3 个角元素的定义如下：

α_x，z 轴在 XZ 坐标面内的投影（即过 z 轴所做的 XZ 面的垂面与 XZ 面的交线，以下类同）与 Z 轴的夹角，叫作偏角。从 Z 轴起算，由 Y 轴的负方向看逆时针为正，图中 α_x 为正。

ω，z 轴与 XZ 坐标面之间的夹角，即 z 轴与它在 XZ 面上的投影之间的夹角，叫作倾角。从 z 轴的投影起算，由 X 轴的正方向看逆时针为正，图中 ω 为正。

κ，Y 轴在 xy 坐标面上的投影与 y 轴的夹角，叫作旋角。从投影起算，由 z 轴正方向看逆时针为正，图中 κ 为正。

由图 3-28（a）可以看出这 3 个角度的作用，α_x 和 ω 共同确定了 z 轴的方向，即确定了主光轴在地辅系中的方位。κ 角则确定了 x、y 轴在自身平面内的旋转方位。由于这个旋转方位是以 Y 轴在 xy 面内的投影为基准的，所以这个方位就是 x、y 轴在地辅系中的方位。

如图 3-29 所示，在这个角元素系统中，像空系的方位是由地辅系经一定顺序，分 3 次旋转得到的。第一次旋转是绕 Y 轴旋转 α_x 角，第二次旋转是绕第一次旋转后的 X 轴旋转 ω 角，第三次旋转是绕第一、二次旋转后的 Z 轴旋转 κ 角。类似这样的后次旋转是在绕经过前次旋转而改变了空间方向的坐标轴进行的旋转，称为绕连动轴旋转。而各次旋转所绕的坐标轴的顺序称为轴序。α_x、ω、κ 系统的角元素就是按 Y、X、Z 轴序的连动轴系统定义的。

2. α_y、φ、κ' 系统

如图 3-28（b）所示，α_y、φ、κ' 系统的 3 个角元素的定义如下：

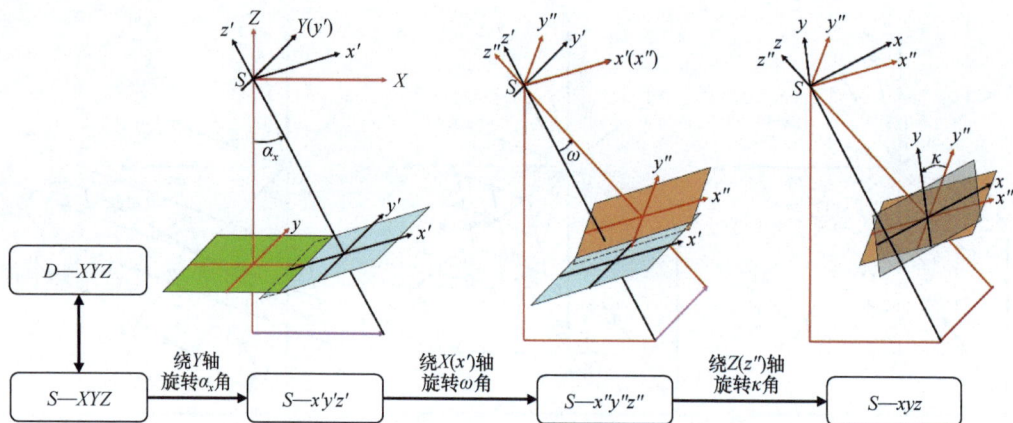

图 3-29 α_x、ω、κ 角元素系统绕轴旋转过程

α_y，z 轴在 YZ 面上的投影与 Z 轴的夹角，也叫作倾角。α_y 角度的起算与正负规定参照 ω 角。

φ，z 轴与 YZ 面之间的夹角，即 z 轴与其在 YZ 面上的投影之间的夹角，也叫作偏角，起算数据和正负规定参照 α_x。

κ'，X 轴在 xy 面上的投影与 x 轴的夹角，也叫作旋角。起算数据和正负规定参照 κ。

这个系统的外方位角元素是按照 X、Y、Z 轴序的连动轴系统定义的，像空系由地辅系先绕 X 轴旋转 α_y 角，再绕经第一次旋转之后的 Y 轴旋转 φ 角，最后绕经两次旋转后的 Z 轴旋转 κ' 角而得出。图 3-28（b）中，α_y、φ、κ' 均为正角。α_y 和 φ 的作用如同 α_x 和 ω，共同确定 z 轴（主光轴）在地辅系中的方向。κ' 角确定影像在自身平面内的旋转方位，这个方位以 X 轴在 xy 面内的投影为基准。

3. τ、α、κ_v 系统

如图 3-28（c）所示，τ、α、κ_v 系统的 3 个角元素的定义如下：

τ，z 轴在 XY 面上投影的负方向与 Y 轴的夹角，叫作主垂面方向角，这是因为 z、Z 轴决定的平面叫作主垂面，τ 角则表示了它在地辅系中的方向。τ 角从 Y 轴正方向起算，顺时针计至 z 轴投影的负方向为正。图 3-28（c）中 τ 为正值。

α，z 轴与 Z 轴的夹角，叫作影像倾斜角，从 Z 轴起算，永远为正。

κ_v，Z 轴在 xy 面上的投影与 y 轴的夹角，这个角也叫作旋角。从 Z 轴投影起算量至 y 轴正方向，从 Z 轴正方向看逆时针为正，图中 κ_v 为正。

这个系统的外方位角元素是按照 Z、X、Z 轴序的连动轴系统定义的，像空系由地辅系绕 Z 轴旋转 τ 角，再绕经第一次旋转之后的 X 轴旋转 α 角，最后绕经过两次旋转之后的 Z 轴旋转 κ_v 角而得出。这 3 个角元素中，τ 和 α 共同确定 z 轴在地辅系中的方向，κ_v 则确定影像在自身平面中的旋转。

在以上 3 种角元素系统中，α_x、ω、κ 和 α_y、φ、κ' 通常都是小角度，适用于立体摄影测量。τ、α、κ_v 则通常用于单张影像作业中，其中只有 α 常为小角度。许多文献中往往以相同符号 φ、ω、κ 表示 α_x、ω、κ 系统和 α_y、φ、κ' 系统的角元素，以 X 轴或 Y 轴作为第一旋转轴来区分两个角元素系统。也可以由字母的不同排序表示不同系统，如 φ、ω、κ 是 Y 为第一旋转轴的角元素系统，ω、φ、κ 是 X 为第一旋转轴的角元素系统。

3.3.3 影像方位元素与摄影测量常用坐标系之间关系

如图 3-30 所示，单张影像的方位元素包括 3 个内方位元素和 6 个外方位元素，这 9 个方位元素在摄影测量常用坐标系相互转换过程中起着非常重要的作用。内方位元素可以确定框标坐标系（影像坐标系）和像空间坐标系之间的位置转换关系；外方位元素中的 3 个线元素确定曝光瞬间相机在地辅系中的位置，3 个角元素可以确定影像（像空系）在地辅坐标系中的方向，6 个外方位元素确定了像点的像空间系坐标与相应地面点的地辅系坐标之间的转换关系。

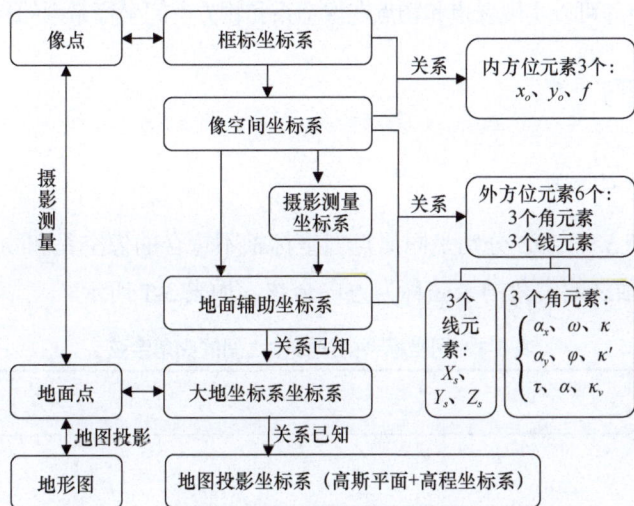

图 3-30　影像方位元素与摄影测量常用坐标系之间关系

摄影测量的主要任务就是采用一定的技术方法获取影像的内、外方位元素，再依据像点与地面点的几何关系（共线条件），将像点的影像系坐标转换至对应地面点的地辅坐标系坐标，然后转换至大地坐标系坐标，最后将地面点按照相应的投影法则（如高斯-克吕格投影）投影至平面上并按一定比例尺缩小后，便可得到在地图投影坐标系中描述的地形图。因为每个国家都有自己构建的大地坐标系，而地辅系是根据作业需要选定，所以两者之间的转换关系是已知的。因此，摄影测量需要解决的问题是如何获取影像的方位元素和如何描述像点与地面点的几何关系并实现转换。

3.4　共线条件方程

为了实现像点坐标到物点坐标的变换，必须建立摄影构像的数学模型。这个数学模型通常以像点和相应的物点之间的坐标关系来表示，称之为构像方程式或成像模型。因为该数学模型是按照像点、投影中心、物点的理想共线关系建立的，所以该数学模型又称为共线条件方程。共线条件方程表示的是像点在像空系中的坐标和物点在物方空间坐标系中的坐标之间的关系，也就是两个点在两个不同坐标系中的坐标之间的关系。为了便于讨论，先讨论同一个点（像点或物点）在不同坐标系中的坐标之间的关系，再根据摄影时物点、投影中心，以及相应的像点三点理想共线这一条件讨论像点和物点在同一坐标系中的坐标之间的关系，最后建立构像方程式。

点的坐标变换包括像点坐标的变换和物点坐标的变换，变换的目的是把像点及其对应的物点表示在同一个坐标系中，以便利用像点、投影中心和相应物点三点共线条件建立构像方程式。坐标变换中一个重要内容是点在像空系中的坐标与以摄站为原点的物方空间坐标系中的坐标之间的变换。这是同原点的两空间直角坐标系间的变换，这个变换依赖于一个旋转矩阵。使用这个矩阵可以实现像点和物点在像空系和物方空间坐标系中的相互变换。

3.4.1　旋转矩阵

1. 旋转矩阵的性质

设 $S — xyz$ 和 $S — XYZ$ 分别是同原点但坐标轴不重合的像空系和物方空间坐标系。两坐标系的坐标轴之间夹角的余弦称为方向余弦，如表 3-1 所示。

表 3-1　两坐标系的坐标轴之间的夹角余弦

物方空间坐标系 \ 像空系	x	y	z
X	a_1	a_2	a_3
Y	b_1	b_2	b_3
Z	c_1	c_2	c_3

表中，a_i、b_i、c_i（$i=1，2，3$）就是它们所关联的坐标轴夹角的余弦，如 c_2 是像空系 y 轴与物方空间坐标系 Z 轴的夹角的余弦，即 $c_2 = \cos(y, Z)$。

由空间解析几何学可知，两坐标系之间的坐标变换关系为

$$\left.\begin{array}{l} X = a_1 x + a_2 y + a_3 z \\ Y = b_1 x + b_2 y + b_3 z \\ Z = c_1 x + c_2 y + c_3 z \end{array}\right\}, \left.\begin{array}{l} x = a_1 X + b_1 Y + c_1 Z \\ y = a_2 X + b_2 Y + c_2 Z \\ z = a_3 X + b_3 Y + c_3 Z \end{array}\right\} \tag{3-7}$$

写成矩阵形式为

$$\begin{bmatrix} X \\ Y \\ Z \end{bmatrix} = \begin{bmatrix} a_1 & a_2 & a_3 \\ b_1 & b_2 & b_3 \\ c_1 & c_2 & c_3 \end{bmatrix} \begin{bmatrix} x \\ y \\ z \end{bmatrix}, \begin{bmatrix} x \\ y \\ z \end{bmatrix} = \begin{bmatrix} a_1 & b_1 & c_1 \\ a_2 & b_2 & c_2 \\ a_3 & b_3 & c_3 \end{bmatrix} \begin{bmatrix} X \\ Y \\ Z \end{bmatrix} \tag{3-8}$$

式中，$\begin{bmatrix} a_1 & a_2 & a_3 \\ b_1 & b_2 & b_3 \\ c_1 & c_2 & c_3 \end{bmatrix}$ 叫作旋转矩阵 M，$\begin{bmatrix} a_1 & b_1 & c_1 \\ a_2 & b_2 & c_2 \\ a_3 & b_3 & c_3 \end{bmatrix}$ 是旋转矩阵 M 的转置矩阵 M^{T}。

当 M 是满秩矩阵时，由式（3-8）的第一式可得

$$\begin{bmatrix} x \\ y \\ z \end{bmatrix} = M^{-1} \begin{bmatrix} X \\ Y \\ Z \end{bmatrix}$$

M^{-1} 是旋转矩阵 M 的逆矩阵，与式（3-8）的第二式比较可知：

$$M^{-1} = M^{\mathrm{T}} \tag{3-9}$$

根据正交矩阵的定义可知 M 是正交矩阵。

正交矩阵有一些重要的性质，其中之一是由式（3-9）直接得出的，即 $MM^{\mathrm{T}} = E$，E 是单位矩阵，也即

$$\begin{bmatrix} a_1 & a_2 & a_3 \\ b_1 & b_2 & b_3 \\ c_1 & c_2 & c_3 \end{bmatrix} \begin{bmatrix} a_1 & b_1 & c_1 \\ a_2 & b_2 & c_2 \\ a_3 & b_3 & c_3 \end{bmatrix} = \begin{bmatrix} 1 & 0 & 0 \\ 0 & 1 & 0 \\ 0 & 0 & 1 \end{bmatrix} \tag{3-10}$$

由上式可以写出下列 6 个独立的方程为

$$\left. \begin{aligned} a_1^2 + a_2^2 + a_3^2 &= 1 \\ b_1^2 + b_2^2 + b_3^2 &= 1 \\ c_1^2 + c_2^2 + c_3^2 &= 1 \\ a_1 b_1 + a_2 b_2 + a_3 b_3 &= 0 \\ a_1 c_1 + a_2 c_2 + a_3 c_3 &= 0 \\ b_1 c_1 + b_2 c_2 + b_3 c_3 &= 0 \end{aligned} \right\} \tag{3-11}$$

同理，由 $M^{\mathrm{T}} M = M^{-1} M = E$ 可写为

$$\begin{bmatrix} a_1 & b_1 & c_1 \\ a_2 & b_2 & c_2 \\ a_3 & b_3 & c_3 \end{bmatrix} \begin{bmatrix} a_1 & a_2 & a_3 \\ b_1 & b_2 & b_3 \\ c_1 & c_2 & c_3 \end{bmatrix} = \begin{bmatrix} 1 & 0 & 0 \\ 0 & 1 & 0 \\ 0 & 0 & 1 \end{bmatrix} \tag{3-12}$$

以及：

$$\left. \begin{aligned} a_1^2 + b_1^2 + c_1^2 &= 1 \\ a_2^2 + b_2^2 + c_2^2 &= 1 \\ a_3^2 + b_3^2 + c_3^2 &= 1 \\ a_1 a_2 + b_1 b_2 + c_1 c_2 &= 0 \\ a_1 a_3 + b_1 b_3 + c_1 c_3 &= 0 \\ a_2 a_3 + b_2 b_3 + c_2 c_3 &= 0 \end{aligned} \right\} \tag{3-13}$$

下面给出旋转矩阵 M 的 3 个性质：

（1）根据式（3-10）和式（3-12）可知，同一行（或同一列）中各元素的自乘之和等于 1，即

$$\left.\begin{array}{c} a_1^2 + a_2^2 + a_3^2 = 1 \\ b_1^2 + b_2^2 + b_3^2 = 1 \\ c_1^2 + c_2^2 + c_3^2 = 1 \end{array}\right\} \text{或} \left.\begin{array}{c} a_1^2 + b_1^2 + c_1^2 = 1 \\ a_2^2 + b_2^2 + c_2^2 = 1 \\ a_3^2 + b_3^2 + c_3^2 = 1 \end{array}\right\} \tag{3-14}$$

（2）同样根据式（3-10）和式（3-12）可知，任意两行（或两列）相应元素的互乘之和等于 0，即

$$\left.\begin{array}{c} a_1b_1 + a_2b_2 + a_3b_3 = 0 \\ a_1c_1 + a_2c_2 + a_3c_3 = 0 \\ b_1c_1 + b_2c_2 + b_3c_3 = 0 \end{array}\right\} \text{或} \left.\begin{array}{c} a_1a_2 + b_1b_2 + c_1c_2 = 0 \\ a_1a_3 + b_1b_3 + c_1c_3 = 0 \\ a_2a_3 + b_2b_3 + c_2c_3 = 0 \end{array}\right\} \tag{3-15}$$

（3）因为旋转矩阵是正交矩阵，正交矩阵中每一个元素都等于其对应的代数余子式，即

$$a_1 = \begin{vmatrix} b_2 & b_3 \\ c_2 & c_3 \end{vmatrix}, a_2 = -\begin{vmatrix} b_1 & b_3 \\ c_1 & c_3 \end{vmatrix}, a_3 = \begin{vmatrix} b_1 & b_2 \\ c_1 & c_2 \end{vmatrix} \tag{3-16}$$

由旋转矩阵的性质 1、2 可知，旋转矩阵 M 的 9 个元素中，存在 6 个关系式，只有 3 个是独立的，在摄影测量的不同任务中，这 3 个独立的元素有不同的选择。

2. 用外方位角元素组成的旋转矩阵

在摄影测量中，由于外方位角元素所表达的是像空系与地辅系之间的方位关系，与旋转矩阵表达的是同一几何关系，所以自然可以用 3 个外方位角元素来表达旋转矩阵中的 9 个方向余弦，从而组成旋转矩阵。用外方位角元素组成旋转矩阵的途径是按外方位角元素定义的顺序逐次绕对应坐标轴旋转，最后综合成总的旋转。

下面以 α_x、ω、κ 角元素系统为例来推导角元素表示的旋转矩阵。

首先，将原点在摄影中心 S 的地辅系 $S—XYZ$ 绕 Y 轴旋转 α_x 角度后得到坐标系 $S—X'Y'Z'$，如图 3-31 所示。某点 a 在两坐标系中的坐标关系可表示为

$$\begin{bmatrix} X \\ Y \\ Z \end{bmatrix} = \begin{bmatrix} \cos\alpha_x & 0 & -\sin\alpha_x \\ 0 & 1 & 0 \\ \sin\alpha_x & 0 & \cos\alpha_x \end{bmatrix} \begin{bmatrix} X' \\ Y' \\ Z' \end{bmatrix} \tag{3-17}$$

设 $\overline{X} = \begin{bmatrix} X & Y & Z \end{bmatrix}^{\mathrm{T}}$，$\overline{X}' = \begin{bmatrix} X' & Y' & Z' \end{bmatrix}^{\mathrm{T}}$，$M_{\alpha_x} = \begin{bmatrix} \cos\alpha_x & 0 & -\sin\alpha_x \\ 0 & 1 & 0 \\ \sin\alpha_x & 0 & \cos\alpha_x \end{bmatrix}$，式（3-17）可写成向量的形式为

$$\overline{X} = M_{\alpha_x} \overline{X}' \tag{3-18}$$

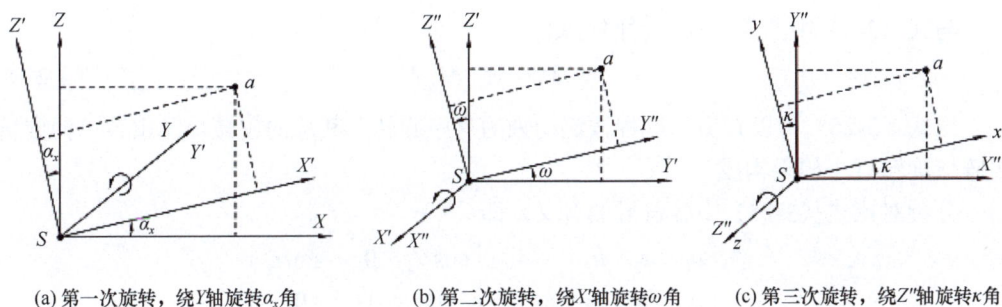

(a) 第一次旋转，绕Y轴旋转α_x角　(b) 第二次旋转，绕X'轴旋转ω角　(c) 第三次旋转，绕Z''轴旋转κ角

图 3-31 α_x、ω、κ 角元素系统旋转顺序

然后，按照角元素系统的旋转顺序，将坐标系 $S-X'Y'Z'$ 绕 X' 轴旋 ω 角，得到坐标系 $S-X''Y''Z''$。点 a 在两坐标系中的坐标关系为

$$\begin{bmatrix} X' \\ Y' \\ Z' \end{bmatrix} = \begin{bmatrix} 1 & 0 & 0 \\ 0 & \cos\omega & -\sin\omega \\ 0 & \sin\omega & \cos\omega \end{bmatrix} \begin{bmatrix} X'' \\ Y'' \\ Z'' \end{bmatrix} \tag{3-19}$$

设 $\overline{X}' = \begin{bmatrix} X' & Y' & Z' \end{bmatrix}^{\mathrm{T}}$，$\overline{X}'' = \begin{bmatrix} X'' & Y'' & Z'' \end{bmatrix}^{\mathrm{T}}$，$M_\omega = \begin{bmatrix} 1 & 0 & 0 \\ 0 & \cos\omega & -\sin\omega \\ 0 & \sin\omega & \cos\omega \end{bmatrix}$，式（3-19）可

写成向量的形式为

$$\overline{X}' = M_\omega \overline{X}'' \tag{3-20}$$

最后，将坐标系 $S-X''Y''Z''$ 绕 Z'' 轴旋转 κ 角，得到像空系 $S-xyz$，旋转前后的坐标关系为

$$\begin{bmatrix} X'' \\ Y'' \\ Z'' \end{bmatrix} = \begin{bmatrix} \cos\kappa & -\sin\kappa & 0 \\ \sin\kappa & \cos\kappa & 0 \\ 0 & 0 & 1 \end{bmatrix} \begin{bmatrix} x \\ y \\ -f \end{bmatrix} \tag{3-21}$$

设 $\overline{X}'' = \begin{bmatrix} X'' & Y'' & Z'' \end{bmatrix}^{\mathrm{T}}$，$\overline{x} = \begin{bmatrix} x & y & -f \end{bmatrix}^{\mathrm{T}}$，$M_\kappa = \begin{bmatrix} \cos\kappa & -\sin\kappa & 0 \\ \sin\kappa & \cos\kappa & 0 \\ 0 & 0 & 1 \end{bmatrix}$，式（3-21）可写成

向量的形式为

$$\overline{X}'' = M_\kappa \overline{x} \tag{3-22}$$

将式（3-22）代入式（3-20），再代入式（3-18）可得到

$$\overline{X} = M_{\alpha_x} M_\omega M_\kappa \overline{x} \tag{3-23}$$

或写为

$$\begin{bmatrix} X \\ Y \\ Z \end{bmatrix} = M_{\alpha_x} M_\omega M_\kappa \begin{bmatrix} x \\ y \\ -f \end{bmatrix} \tag{3-24}$$

与式（3-8）中的第一式相对照可知

$$M = M_{\alpha_x} M_\omega M_\kappa \tag{3-25}$$

由式（3-25）可以看出，这种按连动轴的有序旋转，其总的旋转矩阵由各单独旋转矩阵依旋转顺序相乘构成。

分析对比式（3-25）中各符号的含义，即

$$M = \begin{bmatrix} a_1 & a_2 & a_3 \\ b_1 & b_2 & b_3 \\ c_1 & c_2 & c_3 \end{bmatrix}, M_{\alpha_x} = \begin{bmatrix} \cos\alpha_x & 0 & -\sin\alpha_x \\ 0 & 1 & 0 \\ \sin\alpha_x & 0 & \cos\alpha_x \end{bmatrix},$$

$$M_\omega = \begin{bmatrix} 1 & 0 & 0 \\ 0 & \cos\omega & -\sin\omega \\ 0 & \sin\omega & \cos\omega \end{bmatrix}, M_\kappa = \begin{bmatrix} \cos\kappa & -\sin\kappa & 0 \\ \sin\kappa & \cos\kappa & 0 \\ 0 & 0 & 1 \end{bmatrix}$$

则由式（3-25）可得出用 α_x、ω、κ 表示的方向余弦为

$$\left.\begin{aligned}
a_1 &= \cos\alpha_x\cos\kappa - \sin\alpha_x\sin\omega\sin\kappa \\
a_2 &= -\cos\alpha_x\sin\kappa - \sin\alpha_x\sin\omega\cos\kappa \\
a_3 &= -\sin\alpha_x\cos\omega \\
b_1 &= \cos\omega\sin\kappa \\
b_2 &= \cos\omega\cos\kappa \\
b_3 &= -\sin\omega \\
c_1 &= \sin\alpha_x\cos\kappa + \cos\alpha_x\sin\omega\sin\kappa \\
c_2 &= -\sin\alpha_x\sin\kappa + \cos\alpha_x\sin\omega\cos\kappa \\
c_3 &= \cos\alpha_x\cos\omega
\end{aligned}\right\} \tag{3-26}$$

用类似的办法可求得用 α_y、φ、κ' 表达的方向余弦为

$$\left.\begin{aligned}
a_1 &= \cos\varphi\cos\kappa' \\
a_2 &= -\cos\varphi\sin\kappa' \\
a_3 &= -\sin\varphi \\
b_1 &= \cos\alpha_y\sin\kappa' - \sin\alpha_y\sin\varphi\cos\kappa' \\
b_2 &= \cos\alpha_y\cos\kappa' + \sin\alpha_y\sin\varphi\sin\kappa' \\
b_3 &= -\sin\alpha_y\cos\varphi \\
c_1 &= \sin\alpha_y\sin\kappa' + \cos\alpha_y\sin\varphi\sin\kappa' \\
c_2 &= \sin\alpha_y\cos\kappa' - \cos\alpha_y\sin\varphi\sin\kappa' \\
c_3 &= \cos\alpha_y\cos\varphi
\end{aligned}\right\} \tag{3-27}$$

与前两种角元素相比，τ、α、κ_v 角元素的角度正负规定上有一些差别。例如，地辅系 $S—XYZ$ 第一次绕 Z 轴旋转 τ 角时，τ 角的正负规定与前两个系统中的 κ 与 κ' 相反。所以应有：

$$M_\tau = \begin{bmatrix} \cos\tau & \sin t & 0 \\ -\sin\tau & \cos t & 0 \\ 0 & 0 & 1 \end{bmatrix} \tag{3-28}$$

α 角的正负规定实际上和 α_y、ω 的规定是一样的，即从 X 轴正方向看逆时针为正，只是对 α 来说永远是符合这个"为正"的规定的，所以 α 只有正值，对应的旋转矩阵则为

$$M_\alpha = \begin{bmatrix} 1 & 0 & 0 \\ 0 & \cos\alpha & -\sin\alpha \\ 0 & \sin\alpha & \cos\alpha \end{bmatrix} \tag{3-29}$$

κ_v 角的正负规定与 κ、κ' 相同，故旋转矩阵为

$$M_{\kappa_v} = \begin{bmatrix} \cos\kappa_v & -\sin\kappa_v & 0 \\ \sin\kappa_v & \cos\kappa_v & 0 \\ 0 & 0 & 1 \end{bmatrix} \tag{3-30}$$

由此得出用 τ、α、κ_v 表示的方向余弦公式为

$$\left.\begin{aligned}
a_1 &= \cos\tau\cos\kappa_v - \sin\tau\cos\alpha\sin\kappa_v \\
a_2 &= -\cos\tau\sin\kappa_v + \sin\tau\cos\alpha\cos\kappa_v \\
a_3 &= -\sin\tau\sin\alpha \\
b_1 &= -\sin\tau\cos\kappa_v + \cos\tau\cos\alpha\sin\kappa_v \\
b_2 &= \sin\tau\sin\kappa_v + \cos\tau\cos\alpha\cos\kappa_v \\
b_3 &= -\cos\tau\sin\alpha \\
c_1 &= \sin\alpha\sin\kappa_v \\
c_2 &= \sin\alpha\cos\kappa_v \\
c_3 &= \cos\alpha
\end{aligned}\right\} \tag{3-31}$$

3. 用 3 个独立的方向余弦组成的旋转矩阵

通过旋转矩阵的介绍可知，在 9 个方向余弦中，只有 3 个是独立的参数，只要知道了这 3 个独立的方向余弦，就可以利用这 3 个方向余弦计算其余 6 个方向余弦，从而得到旋转矩阵。由旋转矩阵的性质 1 可知，3 个独立的方向余弦不能位于同一行或同一列中，下面选择 b_1、c_1、c_2 来计算其他 6 个方向余弦。

由于传统航空摄影测量是要求对地近似垂直摄影，像空系和物方空间坐标系对应坐标轴（如像空系 x 轴与物方空间坐标系 X 轴）的夹角为小角，所以其余弦值恒为正，即旋转矩阵主对角线上的方向余弦恒为正值。因而，由旋转矩阵的性质 1 可计算 a_1 和 c_3。

$$\left.\begin{aligned}
a_1 &= \sqrt{1 - b_1^2 - c_1^2} \\
c_3 &= \sqrt{1 - c_1^2 - c_2^2}
\end{aligned}\right\} \tag{3-32}$$

由正交矩阵中各元素等于其代数余子式的性质可得

$$
\left.\begin{array}{l}
b_3 = (-1)^{2+3} \begin{vmatrix} a_1 & a_2 \\ c_1 & c_2 \end{vmatrix} = a_2 c_1 - a_1 c_2 \\[12pt]
a_2 = (-1)^{1+2} \begin{vmatrix} b_1 & b_3 \\ c_1 & c_3 \end{vmatrix} = b_3 c_1 - b_1 c_3
\end{array}\right\}
\tag{3-33}
$$

联立上式解算 b_3：

$$
b_3 = \frac{-b_1 c_1 c_3 - a_1 c_2}{1 - c_1^2}
\tag{3-34}
$$

求出 b_3 后，代入式（3-33）的第二式可求得 a_2。再由性质 1 可求得 b_2：

$$
b_2 = \sqrt{1 - b_1^2 - b_3^2}
\tag{3-35}
$$

此时，旋转矩阵中未知的只剩下 a_3，同样可用正交矩阵中各元素等于其代数余子式的性质求得 a_3：

$$
a_3 = (-1)^{1+3} \begin{vmatrix} b_1 & b_2 \\ c_1 & c_2 \end{vmatrix} = b_1 b_2 - c_1 c_2
\tag{3-36}
$$

至此，旋转矩阵的 6 个方向余弦均可由其他 3 个独立的方向余弦表达，形式为

$$
M = \begin{bmatrix}
\sqrt{1 - b_1^2 - c_1^2} & b_3 c_1 - b_1 c_3 & b_1 b_2 - c_1 c_2 \\[6pt]
b_1 & \sqrt{1 - b_1^2 - b_3^2} & \dfrac{-b_1 c_1 c_3 - a_1 c_2}{1 - c_1^2} \\[12pt]
c_1 & c_2 & \sqrt{1 - c_1^2 - c_2^2}
\end{bmatrix}
\tag{3-37}
$$

依照上述方法，可以得到用 a_2、a_3、b_3 或 b_1、b_3、c_1 或构成的旋转矩阵。

3.4.2　共线条件方程的推导

1. 推导思路

如图 3-32 所示，$S-XYZ$ 是以摄站 S 为原点的地辅系，$S-xyz$ 是以摄站 S 为原点的像空系。地面点 A 和其相应像点 a 的地辅系坐标分别为（X、Y、Z）和（X_a、Y_a、Z_a），地面点 A 和像点 a 的像空系坐标分别为（x_A、y_A、z_A）和（x、y、$-f$）。

共线条件方程的推导思路可用表 3-2 来描述。以地面点 A 坐标变换为例，步骤 1：先利用空间点的坐标变换原理解算地面点 A 在像空系的坐标（x_A、y_A、z_A）与在地辅系的坐标（X、Y、Z）之间的关系；步骤 2：利用投影中心 S、像点 a 和相应地面点 A 三点共线关系建立地面点 A 在像空系的坐标（x_A、y_A、z_A）和像点 a 在像空系中的坐标（x、y、$-f$）之间的关系。通过上述两步即可建立起地面点 A 在地辅系的坐标（X、Y、Z）与像点 a 在像空系中的坐标（x、y、$-f$）之间的关系。

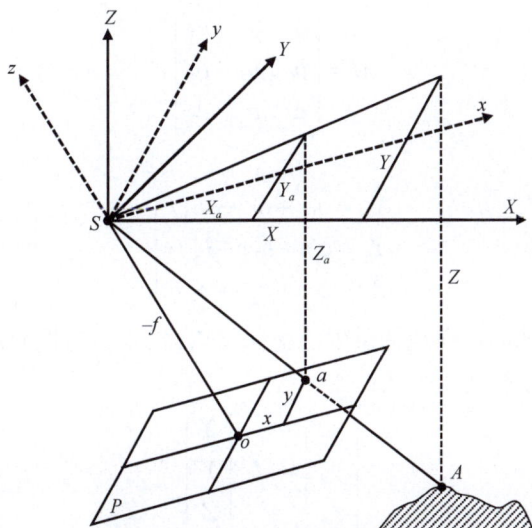

图 3-32　以摄站为原点的地辅系

表 3-2　共线条件方程推导思路

点 ＼ 坐标系	像空系（$S-xyz$）	地辅系（$S-XYZ$）	说明
像点 a	x、y、$-f$	X_a、Y_a、Z_a	步骤 1：同一个点（像点或地面点）在两个不同坐标系（像空系和地辅系）之间的坐标变换
地面点 A	x_A、y_A、z_A	X、Y、Z	
说明	步骤 2：依据共线条件描述不同点（像点和地面点）在同一个坐标系（像空系或地辅系）中的坐标关系	通过步骤 1 和步骤 2 最终建立共线条件方程	

2. 点的坐标变换

利用旋转矩阵可以实现将任一点（像点或物点）在像空系中的坐标转换至同原点的物方空间坐标系。在航空摄影测量中，物点就是地面点，物方空间坐标系就是地辅坐标系。下面将具体讨论像点和地面点在像空系和地辅系中的坐标变换问题。

由像点在像空系中的坐标（x、y、$-f$）求像点在地辅系中的坐标（X_a、Y_a、Z_a）称为像点的坐标变换，像点在地辅系中坐标（X_a、Y_a、Z_a）称为像点的变换坐标。因为像空系和地辅系同原点，根据式（3-8）第一式，像点的坐标变换依赖于像空系和地辅系之间的旋转矩阵 M，即

$$\begin{bmatrix} X_a \\ Y_a \\ Z_a \end{bmatrix} = M \begin{bmatrix} x \\ y \\ -f \end{bmatrix} \tag{3-38}$$

式中：

$$M = \begin{bmatrix} a_1 & a_2 & a_3 \\ b_1 & b_2 & b_3 \\ c_1 & c_2 & c_3 \end{bmatrix}$$

所以：

$$\left. \begin{array}{l} X_a = a_1 x + a_2 y - a_3 f \\ Y_a = b_1 x + b_2 y - b_3 f \\ Z_a = c_1 x + c_2 y - c_3 f \end{array} \right\} \tag{3-39}$$

同理，可以给出地面点在地辅系中的坐标（X、Y、Z）与地面点在像空系中的坐标（x_A、y_A、z_A）之间的坐标变换公式：

$$\begin{bmatrix} x_A \\ y_A \\ z_A \end{bmatrix} = M^{\mathrm{T}} \begin{bmatrix} X \\ Y \\ Z \end{bmatrix} \tag{3-40}$$

式中：

$$M^{\mathrm{T}} = \begin{bmatrix} a_1 & b_1 & c_1 \\ a_2 & b_2 & c_2 \\ a_3 & b_3 & c_3 \end{bmatrix}$$

所以：

$$\left. \begin{array}{l} x_A = a_1 X + b_1 Y + c_1 Z \\ y_A = a_2 X + b_2 Y + c_2 Z \\ z_A = a_3 X + b_3 Y + c_3 Z \end{array} \right\} \tag{3-41}$$

通过点的坐标变换就可以实现一个点在同原点的两个不同坐标系之间的坐标变换。如像点的坐标变换可以把像点及其相应地面点的空间位置，都表示在以摄站为原点的同一个地辅系之中。而通过地面点的坐标变换则可以把地面点及其相应像点的空间位置，都表示在同一个像空系之中。

3. 共线条件描述

如图 3-32 所示，地面点 A、像点 a 和摄影中心 S 三点在地辅系和像空系中构成了向量 $\overrightarrow{SA}$ 和 $\overrightarrow{Sa}$，由于 S、A、a 三点共线，则向量 $\overrightarrow{SA}$ 和 $\overrightarrow{Sa}$ 满足：

$$\overrightarrow{SA} = \lambda \overrightarrow{Sa} \tag{3-42}$$

式（3-42）是共线条件方程的向量表达式，式中 λ 是比例系数。

用 A、a 在像空系中的坐标表示则为

$$\begin{bmatrix} x_A \\ y_A \\ z_A \end{bmatrix} = \lambda \begin{bmatrix} x \\ y \\ -f \end{bmatrix} \tag{3-43}$$

或：

$$\begin{bmatrix} x \\ y \\ -f \end{bmatrix} = \frac{1}{\lambda} \begin{bmatrix} x_A \\ y_A \\ z_A \end{bmatrix} \tag{3-44}$$

用 A、a 在地辅系中的坐标表示则为

$$\begin{bmatrix} X \\ Y \\ Z \end{bmatrix} = \lambda \begin{bmatrix} X_a \\ Y_a \\ Z_a \end{bmatrix} \tag{3-45}$$

或：

$$\begin{bmatrix} X_a \\ Y_a \\ Z_a \end{bmatrix} = \frac{1}{\lambda} \begin{bmatrix} X \\ Y \\ Z \end{bmatrix} \tag{3-46}$$

将式（3-44）的第三式分别去除第一式和第二式，可得

$$\left. \begin{aligned} x = -f \frac{x_A}{z_A} \\ y = -f \frac{y_A}{z_A} \end{aligned} \right\} \tag{3-47}$$

4. 共线条件方程的具体形式

将式（3-41）代入式（3-47），可得

$$\left. \begin{aligned} x = -f \frac{a_1 X + b_1 Y + c_1 Z}{a_3 X + b_3 Y + c_3 Z} \\ y = -f \frac{a_2 X + b_2 Y + c_2 Z}{a_3 X + b_3 Y + c_3 Z} \end{aligned} \right\} \tag{3-48}$$

式（3-48）就是用地面点 A 的在以摄站为原点的地辅坐标系坐标（X、Y、Z）表示对应像点 a 的像空系坐标（x、y、$-f$）的共线条件方程，又称构像方程式。a_i、b_i、c_i（i=1，2，3）是旋转矩阵的 9 个方向余弦。

式（3-48）是假设地辅系与像空系的原点都在投影中心 S 上推导出的共线条件方程。通常情况下，地辅系的原点并不在投影中心 S，而是以某一地面控制点 D 为原点，如图 3-33 所示。

在该地辅系 D—XYZ 中，投影中心 S 的坐标为（X_S、Y_S、Z_S），即外方位元素中的 3 个线元素，任意地面点 A 的坐标为（X、Y、Z）。对于以 S 为原点，坐标轴向与 D—XYZ 各轴相应平行的地辅系而言，地面点 A 的坐标存在一个平移关系，即（$X-X_S, Y-Y_S, Z-Z_S$），用它们分别取代式（3-48）中的（X、Y、Z），得到式（3-49）。

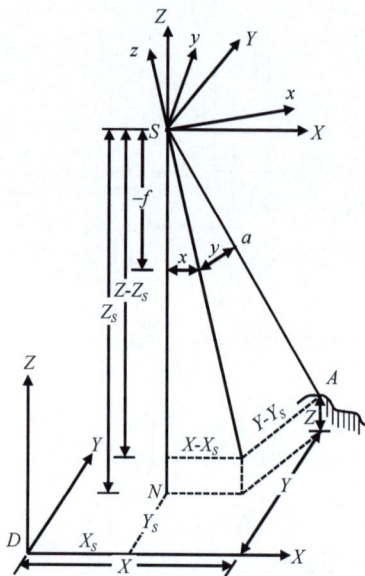

图 3-33   以某一地面点 *D* 为原点的地辅系

$$
\left.
\begin{aligned}
x &= -f\,\frac{a_1\left(X - X_S\right) + b_1\left(Y - Y_S\right) + c_1\left(Z - Z_S\right)}{a_3\left(X - X_S\right) + b_3\left(Y - Y_S\right) + c_3\left(Z - Z_S\right)} \\
y &= -f\,\frac{a_2\left(X - X_S\right) + b_2\left(Y - Y_S\right) + c_2\left(Z - Z_S\right)}{a_3\left(X - X_S\right) + b_3\left(Y - Y_S\right) + c_3\left(Z - Z_S\right)}
\end{aligned}
\right\}
\tag{3-49}
$$

这便是另外一种常见的共线条件方程。

以上所得到的共线条件方程是用地面点坐标表示像点坐标的构像方程，反之也有用像点坐标表示地面点坐标的共线条件方程。

将式（3-39）代入式（3-45），并用第三式分别去除第一式和第二式，可得

$$
\left.
\begin{aligned}
X &= Z\,\frac{a_1 x + a_2 y - a_3 f}{c_1 x + c_2 y - c_3 f} \\
Y &= Z\,\frac{b_1 x + b_2 y - b_3 f}{c_1 x + c_2 y - c_3 f}
\end{aligned}
\right\}
\tag{3-50}
$$

同理，在以某一地面点 *D* 为原点的地辅系中。假设摄站 *S* 的坐标为（X_S、Y_S、Z_S），任意地面点 *A* 的坐标为（*X*、*Y*、*Z*）。则由式（3-50）可得

$$
\left.
\begin{aligned}
X - X_S &= \left(Z - Z_S\right)\frac{a_1 x + a_2 y - a_3 f}{c_1 x + c_2 y - c_3 f} \\
Y - Y_S &= \left(Z - Z_S\right)\frac{b_1 x + b_2 y - b_3 f}{c_1 x + c_2 y - c_3 f}
\end{aligned}
\right\}
\tag{3-51}
$$

式（3-48）、式（3-49），以及式（3-50）、式（3-51）可通称为共线条件方程，前两式是以地面点坐标表示像点坐标的共线条件方程，后两式是以像点坐标表示地面点坐标

的共线条件方程。由式（3-49）可知，欲确定某地面点的像点坐标，在影像主距 f 已知时，还需要已知外方位元素的三个线元素，即摄站坐标（X_S、Y_S、Z_S），以及旋转矩阵的 9 个元素（即 3 个外方位角元素）。所以，想要从地面点坐标（X、Y、Z）确定其对应的像点坐标（x、y）时，还需要已知影像的 6 个外方位元素 X_S、Y_S、Z_S、φ、ω、κ。反之，如果已知像点坐标（x、y）、主距 f 和影像外方位元素 X_S、Y_S、Z_S、φ、ω、κ，由共线条件方程的两个式子不能确定所对应地面点的三个未知坐标（X、Y、Z）。由式（3-51）可知，即使影像主距 f 以及上述 6 个外方位元素都已知，也只能由（x、y）确定出 $(X-X_S)/(Z-Z_S)$ 和 $(Y-Y_S)/(Z-Z_S)$，即投影光线的方向，而不能确定地面点在投影光线上的位置。如果再增加已知条件，如已知地面点的 Z 坐标，则 X、Y 坐标就确定了。

　　共线条件方程在摄影测量中的应用主要有：利用一定数量的地面控制点及其在影像上的像点，确定影像内外方位元素；利用同一地面点在多张影像上的像点，确定地面点的空间位置；作为空中三角测量光束法平差中的基本数学模型；计算模拟影像数据（已知影像内外方位元素和物点坐标求像点坐标）；已知影像内外方位逆元素，利用数字高程模型（digital elevation model，DEM）制作正射影像，进行单幅影像测图等。

3.5　共线条件方程的实用形式

3.5.1　倾斜影像和水平影像相应像点的坐标关系

　　传统航空摄影测量要求摄影的理想状态是垂直对地进行摄影，得到一张水平影像。但实际摄影取得的都是具有一定倾斜的影像，虽然倾斜角是个小值，也不是真正的水平影像。真正的水平影像可通过改正原始影像的倾斜影响得到。

　　借助共线条件方程可建立同摄站的倾斜影像与水平影像相应像点之间的坐标关系。假定水平影像的像空系与地辅系重合，水平影像的主距为 f^0，图 3-34 中 P、P^0 分别为

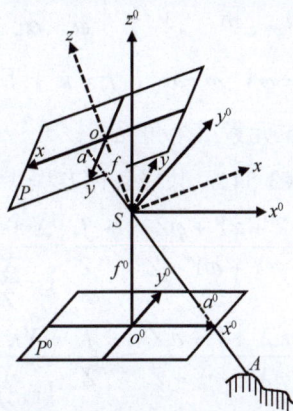

图 3-34　倾斜影像和水平影像相应像点的坐标关系

倾斜影像和水平影像，地面点 M 在这两张影像上的像点分别为倾斜像点 m 和水平像点 m^0，m 和 m^0 也称为同名像点。

由图可以看出，只要把水平影像当作地面，用水平像点的坐标（x^0、y^0、$-f^0$）代替共线条件方程中地面点坐标（X、Y、Z），就可以利用像点与地面点的共线条件方程导出倾斜像点和水平像点的坐标关系，这样由式（3-48）和式（3-50）得到

$$\left.\begin{aligned} x = -f\frac{a_1 x^0 + b_1 y^0 - c_1 f^0}{a_3 x^0 + b_3 y^0 - c_3 f^0} \\ y = -f\frac{a_2 x^0 + b_2 y^0 - c_2 f^0}{a_3 x^0 + b_3 y^0 - c_3 f^0} \end{aligned}\right\} \tag{3-52}$$

或：

$$\left.\begin{aligned} x^0 = -f^0\frac{a_1 x + a_2 y - a_3 f}{c_1 x + c_2 y - c_3 f} \\ y^0 = -f^0\frac{b_1 x + b_2 y - b_3 f}{c_1 x + c_2 y - c_3 f} \end{aligned}\right\} \tag{3-53}$$

这便是同摄站的水平影像和倾斜影像的同名像点的坐标关系式。如果水平影像的主距与倾斜影像的主距相同，都是 f，则式（3-52）和式（3-53）中的 f^0 便改为 f。

3.5.2 共线条件方程的一次项公式

在近似垂直摄影情况下，如果选择适当的坐标系，可以使得外方位角元素的值都为小值，所以在许多实际应用中，旋转矩阵中的方向余弦按泰勒级数展开后仅保留一次项即可。用小值一次项组成的旋转矩阵为

$$M = \begin{bmatrix} 1 & -\kappa & -\alpha_x \\ \kappa & 1 & -\omega \\ \alpha_x & \omega & 1 \end{bmatrix} = \begin{bmatrix} 1 & -\kappa' & -\varphi \\ \kappa' & 1 & -\alpha_y \\ \varphi & \alpha_y & 1 \end{bmatrix} \tag{3-54}$$

由于在一次项范围内，$\alpha_x = \varphi$，$\omega = \alpha_y$，$\kappa = \kappa'$，所以推导共线方程的一次项公式时，采用 φ、ω、κ 来表示外方位元素三个角元素。

根据旋转矩阵的一次项式（3-54），共线条件方程（3-48）变化为

$$\left.\begin{aligned} x = -f\frac{X + \kappa Y + \varphi Z}{-\varphi X - \omega Y + Z} = -\frac{f}{Z}\cdot\frac{X + Y\kappa + Z\varphi}{1 - \dfrac{X}{Z}\varphi - \dfrac{Y}{Z}\omega} \\ y = -f\frac{-\kappa X + Y + \omega Z}{-\varphi X - \omega Y + Z} = -\frac{f}{Z}\cdot\frac{-X\kappa + Y + Z\omega}{1 - \dfrac{X}{Z}\varphi - \dfrac{Y}{Z}\omega} \end{aligned}\right\} \tag{3-55}$$

按二次项式将上式分母展开成幂级数，即按泰勒级数展开式（3-55）并保留至一次

项则有

$$
\left.\begin{array}{l}
x = -\dfrac{f}{Z}\left(X + Y\kappa + Z\varphi + \dfrac{X^2}{Z}\varphi + \dfrac{XY}{Z}\omega \right) \\[3mm]
y = -\dfrac{f}{Z}\left(Y - X\kappa + Z\omega + \dfrac{XY}{Z}\varphi + \dfrac{Y^2}{Z}\omega \right)
\end{array}\right\}
\tag{3-56}
$$

式中，Z 坐标还可以以该点的相对航高 H 的负值代替，即以 $Z = -H$ 代入，可得

$$
\left.\begin{array}{l}
x = \dfrac{f}{H}\left[X + Y\kappa - H\left(1 + \dfrac{X^2}{H^2} \right)\varphi - \dfrac{XY}{H}\omega \right] \\[3mm]
y = \dfrac{f}{H}\left[Y - X\kappa - \dfrac{XY}{H}\varphi - H\left(1 + \dfrac{Y^2}{H^2} \right)\omega \right]
\end{array}\right\}
\tag{3-57}
$$

同样的，式（3-50）经过类似的演化可以得出

$$
\left.\begin{array}{l}
X = -\dfrac{Z}{f}\left[x + \left(f + \dfrac{x^2}{f} \right)\varphi + \dfrac{xy}{f}\omega - y\kappa \right] \\[3mm]
Y = -\dfrac{Z}{f}\left[y + \left(f + \dfrac{y^2}{f} \right)\omega + \dfrac{xy}{f}\varphi + x\kappa \right]
\end{array}\right\}
\tag{3-58}
$$

如果用 x_0、y_0、$-f_0$ 代换式（3-57）中的 X、Y、Z，便得到倾斜影像与主距为 f_0 的水平影像同名点之间的一次项坐标关系式，即

$$
\left.\begin{array}{l}
x = \dfrac{f}{f_0}\left[x_0 + y_0 k - f_0\left(1 + \dfrac{x_0^2}{f_0^2} \right)\varphi - \dfrac{x_0 y_0}{f_0}\omega \right] \\[3mm]
y = \dfrac{f}{f_0}\left[y_0 - x_0 k - \dfrac{x_0 y_0}{f_0}\varphi - f_0\left(1 + \dfrac{y_0^2}{f_0} \right)\omega \right]
\end{array}\right\}
\tag{3-59}
$$

$$
\left.\begin{array}{l}
x_0 = \dfrac{f_0}{f}\left[x + \left(f + \dfrac{x^2}{f} \right)\varphi + \dfrac{xy}{f}\omega - yk \right] \\[3mm]
y_0 = \dfrac{f_0}{f}\left[y + \left(f + \dfrac{y^2}{f} \right)\omega + \dfrac{xy}{f}\varphi + xk \right]
\end{array}\right\}
\tag{3-60}
$$

如果是同主距的情况，即 $f = f_0$，则式（3-59）变为

$$
\left.\begin{array}{l}
x = x_0 + y_0 k - f_0\left(1 + \dfrac{x_0^2}{f_0^2} \right)\varphi - \dfrac{x_0 y_0}{f_0}\omega \\[3mm]
y = y_0 - x_0 k - \dfrac{x_0 y_0}{f_0}\varphi - f_0\left(1 + \dfrac{y_0^2}{f_0} \right)\omega
\end{array}\right\}
\tag{3-61}
$$

$$
\left.\begin{array}{l}
x_0 = x + \left(f + \dfrac{x^2}{f}\right)\varphi + \dfrac{xy}{f}\omega - yk \\[3mm]
y_0 = y + \left(f + \dfrac{y^2}{f}\right)\omega + \dfrac{xy}{f}\varphi + xk
\end{array}\right\}
\tag{3-62}
$$

3.5.3　透视变换中的简化共线条件方程

将地辅系坐标原点放在摄站上，可以简化共线条件方程一次项公式的推导。针对 τ、α、κ_v 角元素系统，如果将坐标系的坐标轴方向作进一步的限定，还可以推导出共线条件方程更为简化的形式。

主垂面作基础，如果将地辅系的 Y 轴和像空系的 y 轴均取在主垂面内，这时 Y 轴便是 z 轴负方向在 XY 面上的投影，y 轴便是 Z 轴在 xy 面上的投影，这样在 τ、α、κ_v 角系统中便有 $\tau = \kappa_v = 0$，方向余弦可简化为

$$
\left.\begin{array}{l}
a_1 = 1 \\
a_2 = a_3 = b_1 = c_1 = 0 \\
b_2 = c_3 = \cos\alpha \\
b_3 = -c_2 = -\sin\alpha
\end{array}\right\}
\tag{3-63}
$$

旋转矩阵为

$$
M = \begin{bmatrix} 1 & 0 & 0 \\ 0 & \cos\alpha & -\sin\alpha \\ 0 & \sin\alpha & \cos\alpha \end{bmatrix}
\tag{3-64}
$$

这样共线条件方程式的形式简化为

$$
\left.\begin{array}{l}
x = -f\,\dfrac{X}{Z\cos\alpha - Y\sin\alpha} \\[3mm]
y = -f\,\dfrac{Y\cos\alpha + Z\sin\alpha}{Z\cos\alpha - Y\sin\alpha}
\end{array}\right\}
\tag{3-65}
$$

$$
\left.\begin{array}{l}
X = -Z\,\dfrac{x}{f\cos\alpha - y\sin\alpha} \\[3mm]
Y = -Z\,\dfrac{y\cos\alpha + f\sin\alpha}{f\cos\alpha - y\sin\alpha}
\end{array}\right\}
\tag{3-66}
$$

透视变换中常用的共线条件方程是在特殊选择的物面和像面坐标系基础上建立起来的。物面上以基本方向线为 Y 轴，以某个特殊点为原点，按右手坐标系取定 X 轴。以地底点向地主点的方向，即 $N \to O$ 的方向为 Y 的正方向。其中以地底点为原点的坐标系与 Y 轴选在主垂面内的地辅坐标系相对应，物点的 Z 坐标为常数，即 $Z = -H$，H 是摄站对物面的相对航高。像面上以主纵线为 y 轴，以某个特殊点为原点，按右手坐标系取

定 x 轴。以像底点向像主点的方向，即 $n{\rightarrow}o$ 的方向为 y 轴的正方向。其中以像主点为原点的坐标系与 y 轴选在主垂面内的像空系相对应。所以只要将 $Z=-H$ 代入式（3-65）和式（3-66），便得出了以像主点 o 和地底点 N 为原点的透视变换公式。为区别起见，称此为（o，N）系统，并且像坐标记作 x_o、y_o，物坐标记作 X_N、Y_N。这样便得（o，N）系统的公式为

$$\left.\begin{array}{l} x_o = f\dfrac{X_N}{H\cos a + Y_N\sin a} \\[3mm] y_o = f\dfrac{Y_N\cos a - H\sin a}{H\cos a + Y_N\sin a} \end{array}\right\} \tag{3-67}$$

以及：

$$\left.\begin{array}{l} X_N = H\dfrac{x_o}{f\cos a - y_o\sin a} \\[3mm] Y_N = H\dfrac{y_o\cos a + f\sin a}{f\cos a - y_o\sin a} \end{array}\right\} \tag{3-68}$$

以其他特殊点为原点的坐标关系式可借助式（3-67）和式（3-68）导出，坐标代换只发生在 y、Y 坐标上。各系统都是相同的 y、Y 轴，所以不同系统的 x、X 坐标不变。以（c，C）系统的公式推导为例。

在像方：

$$x_o = x_c, y_o = y_c - w = y_c - f\tan\dfrac{a}{2}$$

在物方：

$$X_N = X_C, Y_N = Y_C + CN = Y_C + H\tan\dfrac{a}{2}$$

代入式（3-67）和式（3-68），则得（c，C）系统的公式为

$$\left.\begin{array}{l} x_c = f\dfrac{X_C}{H + Y_C\sin a} \\[3mm] y_c = f\dfrac{Y_c}{H + Y_C\sin a} \end{array}\right\} \tag{3-69}$$

$$\left.\begin{array}{l} X_C = H\dfrac{x_c}{f - y_c\sin a} \\[3mm] Y_C = H\dfrac{y_c}{f - y_c\sin a} \end{array}\right\} \tag{3-70}$$

关于倾斜像点与相应水平像点的透视变换问题，仍采用代换的办法就可由式（3-67）～式（3-70）各式中对应得出。所使用的代换是以水平影像主距 f_0 代替航高 H，并且将物点 X、Y 坐标换成 x^0、y^0，保留脚标。例如（c，C）系统的公式为

$$x_c = f \frac{x_c^0}{f_0 + y_c^0 \sin a} \left.\begin{matrix} \\ \\ \\ \\ \end{matrix}\right\} \quad (3\text{-}71)$$

$$y_c = f \frac{y_c^0}{f_0 + y_c^0 \sin a}$$

$$x_c^0 = f_0 \frac{x_c}{f - y_c \sin a} \left.\begin{matrix} \\ \\ \\ \\ \end{matrix}\right\} \quad (3\text{-}72)$$

$$y_c^0 = f_0 \frac{y_c}{f - y_c \sin a}$$

如果是与同主距的水平影像进行透视变换，则式中 f_0 换为 f。

其他系统的公式类推。

3.6 直接线性变换公式

共线条件方程式是严格的中心投影成像模型，其建立了地面点的地辅坐标系坐标 $(X、Y、Z)$ 与像点在以像主点为原点的像平面坐标系坐标 $(x、y)$ 之间的关系。通常在影像上直接量测得到的是像点的框标坐标系坐标 $(x'、y')$，$(x、y)$ 与 $(x'、y')$ 之间存在一个平移关系：

$$x = x' - x_0 \left.\begin{matrix} \\ \\ \end{matrix}\right\}$$
$$y = y' - y_0$$

式中，x_0、y_0 是相机的其中两个内方位元素。

这样共线条件方程可写成以下形式：

$$x' - x_0 = -f \frac{a_1(X - X_S) + b_1(Y - Y_S) + c_1(Z - Z_S)}{a_3(X - X_S) + b_3(Y - Y_S) + c_3(Z - Z_S)} \left.\begin{matrix} \\ \\ \\ \\ \end{matrix}\right\} \quad (3\text{-}73)$$

$$y' - y_0 = -f \frac{a_2(X - X_S) + b_2(Y - Y_S) + c_2(Z - Z_S)}{a_3(X - X_S) + b_3(Y - Y_S) + c_3(Z - Z_S)}$$

取：

$$\lambda = a_3 X_S + b_3 Y_S + c_3 Z_S \quad (3\text{-}74)$$

则式（3-73）可改写为

$$x' = x_0 - f \frac{a_1(X - X_S) + b_1(Y - Y_S) + c_1(Z - Z_S)}{a_3 X + b_3 Y + c_3 Z - \lambda} \left.\begin{matrix} \\ \\ \\ \\ \end{matrix}\right\} \quad (3\text{-}75)$$

$$y' = y_0 - f \frac{a_2(X - X_S) + b_2(Y - Y_S) + c_2(Z - Z_S)}{a_3 X + b_3 Y + c_3 Z - \lambda}$$

等号右边两项进行通分合并整理后得到

$$x' = \frac{(a_3x_0 - a_1f)X + (b_3x_0 - b_1f)Y + (c_3x_0 - c_1f)Z - \left[x_0\lambda + f(a_1X_S + b_1Y_S + c_1Z_S)\right]}{a_3X + b_3Y + c_3Z - \lambda}$$

$$y' = \frac{(a_3y_0 - a_2f)X + (b_3y_0 - b_2f)Y + (c_3y_0 - c_2f)Z - \left[y_0\lambda + f(a_2X_S + b_2Y_S + c_2Z_S)\right]}{a_3X + b_3Y + c_3Z - \lambda} \quad (3\text{-}76)$$

上式等号右边的分子分母同时除以 $-\lambda$ 得到

$$x' = \frac{\dfrac{(a_1f - a_3x_0)}{\lambda}X + \dfrac{(b_1f - b_3x_0)}{\lambda}Y + \dfrac{(c_1f - c_3x_0)}{\lambda}Z + \left[x_0 + \dfrac{f}{\lambda}(a_1X_S + b_1Y_S + c_1Z_S)\right]}{-\dfrac{a_3}{\lambda}X - \dfrac{b_3}{\lambda}Y - \dfrac{c_3}{\lambda}Z + 1}$$

$$y' = \frac{\dfrac{(a_2f - a_3y_0)}{\lambda}X + \dfrac{(b_2f - b_3y_0)}{\lambda}Y + \dfrac{(c_2f - c_3y_0)}{\lambda}Z + \left[y_0 + \dfrac{f}{\lambda}(a_2X_S + b_2Y_S + c_2Z_S)\right]}{-\dfrac{a_3}{\lambda}X - \dfrac{b_3}{\lambda}Y - \dfrac{c_3}{\lambda}Z + 1} \quad (3\text{-}77)$$

设 $L_1 = \dfrac{(a_1f - a_3x_0)}{\lambda}$，$L_2 = \dfrac{(b_1f - b_3x_0)}{\lambda}$，$L_3 = \dfrac{(c_1f - c_3x_0)}{\lambda}$，$L_4 = x_0 + \dfrac{f}{\lambda} \cdot$

$(a_1X_S + b_1Y_S + c_1Z_S)$，$L_5 = \dfrac{(a_2f - a_3y_0)}{\lambda}$，$L_6 = \dfrac{(b_2f - b_3y_0)}{\lambda}$，$L_7 = \dfrac{(c_2f - c_3y_0)}{\lambda}$，

$L_8 = y_0 + \dfrac{f}{\lambda}(a_2X_S + b_2Y_S + c_2Z_S)$，$L_9 = -\dfrac{a_3}{\lambda}$，$L_{10} = -\dfrac{b_3}{\lambda}$，$L_{11} = -\dfrac{c_3}{\lambda}$，则共线条件方程

（3-73）可改化成

$$x' = \frac{L_1X + L_2Y + L_3Z + L_4}{L_9X + L_{10}Y + L_{11}Z + 1}$$

$$y' = \frac{L_5X + L_6Y + I_7Z + L_8}{L_9X + L_{10}Y + L_{11}Z + 1} \quad (3\text{-}78)$$

式（3-78）通过共线条件方程改化形式后得到，是关于 11 个参数 $(L_1, \cdots, L_{11})$ 的线性表达式，称为直接线性变换公式。直接线性变换公式主要应用于非量测相机摄影测量，因为非量测相机内方位元素 $(x_0, y_0, -f)$ 未知，使用共线条件方程（3-73）解算内外方位元素时，必须给出初值，但非量测相机的内方位元素初值难以合理给出。利用直接线性变换公式，如果已知 6 个平高控制点列出 12 个方程，不需要给出参数的初值便可解算这 11 个参数。

解算出 11 个直接线性变换参数后，利用参数与影像内外方位元素之间的关系，可以求解出内方位元素，下面推导计算公式。

已知方向余弦 $a_3^2 + b_3^2 + c_3^2 = 1$。

利用 $L_9 = -\dfrac{a_3}{\lambda}$、$L_{10} = -\dfrac{b_3}{\lambda}$、$L_{11} = -\dfrac{c_3}{\lambda}$、$\lambda = a_3X_S + b_3Y_S + c_3Z_S$ 可计算出：

$$\lambda^2 = \frac{1}{L_9^2 + L_{10}^2 + L_{11}^2} \quad (3\text{-}79)$$

利用
$$L_1 = \frac{(a_1 f - a_3 x_0)}{\lambda} \left.\begin{array}{l}\\\\\\\end{array}\right\} L_2 = \frac{(b_1 f - b_3 x_0)}{\lambda} \\ L_3 = \frac{(c_1 f - c_3 x_0)}{\lambda}$$
、
$$\begin{array}{l} L_9 = -\dfrac{a_3}{\lambda} \\ L_{10} = -\dfrac{b_3}{\lambda} \\ L_{11} = -\dfrac{c_3}{\lambda} \end{array}\right\}$$
和
$$\left.\begin{array}{l} a_3^2 + b_3^2 + c_3^2 = 1 \\ a_1 a_3 + b_1 b_3 + c_1 c_3 = 0 \end{array}\right\}$$
，可得 $L_1 L_9 + L_2 L_{10} +$

$L_3 L_{11} = \dfrac{x_0}{\lambda^2}$，所以：

$$x_0 = \left(L_1 L_9 + L_2 L_{10} + L_3 L_{11}\right)\lambda^2 \qquad (3\text{-}80)$$

同理，利用
$$L_5 = \frac{(a_2 f - a_3 y_0)}{\lambda} \\ L_6 = \frac{(b_2 f - b_3 y_0)}{\lambda} \\ L_7 = \frac{(c_2 f - c_3 y_0)}{\lambda}$$
、
$$\begin{array}{l} L_9 = -\dfrac{a_3}{\lambda} \\ L_{10} = -\dfrac{b_3}{\lambda} \\ L_{11} = -\dfrac{c_3}{\lambda} \end{array}\right\}$$
和
$$\left.\begin{array}{l} a_3^2 + b_3^2 + c_3^2 = 1 \\ a_2 a_3 + b_2 b_3 + c_2 c_3 = 0 \end{array}\right\}$$
，可计算出：

$$y_0 = \left(L_5 L_9 + L_6 L_{10} + L_7 L_{11}\right)\lambda^2 \qquad (3\text{-}81)$$

又利用
$$L_1 = \frac{(a_1 f - a_3 x_0)}{\lambda} \\ L_2 = \frac{(b_1 f - b_3 x_0)}{\lambda} \\ L_3 = \frac{(c_1 f - c_3 x_0)}{\lambda}$$
、
$$L_5 = \frac{(a_2 f - a_3 y_0)}{\lambda} \\ L_6 = \frac{(b_2 f - b_3 y_0)}{\lambda} \\ L_7 = \frac{(c_2 f - c_3 y_0)}{\lambda}$$
和式（3-57）、式（3-58）和式（3-59），

可计算出：

$$\left.\begin{array}{l} f^2 = \left(L_1^2 + L_2^2 + L_3^2\right)\lambda^2 - x_0^2 \\ f^2 = \left(L_5^2 + L_6^2 + L_7^2\right)\lambda^2 - y_0^2 \end{array}\right\} \qquad (3\text{-}82)$$

至此，内方位元素 $(x_0、y_0、-f)$ 便可由 11 个直接线性变换参数 $(L_1,\cdots,L_{11})$ 计算得到。

此外，根据式（3-82），可得

$$\left(L_1^2 + L_2^2 + L_3^2\right)\lambda^2 - x_0^2 = \left(L_5^2 + L_6^2 + L_7^2\right)\lambda^2 - y_0^2 \qquad (3\text{-}83)$$

将式（3-79）、式（3-80）和式（3-81）代入式（3-83），可得

$$\begin{array}{l} (L_9^2 + L_{10}^2 + L_{11}^2)(L_1^2 + L_2^2 + L_3^2 - L_5^2 - L_6^2 - L_7^2) \\ + (L_5 L_9 + L_6 L_{10} + L_7 L_{11})^2 - (L_1 L_9 + L_2 L_{10} + L_3 L_{11})^2 = 0 \end{array} \qquad (3\text{-}84)$$

又利用 $L_1 = \dfrac{(a_1 f - a_3 x_0)}{\lambda}$、$L_2 = \dfrac{(b_1 f - b_3 x_0)}{\lambda}$、$L_3 = \dfrac{(c_1 f - c_3 x_0)}{\lambda}$、$L_5 = \dfrac{(a_2 f - a_3 y_0)}{\lambda}$、

$$L_6 = \frac{(b_2 f - b_3 y_0)}{\lambda} \text{、} \quad L_7 = \frac{(c_2 f - c_3 y_0)}{\lambda} \text{ 可得}$$

$$(L_1 L_5 + L_2 L_6 + L_3 L_7)\lambda^2 = x_0 y_0 \tag{3-85}$$

将式（3-79）、式（3-80）和式（3-81）代入式（3-85），可得

$$(L_1 L_9 + L_2 L_{10} + L_3 L_{11})(L_5 L_9 + L_6 L_{10} + L_7 L_{11})$$
$$-(L_1 L_5 + L_2 L_6 + L_3 L_7)(L_9^2 + L_{10}^2 + L_{11}^2) = 0 \tag{3-86}$$

式（3-84）和式（3-86）是 11 个直接线性变换参数建立的两个条件方程。因此，11 个直接线性参数独立的只有 9 个，这与共线条件方程原始表达式中的 3 个内方位元素和 6 个外方位元素相对应。

3.7　线阵传感器成像模型

单线阵推扫式成像传感器是动态摄影方式。如图 3-35 所示，传感器平台沿航线方向飞行，线阵传感器垂直于飞行方向，按照事先设定的时间间隔进行摄影，每一摄影时刻在像面上形成一条线影像，若干相邻摄影时刻的线影像拼接得到一景面影像。

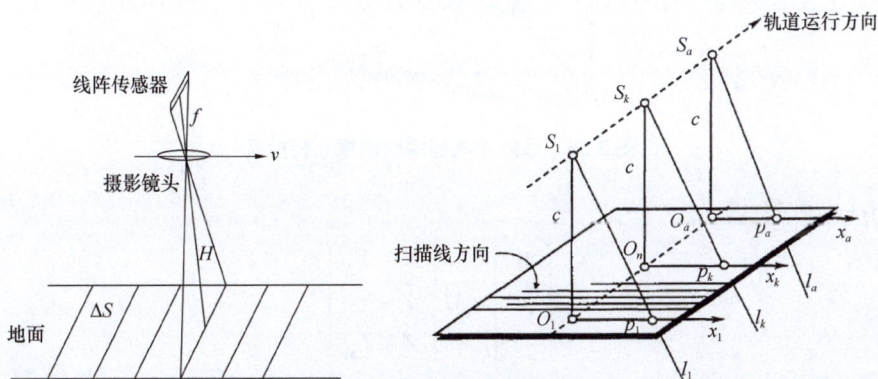

图 3-35　线阵 CCD 成像原理

在某摄影时刻 t，对应的线影像与所摄地面存在严格的中心投影关系，因而整个面阵影像为多中心投影。在此将扫描线方向作为 y 轴，传感器平台飞行方向作为 x 轴。

传感器像元的大小 a 和地面元大小 A 的关系可以用公式表达：

$$A = a\frac{H}{f} \tag{3-87}$$

式中，H 为平均航高，f 为摄影主距。

若行间距为 ΔS，飞行速度为 v，行扫描时间间隔为 Δt，则不产生摄影漏洞或重叠的条件：

$$A = \Delta S = v \times \Delta t = a\frac{H}{f} \tag{3-88}$$

如图 3-36 所示，瞬时成像单元为一行影像，地面点 M 在地辅坐标系 D — XYZ 中的坐标为 $(X、Y、Z)$，其像点 m 在瞬时像空系 S — xyz 中的坐标为 $(0, y, -f)$，可以给出共线条件方程：

$$\left.\begin{aligned}0 &= -f\frac{a_1(X - X_S) + b_1(Y - Y_S) + c_1(Z - Z_S)}{a_3(X - X_S) + b_3(Y - Y_S) + c_3(Z - Z_S)} \\ y &= -f\frac{a_2(X - X_S) + b_2(Y - Y_S) + c_2(Z - Z_S)}{a_3(X - X_S) + b_3(Y - Y_S) + c_3(Z - Z_S)}\end{aligned}\right\} \tag{3-89}$$

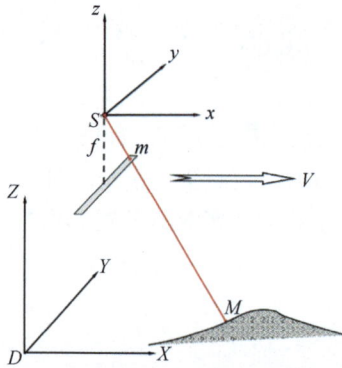

图 3-36   线阵传感器瞬时成像几何关系

写成矩阵形式：

$$\begin{bmatrix} 0 \\ y \\ -f \end{bmatrix} = M\begin{bmatrix} X - X_S \\ Y - Y_S \\ Z - Z_S \end{bmatrix}$$

式中，旋转矩阵 $M = \begin{bmatrix} a_1 & b_1 & c_1 \\ a_2 & b_2 & c_2 \\ a_3 & b_3 & c_3 \end{bmatrix}$。

因为一景面影像由若干线影像拼接而成，每一条线影像外方位元素随时间 t 变化，可表示为 $X_S(t)$、$Y_S(t)$、$Z_S(t)$、$\varphi(t)$、$\omega(t)$、$\kappa(t)$。共线条件方程可表示为

$$\begin{bmatrix} 0 \\ y \\ -f \end{bmatrix} = \lambda M(t)\begin{bmatrix} X - X_S(t) \\ Y - Y_S(t) \\ Z - Z_S(t) \end{bmatrix} \tag{3-90}$$

假设每一景影像的像平面坐标原点在中央扫描行的中点，则可认为每一扫描行影像的外方位元素是随着 x 坐标值（飞行方向）变化的。由于一景影像成像时间较短，传感

器速度与姿态相对稳定，因此外方位元素可用时间 t 的多项式来表示：

$$\begin{cases} X_S(t) = X_S^0 + X_S' \cdot t + X_S'' \cdot t^2 + \cdots \\ Y_S(t) = Y_S^0 + Y_S' \cdot t + Y_S'' \cdot t^2 + \cdots \\ Z_S(t) = Z_S^0 + Z_S' \cdot t + Z_S'' \cdot t^2 + \cdots \\ \varphi(t) = \varphi^0 + \varphi' \cdot t + \varphi'' \cdot t^2 + \cdots \\ \omega(t) = \omega^0 + \omega' \cdot t + \omega'' \cdot t^2 + \cdots \\ \kappa(t) = \kappa^0 + \kappa' \cdot t + \kappa'' \cdot t^2 + \cdots \end{cases} \tag{3-91}$$

式中，$(X_S^0 、 Y_S^0 、 Z_S^0 、 \varphi^0 、 \omega^0 、 \kappa^0)$ 为中央扫描行的外方位元素，$(X_S' 、 Y_S' 、 Z_S' 、 \varphi' 、 \omega' 、 \kappa')$、$(X_S'' 、 Y_S'' 、 Z_S'' 、 \varphi'' 、 \omega'' 、 \kappa'')$ 分别为外方位元素的一阶和二阶变化率。

由于时间 t 与像平面坐标 x 成对应关系，因此外方位元素又可表示为像平面坐标 x 的多项式：

$$\begin{cases} X_S(x) = X_S^0 + X_S' \cdot x + X_S'' \cdot x^2 + \cdots \\ Y_S(x) = Y_S^0 + Y_S' \cdot x + Y_S'' \cdot x^2 + \cdots \\ Z_S(x) = Z_S^0 + Z_S' \cdot x + Z_S'' \cdot x^2 + \cdots \\ \varphi(x) = \varphi^0 + \varphi' \cdot x + \varphi'' \cdot x^2 + \cdots \\ \omega(x) = \omega^0 + \omega' \cdot x + \omega'' \cdot x^2 + \cdots \\ \kappa(x) = \kappa^0 + \kappa' \cdot x + \kappa'' \cdot x^2 + \cdots \end{cases} \tag{3-92}$$

线阵 CCD 传感器包括单线阵 CCD、双线阵 CCD、三线阵 CCD 等多种类型。图 3-37 是三线阵 CCD 成像示意图，3 条线阵分别为前视线阵、下视线阵和后视线阵。如图 3-37 所示，下视线阵近似垂直向下摄影，前视和后视线阵分别绕 y 轴旋转一个正负 θ 角，$S—xyz$ 和 $S'—x'y'z'$ 分别为旋转前后的像空系。

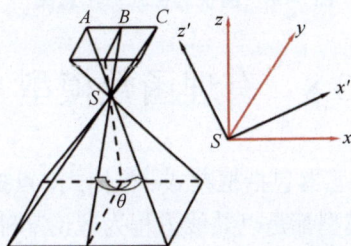

图 3-37　三线阵传感器成像示意图

于是可以在下视影像共线条件方程的基础上给出前后视的共线条件方程：

$$\begin{bmatrix} 0 \\ y \\ -f \end{bmatrix} = \lambda M_\theta M(t) \begin{bmatrix} X - X_S(t) \\ Y - Y_S(t) \\ Z - Z_S(t) \end{bmatrix} \tag{3-93}$$

旋转矩阵 $M_\theta = \begin{bmatrix} \cos\theta & 0 & -\sin\theta \\ 0 & 1 & 0 \\ \sin\theta & 0 & \cos\theta \end{bmatrix}$，$\theta$ 角的正负用来确定前后视。

利用前、下、后视影像的不同组合可形成航向重叠立体影像。

为了得到旁向重叠的立体影像，摄影时可以将传感器绕飞行方向（像空系 x 轴）旋转一个侧视角 ϕ 得到侧视影像。侧视影像的像空间坐标系可以认为是由下视的像空系绕 x 轴旋转一个角度 ϕ 而得到的，如图 3-38 所示，影像 P_2 绕像空系 x 轴旋转一个 ϕ 后，可以与相邻航线的影像 P_1 构成立体像对。这样影像 P_2 的共线方程可以表示为

$$\begin{bmatrix} 0 \\ y \\ -f \end{bmatrix} = \lambda M_\phi M(t) \begin{bmatrix} X - X_S(t) \\ Y - Y_S(t) \\ Z - Z_S(t) \end{bmatrix} \tag{3-94}$$

上式中，旋转矩阵 $M_\phi = \begin{bmatrix} 1 & 0 & 0 \\ 0 & \cos\phi & -\sin\phi \\ 0 & \sin\phi & \cos\phi \end{bmatrix}$。

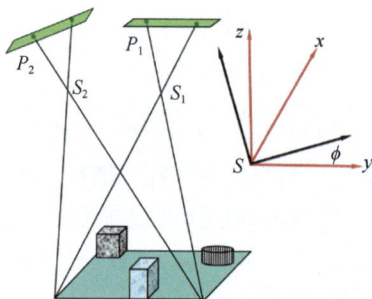

图 3-38　侧视影像几何示意图

3.8　有理函数模型

如前面章节所述，光学传感器包括框幅式、推扫式、点扫描式和全景式等多种类型，虽然通常的光学传感器成像模型都是以共线方程为理论基础的，但不同类型的传感器由于成像的几何特性不同，其采用的成像模型具体形式也不同，即使是同一种类型的传感器，由于其内部构造不同，其成像模型也不尽相同[1]。随着新型传感器的不断涌现，用户在现有软件的基础上改进或完善新的传感器成像模型变得越来越困难。同时，由于商用遥感卫星为了保护敏感的设计参数和技术秘密不被扩散，一些高性能传感器的镜头构造、成像方式、卫星轨道等信息并未被公开，难以建立精确的传感器成像模型。

因此，为了实现遥感影像商业化，需要设计一种通用成像模型——有理函数模型

（rational function model，RFM）来代替传感器的严格成像模型。有理函数模型是各种传感器几何模型的一种更广义的表达形式，同时是比多项式模型更为精确的表达形式，可以适用于包括航空和航天的各种类型传感器。

有理函数模型（RFM）的具体形式如下式[2]：

$$\left. \begin{aligned} r_n &= \frac{P_1(X_n, Y_n, Z_n)}{P_2(X_n, Y_n, Z_n)} \\ c_n &= \frac{P_3(X_n, Y_n, Z_n)}{P_4(X_n, Y_n, Z_n)} \end{aligned} \right\} \tag{3-95}$$

式中，r_n 和 c_n 分别为像点的影像坐标（行列数），$P_1 \sim P_4$ 是物点的地面坐标 X_n、Y_n、Z_n 的多项式。具体表达形式为

$$
\begin{aligned}
P_1 = \sum_{i=0}^{m1}\sum_{j=0}^{m2}\sum_{k=0}^{m3} a_{ijk} X^i Y^j Z^k = {}& a_0 + a_1 Z + a_2 Y + a_3 X + a_4 ZY + a_5 ZX + a_6 YX + \\
& a_7 Z^2 + a_8 Y^2 + a_9 X^2 + a_{10} ZYX + a_{11} Z^2 Y + a_{12} Z^2 X + a_{13} Y^2 Z + \\
& a_{14} Y^2 X + a_{15} ZX^2 + a_{16} YX^2 + a_{17} Z^3 + a_{18} Y^3 + a_{19} Z^3 \\
P_2 = \sum_{i=0}^{m1}\sum_{j=0}^{m2}\sum_{k=0}^{m3} b_{ijk} X^i Y^j Z^k = {}& b_0 + b_1 Z + b_2 Y + b_3 X + b_4 ZY + b_5 ZX + b_6 YX + \\
& b_7 Z^2 + b_8 Y^2 + b_9 X^2 + b_{10} ZYX + b_{11} Z^2 Y + b_{12} Z^2 X + b_{13} Y^2 Z + \\
& b_{14} Y^2 X + b_{15} ZX^2 + b_{16} YX^2 + b_{17} Z^3 + b_{18} Y^3 + b_{19} Z^3 \\
P_3 = \sum_{i=0}^{m1}\sum_{j=0}^{m2}\sum_{k=0}^{m3} c_{ijk} X^i Y^j Z^k = {}& c_0 + c_1 Z + c_2 Y + c_3 X + c_4 ZY + c_5 ZX + c_6 YX + \\
& c_7 Z^2 + c_8 Y^2 + c_9 X^2 + c_{10} ZYX + c_{11} Z^2 Y + c_{12} Z^2 X + c_{13} Y^2 Z + \\
& c_{14} Y^2 X + c_{15} ZX^2 + c_{16} YX^2 + c_{17} Z^3 + c_{18} Y^3 + c_{19} Z^3 \\
P_4 = \sum_{i=0}^{m1}\sum_{j=0}^{m2}\sum_{k=0}^{m3} d_{ijk} X^i Y^j Z^k = {}& d_0 + d_1 Z + d_2 Y + d_3 X + d_4 ZY + d_5 ZX + d_6 YX + \\
& d_7 Z^2 + d_8 Y^2 + d_9 X^2 + d_{10} ZYX + d_{11} Z^2 Y + d_{12} Z^2 X + d_{13} Y^2 Z + \\
& d_{14} Y^2 X + d_{15} ZX^2 + d_{16} YX^2 + d_{17} Z^3 + d_{18} Y^3 + d_{19} Z^3
\end{aligned}
\tag{3-96}
$$

a_{ijk}、b_{ijk}、c_{ijk}、d_{ijk} 是多项式的系数，称为有理多项式系数（rational polynomial coefficient，RPC），也有文献称作有理函数系数（rational function coefficient，RFC）。多项式中每一项的各个坐标分量 X、Y、Z 的阶最大不超过 3，每一项坐标分量阶的和不超过 3。在模型中由光学投影引起的畸变表示为一阶多项式，而像地球曲率、大气折射及镜头畸变等改正可由二阶多项式趋近，其他未知畸变可用三阶多项式模拟。另外，有理函数模型分 $P_2 = P_4$ 和 $P_2 \neq P_4$ 两种情况。

上式也可以表达形式为

$$
\left.\begin{array}{l}
r_n = \dfrac{\left(1\ Z\ Y\ X \cdots Y^3\ X^3\right) \cdot \left(a_0\ a_1\ a_2\ a_3 \cdots a_{18}\ a_{19}\right)^{\mathrm{T}}}{\left(1\ Z\ Y\ X \cdots Y^3\ X^3\right) \cdot \left(b_0\ b_1\ b_2\ b_3 \cdots b_{18}\ b_{19}\right)^{\mathrm{T}}} \\[4mm]
c_n = \dfrac{\left(1\ Z\ Y\ X \cdots Y^3\ X^3\right) \cdot \left(c_0\ c_1\ c_2\ c_3 \cdots c_{18}\ c_{19}\right)^{\mathrm{T}}}{\left(1\ Z\ Y\ X \cdots Y^3\ X^3\right) \cdot \left(c_0\ c_1\ c_2\ c_3 \cdots c_{18}\ b_{19}\right)^{\mathrm{T}}}
\end{array}\right\}
\tag{3-97}
$$

为确保公式恒有意义，令分母中 $b_0 = c_0 = 1$[3]，公式可改写为

$$
\left.\begin{array}{l}
r_n = \dfrac{\left(1\ Z\ Y\ X \cdots Y^3\ X^3\right) \cdot \left(a_0\ a_1\ a_2\ a_3 \cdots a_{18}\ a_{19}\right)^{\mathrm{T}}}{\left(1\ Z\ Y\ X \cdots Y^3\ X^3\right) \cdot \left(1\ b_1\ b_2\ b_3 \cdots b_{18}\ b_{19}\right)^{\mathrm{T}}} \\[4mm]
c_n = \dfrac{\left(1\ Z\ Y\ X \cdots Y^3\ X^3\right) \cdot \left(c_0\ c_1\ c_2\ c_3 \cdots c_{18}\ c_{19}\right)^{\mathrm{T}}}{\left(1\ Z\ Y\ X \cdots Y^3\ X^3\right) \cdot \left(1\ c_1\ c_2\ c_3 \cdots c_{18}\ b_{19}\right)^{\mathrm{T}}}
\end{array}\right\}
\tag{3-98}
$$

式（3-95）的反变换公式为

$$
\left.\begin{array}{l}
X_n = \dfrac{P_1\left(r_n, c_n, Z_n\right)}{P_2\left(r_n, c_n, Z_n\right)} \\[4mm]
Y_n = \dfrac{P_3\left(r_n, c_n, Z_n\right)}{P_4\left(r_n, c_n, Z_n\right)}
\end{array}\right\}
\tag{3-99}
$$

如式（3-98），有理函数多项式的阶数为 3 次时，如果 $P_2 \neq P_4$，则一景影像共有 78 个有理函数系数，解算 78 个未知系数，至少需要 39 个控制点。表 3-3 描述了多项式阶数与所需控制点数量之间的关系。

表 3-3　多项式阶数与所需控制点数量之间关系

阶数	分母	未知系数个数	必须控制点
3	$P_2 \neq P_4$	78	39
	$P_2 = P_4$	59	30
4	$P_2 \neq P_4$	38	19
	$P_2 = P_4$	29	15

与精确成像模型相比，有理函数模型的建立与传感器无关，适用于面阵 CCD、线阵 CCD 和雷达影像等各种类型的遥感影像。同时，采用该模型不需要对现有的软件系统进行改造，提高了软件的通用性。但该模型也存在一些缺点，如很多参数没有物理含义，参数间可能存在的相关性影像模型的稳定，如果影像的范围过大或者影像有高频的影像变形，则精度无法保证。

3.9 影像比例尺

3.9.1 影像比例尺的基本概念

影像比例尺定义为影像上长度为 l 的线段与地面上长度为 L 的相应线段之比。这在影像水平，地面也水平的情况下可以作出严格的表达，设影像的比例尺为 $1:m$，则显然有

$$\frac{1}{m} = \frac{f}{H} \tag{3-100}$$

此时整幅影像具有统一的比例尺，但实际情况是由于地形起伏和传感器姿态不稳定造成影像不水平，影像上各点比例尺是不同的，如图 3-39 所示。

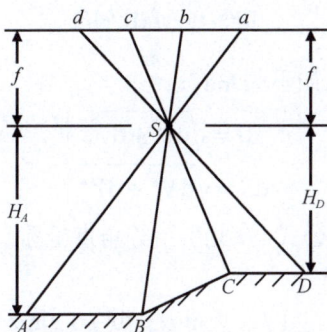

图 3-39 影像比例尺

图 3-39 中，影像线段 ab 的比例尺为 f/H_A，cd 的比例尺为 f/H_D。这说明随着地面高度的不同，对于水平影像而言，它的比例尺也不同。线段 bc 由于其对应的地面线段 BC 上每一点的高程都不同，所以比例尺还不能表达为式（3-100）的简单形式。当影像有倾斜时，影像上存在不同的像距，因此即使地面水平也不存在整张影像的统一比例尺。但是在摄影测量作业中，无论是拟订航摄计划还是估计影像的测图潜力，都要用到概略的像比例尺。为此，一般在近似垂直摄影情况下，常以下式来估算像比例尺，式中，H_{CP} 是摄影地面的平均航高。

$$\frac{1}{m} = \frac{f}{H_{CP}}$$

这样估算的比例尺叫作平均比例尺或主比例尺。

3.9.2 像点比例尺的概念和一般公式

鉴于影像比例尺的复杂性，引入点比例尺的概念。点比例尺定义为影像上某点在某

一方向上的无穷小线段与地面上相应线段长度比的极限。即定义点比例尺 $1:m$ 为

$$\frac{1}{m} = \lim_{\Delta x \to 0} \frac{\Delta s}{\Delta S} = \frac{\mathrm{d}s}{\mathrm{d}S}$$

式中，$\mathrm{d}s$ 和 $\mathrm{d}S$ 为某一地面点及影像上对应像点在某个方向上的微分线段。图 3-40 表示影像上像点 m 处沿方向角为 φ 的方向上的微分线段 $\mathrm{d}s$，其在 x 轴和 y 轴的坐标分量为 $\mathrm{d}x$、$\mathrm{d}y$。

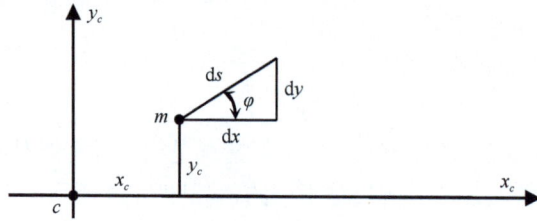

图 3-40　点比例尺

像面和地面上可分别写出如下关系式：

$$\left.\begin{aligned}\mathrm{d}s &= \sqrt{\mathrm{d}x^2 + \mathrm{d}y^2} \\ \mathrm{d}S &= \sqrt{\mathrm{d}X^2 + \mathrm{d}Y^2}\end{aligned}\right\}$$

为了方便推导像点比例尺公式，在此引用等角点坐标系的共线条件方程式[式（3-70）]可得

$$\left.\begin{aligned}\mathrm{d}X &= H\frac{(f - y_c\sin\alpha)\cdot\mathrm{d}x + x_c\sin\alpha\cdot\mathrm{d}y}{(f - y_c\sin\alpha)^2} \\ \mathrm{d}Y &= H\frac{f\mathrm{d}y}{(f - y_c\sin\alpha)^2}\end{aligned}\right\}$$

于是：

$$\mathrm{d}S = \sqrt{\mathrm{d}X^2 + \mathrm{d}Y^2} = \frac{H}{(f - y_c\sin\alpha)^2}\sqrt{\left[(f - y_c\sin\alpha)\cdot\mathrm{d}x + x_c\sin\alpha\cdot\mathrm{d}y\right]^2 + f^2\cdot\mathrm{d}y^2}$$

则

$$\frac{1}{m} = \frac{\mathrm{d}s}{\mathrm{d}S} = \frac{(f - y_c\sin\alpha)^2}{H\sqrt{\left[(f - y_c\sin\alpha)\cdot\dfrac{\mathrm{d}x}{\mathrm{d}s} + x_c\sin\alpha\cdot\dfrac{\mathrm{d}y}{\mathrm{d}s}\right]^2 + f^2\cdot\left(\dfrac{\mathrm{d}y}{\mathrm{d}s}\right)^2}}$$

由图 3-40 可知 $\dfrac{\mathrm{d}x}{\mathrm{d}s} = \cos\varphi$，$\dfrac{\mathrm{d}y}{\mathrm{d}s} = \sin\varphi$，所以有

$$\frac{1}{m} = \frac{\mathrm{d}s}{\mathrm{d}S} = \frac{(f - y_c\sin\alpha)^2}{H\sqrt{\left[(f - y_c\sin\alpha)\cdot\cos\varphi + x_c\sin\alpha\cdot\sin\varphi\right]^2 + f^2\cdot\sin^2\varphi}} \tag{3-101}$$

式（3-101）就是像点比例尺的一般公式。分析公式，可以总结如下三点：

（1）由于 x_c、y_c 不同，则比例尺不同，说明倾斜影像上像比例尺是随点位不同而不同的。

（2）在 x_c、y_c 不变的情况下，改变方向角 φ，则比例尺发生变化，即一个像点沿不同方向比例尺不一样，说明像点的比例尺是有方向性的。

（3）当地面有起伏时，像点对应的 H 发生变化，像比例尺也要发生变化。

3.9.3 影像比例尺和测图比例尺的关系

摄影比例尺越大，影像的地面分辨率越高，越有利于影像解译与高精度测图。但摄影比例尺过大，会增加作业成本，所以需要根据测图的精度要求来确定具有最佳性价比的摄影比例尺。表 3-4 给出了测图比例尺与摄影比例尺之间关系，具体要求可参考相应测图规范。

表 3-4 摄影比例尺与成图比例尺关系[4]

摄影比例尺	测图比例尺
1∶2000～1∶3500	1∶500
1∶3500～1∶7000	1∶1000
1∶7000～1∶14000	1∶2000
1∶10000～1∶20000	1∶5000
1∶20000～1∶40000	1∶10000
1∶25000～1∶60000	1∶25000
1∶35000～1∶80000	1∶50000
1∶60000～1∶100000	1∶100000

在数字摄影时代，测图比例尺通常可以用像元的地面分辨率来代替。下表 3-5 是像元地面分辨率与测图比例尺之间的关系[5]。

表 3-5 测图比例尺与像元地面分辨率的关系

测图比例尺	地面分辨率/cm
1∶500	<8
1∶1000	8～10
1∶2000	15～20
1∶5000	20～40
1∶10000	30～50
1∶25000	40～60
1∶50000	60～100

比例尺是测图影像重要的几何特征之一，在精密的摄影测量处理中还需要认识影像

的微观比例尺特征和特殊点、线的比例尺特征。影响像比例尺变化的因素，基本上是地形起伏和影像倾斜。地形起伏的影响由相对航高的变化来体现，可不再讨论。通常假定地面水平，只讨论影像倾斜对像比例尺的影响。

3.10 倾斜误差与投影误差

航空影像是地面景物的中心投影，而地形图在局部范围内可以看成是地面景物在水平面上的垂直投影。只有平坦地区的水平影像在数学关系上与地形图具有相同的性质。实际的航摄影像因不具备这种理想的条件，所以并不具备地形图的数学性质。上一节中所讨论的像比例尺问题，就是航摄影像与地形图的数学性质差异的一个方面，本节从点位方面分析这种差异。

从地面上一个点在影像上的构像点位来看，理想状态构像点位与实际构像点位的差异，称为像点移位。它包括因影像倾斜引起的像点移位和地面起伏引起的像点移位。

3.10.1 倾斜误差

倾斜误差又称因影像倾斜引起的像点移位，比照的标准是同摄站同主距的理想水平影像。由于等比线是倾斜影像与相应水平影像的交线，因此绕等比线旋转其中一张影像，使两张影像重合后，倾斜像点对水平像点的偏离就是倾斜误差（图3-41）。

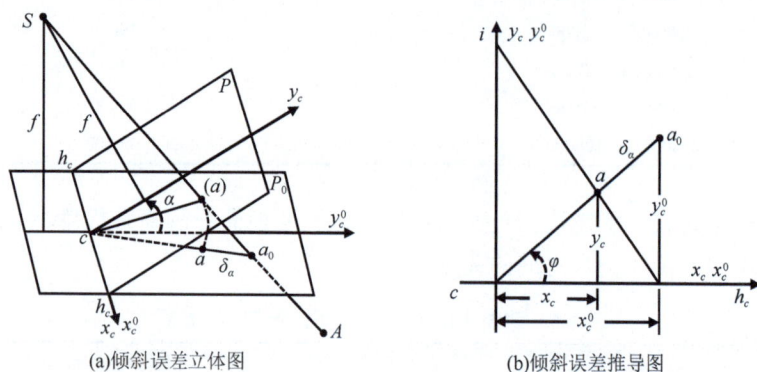

(a)倾斜误差立体图   (b)倾斜误差推导图

图3-41 倾斜误差

如图3-41（a）所示，倾斜影像 P 与同摄站同主距的水平影像 P_0 相交于等比线 h_ch_c，地面点 A 在倾斜影像 P 上构像为 a，在水平影像 P_0 上构像为 a_0，两张影像沿等比线重合后，像点 a 与 a_0 不在同一个位置，存在直线偏差 aa_0 就是倾斜误差 δ_α。

如果使用像等角点坐标系描述影像上的像点坐标，a 在倾斜影像等角点坐标系 $c—x_cy_c$ 的坐标为 (x_c, y_c)，a_0 在水平影像等角点坐标系 $c—x_c^0y_c^0$ 中的坐标为 (x_c^0, y_c^0)，则由 (c, C) 系统的共线条件方程[式（3-70）]可得两个像点之间的坐标关系式为

$$x_c^0 = f \frac{x_c}{f - y_c \sin\alpha}$$
$$y_c^0 = f \frac{y_c}{f - y_c \sin\alpha}$$

式中，α 为倾斜影像的倾斜角。由上式还可以得出

$$\frac{x_c^0}{x_c} = \frac{y_c^0}{y_c} = \frac{f}{f - y_c \sin\alpha}$$

因为，a 和 a_0 的坐标分量对应成比例，因此 c、a_0、a 位于一条直线上，该直线称为等角点辐射线。

于是给出倾斜误差的严格定义：同摄站同主距的倾斜影像和水平影像沿等比线旋转重合后，地面点在倾斜影像上的像点与相应水平影像上像点之间的直线移位叫作像点的倾斜误差，记作 δ_α。

$$\delta_\alpha = r_c - r_0$$

式中，$r_c = ca$，$r_0 = ca_0$，叫作等角点辐射距。

下面我们参照图 3-41（b）推导倾斜误差公式。

由图 3-41（b）可得

$$\frac{r_0}{r_c} = \frac{x_c^0}{x_c} = \frac{y_c^0}{y_c}$$

则有

$$r_0 = \frac{x_c^0}{x_c} r_c = \frac{f}{f - y_c \sin\alpha} r_c$$

$$\delta_\alpha = r_c - r_0 = r_c - \frac{f}{f - y_c \sin\alpha} r_c = \frac{-r_c y_c \sin\alpha}{f - y_c \sin\alpha} \tag{3-102}$$

图 3-41（b）中，φ 是等角点辐射线 ca 的方向角，有

$$y_c = r_c \sin\varphi \tag{3-103}$$

式（3-103）代入式（3-102），便可得到倾斜误差的严密公式为

$$\delta_\alpha = -\frac{r_c^2 \sin\varphi \sin\alpha}{f - r_c \sin\varphi \sin\alpha} \tag{3-104}$$

当影像倾斜角 α 很小时，上式分母中的第二项可近似为零，于是得到倾斜误差近似公式为

$$\delta_\alpha = -\frac{r_c^2}{f} \sin\varphi \sin\alpha \tag{3-105}$$

从图 3-41（b）和严密公式[式（3-104）]可知，倾斜误差有以下基本特征：

（1）倾斜误差发生在等角点辐射线上。

（2）像点移位的方向和等角点辐射线的方向角 φ 有关，等比线将倾斜影像分为两部分：含像主点部分，$0° < \varphi < 180°$，$\delta_\alpha < 0$，像点都向着等角点移位，即移近等角点；含像底点部分，$180° < \varphi < 360°$，$\delta_\alpha > 0$，所有像点都背着等角点移位，即远离等角点。

（3）等比线上，$\varphi = 0°$ 或 $180°$，$\delta_\alpha = 0$，像点没有倾斜误差。

（4）其他条件相同的情况下，辐射距 r_c 越大，移位的绝对值越大；在辐射距相同的情况下，主纵线上，$\varphi = 90°$ 或 $270°$，δ_α 的绝对值最大，点的移位最大。

如图 3-42 所示，倾斜误差反映为水平影像上的任意一正方形 $e_0 f_0 g_0 h_0$ 在同摄站同主距倾斜影像上的构像为四边形 $efgh$。图中，c 是像等角点，i 是主合点，iV 是主纵线，$h_c h_c$ 是等比线。该图也反映了倾斜误差上述四个基本特征。摄影测量通常采用影像纠正的方法来改正这种变形。

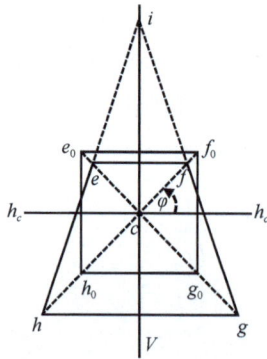

图 3-42　倾斜误差导致的正方形变形示意图

日常生活中，倾斜误差的例子比较常见，如图 3-43 示例。在近似垂直摄影影像上进行量测和自动识别时，必须考虑倾斜误差的影响，而在目视判读时，因倾斜误差对形状、大小等影像判读特征影响很小，可以不予考虑。

(a)正方形建筑在倾斜影像上的成像　　　　　　　(b)圆形建筑在倾斜影像上的成像

图 3-43　日常生活中倾斜误差示例

3.10.2　投影误差

投影误差是因地形起伏引起的像点移位，因为它是在地形有起伏的条件下所反映出来的中心投影与垂直投影（正射投影）的差异。

如图 3-44 所示，如果在起伏地区选择一个基准水平面 T，P 是倾斜影像，地面点 A 相对于基准水平面的高差为 Δh。A 点在倾斜影像的像点为 a，在基准水平面的垂直投影点为 A_0。A_0 在倾斜影像上的假想像点为 a_0。如果将像点 a 改正到 a_0，那么地形起伏的影响也就消除了。所以投影误差大小是相对于所选择的基准水平面的。

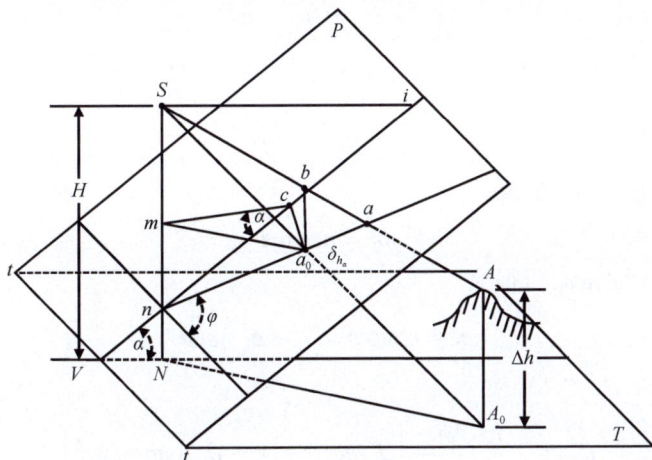

图 3-44　投影误差

因为线段 AA_0 铅垂，而像底点 n 是地面铅垂线的合点，所以 AA_0 的像 aa_0 的延长线必然经过 n，即 a、a_0、n 一定位于同一直线上，这条直线称为底点辐射线。$r_n = na$，$r_n^0 = na_0$，分别为像点 a 和 a_0 的像底点辐射距，φ 角为 r_n 方向角。

在此给出投影误差的定义：当地面有起伏时，高于或低于我们所选定的基准面的地面点的像点，与该地面点在基准面上的垂直投影点的像点之间存在的直线移位叫作该点的投影误差，记为 δ_{h_a}。

$$\delta_{h_a} = r_n - r_n^0$$

为了推导投影误差严密公式，需要做一些辅助线。如图 3-44 所示，过 a_0 做铅垂线，交 SA 于 b 点。过 a_0 做 SN 的垂线，交 SN 于 m 点。在主垂面内，过 m 点做 SN 的垂线，交主纵线于 c 点，连接 ca_0。这时可得出 3 组相似三角形 $\triangle aba_0 \sim \triangle aSn$、$\triangle Sa_0b \sim \triangle SA_0A$、$\triangle Sa_0m \sim \triangle SA_0N$。因为三角面 a_0cm 与主垂面垂直，三角面 a_0cn 也与主垂面垂直，则 a_0cm 面和 a_0cn 面的交线 a_0c 必然与主垂面垂直，所以得出 $\angle nca_0$、$\angle mca_0$ 均为直角，因而 $\triangle nca_0$、$\triangle mca_0$ 为直角三角形。此外，Sn 垂直于三角面 a_0cm，所以 $\triangle a_0mn$、$\triangle cmn$ 也是直角三角形。

由 $\triangle aba_0 \sim \triangle aSn$ 得到

$$\delta_{h_a} = \frac{a_0 b}{Sn} r_n$$

已知 $Sn = f sec\alpha$ ，下面推求 $a_0 b$ 。

由 $\triangle Sa_0 b \sim \triangle SA_0 A$ 可得

$$a_0 b = \frac{Sa_0}{SA_0} \cdot \Delta h$$

由 $\triangle Sa_0 m \sim \triangle SA_0 N$ 可得

$$\frac{Sa_0}{SA_0} = \frac{Sm}{SN} = \frac{Sn - nm}{H}$$

由直角三角形 $\triangle cmn$ 可得

$$nm = nc \sin\alpha$$

由直角三角形 $\triangle nca_0$ 可得

$$nc = r_n^0 \sin\varphi = \left(r_n - \delta_{h_a}\right) si\varphi$$

依次回代得

$$\delta_{h_a} = \frac{r_n \cdot \Delta h}{f \cdot \sec\alpha \cdot H} \left[f \cdot \sec\alpha - \left(r_n - \delta_{h_a}\right) \sin\varphi \sin\alpha \right]$$

将上式等号右边的 δ_{h_a} 项移至等号左边整理可得

$$\delta_{h_a} = \frac{\Delta h}{H} r_n \left[\frac{1 - \dfrac{r_n}{2f} \sin\varphi \sin 2\alpha}{1 - \dfrac{\Delta h}{2Hf} r_n \sin\varphi \sin 2\alpha} \right] \tag{3-106}$$

式（3-106）就是投影误差的严密公式。

分析式（3-106）可知，因为高差 Δh 相对于航高 H 是小值，且 $\sin\varphi \sin 2\alpha$ 是小于 1 的小值，因此 $\dfrac{\Delta h}{2Hf} r_n \sin\varphi \sin 2\alpha$ 是微小值，在精度要求不高时，可近似看作 0，于是得到投影误差近似公式：

$$\delta_{h_a} = \frac{\Delta h}{H} r_n \left(1 - \frac{r_n}{2f} \sin\varphi \sin 2\alpha \right) \tag{3-107}$$

以 $\alpha = 0°$ 代入式（3-106），得到水平影像上投影误差 δ_h 的严密公式：

$$\delta_h = \frac{\Delta h}{H} r \tag{3-108}$$

式中，r 是主点辐射距。在航空摄影规范要求影像倾斜角 α 是个小角的条件下，使用式（3-108）计算投影误差可以满足一定精度要求，且它比严密公式要简便得多，因此摄影测量中常使用该投影误差公式。

依据投影误差的定义和严密公式，得出投影误差的特性如下：

（1）投影误差发生在底点的辐射线上，即 n、a、a_0 三点共线。

（2）像点移位的方向与对应地面点相对于基准面的高低有关，因为 $\dfrac{r_n}{2f}\sin\varphi\sin2\alpha<1$，所以：

当 $\Delta h>0$ 时，$\delta_{h_a}>0$，像点向外移动。

当 $\Delta h<0$ 时，$\delta_{h_a}<0$，像点向内移动。

（3）对于一点而言，投影误差的大小和基准面的选取有关，具有相对性；在选定基准面的条件下，高差 Δh 越大，则投影误差越大；基准面的相对航高 H 越大，投影误差越小。

（4）与基准面高差相同条件下，辐射距同样 r_n 越大，投影误差越大，即在高差相同时，影像边缘部分通常比中心部分的投影误差大；像底点处 $r_n=0$，$\delta_{h_a}=0$，即像底点没有投影误差。

投影误差的相对性在摄影测量实践中意义重大，在生产作业时，如果不断改变基准面分别使得不同高度的地面点对相应基准面的高差 Δh 为 0，则投影误差也就消除了。

3.11　像点坐标系统误差

共线条件方程是在地面点、像点和投影中心三点严格共线的条件下建立的，实际上我们所能得到的航摄影像由于各种物理因素的影响而使共线条件不能严格满足。这些物理因素主要包括航摄仪的物镜并非理想光组，使构像光线经物镜之后不能保持直进；摄影时构像光线所通过的大气层并非均匀介质，因而产生折射等因素。胶片摄影时期影响共线条件的因素还包括航摄仪的底片压平装置不能使底片严格压平；摄影处理（显影、定影、水洗、晾干等）后摄影材料产生均匀、不均匀以及偶然变形等。这些因素都会造成像点、投影中心和地面点不再共线。

3.11.1　相机物镜的畸变差

航摄相机物镜的设计标准和制造工艺要求都非常高，但也不可避免地存在着各种微小的像差。其中影响构像光线直进特性的主要是畸变差。

如图 3-45 所示，设物方入射线与主光轴夹角为入射角 α，像方出射线与主光轴的夹角为出射角 β，当 $\alpha=\beta$ 时，物镜无畸变差；如果 $\alpha\neq\beta$，则物镜有畸变差。这时相对于无畸变情况，像点在影像上发生了偏移。

物镜的畸变差包括径向畸变和切向畸变。切向畸变则发生在像点与辐射线相垂直的方向上，是由于构成航摄仪物镜透镜组的各透镜中心不能严格位于同一光轴上（即同心）

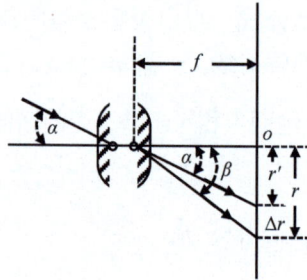

图 3-45　镜头畸变差

造成的。径向畸变发生在以像主点为顶点的辐射线上，主要原因是远离透镜中心的光线比靠近透镜中心的光线弯曲得更严重，即径向畸变随入射角 α 的增大而增大，在像面上就是随辐射距增大而增大。由于切向畸变通常远小于径向畸变，故一般不予顾及。径向畸变有正畸变（枕形畸变）和负畸变（桶形畸变）之分，正畸变使构像光线经过物镜后向外偏折，即 $\beta > \alpha$，负畸变则反之。

假设无畸变差情况下，像点相对于像主点 o 点的距离为 r'，有畸变差时距离为 r，这样径向畸变差以点的移位形式表示时记作 Δr，有

$$\Delta r = r - f \tan \alpha \tag{3-109}$$

从公式中可以知道物镜畸变差与摄影机焦距 f 有关，假定焦距值存在误差 Δf，此时 f 变为 $f + \Delta f$，则对应的畸变差为

$$\Delta r' = r - (f + \Delta f) \tan \alpha = \Delta r - \Delta f \tan \alpha = \Delta r - \frac{\Delta f}{f} f \tan \alpha \tag{3-110}$$

根据式（3-109）可知，$f \tan \alpha = r - \Delta r$。

因此式（3-110）可整理得到

$$\Delta r' = \Delta r - \frac{\Delta f}{f} (r - \Delta r) \tag{3-111}$$

设 $k_1 = -\dfrac{\Delta f}{f}$，则式（3-111）可整理成

$$\Delta r' = \Delta r + k_1 (r - \Delta r) = k_1 r + (1 - k_1) \Delta r \tag{3-112}$$

此时，再来看 Δr 的表达形式，将式（3-109）等号右边的 $\tan \alpha$ 进行泰勒级数展开，可得

$$\tan \alpha = \alpha + \frac{1}{3} \alpha^3 + \frac{2}{15} \alpha^5 + \frac{17}{315} \alpha^7 + \cdots$$

于是式（3-109）可写成

$$\Delta r = r - f \left(\alpha + \frac{1}{3} \alpha^3 + \frac{2}{15} \alpha^5 + \frac{17}{315} \alpha^7 + \cdots \right) \tag{3-113}$$

在一定精度范围内，有

$$\alpha \cong \frac{r}{f}$$

于是式（3-113）可换算成以下形式：

$$\Delta r = -\frac{1}{3f^2}r^3 - \frac{2}{15f^4}r^5 - \frac{17}{315f^6}r^7 - \cdots \tag{3-114}$$

将 r^3、r^5、$r^7 \cdots$ 的系数分别用 k_1'、k_2'、$k_3' \cdots$ 表示，于是式（3-114）可表示为

$$\Delta r = k_1'r^3 + k_2'r^5 + k_3'r^7 + \cdots \tag{3-115}$$

将式（3-115）代入式（3-112），经过整理后得到 Δr 的计算公式：

$$\Delta r = k_1 r + k_2 r^3 + k_3 r^5 + \cdots \tag{3-116}$$

式中，$r = \sqrt{(x-x_0)^2 + (y-y_0)^2}$ 是以像主点为中心的辐射距，$k_i(i=1,2,3,\cdots)$ 是待定参数，对一个测量型专业相机而言是定值，由相机检校得出。

经过畸变差改正后的像点坐标 (x', y') 可按下式计算：

$$\left. \begin{array}{l} x' = x\left(1 - \dfrac{\Delta r}{r}\right) \\[2mm] y' = y\left(1 - \dfrac{\Delta r}{r}\right) \end{array} \right\} \tag{3-117}$$

3.11.2　大气折光差

航空摄影尤其是航天摄影时，地面点的光线要穿过几千米甚至几百千米的大气层才能通过镜头在像平面上成像，而地球大气层的密度是随海拔高度的增大逐渐减小，大气折射率就随高度增大而减小。因此，光线在大气中传播会产生折射，使得摄影光线不是理想直线，而是一条曲线，如图 3-46 所示。在理想情况下，地面上 A 点光线以直线通过投影中心 S 在像平面上成像为 a，而实际上 A 点光线是以一条曲线通过投影中心 S 在像平面上成像为 a'，则 aa' 为大气折光引起的像点移位，叫作 A 点的大气折光差，$\angle aSa'$ 叫大气折光差角。

由于在遥感影像上地底点的成像光线是铅垂的，不会发生折射，因此底点没有大气折光差，影像上其他任何一点都有因大气折光引起的像点移位，移位是在以底点为中心的辐射线上，且背离底点向外移位。在近似垂直摄影情况下，大气折光引起的像点移位，可以近似看成在以主点为中心的辐射线上。由大气折光引起的像点移位实用公式为

$$\Delta r = \frac{n_0 - n_H}{2n_0}\left(r + \frac{r^3}{f^2}\right) \tag{3-118}$$

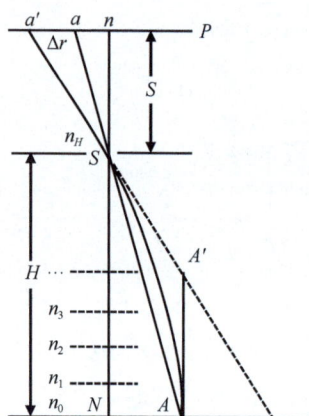

图 3-46　大气折光差

式中，r 是辐射距即 oa' 的长度，f 是影像主距，n_0 为地面点高度大气层折射率，n_H 为摄站高度大气层折射率。

经过大气折光差改正后的像点坐标可按下式计算得

$$
\left.\begin{aligned}
x &= x'\left(1 - \frac{\Delta r}{r}\right) \\
y &= y'\left(1 - \frac{\Delta r}{r}\right)
\end{aligned}\right\}
\tag{3-119}
$$

式中，(x', y') 是含有大气折光差的像点坐标，(x, y) 是改正后的像点坐标。

3.12　地球曲率对摄影测量精度的影响

地球曲率并不破坏地面点、摄影中心和像点三点共线的条件，因而也不会造成像点坐标的系统误差。地球曲率对摄影测量精度之所以有时会产生影响，问题在于量测的基准不一致。如图 3-47 所示，大地水准面上一个点 A 在过底点 N 的切平面 Q 上垂直投影为 A' 点，点 A 在影像上成像的像点为 a，A' 点可以看作地球曲面上的 A 点展成平面后的同一点。

摄影测量时，如果以高斯直角坐标系为基准，地球的局部曲面被展平为切平面 Q，依据共线条件和光线的几何反转原理，像点 a 将被投影至切平面 Q 上的 A'' 点，此时 A'' 与实际应该得到的 A' 点之间存在的坐标偏移便是因为地球曲率造成的摄影测量的测量误差。如果测量基准选择为地心坐标系，像点 a 被投影至大地水准面上的 A 点，此时地球曲率就没有影响。在后续章节讲述的立体像对重建地面模型方法中，如果以平面作为高程量测的基准面，也会出现同样的问题。显然，解决这个基准不一致造成的测量精度问题的基本途径有两条：一是以大地水准面为量测基准，则不会存在地球曲率的影响；二是如果以过底点 N 的切平面 Q 为量测基准，这时便需将像点 a 改正至 a'，确保 a' 投影至切平面上的点为 A'，即可消除地球曲率影响。

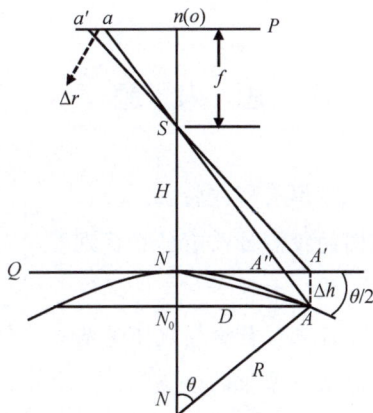

图 3-47　地球曲率对成像影响

地球曲率的影响虽然在三维坐标上都有，但主要是在高程上。为了把水准面展平后仍然能得到正确的摄影测量结果，显然需将 a 改正至 a'，$aa' = \Delta r$ 便是地球曲率引起的像点 a 的改正数。由图 3-47 可知：

$$\Delta h \approx D\frac{\theta}{2} \tag{3-120}$$

且

$$D = R \cdot \theta \tag{3-121}$$

将式（3-121）代入式（3-120），可得

$$\Delta h = NN_0 = \frac{D^2}{2R} \tag{3-122}$$

式中，R 是地球半径，$D = AN_0$，根据 $\triangle SAN_0 \approx \triangle SaO$，有以下关系式：

$$\frac{D}{r} = \frac{H + \Delta h}{f} \cong \frac{H}{f} \tag{3-123}$$

即

$$D = \frac{H}{f}r \tag{3-124}$$

式中，$r = na$ 是辐射距，H 是航高。

如果将 Δr 看作 Δh 在水平影像上的投影误差 δ_h，将式（3-122）、式（3-124）代入水平影像投影误差公式[式（3-108）]，可得

$$\Delta r = \frac{Hr^3}{2Rf^2} \tag{3-125}$$

摄影测量中以平面为量测基准时，便可利用式（3-125）将像点 a 改正至 a'，以计算得到地面点 A 在高斯直角坐标系中的坐标。

思 考 题

1. 什么是中心投影？中心投影有哪些特征？

2. 光学航摄影像与地形图的投影性质有什么区别？

3. 透视变换中的特别点、线、面是如何定义的？

4. 如何快速确定影像的像底点？什么情况下像底点、像主点重合？

5. 合点的定义是什么？像底点是谁的合点？

6. 摄影测量常用坐标系有哪些？各自是如何定义的？有什么作用？

7. 给出内方位元素的定义并描述主要作用是什么？

8. 什么叫外方位元素？外方位元素有几个？

9. 外方位角元素通常用几种角元素系统进行描述？各角元素系统是如何定义的？

10. 什么是共线条件？推导出共线条件方程，并说明共线条件方程在摄影测量中有哪些主要应用。

11. 写出当地辅系的原点选在某个地面控制点上时，用地面点坐标表示像点坐标的共线条件方程，说明各参数的意义。

12. 写出直接线性变换公式，为什么称之为直接线性变换？其主要应用场景是什么？

13. 如何利用直接线性变换公式的 11 个参数求解相机的内方位元素？

14. 描述线阵传感器的成像原理，分别给出前视、下视和后视的成像公式。

15. 在摄影测量中为什么要使用线阵传感器？其与面阵传感器相比有什么优缺点？

16. 什么是有理函数模型？为什么要使用有理函数模型？给出有理函数模型的具体公式。

17. 什么是影像比例尺？影像比例尺和地图比例尺的区别是什么？影像比例尺有哪些特点？

18. 写出倾斜误差的定义并推导其公式，分析倾斜误差的基本特性。

19. 写出投影误差的定义，描述投影误差的基本特性。

20. 写出水平像片投影误差公式。

21. 有一张平坦地面的水平影像，主距为 90mm，像比例尺为 1 : 8000，影像上一个塔的影像长为 3mm，塔底部至像主点的距离为 72mm，求塔的高度。

22. 什么是像点坐标的系统误差？有哪些？

23. 地球曲率为什么会对摄影测量的精度产生影响？有什么方法来减小这种影响？

本章参考文献

[1]　万志龙, 沈智毅. 有理函数模型实现影像点定位和纠正的方法[J]. 测绘学院学报, 2022, 19(3): 189-190.

[2]　巩丹超, 张永生. 有理函数模型的解算与应用[J]. 测绘学院学报, 2003, 12(1): 39-42.

[3]　韩颜顺, 张继贤, 李海涛. 高分辨率卫星影像的有理函数模型研究[J]. 遥感信息, 2007, (5): 26-30.

[4]　航空摄影技术规范, GB/T 19294-2003, 2016.

[5]　数字航空摄影规范 第 1 部分：框幅式数字航空摄影, GB/T 27920.1–2011, 2011.

第4章 单像作业理论

4.1 影像内定向

4.1.1 内定向的目的

恢复影像内方位元素，确定量测坐标系与以像主点为原点的像平面坐标系之间关系，解算影像变形参数的作业过程称为影像内定向。在模拟、解析，以及解析向数字过渡的摄影测量阶段，单像量测和立体量测作业中，都必须进行影像内定向。

在模拟摄影测量中，内定向是通过安置仪器主距和装片来完成的。在装片中，通过移动和旋转动作使像平面坐标系与仪器影像盘坐标系重合，其目的是恢复影像的内方位元素。

在解析摄影测量中，是将影像放置在影像车架上通过记录测标与影像车架的相对移动量来进行量测的，直接得到的是像点的影像车架坐标。作业中，在影像车架上放置影像时没有严格对准，以像主点为原点的像平面坐标系和影像车架坐标系是不重合的，所以必须确定两者的关系以达到获得像点在以像主点为原点的像平面坐标系的坐标的目的。此外，影像在摄影处理和储存过程中不可避免地会产生变形，为了提高量测精度必须确定影像的变形参数。因此，解析摄影测量的内定向是通过输入影像主距和量测影像框标并进行相应计算来完成的，其目的是恢复影像的内方位元素，确定量测坐标系与以像主点为原点的像平面坐标系之间的关系及影像可能存在的变形。

在解析摄影测量向数字摄影测量过渡阶段，影像数据有很大一部分来自于模拟影像的扫描数字化。扫描数字化过程中，由于影像的位移、旋转和缩放等因素，使得扫描后得到的数字影像存在一定程度的变形（如仿射变形）。此时像点的坐标是在扫描坐标系或屏幕坐标系下表示的，必须将其转换为以像主点为原点的像平面坐标系坐标，这就是数字摄影测量的内定向。如果直接用数字相机获取数字影像，就不需要进行内定向。

4.1.2 内定向的方法

下面主要介绍解析摄影测量向数字摄影测量过渡阶段，扫描数字影像的内定向方法。

内定向作业主要依赖影像的框标来进行。如图 4-1 所示，航摄仪一般具有 8 个框标，位于影像的 4 个边和 4 个角，位于影像边中央的边框标一般为机械框标，位于影像角的角框标一般为光学框标，它们一般为对称分布。

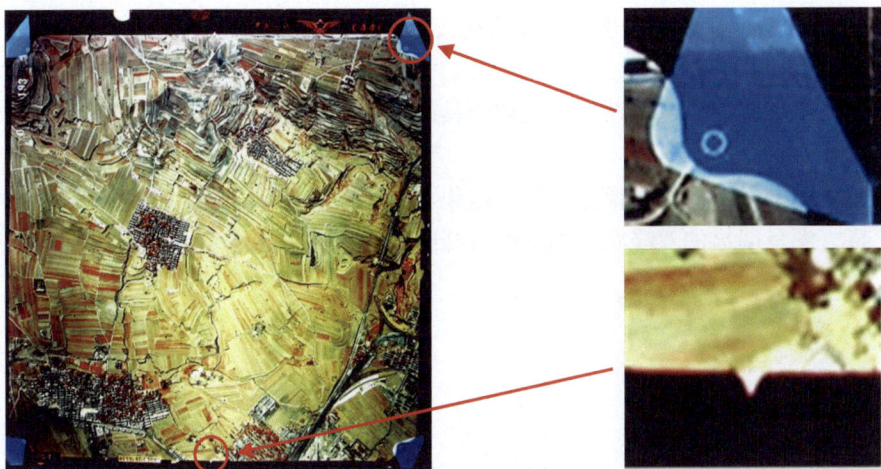

图 4-1　航摄影像的框标

框标在以像主点为原点的像平面坐标系的理论坐标可根据量测相机的检校结果（相机检校详见 4.3 节）进行计算，框标在量测坐标系（车架坐标系、扫描坐标系、屏幕坐标系）的坐标可通过观测系统进行量测。利用框标在这两种坐标系的坐标，就可以用解析计算方法确定两种坐标系的关系和影像可能存在的变形，从而将像点的量测坐标转换为以像主点为原点的像平面坐标系的坐标。这就是内定向的基本思想。

1. 框标的量测

框标量测包括人工量测和自动量测。

人工量测就是通过人机交互的方式量测航摄影像的框标点。如图 4-2，将测标切准每个光标中心位置，精确量测框标点坐标。

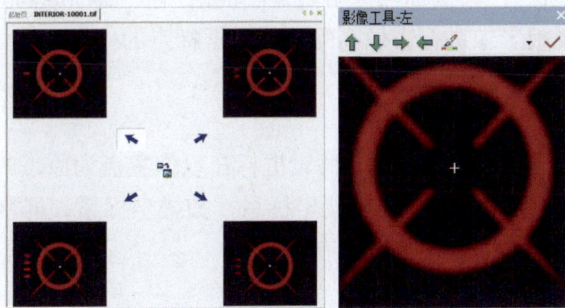

图 4-2　内定向手动量测框标

内定向完成后要检查下误差是否超限，一般不会超过半个像素。如果内定向误差过大，则应该检查相机文件是否正确；相机翻转是否指定错误，扫描分辨率是否输入不准确；十字丝是否放在框标的中心。若以上都没问题，则有可能是影像本身存在变形。

自动量测是通过数字影像分割与定位方法或数字影像匹配方法进行框标的自动识别与定位。

数字影像分割与定位方法一般适用于具有对称形状的框标，其精度也取决于阈值的选取，其步骤为：

（1）将含框标的局部影像分割与二值化。如图 4-3 所示，通常采用阈值法，如果影像灰度直方图呈明显的双峰状，则选取双峰间的最低谷作为影像分割的阈值所在。

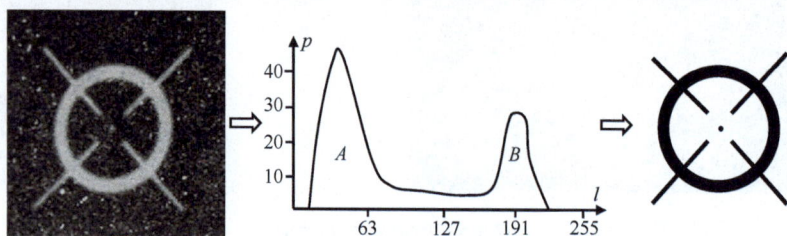

图 4-3　内定向量测

（2）框标点的精确定位。利用式（4-1）计算二值化影像重心坐标 (x_f, y_f) 作为框标点自动量测的值。

$$\left.\begin{aligned} x_f &= \frac{1}{n}\sum_{i=0}^{n} x_i \\ y_f &= \frac{1}{n}\sum_{i=0}^{n} y_i \end{aligned}\right\} \tag{4-1}$$

式中，(x_i, y_i) 是二值化影像中像素值不为 0 的像素点坐标。

数字影像匹配方法是目前常用的一种自动内定向方法，其步骤为：①选取或生成基准框标影像（作为模板）；②框标点概略定位，根据扫描孔径和经验估计 4 个框标点的概略位置；③利用模板影像进行影像匹配，确定框标点的坐标。

2. 变形参数的解算

内定向通常采用多项式变换公式。假设框标在以像主点为原点的像平面坐标系的理论坐标为 (x, y)，在量测坐标系（车架坐标系、扫描坐标系、屏幕坐标系）的量测坐标为 (x', y')，则常用的多项式变换公式有

仿射变形公式：

$$\left.\begin{aligned} x &= a_0 + a_1 x' + a_2 y' \\ y &= b_0 + b_1 x' + b_2 y' \end{aligned}\right\} \tag{4-2}$$

双线性变换公式：

$$\left.\begin{aligned} x &= a_0 + a_1 x' + a_2 y' + a_3 x'y' \\ y &= b_0 + b_1 x' + b_2 y' + b_3 x'y' \end{aligned}\right\} \tag{4-3}$$

投影变换公式：

$$
\left.\begin{array}{l}
x = a_0 + a_1 x' + a_2 y' + a_3 x' y' + a_4 x'^2 \\
y = b_0 + b_1 x' + b_2 y' + b_3 x' y' + b_4 y'^2
\end{array}\right\} \tag{4-4}
$$

以仿射变形公式[式（4-1）]为例，要求解 $a_0, \cdots, b_2$ 6 个变换参数，至少需要 3 个框标点列出 6 个方程，通常情况下选择 4 个以上框标利用最小二乘原理进行变换参数解算。

4.2　单像空间后方交会

如何获取影像的外方位元素，一直是摄影测量工作者所探讨的问题。可采取的方法有：利用全球定位系统（GNSS）获取影像外方位线元素，利用惯性导航系统（inettial navigation system，INS）来获取影像的外方位角元素；也可以利用影像覆盖范围内一定数量的控制点的物方空间坐标及其在影像上的像点的像坐标来确定影像的外方位元素，这种方法称为单像空间后方交会，当用作相机的检校或其他较为精密的测定时，还可以同时求出影像的内方位元素 x_0、y_0、$-f$。

4.2.1　基本原理

单像空间后方交会是共线条件方程的直接应用之一。可以使用构像方程式来解算影像的外方位元素，构像方程式如下：

$$
\left.\begin{array}{l}
x = -f\dfrac{a_1\left(X - X_S\right) + b_1\left(Y - Y_S\right) + c_1\left(Z - Z_S\right)}{a_3\left(X - X_S\right) + b_3\left(Y - Y_S\right) + c_3\left(Z - Z_S\right)} \\[4mm]
y = -f\dfrac{a_2\left(X - X_S\right) + b_2\left(Y - Y_S\right) + c_2\left(Z - Z_S\right)}{a_3\left(X - X_S\right) + b_3\left(Y - Y_S\right) + c_3\left(Z - Z_S\right)}
\end{array}\right\} \tag{4-5}
$$

式中，(x, y) 为像点的像平面坐标，(X, Y, Z) 为像点所对应物方点的物方空间坐标，f 为主距，X_S、Y_S、Z_S 为外方位线元素，a_i、b_i、$c_i (i = 1, 2, 3)$ 9 个方向余弦由外方位角元素 φ、ω、κ（α_x、ω、κ 或 α_y、φ、κ'）构成。由于共线方程是关于 6 个外方位元素的非线性函数，为了便于外方位元素的解求，需要对共线方程进行线性化。

为了书写方便，可将共线条件方程中的分子、分母用下式表达：

$$
\left.\begin{array}{l}
\overline{X} = a_1\left(X - X_S\right) + b_1\left(Y - Y_S\right) + c_1\left(Z - Z_S\right) \\
\overline{Y} = a_2\left(X - X_S\right) + b_2\left(Y - Y_S\right) + c_2\left(Z - Z_S\right) \\
\overline{Z} = a_3\left(X - X_S\right) + b_3\left(Y - Y_S\right) + c_3\left(Z - Z_S\right)
\end{array}\right\} \tag{4-6}
$$

将式（4-6）代入式（4-5）便可以写成：

$$\left.\begin{array}{l} x = -f\,\dfrac{\overline{X}}{\overline{Z}} \\[3mm] y = -f\,\dfrac{\overline{Y}}{\overline{Z}} \end{array}\right\} \tag{4-7}$$

假设外方位元素 X_S、Y_S、Z_S、φ、ω、κ 的初值为 X_S^0、Y_S^0、Z_S^0、φ^0、ω^0、κ^0，将外方位元素初值代入式（4-7）中，可以得到像坐标的计算值 $x_{计}$ 和 $y_{计}$，即

$$\left.\begin{array}{l} x_{计} = -f\,\dfrac{\overline{X^0}}{\overline{Z^0}} \\[3mm] y_{计} = -f\,\dfrac{\overline{Y^0}}{\overline{Z^0}} \end{array}\right\} \tag{4-8}$$

式中，$\overline{X^0}$、$\overline{Y^0}$、$\overline{Z^0}$ 由外方位元素初值 X_S^0、Y_S^0、Z_S^0、φ^0、ω^0、κ^0 代入式（4-2）计算得到。

假设外方位元素初值 X_S^0、Y_S^0、Z_S^0、φ^0、ω^0、κ^0 的改正数为 $\mathrm{d}X_S$、$\mathrm{d}Y_S$、$\mathrm{d}Z_S$、$\mathrm{d}\varphi$、$\mathrm{d}\omega$、$\mathrm{d}\kappa$，则利用泰勒公式将式（4-8）在初值附近展开并取一次项，可表示为

$$\left.\begin{array}{l} x - x_{计} = \dfrac{\partial x}{\partial X_S}\mathrm{d}X_S + \dfrac{\partial x}{\partial Y_S}\mathrm{d}Y_S + \dfrac{\partial x}{\partial Z_S}\mathrm{d}Z_S + \dfrac{\partial x}{\partial \varphi}\mathrm{d}\varphi + \dfrac{\partial x}{\partial \omega}\mathrm{d}\omega + \dfrac{\partial x}{\partial \kappa}\mathrm{d}\kappa \\[3mm] y - y_{计} = \dfrac{\partial y}{\partial X_S}\mathrm{d}X_S + \dfrac{\partial y}{\partial Y_S}\mathrm{d}Y_S + \dfrac{\partial y}{\partial Z_S}\mathrm{d}Z_S + \dfrac{\partial y}{\partial \varphi}\mathrm{d}\varphi + \dfrac{\partial y}{\partial \omega}\mathrm{d}\omega + \dfrac{\partial y}{\partial \kappa}\mathrm{d}\kappa \end{array}\right\} \tag{4-9}$$

由于 $x_{计}$ 和 $y_{计}$ 是由外方位元素的初值 X_S^0、Y_S^0、Z_S^0、φ^0、ω^0、κ^0 计算得到的，所以 $x - x_{计}$ 和 $y - y_{计}$ 的大小与初值的选择有关。

式（4-9）还可以写为

$$\left.\begin{array}{l} \dfrac{\partial x}{\partial X_S}\mathrm{d}X_S + \dfrac{\partial x}{\partial Y_S}\mathrm{d}Y_S + \dfrac{\partial x}{\partial Z_S}\mathrm{d}Z_S + \dfrac{\partial x}{\partial \varphi}\mathrm{d}\varphi + \dfrac{\partial x}{\partial \omega}\mathrm{d}\omega + \dfrac{\partial x}{\partial \kappa}\mathrm{d}\kappa - \left(x - x_{计}\right) = 0 \\[3mm] \dfrac{\partial y}{\partial X_S}\mathrm{d}X_S + \dfrac{\partial y}{\partial Y_S}\mathrm{d}Y_S + \dfrac{\partial y}{\partial Z_S}\mathrm{d}Z_S + \dfrac{\partial y}{\partial \varphi}\mathrm{d}\varphi + \dfrac{\partial y}{\partial \omega}\mathrm{d}\omega + \dfrac{\partial y}{\partial \kappa}\mathrm{d}\kappa - \left(y - y_{计}\right) = 0 \end{array}\right\} \tag{4-10}$$

式（4-10）就是共线方程线性化的一般形式。将式（4-10）中外方位元素改正数的系数分别用 c_{11}、$\cdots$、c_{16}、c_{21}、$\cdots$、c_{26} 来表示，则公式可写为

$$\left.\begin{array}{l} c_{11}\mathrm{d}X_S + c_{12}\mathrm{d}Y_S + c_{13}\mathrm{d}Z_S + c_{14}\mathrm{d}\varphi + c_{15}\mathrm{d}\omega + c_{16}\mathrm{d}\kappa - \left(x - x_{计}\right) = 0 \\[2mm] c_{21}\mathrm{d}X_S + c_{22}\mathrm{d}Y_S + c_{23}\mathrm{d}Z_S + c_{24}\mathrm{d}\varphi + c_{25}\mathrm{d}\omega + c_{26}\mathrm{d}\kappa - \left(y - y_{计}\right) = 0 \end{array}\right\} \tag{4-11}$$

下面推求式（4-11）中 c_{11}、$\cdots$、c_{16}、c_{21}、$\cdots$、c_{26} 即各外方位元素偏微分的具体形式。以对 X_S 的偏微分为 c_{11} 例，有

$$c_{11} = \frac{\partial x}{\partial X_S} = -\frac{f}{\overline{Z}^2}\left(\frac{\partial \overline{X}}{\partial X_S}\overline{Z} - \frac{\partial \overline{Z}}{\partial X_S}\overline{X}\right) = -\frac{f}{\overline{Z}^2}\left(-a_1\overline{Z} + a_3\overline{X}\right)$$

$$= \frac{1}{\overline{Z}}\left(a_1 f - a_3 f\frac{\overline{X}}{\overline{Z}}\right) = \frac{1}{\overline{Z}}\left(a_1 f + a_3 x\right) \tag{4-12}$$

同理，可以推求式（4-11）中其他外方位线元素的偏微分，最后得到

$$\left.\begin{aligned}
c_{11} &= \frac{\partial x}{\partial X_S} = \frac{1}{\overline{Z}}\left(a_1 f + a_3 x\right) \\
c_{12} &= \frac{\partial x}{\partial Y_S} = \frac{1}{\overline{Z}}\left(b_1 f + b_3 x\right) \\
c_{13} &= \frac{\partial x}{\partial Z_S} = \frac{1}{\overline{Z}}\left(c_1 f + c_3 x\right) \\
c_{21} &= \frac{\partial y}{\partial X_S} = \frac{1}{\overline{Z}}\left(a_2 f + a_3 y\right) \\
c_{22} &= \frac{\partial y}{\partial Y_S} = \frac{1}{\overline{Z}}\left(b_2 f + b_3 y\right) \\
c_{23} &= \frac{\partial y}{\partial Z_S} = \frac{1}{\overline{Z}}\left(c_2 f + c_3 y\right)
\end{aligned}\right\} \tag{4-13}$$

推导式（4-11）中各外方位角元素的偏微分。

已知：

$$\left.\begin{aligned}
c_{14} &= \frac{\partial x}{\partial \varphi} = -\frac{f}{\overline{Z}^2}\left(\frac{\partial \overline{X}}{\partial \varphi}\overline{Z} - \frac{\partial \overline{Z}}{\partial \varphi}\overline{X}\right) \\
c_{15} &= \frac{\partial x}{\partial \omega} = -\frac{f}{\overline{Z}^2}\left(\frac{\partial \overline{X}}{\partial \omega}\overline{Z} - \frac{\partial \overline{Z}}{\partial \omega}\overline{X}\right) \\
c_{16} &= \frac{\partial x}{\partial \kappa} = -\frac{f}{\overline{Z}^2}\left(\frac{\partial \overline{X}}{\partial \kappa}\overline{Z} - \frac{\partial \overline{Z}}{\partial \kappa}\overline{X}\right) \\
c_{24} &= \frac{\partial y}{\partial \varphi} = -\frac{f}{\overline{Z}^2}\left(\frac{\partial \overline{Y}}{\partial \varphi}\overline{Z} - \frac{\partial \overline{Z}}{\partial \varphi}\overline{Y}\right) \\
c_{25} &= \frac{\partial y}{\partial \omega} = -\frac{f}{\overline{Z}^2}\left(\frac{\partial \overline{Y}}{\partial \omega}\overline{Z} - \frac{\partial \overline{Z}}{\partial \omega}\overline{Y}\right) \\
c_{26} &= \frac{\partial y}{\partial \kappa} = -\frac{f}{\overline{Z}^2}\left(\frac{\partial \overline{Y}}{\partial \kappa}\overline{Z} - \frac{\partial \overline{Z}}{\partial \kappa}\overline{Y}\right)
\end{aligned}\right\} \tag{4-14}$$

由式（4-6）可得出

$$\begin{bmatrix} \overline{X} \\ \overline{Y} \\ \overline{Z} \end{bmatrix} = \begin{bmatrix} a_1 & b_1 & c_1 \\ a_2 & b_2 & c_2 \\ a_3 & b_3 & c_3 \end{bmatrix}\begin{bmatrix} X - X_S \\ Y - Y_S \\ Z - Z_S \end{bmatrix} = M^{\mathrm{T}}\begin{bmatrix} X - X_S \\ Y - Y_S \\ Z - Z_S \end{bmatrix} = M_\kappa^{\mathrm{T}} M_\omega^{\mathrm{T}} M_\varphi^{\mathrm{T}}\begin{bmatrix} X - X_S \\ Y - Y_S \\ Z - Z_S \end{bmatrix} \tag{4-15}$$

因为旋转矩阵是正交矩阵，所以有 $M_\kappa^{\mathrm{T}} = M_\kappa^{-1}$，$M_\omega^{\mathrm{T}} = M_\omega^{-1}$，$M_\varphi^{\mathrm{T}} = M_\varphi^{-1}$，于是对 φ 角的偏微分为

$$
\frac{\partial}{\partial \varphi}
\begin{bmatrix} \bar{X} \\ \bar{Y} \\ \bar{Z} \end{bmatrix}
= M_\kappa^{-1} M_\omega^{-1} \frac{\partial M_\varphi^{-1}}{\partial \varphi}
\begin{bmatrix} X - X_S \\ Y - Y_S \\ Z - Z_S \end{bmatrix}
= M_\kappa^{-1} M_\omega^{-1} M_\varphi^{-1} M_\varphi \frac{\partial M_\varphi^{-1}}{\partial \varphi}
\begin{bmatrix} X - X_S \\ Y - Y_S \\ Z - Z_S \end{bmatrix}
$$
$$
= M^{-1} M_\varphi \frac{\partial M_\varphi^{-1}}{\partial \varphi}
\begin{bmatrix} X - X_S \\ Y - Y_S \\ Z - Z_S \end{bmatrix}
\tag{4-16}
$$

因为：

$$
M_\varphi^{-1} = M_\varphi^{\mathrm{T}} =
\begin{bmatrix}
\cos\varphi & 0 & \sin\varphi \\
0 & 1 & 0 \\
-\sin\varphi & 0 & \cos\varphi
\end{bmatrix}
$$

所以：

$$
\frac{\partial M_\varphi^{-1}}{\partial \varphi} =
\begin{bmatrix}
-\sin\varphi & 0 & \cos\varphi \\
0 & 0 & 0 \\
-\cos\varphi & 0 & -\sin\varphi
\end{bmatrix}
$$

则：

$$
M_\varphi \frac{\partial M_\varphi^{-1}}{\partial \varphi} =
\begin{bmatrix}
\cos\varphi & 0 & -\sin\varphi \\
0 & 1 & 0 \\
\sin\varphi & 0 & \cos\varphi
\end{bmatrix}
\begin{bmatrix}
-\sin\varphi & 0 & \cos\varphi \\
0 & 0 & 0 \\
-\cos\varphi & 0 & -\sin\varphi
\end{bmatrix}
=
\begin{bmatrix}
0 & 0 & 1 \\
0 & 0 & 0 \\
-1 & 0 & 0
\end{bmatrix}
\tag{4-17}
$$

代入式（4-16），得

$$
\frac{\partial}{\partial \varphi}
\begin{bmatrix} \bar{X} \\ \bar{Y} \\ \bar{Z} \end{bmatrix}
=
\begin{bmatrix}
a_1 & b_1 & c_1 \\
a_2 & b_2 & c_2 \\
a_3 & b_3 & c_3
\end{bmatrix}
\begin{bmatrix}
0 & 0 & 1 \\
0 & 0 & 0 \\
-1 & 0 & 0
\end{bmatrix}
\begin{bmatrix} X - X_S \\ Y - Y_S \\ Z - Z_S \end{bmatrix}
$$
$$
=
\begin{bmatrix}
a_1 & b_1 & c_1 \\
a_2 & b_2 & c_2 \\
a_3 & b_3 & c_3
\end{bmatrix}
\begin{bmatrix}
0 & 0 & 1 \\
0 & 0 & 0 \\
-1 & 0 & 0
\end{bmatrix}
\begin{bmatrix}
a_1 & a_2 & a_3 \\
b_1 & b_2 & b_3 \\
c_1 & c_2 & c_3
\end{bmatrix}
\begin{bmatrix} \bar{X} \\ \bar{Y} \\ \bar{Z} \end{bmatrix}
\tag{4-18}
$$
$$
=
\begin{bmatrix}
0 & -b_3 & b_2 \\
b_3 & 0 & -b_1 \\
-b_2 & b_1 & 0
\end{bmatrix}
\begin{bmatrix} \bar{X} \\ \bar{Y} \\ \bar{Z} \end{bmatrix}
=
\begin{bmatrix}
b_2 \bar{Z} - b_3 \bar{Y} \\
b_3 \bar{X} - b_1 \bar{Z} \\
b_1 \bar{Y} - b_2 \bar{X}
\end{bmatrix}
$$

同理，可以对其他角元素求偏导：

$$
\frac{\partial}{\partial \omega}
\begin{bmatrix} \bar{X} \\ \bar{Y} \\ \bar{Z} \end{bmatrix}
=
\begin{bmatrix}
\bar{Z}\sin\kappa \\
\bar{Z}\cos\kappa \\
-\bar{X}\sin\kappa - \bar{Y}\cos\kappa
\end{bmatrix}
\tag{4-19}
$$

按相仿的方法可得

$$\frac{\partial}{\partial \kappa}\begin{bmatrix}\bar{X}\\\bar{Y}\\\bar{Z}\end{bmatrix}=\begin{bmatrix}\bar{Y}\\-\bar{X}\\0\end{bmatrix} \tag{4-20}$$

代入式（4-14）得出

$$\left.\begin{aligned}
c_{14} &= y\sin\omega-\left[\frac{x}{f}(x\cos\kappa-y\sin\kappa)+f\cos\kappa\right]\cos\omega\\
c_{15} &= -f\sin\kappa-\frac{x}{f}(x\sin\kappa+y\cos\kappa)\\
c_{16} &= y\\
c_{24} &= -x\sin\omega-\left[\frac{y}{f}(x\cos\kappa-y\sin\kappa)-f\sin\kappa\right]\cos\omega\\
c_{25} &= -f\cos\kappa-\frac{y}{f}(x\sin\kappa+y\cos\kappa)\\
c_{26} &= -x
\end{aligned}\right\} \tag{4-21}$$

经整理后得

$$\left.\begin{aligned}
c_{11} &= \frac{\partial x}{\partial X_S}=\frac{1}{\bar{Z}}(a_1 f+a_3 x)\\
c_{12} &= \frac{\partial x}{\partial Y_S}=\frac{1}{\bar{Z}}(b_1 f+b_3 x)\\
c_{13} &= \frac{\partial x}{\partial Z_S}=\frac{1}{\bar{Z}}(c_1 f+c_3 x)\\
c_{14} &= y\sin\omega-\left[\frac{x}{f}(x\cos\kappa-y\sin\kappa)+f\cos\kappa\right]\cos\omega\\
c_{15} &= -f\sin\kappa-\frac{x}{f}(x\sin\kappa+y\cos\kappa)\\
c_{16} &= y\\
c_{21} &= \frac{\partial y}{\partial X_S}=\frac{1}{\bar{Z}}(a_2 f+a_3 y)\\
c_{22} &= \frac{\partial y}{\partial Y_S}=\frac{1}{\bar{Z}}(b_2 f+b_3 y)\\
c_{23} &= \frac{\partial y}{\partial Z_S}=\frac{1}{\bar{Z}}(c_2 f+c_3 y)\\
c_{24} &= -x\sin\omega-\left[\frac{y}{f}(x\cos\kappa-y\sin\kappa)-f\sin\kappa\right]\cos\omega\\
c_{25} &= -f\cos\kappa-\frac{y}{f}(x\sin\kappa+y\cos\kappa)\\
c_{26} &= -x
\end{aligned}\right\} \tag{4-22}$$

将式（4-11）转成误差方程：

$$c_{11}\mathrm{d}X_S + c_{12}\mathrm{d}Y_S + c_{13}\mathrm{d}Z_S + c_{14}\mathrm{d}\varphi + c_{15}\mathrm{d}\omega + c_{16}\mathrm{d}\kappa - l_x = v_x \\ c_{21}\mathrm{d}X_S + c_{22}\mathrm{d}Y_S + c_{23}\mathrm{d}Z_S + c_{24}\mathrm{d}\varphi + c_{25}\mathrm{d}\omega + c_{26}\mathrm{d}\kappa - l_y = v_y \Bigg\}$$ （4-23）

由于外方位角元素通常为小值，误差方程式中各系数可近似为

$$\left. \begin{array}{l} c_{11} = \dfrac{f}{Z-Z_S}, c_{12}=0, c_{13}=\dfrac{x}{Z-Z_S}, c_{14}=-\left(f+\dfrac{x^2}{f}\right), c_{15}=-\dfrac{xy}{f}, c_{16}=y, l_x=x-x_{\dot{\text{计}}} \\ c_{21}=0, c_{22}=\dfrac{f}{Z-Z_S}, c_{23}=\dfrac{y}{Z-Z_S}, c_{24}=-\dfrac{xy}{f}, c_{25}=-\left(f+\dfrac{y^2}{f}\right), c_{26}=-x, l_y=y-y_{\dot{\text{计}}} \end{array} \right\}$$ （4-24）

式（4-23）写成矩阵符号的形式为

$$C\Delta - L = V$$ （4-25）

式中：

$$\left. \begin{array}{l} C = \begin{bmatrix} C_{11} & C_{12} & C_{13} & C_{14} & C_{15} & C_{16} \\ C_{21} & C_{22} & C_{23} & C_{24} & C_{25} & C_{26} \end{bmatrix} \\ \Delta = \begin{bmatrix} \mathrm{d}X_S & \mathrm{d}Y_S & \mathrm{d}Z_S & \mathrm{d}\varphi & \mathrm{d}\omega & \mathrm{d}\kappa \end{bmatrix}^{\mathrm{T}} \\ L = \begin{bmatrix} l_x & l_y \end{bmatrix}^{\mathrm{T}} \end{array} \right\}$$

按最小二乘法原理，构建法方程为

$$C^{\mathrm{T}}PC\Delta = C^{\mathrm{T}}PL$$ （4-26）

式中，P 为像点观测值的权矩阵，表示观测值的相对量测精度。一般认为像点坐标是等精度量测，所有像点观测值权值均为 1，则 P 是单位阵。所以式（4-26）可以简化为

$$C^{\mathrm{T}}C\Delta = C^{\mathrm{T}}L$$

解算法方程，可得

$$\Delta = (C^{\mathrm{T}}C)^{-1}C^{\mathrm{T}}L$$ （4-27）

对于每个地面平高控制点，其相应像点的像坐标可以量测出来，在给出外方位元素近似值的情况下，就可以按照式（4-23）列出两个方程式。理论上，只要有 3 个不在一条直线上的平高控制点，就可以列出 6 个独立方程式答解 6 个外方位元素近似值的改正数。在实际作业中，为保证解算精度，通常要求 4 个以上的平高控制点（其中任意 3 个控制点不在一条直线上），按照式（4-23）列出 8 个以上误差方程式，并按最小二乘法解算外方位元素近似值的最或然改正数。然后用这些改正数去改正相应外方位元素的初值，得到修正后的外方位元素值。由于式（4-23）是线性化近似公式，因此计算过程必须是逐次趋近的迭代过程。即将第一次计算后改正过的外方位元素值重新作为近似值，重复以上的计算过程，取得再次改正后的外方位元素值。如此反复下去，各次重复计算所得到的改正数的绝对值将逐次减小，直到各改正数的绝对值小于规定的限差，或像点坐标的量测值与当前的计算值之间的较差小于规定的限差时为止。

4.2.2　计算过程

1. 读入原始数据

原始数据包括：影像的内方位元素、控制点在物方空间坐标系中的坐标、控制点的像点坐标。

2. 确定外方位元素的初值

外方位元素 3 个线元素中，摄站的平面坐标 (X_S, Y_S) 应由各控制点的平面坐标内插求得，当控制点的分布对称时，则可取控制点平面坐标的平均值作为摄站平面位置的初值，Z_S 可取航摄的绝对航高 H_0，即

$$\left. \begin{array}{l} X_S^0 = \dfrac{1}{n}\sum_{i=1}^{n}X_i \\[4mm] Y_S^0 = \dfrac{1}{n}\sum_{i=1}^{n}Y_i \\[4mm] Z_S^0 = H_0 \end{array} \right\} \tag{4-28}$$

式中，n 为控制点的数量。

在一般情况下，航空摄影和航天摄影都是近似垂直摄影，外方位角元素都为小值，因而初值可取为 0，即 $\varphi^0 = \omega^0 = \kappa^0 = 0$。

3. 组建误差方程式

组建误差方程式的步骤包括：①利用角元素初值，构建旋转矩阵；②计算 $\overline{X}$、$\overline{Y}$、$\overline{Z}$；③求 $x_{\text{计}}$、$y_{\text{计}}$；④按式（4-22）和式（4-23）组建误差方程式。

4. 构建法方程式，并答解外方位元素改正数

将误差方程式法化后得到法方程式[式（4-26）]，答解法方程式，计算外方位元素的改正数 X_S、$\mathrm{d}Y_S$、$\mathrm{d}Z_S$、$\mathrm{d}\varphi$、$\mathrm{d}\omega$、$\mathrm{d}\kappa$。

5. 计算影像外方位元素的改正值

按式（4-29）计算影像外方位元素的改正值：

$$\left.\begin{array}{l} X_S^{i+1} = X_S^i + \mathrm{d}X_S^{i+1} \\ Y_S^{i+1} = Y_S^i + \mathrm{d}Y_S^{i+1} \\ Z_S^{i+1} = Z_S^i + \mathrm{d}Z_S^{i+1} \\ \varphi^{i+1} = \varphi^i + \mathrm{d}\varphi^{i+1} \\ \omega^{i+1} = \omega^i + \mathrm{d}\omega^{i+1} \\ \kappa^{i+1} = \kappa^i + \mathrm{d}\kappa^{i+1} \end{array}\right\}$$ （4-29）

式中，i 为迭代次数。

重复步骤 3.至 5.，直至外方位元素改正数的绝对值小于限差为止。

4.2.3　空间后方交会的精度

由最小二乘法原理可知，法方程式[式（4-26）]的系数矩阵 $C^{\mathrm{T}}C$ 的逆矩阵 $(C^{\mathrm{T}}C)^{-1}$ 是权系数矩阵，其对角线元素 Q_{ii} 是法方程中第 i 个未知数的权倒数。若单位权观测值中误差为 σ_0，则第 i 个未知数的中误差为

$$\sigma_i = \sqrt{Q_{ii}}\,\sigma_0$$ （4-30）

式中，单位权重误差 $\sigma_0 = \sqrt{\dfrac{[vv]}{2n-6}}$，$n$ 为参加计算的控制点数。

按照方程式中未知数的顺序，各个外方位元素的中误差为

$$\left.\begin{array}{l} \sigma_{X_S} = \sqrt{Q_{11}}\,\sigma_0 \\ \sigma_{Y_S} = \sqrt{Q_{22}}\,\sigma_0 \\ \sigma_{Z_S} = \sqrt{Q_{33}}\,\sigma_0 \\ \sigma_{\varphi} = \sqrt{Q_{44}}\,\sigma_0 \\ \sigma_{\omega} = \sqrt{Q_{55}}\,\sigma_0 \\ \sigma_{\kappa} = \sqrt{Q_{66}}\,\sigma_0 \end{array}\right\}$$ （4-31）

显然，只要计算出 Q_{ii}，即可求出各未知数的中误差。

4.3　光学相机的检校

相机检校的目的是恢复摄影光束的正确形状，即通过检校获取相机的内方位元素和物镜畸变系数等。通过前面的学习已知，专业量测型相机的内方位元素等参数都是已知的，但随着相机使用时间增加，这些参数可能发生变化，为了保证摄影测量精度，须定期对相机进行检校。且随着摄影测量技术发展，使用非量测相机进行摄影测量也成为一

种重要的技术手段。因此，利用相应的技术手段对相机进行定期检校，是摄影测量作业的一个重要环节。

相机检校内容包括测定内方位元素 (x_0, y_0, f) 和光学镜头畸变差 $(k_1, k_2, \cdots, k_n, P_1, P_2)$，总体上可以分为光学法和解析法[1]。光学法需在实验室内用专门的激光准直仪或精密测角仪，灵活性和通用性较差，因此摄影测量中主要使用解析法进行检校。常用的解析检校方法有单像空间后方交会、多像空间后方交会、直接线性变换（DLT）法和自检校光束发区域网平差等[2]。自检校光束发区域网平差在第 7 章介绍，下面重点介绍单像空间后方交会和直接线性变换两种方法。

4.3.1　单像空间后方交会相机检校

该方法的原理就是在共线条件方程中将内外方位元素和物镜畸变差改正数 Δx, Δy 作为未知数，利用一定数量的控制点进行解算。顾及改正数的共线条件方程如下所示：

$$\left.\begin{aligned} x - x_0 + \Delta x &= -f\frac{a_1(X - X_S) + b_1(Y - Y_S) + c_1(Z - Z_S)}{a_3(X - X_S) + b_3(Y - Y_S) + c_3(Z - Z_S)} \\ y - y_0 + \Delta y &= -f\frac{a_2(X - X_S) + b_2(Y - Y_S) + c_2(Z - Z_S)}{a_3(X - X_S) + b_3(Y - Y_S) + c_3(Z - Z_S)} \end{aligned}\right\} \tag{4-32}$$

物镜畸差变改正数 Δx, Δy 可用下式表示：

$$\left.\begin{aligned} \Delta x &= (x - x_0)\left(k_1 r^2 + k_2 r^4 + \cdots + k_n r^{2n}\right) + P_1\left[r^2 + 2(x - x_0)^2\right] + 2P_2(x - x_0)(y - y_0) \\ \Delta y &= (y - y_0)\left(k_1 r^2 + k_2 r^4 + \cdots + k_n r^{2n}\right) + P_2\left[r^2 + 2(y - y_0)^2\right] + 2P_1(x - x_0)(y - y_0) \end{aligned}\right\} \tag{4-33}$$

式中，$k_1, k_2, \cdots, k_n$ 是径向畸变系数；P_1, P_2 是切向畸变系数；r 是像点以主点为中心的辐射距。如 3.11.1 小节所述，摄影测量中一般只考虑径向畸变，因此公式可简化为

$$\left.\begin{aligned} \Delta x &= (x - x_0)\left(k_1 r^2 + k_2 r^4 + \cdots + k_n r^{2n}\right) \\ \Delta y &= (y - y_0)\left(k_1 r^2 + k_2 r^4 + \cdots + k_n r^{2n}\right) \end{aligned}\right\} \tag{4-34}$$

对式（4-32）进行线性化后，得到关于内外方位元素和畸变系数的误差方程式矩阵形式为

$$V = A\Delta_{外} + B\Delta_{内} + C\Delta_{畸} - L \tag{4-35}$$

式中：

$$\Delta_{\text{外}}^{\text{T}} = \begin{bmatrix} dX_S & dY_S & dZ_S & d\varphi & d\omega & d\kappa \end{bmatrix}$$

$$\Delta_{\text{内}}^{\text{T}} = \begin{bmatrix} df & dx_0 & dy_0 \end{bmatrix}$$

$$\Delta_{\text{畸}}^{\text{T}} = \begin{bmatrix} dk_1 & dk_2 & \cdots \end{bmatrix}$$

$$L^{\text{T}} = \begin{bmatrix} l_x & l_y \end{bmatrix}$$

$$A = \begin{bmatrix} a_{11} & a_{12} & a_{13} & a_{14} & a_{15} & a_{16} \\ a_{21} & a_{22} & a_{23} & a_{24} & a_{25} & a_{26} \end{bmatrix}$$

$$B = \begin{bmatrix} a_{17} & a_{18} & a_{19} \\ a_{27} & a_{28} & a_{29} \end{bmatrix}$$

$$C = \begin{bmatrix} b_1 & b_2 & \cdots \\ c_1 & c_2 & \cdots \end{bmatrix}$$

系数矩阵 A、B、C 的具体形式可参考文献[3]。如果畸变系数取 k_1、k_2，则误差方程式（4-35）需要求解的未知数包括 6 个外方位元素、3 个内方位元素和 2 个畸变系数，求解 11 个未知数至少需要 6 个控制点。

由于单像空间后方交会只使用一张影像进行相关参数的解算，几何约束条件和观测值较少，容易造成像主点坐标 (x_0, y_0) 与外方位元素 (X_S, Y_S) 的强相关，影响检校结果的稳定性和可靠性，实际作业时往往采用多像空间后方交会的方法进行检校。多像空间后方交会相机检校需要使用待检校相机在不同摄站按一定的方式拍摄多张影像，每张影像的内方位元素和畸变系数视为不变，拍摄时可以通过相机绕主光轴旋转一定的角度来减小内方位元素与外方位元素的相关性。该方法较好地克服了单片空间后方交会法解算的主点位置 (x_0, y_0) 精度偏低的缺陷。但如果控制点分布近似为一平面时，同样也会造成内方位元素与外方位元素的不定解或强相关[4]。

4.3.2　直接线性变换法相机检校

当有多余观测时，设 υ_x、υ_y 是像点坐标的观测改正数，在直接线性变换式[式（3-78）]的基础上增加像点坐标的非线性改正数 Δx、Δy 后，得到误差方程式为

$$\left. \begin{aligned} x' + \upsilon_x + \Delta x &= \frac{L_1 X + L_2 Y + L_3 Z + L_4}{L_9 X + L_{10} Y + L_{11} Z + 1} \\ y' + \upsilon_y + \Delta y &= \frac{L_5 X + L_6 Y + L_7 Z + L_8}{L_9 X + L_{10} Y + L_{11} Z + 1} \end{aligned} \right\} \tag{4-36}$$

Δx、Δy 的具体形式见式（4-34）。

误差方程式[式（4-36）]的矩阵形式为

$$V = ML - W \tag{4-37}$$

法方程：

$$L = \left(M^{\mathrm{T}} M \right)^{-1} M^{\mathrm{T}} W \qquad (4\text{-}38)$$

式中：

$$V = \begin{bmatrix} v_x \\ v_y \end{bmatrix}, W = \begin{bmatrix} \dfrac{x}{A} \\ \dfrac{y}{A} \end{bmatrix}, A = L_9 X + L_{10} Y + L_{11} Z + 1$$

$$M = \begin{bmatrix} \dfrac{X}{A} & \dfrac{Y}{A} & \dfrac{Z}{A} & \dfrac{1}{A} & 0 & 0 & 0 & 0 & \dfrac{xX}{A} & \dfrac{xY}{A} & \dfrac{xZ}{A} & (x-x_0)r^2 & \cdots \\ 0 & 0 & 0 & 0 & \dfrac{X}{A} & \dfrac{Y}{A} & \dfrac{Z}{A} & \dfrac{1}{A} & \dfrac{yX}{A} & \dfrac{yY}{A} & \dfrac{yZ}{A} & (y-y_0)r^2 & \cdots \end{bmatrix}$$

$$L = \begin{bmatrix} L_1 & L_2 & L_3 & L_4 & L_5 & L_6 & L_7 & L_8 & L_9 & L_{10} & L_{11} & k_1 & \cdots \end{bmatrix}^{\mathrm{T}}$$

如果畸变系数取 k_1, k_2，加上 11 个直接线性变换参数 $L_1, \cdots, L_{11}$，共计 13 个未知数，因此至少需要 7 个控制点列 14 个误差方程进行答解。根据式（4-33）答解出直接线性变换参数和畸变系数后，再根据式（3-80）～式（3-82）可计算得到相机内方位元素 (x_0, y_0, f)，至此便完成了直接线性变换法相机检校。

直接线性变换法适用于非量测相机的检校，但该方法对控制点的数量和分布要求较高，否则容易导致解算结果的病态。

4.3.3　相机检校的实施

解析法相机检校的实施包括实验场检校、在轨检校和自检校三种方案。

1. 实验场检校

实验场由一些空间坐标已知的标志点（控制点）构成，待检校的摄影机对实验场进行摄影，然后利用单片空间后方交会、多片空间后方交会或者直接线性变换等方法求解内方位元素、光学畸变系数等影响光束形状的参数。根据不同的检校对象，实验场的大小、形状、结构不同，主要分为室内检校场和室外检校场两种，室内检校场适合近景摄影测量相机的检校，室外检校场则适合车载、航空甚至航天相机的检校。

如图 4-4 所示，室内检校场通常是在一定尺寸和形状的控制架上布设一定数量的标志点，利用相应的精密测量设备（如电子经纬仪）精确测量标志点的物方空间三维坐标，作为检校参数解算的控制点。

标志点类型较多，包括定向反光标志、光学标志、编码标志和特征标志等[1]，其设计原则是为了便于标志点的精确识别和量测。定向反光标志是摄影测量中使用最广泛的标志类型，其几何图案的形状包括圆形标志、十字标志、方形标志、对顶角标志等，如图 4-5 所示。图 4-6 是一个用于车载相机或航空相机检校的实验场。

图 4-4　室内检校场

图 4-5　不同类型人工标志

图 4-6　室外检校场

2. 在轨检校

室外检校场可以用于航空相机等大型相机的检校，星载相机也可以在地面进行检校，但卫星从发射到入轨运行，所处的工作环境发生了剧烈的变化，星载相机的相关技术参数也会发生变化，地面检校的结果不一定能够适用于星上环境。因此，在地面布设大型遥感卫星定标检校场，通过卫星相机在轨拍摄的检校场遥感影像实现相机的检校，是保证航天摄影测量精度的重要方法之一，该方法同样适用于航空相机在线检校。在轨检校的优势是与卫星在真实的在轨作业环境中进行检校，得到的检校参数更为准确，能够保证摄影测量的精度。

2008 年起，中国资源卫星中心、武汉大学和战略支援部队信息工程大学合作在河南登封建设了我国首个遥感卫星在轨定标固定式靶标场——"中国（嵩山）卫星遥感定标场"，由固定地面靶标场（图 4-7）和均匀分布在河南省的数百个高精度控制点组成。该检校场包含了山地、丘陵和平原等典型地貌，具有较强的代表性。该定标场建成以来，为多颗国产遥感卫星提供了辐射检校、几何检校和载荷性能验证等服务。

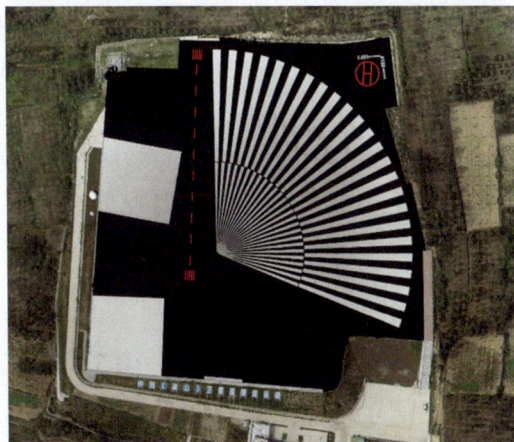

图 4-7　固定地面靶标场

2018 年，信息工程大学在定标场周边增加建设了一批高精度控制点，建成了嵩山无人机检校场。该检校场占地约 10km^2，由一级密集区（94 个控制点）和二级稀疏控制网（25 个控制点）两部分组成，密集区的控制点分布如图 4-8（a）所示，平均间距为 180 m，可满足航测无人机 1∶500 测绘任务的精度要求。每个控制点用水泥浇筑永久靶标，大小为 60 cm×60 cm[图 4-8（b）]。控制点的坐标采用 GNSS 控制测量方法获得，精度优于 1 cm。检校场内高精度的控制网为无人机相机检校试验和精度验证提供了良好的试验环境[5]。

(a)控制点分布示意图

(b)控制点靶标

图 4-8　无人机检校场密集区控制点

3. 自检校光束法平差

自检校光束法平差就是在光束法区域网平差基础上，把相机的内方位元素和物镜畸变参数作为待定附加参数，与外方位元素和地面点的未知坐标一起进行整体平差运算，具体原理详见 7.7 节。

试验场检校属于航摄前检校，需要借助专门的实验室和专业的检校设备，相机在长期使用情况下，最初的实验室检校结果在实际作业时可能发生变化。在轨检校需要在地面布设大型检校场，成本高，且地面检校场和实际作业区域存在的环境差异也会影响检校结果的应用。基于光束法平差的自检校属于航摄后检校，不需要借助专业的检校设备，直接通过实际作业区域的已有地面控制信息进行光束法区域网平差，得到相机内方位元素和相应的物镜畸变参数，具有实用性强，精度高的特点。

4.4　正射影像制作

4.4.1　正射影像的概念

光学遥感影像是地面在像面上的中心投影，而地形图在局部范围内可近似地看成地面在水平面上的垂直投影（也称正射投影）。正是两者投影性质的不同，才需要使用摄影测量的技术手段，将中心投影性质的航摄影像转换成正射投影的地形图。有时候，我们并不直接测绘地形图，而是将中心投影性质的遥感影像处理成正射投影的遥感影像（图 4-9）。

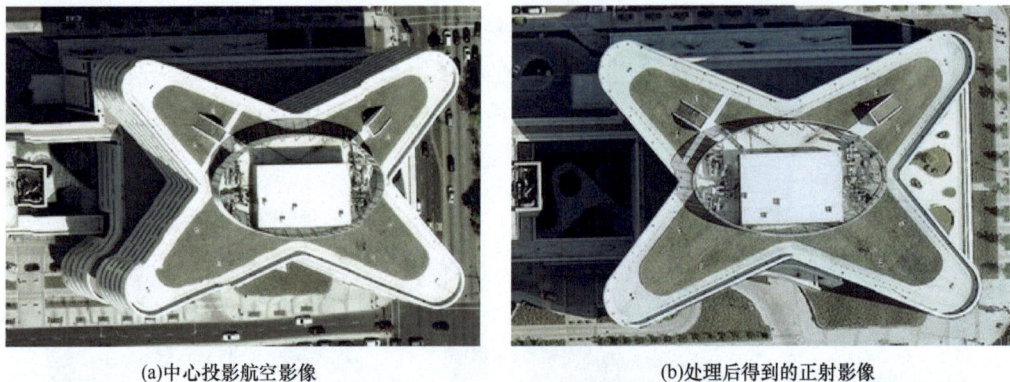

(a)中心投影航空影像　　　　　　　　　　　　(b)处理后得到的正射影像

图 4-9　原始航空影像和纠正后的正射影像

图 4-9 表示了同一地区的两张航空影像，左边是原始的中心投影的影像，而右边是对左边中心投影影像经过处理后，形成的一张正射投影的像片。两者在几何性质显然有着显著区别，由于中心投影影像上投影误差的存在，使得左边影像上建筑物的屋顶和屋底分别成像在像平面上不同的位置。由于同一栋建筑物的顶部和底部的平面坐标 (X, Y) 相等，所以在二维地图上只有一个位置。右边这幅经过处理后的影像，同样的一栋建筑，

它的顶部和底部已经完全重合在一起，具有了和地形图一样的几何性质，这样的影像就叫正射影像。图 4-10 就展示了正射投影和中心投影两种不同投影方式具有不同的成像几何特性。

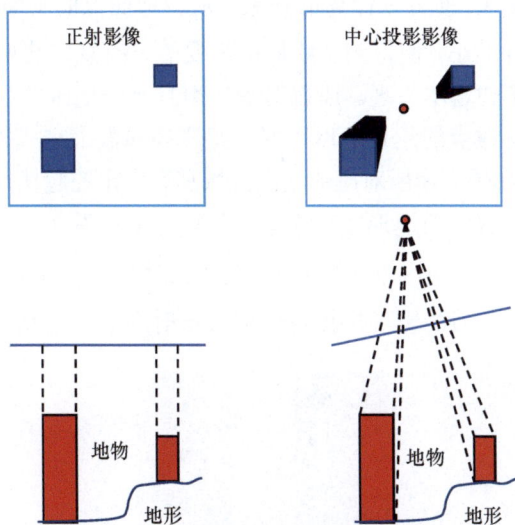

图 4-10　正射投影与中心投影示意图

正射影像的制作也称为影像纠正，在数字摄影测量中又称为数字微分纠正。

4.4.2　影像纠正基本原理

影像纠正就是将中心投影的影像变换为具有规定比例尺的正射影像的技术。

通过前面的学习我们知道，中心投影的航摄影像上具有投影误差和倾斜误差，这两个误差使得航摄影像与地形图的几何性质不同。因此，影像纠正的任务就是消除影像倾斜和地形起伏的双重影响，即改正倾斜误差和投影误差。

影像纠正使用的数学模型就是共线条件方程，已知条件是影像的内外方位元素及影像所对应区域的数字高程模型。根据共线条件方程（4-39），当已知影像的内外方位元素时，如果影像所覆盖地面区域的数字高程模型（DEM）也已知，则可以通过一定的方法得到像点所对应的地面点的高程 Z。将 Z 代入共线条件方程便可计算出对应地面点的平面坐标 (X,Y)，(X,Y) 按照一定的比例尺缩放后，得到地面点所对应正射影像点的正射影像坐标 (X',Y')。按上述思路依次求解每个正射影像点，便可生成正射影像。

$$\left.\begin{array}{l} X-X_S=(Z-Z_S)\dfrac{a_1x+a_2y-a_3f}{c_1x+c_2y-c_3f} \\ Y-Y_S=(Z-Z_S)\dfrac{b_1x+b_2y-b_3f}{c_1x+c_2y-c_3f} \end{array}\right\} \tag{4-39}$$

影像纠正可以按照纠正单元的大小可分为整片纠正、分块纠正和微分纠正。

最大的纠正单元就是整片纠正。因为在地形平坦且水平的地区，我们可以近似地将地面看作一个水平面，高程是一个常数值 C。将 $Z=C$ 代入共线条件方程中，在已知影像内外方位元素的前提下，便可以计算得到像点对应地面点的平面坐标 (X,Y)，将 (X,Y) 按照一定的比例尺进行缩小，便得到了我们所需要的具有规定比例尺的正射影像像点坐标了。这就是整片纠正的基本原理。所以对于平坦且水平地区的航摄影像，影像纠正只需消除倾斜误差，所有像点的纠正可以用同一组变换参数来完成。

如图 4-11 所示，如果影像所对应的地面区域具有一定的起伏，我们可以将这个区域进行分块，保证每块区域内的地形比较平坦，都可近似地看作一个高程为 C_i 的水平面，那么依据纠正原理，将每一块区域按照其所对应的高程值 $Z_i = C_i$ 代入到共线条件方程进行纠正，然后将分块纠正后的影像拼接得到整景正射影像，这就是分块纠正。

图 4-11　影像分块纠正

如果一个区域地形复杂，起伏比较大，比如丘陵地、山地等区域，分块区域过大，每个区域内部的高程不是一个常数值。这时，可以将分块单元缩小至一个像元，每个像元用一个高程值进行纠正，这种方法就叫作微分纠正。

在数字微分纠正过程中，必须首先确定原始影像与纠正后的影像之间的几何关系。设任意像元在原始影像和纠正后影像中的坐标分别为 (x,y) 和 (X,Y)，它们之间存在着映射关系为

$$\left.\begin{array}{l} x = F_x\left(X,Y\right) \\ y = F_y\left(X,Y\right) \end{array}\right\} \tag{4-40}$$

$$\left.\begin{array}{l} X = G_X\left(x,y\right) \\ Y = G_Y\left(x,y\right) \end{array}\right\} \tag{4-41}$$

式（4-40）是由纠正后影像的像点坐标出发反求其在原始影像上的像点坐标，这种方法称为反解法（或称为间接解法）。而式（4-41）则相反，它是由原始影像上像点坐标解求纠正后影像上相应点坐标，这种方法称为正解法（或称直接解法）。无论是正解法还是反解法，其核心都是建立原始影像与正射影像对应像点的坐标与灰度映射关系。

4.4.3　影像像素坐标系与像平面坐标系之间的转换关系

数字影像的原始坐标是像素坐标，像素坐标系的定义如图 4-12 所示，原点 o' 是影像左上角点，影像列方向为 j 轴，向右为正，行方向为 i 轴，向下为正，任一像点的像素坐标表示为 (i, j)。共线条件方程中的像点坐标是像平面坐标 (x, y)，像平面坐标系的定义如 3.2 节所述。

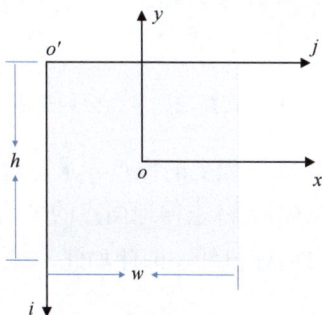

图 4-12　像素坐标系与像平面坐标系的关系

像点的像素坐标 (i, j) 与像平面坐标 (x, y) 存在以下转换关系为

$$\left.\begin{array}{l} x = j \times \Delta x - \dfrac{w}{2} - x_0 \\[3mm] y = \dfrac{h}{2} - i \times \Delta y - y_0 \end{array}\right\} \tag{4-42}$$

式中，Δx、Δy 是原始影像像素分别在 x 方向和 y 方向的分辨率，通常情况下相等；w 和 h 分别是影像 j 方向和 i 方向的像素数，即影像宽和高。

4.4.4　正解法数字微分纠正

如图 4-13 所示，正解法数字微分纠正的原理它是从原始影像出发，利用共线条件方程和已知的数字高程模型，求解出像点 a 所对应的地面点 A，然后将 A 点的地面坐标 (X, Y) 平移并按照一定比例尺缩放后得到正射影像像点 a' 坐标 (X', Y')，然后将原始影像像点 a 的灰度值赋给纠正影像的对应像点 a'。

数字微分纠正通常使用共线条件方程，其正算公式为

$$\left.\begin{array}{l} X = Z \dfrac{a_1 x + a_2 y - a_3 f}{c_1 x + c_2 y - c_3 f} \\[3mm] Y = Z \dfrac{b_1 x + b_2 y - b_3 f}{c_1 x + c_2 y - c_3 f} \end{array}\right\} \tag{4-43}$$

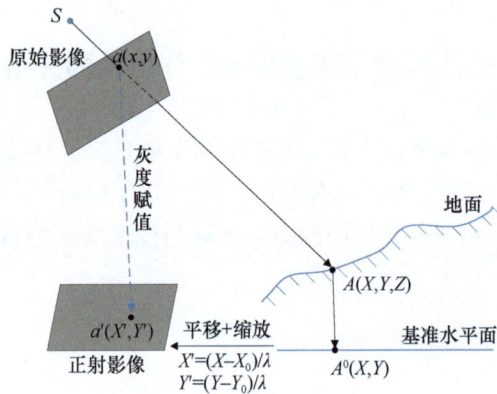

图 4-13   正解法数字微分纠正原理

利用上述公式，要从一张原始影像上的像点 a 求得对应地面点 A，必须知道 A 点的高程 Z，才能利用像点 a 的像坐标 (x,y) 求得地面点的平面坐标 (X,Y)。获取 Z 坐标的前提条件是该地区数字高程模型 DEM 已知，即便如此，求取地面点 A 也需要一个迭代计算的过程，计算过程如下：

（1）必先假定一个初值 Z_0，代入式（4-43）求得 (X_1,Y_1)，即用高度为 Z_0 水平面去截取投影光学，交点的平面坐标为 (X_1,Y_1)；

（2）根据平面坐标 (X_1,Y_1)，从影像覆盖范围内的已知数字高程模型 DEM 中内插得到该处的真实高程值 Z_1；

（3）返回第一步，将 Z_1 值代入式（4-43）求得 (X_2,Y_2)，如此反复迭代，直至点 $A_i(X_i,Y_i,Z_i)$ 无限趋近于点 A，返回 A 的坐标。

迭代过程如图 4-14 所示。

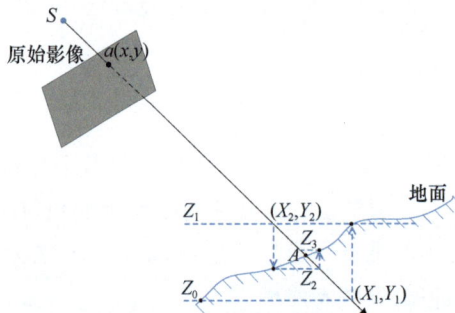

图 4-14   迭代求解地面点 A 平面坐标的过程

因此，由式（4-43）计算 (X,Y)，实际是由一个二维影像 (x,y) 变换到三维空间 (X,Y,Z) 的过程，它必须是个迭代求解过程。在某些情况下迭代可能不收敛，如图 4-15 所示，随着迭代进行，求解出的 A_i 点逐渐远离真值点 A。

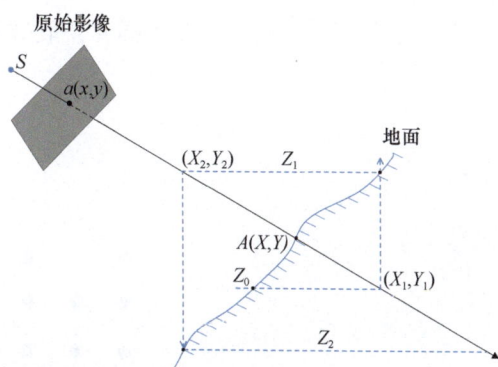

图 4-15　迭代求解地面点 A 时不收敛情况

如图 4-16 所示，要解决迭代发散的问题，可采用如下策略：

（1）必先假定一个初值 Z_0，代入式（4-43）求得 (X_1, Y_1)，即用高度为 Z_0 水平面去截取投影光学，交点的平面坐标为 (X_1, Y_1)，同时水平面 Z_0 在主垂面内与地面可得到一个交点 A_0；

（2）根据平面坐标 (X_1, Y_1)，从影像覆盖范围内的已知数字高程模型 DEM 中内插得到该处的真实高程值 Z_1，得到地面点 $A_1(X_1, Y_1, Z_1)$；

（3）连接地面点 A_0 和 A_1 的直线 A_0A_1 与投影光学相交，得到交点的平面坐标 (X_2, Y_2)，根据 (X_2, Y_2) 从 DEM 中内插出高程值 Z_2，得到地面点 $A_2(X_2, Y_2, Z_2)$；

（4）迭代执行第三步，连接地面点 A_0 和 A_1，直至点 $A_i(X_i, Y_i, Z_i)$ 无限趋近于点 A，返回 A 的坐标。

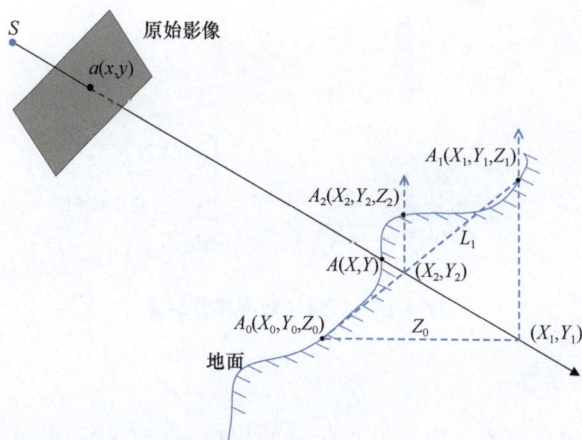

图 4-16　迭代求解地面点 A 时不收敛时的改进

这一方案除了需要迭代答解 A 点坐标，计算较为复杂外，还存在着一个难以解决的问题，即纠正后影像的像点是非规则排列的，有的像元可能是"空白"（无像点），而有的像元可能对应多个原始影像像元,难以实现灰度内插并获取规则排列的数字影像,如图 4-17 所示。

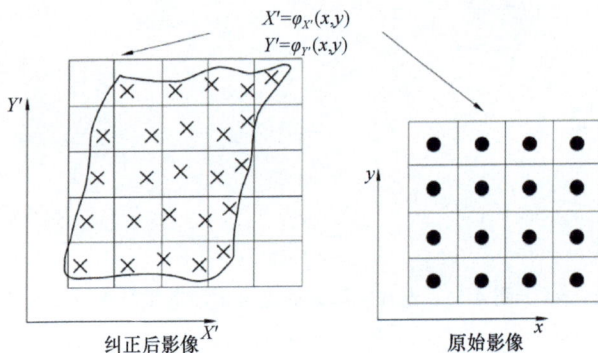

图 4-17　正解法数字微分纠正[6]

由于正解法的缺点,生产作业中一般采用反算法进行数字微分纠正。

4.4.5　反解法数字微分纠正

反解法(间接法)数字微分纠正的原理如图 4-18 所示,它是从纠正影像出发,将纠正影像上逐个像元素用反解公式[式(4-40)]求得原始影像的像点坐标。

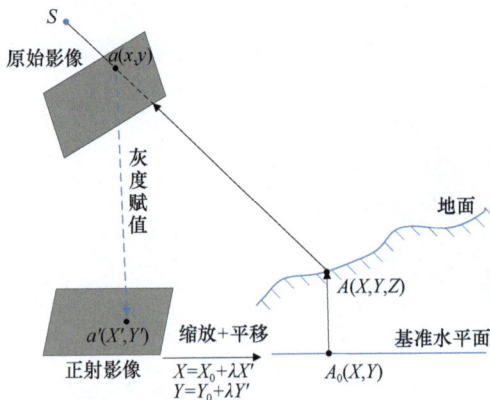

图 4-18　反解法数字微分纠正

1. 计算地面点坐标

设正射影像上任意一点(像素中心)a' 的坐标为 (X', Y'),由正射影像左下角图廓点地面坐标 (X_0, Y_0) 与正射影像比例尺分母 λ 计算所对应的地面点 A 的平面坐标 (X, Y),计算公式为

$$\left.\begin{array}{l} X = X_0 + \lambda X' \\ Y = Y_0 + \lambda Y' \end{array}\right\} \tag{4-44}$$

根据地面点 A 的平面坐标 (X, Y) ，由 DEM 内插求得 A 点的高程 Z 。

2. 计算像点坐标

将地面点 A 的坐标 (X, Y, Z) 代入反解公式[式（4-40）]计算原始影像上相应像点 a 的坐标 (x, y) 。在航空摄影情况下，反解公式为共线方程，即

$$\left.\begin{array}{l} x - x_0 = -f \dfrac{a_1\left(X - X_S\right) + b_1\left(Y - Y_S\right) + c_1\left(Z - Z_S\right)}{a_3\left(X - X_S\right) + b_3\left(Y - Y_S\right) + c_3\left(Z - Z_S\right)} \\[4mm] y - y_0 = -f \dfrac{a_2\left(X - X_S\right) + b_2\left(Y - Y_S\right) + c_2\left(Z - Z_S\right)}{a_3\left(X - X_S\right) + b_3\left(Y - Y_S\right) + c_3\left(Z - Z_S\right)} \end{array}\right\} \tag{4-45}$$

式中， x_0 、 y_0 、 f 为相机内方位元素。同样需将像点 a 的像平面坐标转换为像素坐标。

3. 灰度内插

由于所求得的像点坐标不一定正好落在像元素中心。为此必须进行灰度内插，一般可采用双线性内插方法求得像点 a 的灰度值 $g(x_a, y_a)$ 。

如图 4-19 所示， $o'-xy$ 为原点在影像左上角的像素坐标系，格网点为像元，灰度值计为 $g(x_j, y_i)$ ， i 、 j 为该像元在影像中所处的行列号。

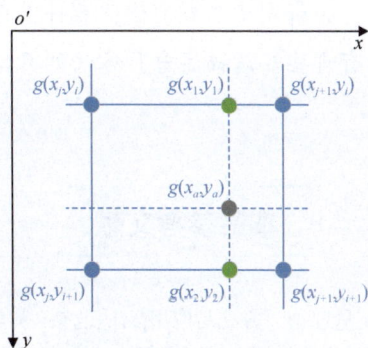

图 4-19　双线性内插

首先在 x 方向进行两次线性插值计算：

$$g\left(x_1, y_1\right) = \frac{x_{j+1} - x_a}{x_{j+1} - x_j} g\left(x_j, y_i\right) + \frac{x_a - x_j}{x_{j+1} - x_j} g\left(x_{j+1}, y_i\right) \tag{4-46}$$

$$g\left(x_2, y_2\right) = \frac{x_{j+1} - x_a}{x_{j+1} - x_j} g\left(x_j, y_{i+1}\right) + \frac{x_a - x_j}{x_{j+1} - x_j} g\left(x_{j+1}, y_{i+1}\right) \tag{4-47}$$

然后对式（4-46）和式（4-47）计算的结果在 y 方向进行一次线性插值计算得到 $g(x_a, y_a)$：

$$g(x_a, y_a) = \frac{y_{i+1} - y_a}{y_{i+1} - y_i} g(x_1, y_1) + \frac{y_a - y_i}{y_{i+1} - y_i} g(x_2, y_2) \tag{4-48}$$

4. 灰度赋值

最后将像点 a 的灰度值赋给纠正后的像元素 a'，即

$$G_{a'}(X,Y) = g_a(x,y) \tag{4-49}$$

依次对每个纠正像元素进行上述运算，即能获得纠正的数字影像，这就是反解算法的原理和基本步骤。因此，从原理上讲，数字微分纠正属于点元素纠正。

思 考 题

1. 影像内定向的目的是什么？数字相机获取的数字影像需要进行内定向吗？

2. 单像空间后方交会的原理是什么？单像空间后方交会对控制点的要求是什么？

3. 进行单像空间后方交会计算时，外方位元素的初值怎么给？

4. 简要描述单像空间后方交会的过程。

5. 光学相机检校的目的是什么？常用的检校方法有哪些？解析法相机检校的实施包括哪些方案？

6. 阐述正射影像的概念，分析制作正射影像需要什么已知条件。

7. 数字微分纠正的方法有哪些？请描述每种方法的具体过程，并阐述最常用的是哪种方法及原因？

本章参考文献

[1] 黄桂平. 数字近景工业摄影测量理论、方法与应用[M]. 北京: 科学出版社, 2015.

[2] 刘先林, 邹友峰, 郭增长. 大面阵数字航空摄影原理与技术[M]. 郑州: 河南科学技术出版社, 2013.

[3] 赵业隆. 非量测型数码相机检校方法的研究[D]. 阜新: 辽宁工程技术大学, 2017.

[4] 陈兴峰, 顾行发, 葛慧斌, 等. 基于多片空间后方交会的 4 波段 CCD 相机检校[J]. 国土资源遥感, 2011, (1): 21-25.

[5] 蓝朝桢, 崔志祥, 秦剑琪, 等. 差分摄站坐标约束下的无人机相机自检校[J]. 测绘科学技术学报, 2020, (4): 374-379.

[6] 潘洁晨, 王冬梅, 李爱霞. 摄影测量学(第 3 版)[M]. 成都: 西南交通大学出版社, 2016.

第 5 章　立体像对与立体观测

通过第 3 章的学习我们知道,即使已知一张影像的内外方位元素和像点像坐标 (x,y),利用共线条件方程也不能计算出对应地面点的地面坐标 (X,Y,Z)。要想利用像点坐标计算地面点坐标,必须再增加已知条件,通常有两种方法。第一种是如果地面点的 Z 坐标已知,这时要求解的未知数就只剩下两个平面坐标 (X,Y),这样便可以利用共线条件方程的两个式子求解两个未知数,正射影像的制作就是利用这种方法。还有一种方法是再增加一张从不同摄站摄取与第一张影像具有一定影像重叠的影像,这样就可以再增加两个共线条件方程,使得列出的方程数大于要求解的未知数,从而满足求解条件,实现地面点三维坐标 (X,Y,Z) 的解算。

5.1　立 体 像 对

由不同摄影站点摄取的,具有一定影像重叠的两张影像称为立体像对,如图 5-1 所示。以立体像对解析为基础的摄影测量称为立体摄影测量。立体摄影测量是以立体像对为基础,通过对立体像对的观察和量测确定所摄目标的形状、大小、空间位置及性质的一门技术。

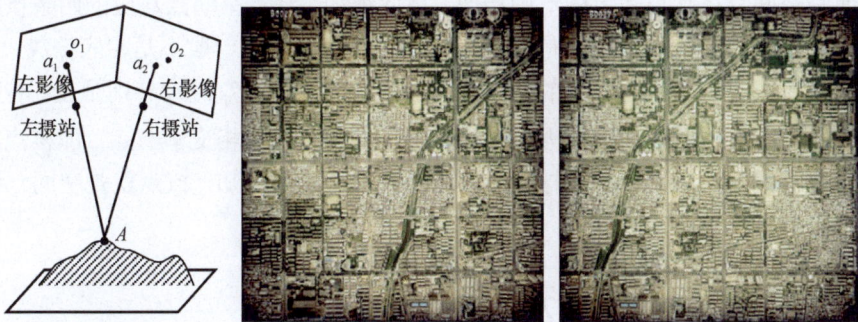

图 5-1　立体像对

下面介绍立体像对中涉及的一些重要点、线、面的基本概念和几何关系。

如图 5-2 所示,一条航线上相邻两张影像 P_1、P_2 的摄站分别为 S_1、S_2。S_1、S_2 的连线叫作摄影基线 B。空间点 A 在左右影像上分别成像为 a_1、a_2,叫作同名像点或相应像点，投射线 AS_1 和 AS_2 叫作同名光线或相应光线。显然，处于摄影位置时同名光线在同一个平面内，即同名光线共面，这个平面叫作核面。广义地说，通过摄影基线的平面都可以叫作核面，通过某一空间点的核面则叫作该点的核面。例如通过空间点 A 的核面就叫作 A 点的核面，记作 W_A。所以，在摄影时所有的同名光线都处在各自对应的核面内，即摄影时同名光线共面，这是立体像对的一个重要几何特性。

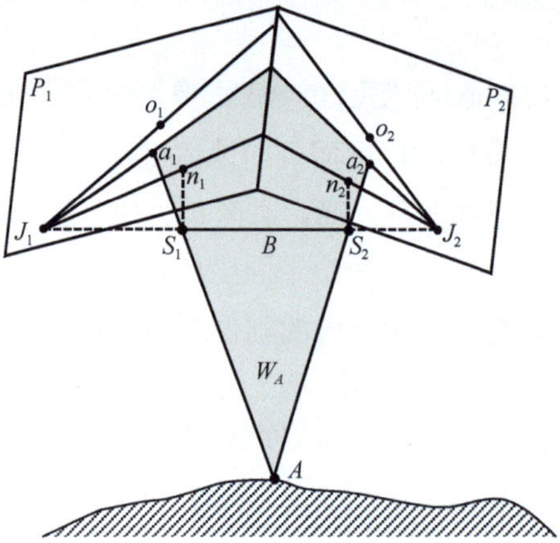

图 5-2   立体像对中的重要点、线、面

通过像底点的核面叫作垂核面，因为底点的光线铅垂，所以左右影像的底点光线平行，一个立体像对只有一个垂核面。过像主点的核面叫作主核面，有左主核面和右主核面。由于两主光轴一般不在同一个平面内，所以左右主核面一般是不重合的。核面与像面的交线叫作核线，与垂核面、主核面相对应有垂核线和主核线。同一个核面对应的左右影像上的核线叫作相应核线，相应核线上的像点一定是一一对应的，因为它们都是同一个核面与空间物体切口线上的点的构像。由此得知，任意空间点对应的两条核线是相应核线，左右影像上的垂核线也是相应核线，而左右主核线一般不是相应核线。

摄影基线或其延长线与像面的交点叫作核点，图 5-2 中 J_1、J_2 分别是左、右影像上的核点。由于所有核面都通过摄影基线，而摄影基线与像面相交于一点，即核点，所以像面上所有核线必汇聚于核点。与单张影像的解析相联系可知，核点就是空间一组与基线方向平行的直线的合点。

5.2 几 何 模 型

与立体像对等效的重要概念是几何立体模型，简称几何模型。几何模型源于摄影过程的几何反转。摄影过程是相机以一定的位置和姿态（外方位元素）获取被摄物体的影像或立体像对。反过来，如果把已取得的立体像对按照摄影时的位置和姿态放置（恢复立体像对两张影像的外方位元素），并用原摄影机（恢复内方位元素）把所有像点向空间反转投射出来，则同名光线便相交于原空间点上，这个过程便称为摄影过程的几何反转。无数这样相交的点便形成一个与被摄物体等大且位置相同的空间模型，如图 5-3 所示。

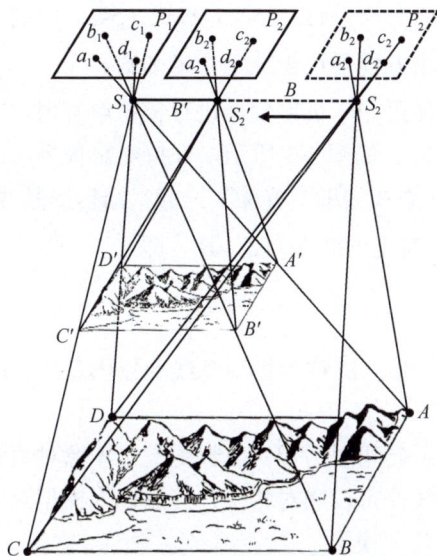

图 5-3 几何模型

依据摄影过程的几何反转思想可知，恢复立体像对中两张影像的内、外方位元素之后，便可由同名像点确定相应空间点的空间位置。

从解析关系上看，我们将共线条件方程式（3-51）应用于立体像对的左、右片，可以写出左片为

$$\left. \begin{aligned} X - X_{S_1} &= Z - Z_{S_1} \frac{a_1 x_1 + a_2 y_1 - a_3 f}{c_1 x_1 + c_2 y_1 - c_3 f} \\ Y - Y_{S_1} &= Z - Z_{S_1} \frac{b_1 x_1 + b_2 y_1 - b_3 f}{c_1 x_1 + c_2 y_1 - c_3 f} \end{aligned} \right\} \tag{5-1}$$

式中，$(X_{S_1}, Y_{S_1}, Z_{S_1})$ 是左摄站的地辅坐标，a_i、b_i、c_i $(i = 1, 2, 3)$ 是由左影像外方位角元素构成的旋转矩阵方向余弦，(x_1, y_1) 是左影像上像点的像平面坐标。

同理，右片共线条件方程为

$$\left. \begin{aligned} X - X_{S_2} &= Z - Z_{S_2} \frac{a_1' x_2 + a_2' y_2 - a_3' f}{c_1' x_2 + c_2' y_2 - c_3' f} \\ Y - Y_{S_2} &= Z - Z_{S_2} \frac{b_1' x_2 + b_2' y_2 - b_3' f}{c_1' x_2 + c_2' y_2 - c_3' f} \end{aligned} \right\} \tag{5-2}$$

式中，$(X_{S_2}, Y_{S_2}, Z_{S_2})$ 是右摄站的地辅坐标，a_i'、b_i'、c_i' $(i = 1, 2, 3)$ 是由右影像外方位角元素构成的旋转矩阵方向余弦，(x_2, y_2) 是右影像上像点的像平面坐标。

当立体像对左右两张影像的内、外方位均得到恢复时，则式（5-1）和式（5-2）中 X_{S_1}、Y_{S_1}、Z_{S_1}、a_i、b_i、c_i、X_{S_2}、Y_{S_2}、Z_{S_2}、a_i'、b_i'、c_i' 和 f 均为已知，如果给出同名像点的像平面坐标 (x_1, y_1) 和 (x_2, y_2)，则式（5-1）和式（5-2）中的未知数只有地面点的地辅坐标 (X, Y, Z)，这时由 4 个方程便可求这三个未知数。

模拟摄影测量阶段，使用光学机械仪器进行模拟解算时，摄影的几何反转可以通过缩小空间模型比例尺来实现。如图 5-3 所示，保持右影像姿态（外方位角元素）不变，把右投影中心 S_2 连同右影像 P_2（即右光束）一起，沿摄影基线 B 平移至 S_R' 则随着基线缩短为 B'，新建模型的比例尺也缩小为 B'/B。即

$$\frac{1}{M'} = \frac{B'}{B} \tag{5-3}$$

式中，M' 是模型比例尺分母。B' 称为模型基线或投影基线，改变模型基线的大小就可改变模型比例尺。

根据摄影过程的几何反转可以看出，当恢复了立体像对两张影像的内方位和相对方位关系以后，所有相应光线便可以成对相交，交点称为模型点，所有模型点所构成的与实地相似的几何表面称为几何模型。

通过上面的分析可以看出，利用立体像对的相应像点确定它所对应的地面点的三维坐标可以采用两种方法：一种是恢复立体像对两张影像的内、外方位元素，建立与实地方位、大小、形状等都完全一致的几何模型来确定空间点的三维坐标；另一种是先恢复立体像对两张影像的内方位和相对方位关系，建立与实地形状相似的几何模型，然后通过恢复该几何模型与实地的方位与比例关系来确定空间点的三维坐标。第二种方法需要建立两张影像的相对方位关系及几何模型与实地的方位与比例尺关系。

5.3 立体像对的方位元素

一张影像有 6 个外方位元素，立体像对两张影像共有 12 个外方位元素，有了这 12 个方位元素就可以确定立体像对在物方空间对于所摄物体的位置关系。通过本章 5.2 节的分析可以看出，在已知影像内方位的基础上，确定立体像对在物方空间对于所摄物体的位置关系有两种方法，一种方法是通过确定立体像对两张影像的 12 个外方位元素来实现，另一种方法是通过分别确定立体像对内在几何关系和外在几何关系这两组方位元素来实现。内在几何关系就是指同名光线共面。如果立体像对两张影像的内方位和立体像对内在的几何关系得到恢复，所有同名光线都会成对共面相交，交点就构成了大小和空间方位任意，但形状与实地相似的几何模型。在此基础上，进一步恢复立体像对（几何模型）在物方空间对于所摄物体的关系即外在几何关系。恢复了立体像对的内在几何关系和外在几何关系后，便可以实现像点坐标向对应地面点坐标的转换，达到摄影测量几何定位的目的。

在摄影测量中，描述立体像对内在几何关系的元素称为相对方位元素，描述立体像对外在几何关系的元素称为绝对方位元素，统称为立体像对的方位元素。

5.3.1 像对的相对方位元素

立体像对中两张影像的像空系之间的方位关系，称为像对的相对方位，确定相对方位所需的元素叫作相对方位元素。

坐标系的选择不同，相对方位元素的描述方式也不一样，摄影测量中常用的描述方式有 3 种，称为 3 种相对方位元素系统。

1. 以地辅系为基础的相对方位元素系统

这个系统的相对方位元素以两张影像的外方位元素之差为基础，设在地辅系中两影像的外方位元素为

左片：X_1、Y_1、Z_1、φ_1、ω_1、κ_1

右片：X_2、Y_2、Z_2、φ_2、ω_2、κ_2

它们的差值为

$$\left.\begin{aligned}
\Delta \overline{X}_S &= X_1 - X_2 \\
\Delta \overline{Y}_S &= Y_1 - Y_2 \\
\Delta \overline{Z}_S &= Z_1 - Z_2 \\
\Delta \overline{\varphi} &= \varphi_1 - \varphi_2 \\
\Delta \overline{\omega} &= \omega_1 - \omega_2 \\
\Delta \overline{\kappa} &= \kappa_1 - \kappa_2
\end{aligned}\right\}
\tag{5-4}$$

式（5-4）中，$\Delta\overline{\varphi}$、$\Delta\overline{\omega}$、$\Delta\overline{\kappa}$ 是右片像空系相对于左片像空系的角方位关系，$\Delta\overline{X}_S$、$\Delta\overline{Y}_S$、$\Delta\overline{Z}_S$ 基线 B 的 3 个坐标系分量值，决定了摄影基线 B 在地辅系中的方向和长度，是左右像之间的相对位置关系。

将地辅坐标系的原点平移至左摄站后得到图 5-4。

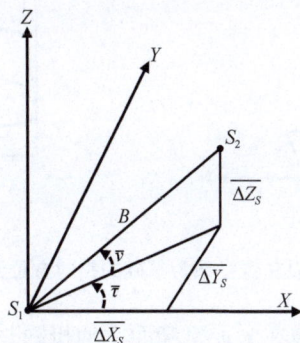

图 5-4 以地辅系为基础的相对方位元素系统

从图中可得出如下关系式：

$$B = \sqrt{\Delta \overline{X}_S^2 + \Delta \overline{Y}_S^2 + \Delta \overline{Z}_S^2}$$
$$\tan \overline{\tau} = \frac{\Delta \overline{Y}_S}{\Delta \overline{X}_S} \Bigg\}$$
$$\sin \overline{\nu} = \frac{\Delta \overline{Z}_S}{B}$$

(5-5)

式中，B 是基线长度，$\overline{\tau}$ 是基线方位角，$\overline{\nu}$ 是基线倾斜角。基线长度 B 只确定模型比例尺，与同名光线是否相交无关，所以它不是相对方位元素。但是为保持同名光线相交，右光束只能沿基线方向移动，所以决定基线方向的两个角度 $\overline{\tau}$ 和 $\overline{\nu}$ 是相对方位元素。由此可以得出，相对方位元素是 5 个角元素，在本系统中为 $\overline{\tau}$、$\overline{\nu}$、$\Delta \overline{\varphi}$、$\Delta \overline{\omega}$、$\Delta \overline{\kappa}$，其中 $\overline{\tau}$ 和 $\overline{\nu}$ 决定基线方向，$\Delta \overline{\varphi}$、$\Delta \overline{\omega}$、$\Delta \overline{\kappa}$ 决定右光束对左光束的旋转方位。

2. 以左片像空系为基础的相对方位元素系统

这类相对方位元素系统称为连续像对系统，是作业中常用的相对方位元素系统之一。这个系统的相对方位元素与前一种系统类似，有如下 5 个元素：

$$\tau、\ \nu、\ \Delta \varphi、\ \Delta \omega、\ \Delta \kappa$$

如图 5-5 所示，立体像对左右像空系分别为 $S_1 — x_1 y_1 z_1$、$S_2 — x_2 y_2 z_2$，$S_2 — x_1' y_1' z_1'$ 是将左像空系原点平移至右投影中心 S_2 后得到的坐标系。5 个相对方位元素的定义如下：

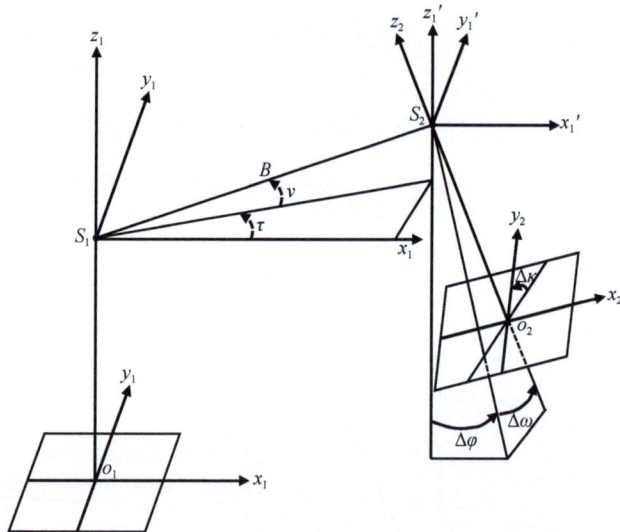

图 5-5   以左像空系为基础的相对方位元素系统

（1）τ，基线方向角，基线在 $x_1 y_1$ 坐标面上的投影与 x_1 轴的夹角。

（2）ν，基线倾斜角，基线与 $x_1 y_1$ 坐标面的夹角。

（3）$\Delta\varphi$、$\Delta\omega$、$\Delta\kappa$ 的定义方法与外方位角元素 α_x、ω、κ 相同，仅需以左像空系的平行坐标系 $S_2—x_1'y_1'z_1'$ 代替地辅系 $S—XYZ$。

5 个元素共同确定了右光束对左光束的相对方位。其中 τ、ν 确定基线在右像空系 $S_1—x_1y_1z_1$ 中的方位，亦即确定了右投影中心 S_2 的移动轨迹。$\Delta\varphi$、$\Delta\omega$ 确定 z_2 轴（右片主光轴）在 $S_1—x_1y_1z_1$ 中的方向，$\Delta\kappa$ 确定右光束绕 z_2 轴的旋转，三者联合起来则确定右像空系相对左像空系的角方位，或者说右光束相对左光束的角方位。

这个系统的特点是固定一个光束，移动和转动另一个光束便可确定两光束间的相对方位，构成几何模型。这个特点便于建立航线几何模型，例如固定第一张影像的光束，改动第二个光束以建立航线的第一个单模型，然后固定第二个光束，改动第三个光束建立第二个单模型，依此类推，便可连续建立第三个、第四个以至整个航线的几何模型。其被称为连续像对系统，就是基于这个道理。

3. 以基线坐标系为基础的相对方位元素系统

这个系统所使用的基线坐标系是一个以左摄站为原点，基线 S_1S_2 为 X^0 轴，左主核面为 X^0Z^0 面，Z^0 轴向上为正方向，Y^0 轴按右手法则确定的空间直角坐标系，如图 5-6 所示。

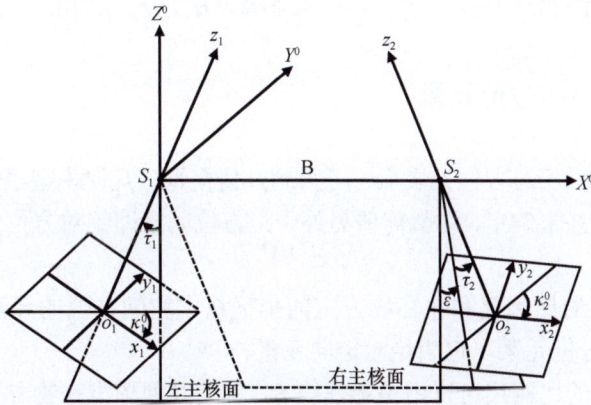

图 5-6　以基线坐标系为基础的相对方位元素

在这个坐标系中，两个像空系的相对方位是通过它们各自的旋转方位确定的，因为这时已不再需要确定基线的方位了。这个系统的相对方位元素有：

$$\tau_1、\ \kappa_1^0、\ \varepsilon、\ \tau_2、\ \kappa_2^0$$

其中，τ_1、κ_1^0 确定左像空系 $S_1—x_1y_1z_1$ 在基线坐标系 $S_1—X^0Y^0Z^0$ 中的角方位，ε、τ_2、κ_2^0 确定右像空系 $S_2—x_2y_2z_2$ 在基线坐标系中的角方位。各元素定义如下：

τ_1，z_1 轴与 Z 轴的夹角，从 Z^0 轴起算，正负规定与 φ 相同，图 5-6 中 τ_1 为负。这

个角度在左主核面上。

κ_1^0，X^0 轴在 $x_1 y_1$ 面上的投影与 x_1 轴的夹角，从投影的正方向起算，正负规定与 κ' 相同，图 5-6 中 κ_1^0 为负。在像面上 κ_1^0 是左主核线与像平面坐标系 x_1 轴的夹角，图 5-6 中表示的便是这个像面上的角度。

ε，z_2 轴在 $Y^0 Z^0$ 面上的投影与 Z 轴的夹角，从 Z 轴起算，正负规定同 α_y，图 5-6 中 ε 为正。ε 也是左右两主核面之间的夹角。

τ_2，z_2 轴与 $Y^0 Z^0$ 面的夹角，从 YZ 面起算，正负规定与 φ 相同，图 5-6 中 τ_2 为正。这个角度在右主核面上。

κ_2^0，X^0 轴在 $x_2 y_2$ 面上的投影与 x_2 轴的夹角，从投影正方向起算，正负规定与 κ' 相同，图 5-6 中 κ_2^0 为负，κ_2^0 也是右主核线与右片 x_2 轴的夹角。

上述 5 个元素具体的作用是：τ_1 和 ε、τ_2 是分别确定 z_1 和 z_2 轴的方向的，即确定左、右主光轴的方向。κ_1^0 和 κ_2^0 则分别确定 $x_1 y_1$ 和 $x_2 y_2$ 在自身平面内的旋转，即确定左右光束绕主光轴（z_1 和 z_2）的旋转。

这个系统的特点是在不改变两投影中心位置的情况下，通过两个光束的旋转确定相对方位，适用于单独立体像对的作业，所以又称为单独像对系统[1]。

单独像对系统的相对方位元素，其转角系统与 α_y、φ、κ' 相同。

5.3.2　像对的绝对方位元素

在恢复立体像对相对方位元素后，可得到几何模型，几何模型虽然与实地相似，但比例尺和空间方位并未确定，这就需要另外一组方位元素即绝对方位元素来描述几何模型的比例尺和空间方位。

确定几何模型的比例尺和它在物方空间坐标系中空间方位的元素，叫作立体像对（或模型）的绝对方位元素，也叫绝对定向元素。

确定几何模型的比例尺可以用摄影基线 B，确定几何模型在物方空间坐标系中的方位需要模型在空间中的 3 维坐标和 3 个欧拉旋转角，共计 7 个元素。为了描述模型的空间方位则需要在模型系统内部设定一个坐标系，由这个坐标系在地辅系中的方位代表模型的方位。最常见的是选择左片的像空系 S_1—$x_1 y_1 z_1$，这时的绝对方位元素就是左片的 6 个外方位元素加上摄影基线 B，即

$$X_{S_1}、\ Y_{S_1}、\ Z_{S_1}、\ \varphi_{S_1}、\ \omega_{S_1}、\ \kappa_{S_1}、\ B$$

由这 7 个绝对方位元素加上任意一种系统的相对方位元素（各系统的相对方位元素是可以互相变换的，将在后面讲到）都可以得到立体像对的 12 个外方位元素。例如，使用地辅系为基础的相对方位元素系统 $\bar{\tau}$、$\bar{\nu}$、$\Delta\bar{\varphi}$、$\Delta\bar{\omega}$、$\Delta\bar{\kappa}$，经变换可由 B、$\bar{\tau}$、$\bar{\nu}$ 求

得 $\Delta \bar{X}_S$、$\Delta \bar{Y}_S$、$\Delta \bar{Z}_S$，即

$$\left. \begin{array}{l} \Delta \bar{X}_S = B\cos\bar{\nu}\cos\bar{\tau} \\ \Delta \bar{Y}_S = B\cos\bar{\nu}\sin\bar{\tau} \\ \Delta \bar{Z}_S = B\sin\bar{\nu} \end{array} \right\} \tag{5-6}$$

于是可以得出右片的外方位元素：

$$\left. \begin{array}{l} X_{S_2} = X_{S_1} + \Delta \bar{X}_S \\ Y_{S_2} = Y_{S_1} + \Delta \bar{Y}_S \\ Z_{S_2} = Z_{S_1} + \Delta \bar{Z}_S \\ \varphi_2 = \varphi_1 + \Delta\bar{\varphi} \\ \omega_2 = \omega_1 + \Delta\bar{\omega} \\ \kappa_2 = \kappa_1 + \Delta\bar{\kappa} \end{array} \right\} \tag{5-7}$$

更一般的情况是选用某一已知点为模型坐标原点建立模型坐标系，7 个绝对方位元素则为

$$X_D、Y_D、Z_D、\varphi、\omega、\kappa、B$$

其中，X_D、Y_D、Z_D 是模型坐标系原点在地辅系中的坐标，用以确定模型坐标系原点的平移。φ、ω、κ 用以确定模型的旋转。

当两张影像的内外方位元素都得到恢复时，空间点的核面便得到恢复，两张影像的所有同名光线便分别位于各自的核面内。这时便形成了空间位置正确，可供量测的几何模型了。但是如果只考虑几何模型的构成而不考虑几何模型的空间方位和大小，那么只要恢复两光束的内方位元素和相对方位元素，使所有同名光线都成对相交就可以了，并不需要恢复两影像的外方位元素。然后对建立的几何模型进行大地定向，恢复立体像对的绝对方位元素，便恢复了两影像全部外方位元素。这种把立体像对的空间方位元素分成两部分的办法，一直为立体摄影测量所采用。

5.3.3　立体像对角方位元素之间关系

只考虑坐标轴的方向，不考虑原点位置（或假设各坐标系原点均以 S 表示），各系统相对方位元素之间及相对方位元素与外方位角元素之间存在着一定关系。比较各角元素之间关系即为比较旋转矩阵中的方向余弦，即从共同的起始状态出发，遵循不同的角元素系统进行坐标旋转，达到共同的结束状态。通过比较方向余弦，便可得出各系统的角元素之间的关系。

立体像对所涉及的方位元素、坐标系统和旋转矩阵如图 5-7 所示。可以看出，立体像对的方位元素大体可分为两部分：一部分是和基线方位有关的，另一部分是无关的。

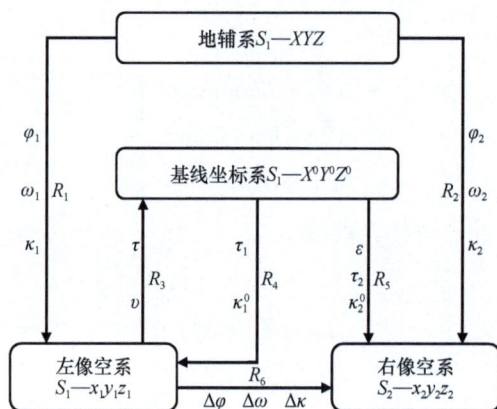

图 5-7　不同角元素之间的关系

从左像空系 S_1—$x_1y_1z_1$ 不经过右像空系到达基线系 S_1—$X^0Y^0Z^0$ 有两个途径，即

第一个途径：S_1—$x_1y_1z_1$ 经过 $R_3 = R_\tau R_\upsilon$ 旋转到达 S_1—$X^0Y^0Z^0$；

第二个途径：S_1—$x_1y_1z_1$ 经过 $R_4^{-1} = \left(R_{\tau_1} R_{\kappa_1^0} \right)^{-1}$ 旋转到达 S_1—$X^0Y^0Z^0$。

左像空系 S_1—$x_1y_1z_1$ 旋转到与右像空系 S_2—$x_2y_2z_2$ 平行至少有三个途径，即

第一个途径：S_1—$x_1y_1z_1$ 经过 $R_1^{-1}R_2$ 旋转后与 S_2—$x_2y_2z_2$ 平行；

第二个途径：S_1—$x_1y_1z_1$ 经过 $R_4^{-1}R_5$ 旋转后与 S_2—$x_2y_2z_2$ 平行；

第三个途径：S_1—$x_1y_1z_1$ 经过 R_6 旋转后与 S_2—$x_2y_2z_2$ 平行。

5.4　标准式立体像对

摄影基线水平的两张水平影像组成的立体像对叫作标准式像对[2]。由于通过以像主点为原点的像平面坐标系的坐标轴方向的选择可以使这种像对的两个像空间坐标系、基线坐标系与地辅系之间的相应坐标轴平行，所以也可以说两个像空间坐标系和基线坐标系各轴均与地辅系相应轴平行的立体像对叫作标准式像对，又称作理想像对。航空航天摄影是动态摄影，基本上不能获取到标准式像对，但标准式像对的几何关系简单、清楚，对于建立立体摄影测量概念十分有利。此外，实际工作中将非标准式像对改化为标准式像对处理，也是立体摄影测量中的一个重要技术手段（图 5-8）。

如图 5-8 所示，地辅系 S_1—XYZ 的原点为立体像对左摄站 S_1，各坐标轴与地辅系 D—XYZ 平行。地面点 A 在地辅系 D—XYZ 的坐标为 (X,Y,Z)，在地辅系 S_1—XYZ 中的坐标为 $(\Delta X,\Delta Y,\Delta Z)$。$A$ 在标准式像对上分别成像为 $a_1\left(x_1^0, y_1^0 \right)$ 和 $a_2\left(x_2^0, y_2^0 \right)$。显然有

$$\left. \begin{aligned} \Delta X &= X - X_{S_1} \\ \Delta Y &= Y - Y_{S_1} \\ \Delta Z &= Z - Z_{S_1} \end{aligned} \right\} \tag{5-8}$$

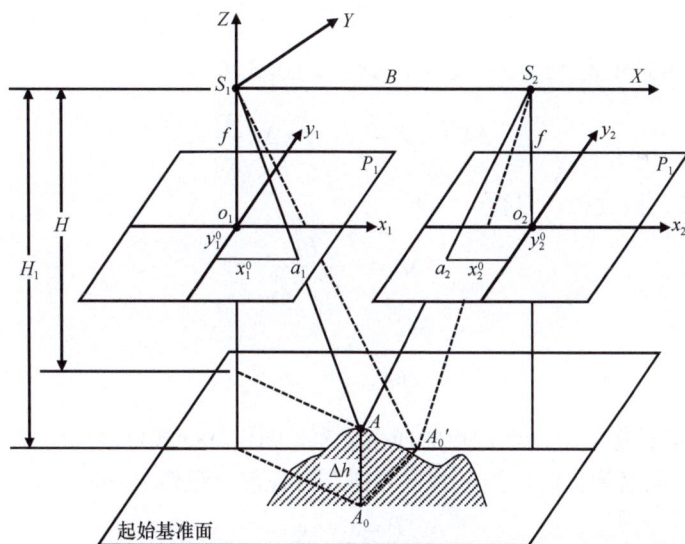

图 5-8　标准式像对的几何关系

标准式像对两张影像的外方位元素为

左片 X_{S_1}、Y_{S_1}、Z_{S_1}、$\varphi_1 = 0$、$\omega_1 = 0$、$\kappa_1 = 0$

右片 $X_{S_2} = X_{S_1} + B$、$Y_{S_2} = Y_{S_1}$、$Z_{S_2} = Z_{S_1}$、$\varphi_2 = 0$、$\omega_2 = 0$、$\kappa_2 = 0$

因为两张影像的角元素都为 0，所以两个像空系的旋转矩阵都是单位矩阵。

将式（5-8）代入式（5-1）和式（5-2），得

左片

$$\left.\begin{aligned} \Delta X &= \Delta Z \frac{x_1}{-f} \\ \Delta Y &= \Delta Z \frac{y_1}{-f} \end{aligned}\right\} \tag{5-9}$$

右片

$$\left.\begin{aligned} \Delta X &= B + \Delta Z \frac{x_2}{-f} \\ \Delta Y &= \Delta Z \frac{y_2}{-f} \end{aligned}\right\} \tag{5-10}$$

比较式（5-9）和式（5-10）的两个 ΔY 的表达式可知 $y_1^0 = y_2^0$。

立体像对上同名像点的纵坐标差就叫作上下视差，记作 q，即

$$q = y_1 - y_2 \tag{5-11}$$

$y_1^0 - y_2^0$ 是标准式像对上同名像点的纵坐标差，叫作标准式像对的上下视差 q^0。

上下视差是立体摄影测量的重要概念之一。相应像点的上下视差为 0 是标准式像对

的一个重要特征。

比较式（5-9）和式（5-10）的两个 ΔX 的表达式可得

$$\Delta X = \Delta Z \frac{x_1^0}{-f} = B + \Delta Z \frac{x_2^0}{-f} \tag{5-12}$$

对式（5-12）做变换，可得

$$\Delta Z = -\frac{Bf}{x_1^0 - x_2^0} \tag{5-13}$$

设：

$$P^0 = x_1^0 - x_2^0 \tag{5-14}$$

式中，P^0 是标准式像对上同名像点的横坐标差，叫作标准式像对同名像点的左右视差。对于一般像对，同名像点的横坐标差就叫作左右视差，记作 P，即

$$P = x_1 - x_2 \tag{5-15}$$

由于 ΔZ 是地面点在以摄站为原点的地辅系的 Z 坐标，它等于相对航高的负值，即 $\Delta Z = -H$，所以有

$$H = \frac{Bf}{P^0} \text{ 或 } P^0 = B\frac{f}{H} \tag{5-16}$$

式（5-16）说明，标准式像对上同名像点的左右视差等于按该点像比例尺化算的摄影基线长度，这便是 P^0 的几何意义。如设起始面相对航高为 H_1，起始面上的点的左右视差为 P_1^0，则

$$H_1 = \frac{f}{P_1^0} B \tag{5-17}$$

设 $\Delta P^0 = P^0 - P_1^0$，$\Delta h = H_1 - H$，将式（5-17）减去式（5-16）可得

$$\Delta h = \frac{\Delta P^0}{P_1^0 + \Delta P^0} H_1 \tag{5-18}$$

式（5-18）便是由标准式像对计算地面点间高差的公式，是立体摄影测量中的重要公式之一。它的反算式为

$$\Delta P^0 = \frac{\Delta h}{H_1 - \Delta h} P_1^0 \tag{5-19}$$

式中，ΔP^0 叫作标准式像对上两对同名点间的左右视差之差（左右视差较），它是地面高差的反映。对于一般像对则可写出：

$$\Delta P = P - P_1 \tag{5-20}$$

ΔP 就叫作两对同名点间的左右视差较。

将 ΔZ 的表达式代入 ΔX、ΔY 可得

$$\Delta X = \frac{B}{P^0} x_1^0 = B + \frac{B}{P^0} x_2^0 \atop \Delta Y = \frac{B}{P^0} y_1^0 = \frac{B}{P^0} y_2^0 \atop \Delta Z = -\frac{B}{P^0} f \Bigg\}$$（5-21）

将式（5-21）代入式（5-8）便可得出地面点的地辅系坐标 (X, Y, Z)。

假如某一立体像对的左右两像空系都与基线坐标系平行，那么这样的立体像对叫作暂定标准式立体像对。

在标准式立体像对中，立体像对两张影像相对于地辅系而言满足：

$$\varphi_1 = \omega_1 = \kappa_1 = \varphi_2 = \omega_2 = \kappa_2 = B_Y = B_Z = 0$$

在暂定标准式立体像对中，立体像对两张影像相对于基线坐标系而言满足：

$$\varphi_1 = \omega_1 = \kappa_1 = \varphi_2 = \omega_2 = \kappa_2 = B_Y = B_Z = 0$$

暂定标准式立体像对与标准式立体像对的区别是，暂定标准式立体像对不一定水平，而标准式立体像对水平。

按照式（5-21）的推导思路，可以推导得出式（5-22）。

$$\Delta X' = \frac{B}{P^0} x_1^0 = B + \frac{B}{P^0} x_2^0 \atop \Delta Y' = \frac{B}{P^0} y_1^0 = \frac{B}{P^0} y_2^0 \atop \Delta Z' = -\frac{B}{P^0} f \Bigg\}$$（5-22）

式中，$\Delta X'$、$\Delta Y'$、$\Delta Z'$ 为相应像点所对应的地面点在基线坐标系中的坐标。

从式（5-22）的第二式可以看出，在暂定标准式立体像对中，相应像点的纵坐标 y 是相等的，常用这一特殊性质建立核线影像。

5.5　像对的立体观察与量测

5.5.1　眼睛和视觉

1. 人眼的结构

人的眼睛是一个近似球状体，前后直径约为 23～24mm，横向直径约为 20mm，通常称为眼球。眼球是由屈光系统和感光系统两部分构成的。如图 5-9 所示，眼球由三层膜、晶状体和玻璃体组成。三层膜最外层的是角膜和巩膜，中间层包括虹膜和脉络膜，最里层是视网膜。角膜的作用是将进入眼内的光线进行聚焦，巩膜保持眼睛为球状并保护眼球；脉络膜除给眼球供血外，在其前部逐渐加厚变成睫毛体和虹膜，虹膜中央有一小孔即瞳孔，瞳孔随光强变化而改变其大小，控制进入眼球的光量，起着摄影机光圈的作用；视网膜是眼球壁最里面的一层透明薄膜，贴在脉络膜的内表面，共分 10 层，其中第二层对我们特别重要，这一层布满了视神经的神经末梢，有锥状、杆状两种，称为视锥和视杆，刺激第二层便产生视觉。视网膜上有一处视神经特别密集的细胞区域，其颜色为黄色，称之为黄斑区，直径约 2～3mm，是视网膜上构像最清晰的部分。黄斑区中央有一小窝，叫作网膜窝，全部由直径最小的视锥组成，是视觉最敏感的部位。

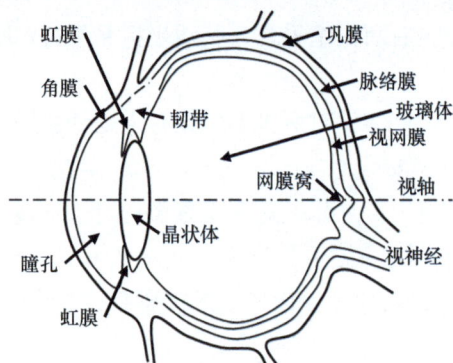

图 5-9　人眼的构造

三层膜将玻璃体、晶状体和房水包裹。玻璃体是充满眼球的一种凝胶状透明物质，对视网膜起到支撑保护的作用，具有缓冲外力以及抗震动的作用。晶状体是一个透明的可改变表面曲率的双凸透镜，当观察目标的距离发生变化时，通过晶状体周围肌肉的调节，能改变晶状体的曲率半径（40～70mm），从而改变人眼的焦距，使观察目标的影像能够落在网膜窝上，形成清晰视觉，它如同摄影机的变焦镜头，这个作用就叫作眼的调节作用。眼的调节作用是有一定范围的，这个范围由远、近明视点确定。远、近明视点是眼肌调节能够看清的最远、最近点的极限距离。近明视点距离随年龄明显变化，由 10～70 岁时近明视点距离大约从 8cm 增至 100cm。正常人的远明视点则位于无穷远。通常人们把既能看清晰又不易疲劳的观察距离叫作明视距离，正常人的明视距离为 25cm。

眼睛的视轴是注视点通过水晶体的后节点与网膜窝中心的连线，又称副轴或黄斑轴。

光线作用于视网膜的时刻与产生视觉的时刻不是同时的。它们之间有一段时间间隔称为感觉时间，约 0.1～0.25s。同样，视觉的消失也滞后于刺激的消失。

2. 单眼观察

人眼视度即指人的肉眼可视角度的度数。人的眼睛在静止时有很大的视角，垂直视角约 120°，单眼的水平视角最大可达 156°，双眼的水平视角最大可达 188°，两眼重合视域为 124°，单眼舒适视域为 60°。但是眼睛侧面所见的物体影像并不清晰，所以在观察物体时总是转动视轴，使被观察物体的影像落在黄斑内。正常人的视轴转动范围为向上倾斜 30°，向下倾斜和 50°，左右偏转约为 ±45°。由眼睛后节点向网膜窝边缘所张的角度叫作清晰视角，这个角度约为 1.5°，这便是围绕视轴同时能看清物体的角度范围。

单眼能够判别最小物体的能力叫作单眼分辨力或单眼视力。单眼分辨力分为两类，第一类是分辨点状物体的能力，第二类是分辨线状物体的能力。分辨力以角度表示。按静态分析，若点状物体的构像能够超过一个视锥的大小，它就能被两个相邻的视锥所感受，并且在微动之下可能被相邻 3 个视锥所感受，从而被认定为是点状物体。这也相当于两个等大的相邻的点状物体能够被区分的条件。因此，眼的前节点对这个能被区分的最小点状物体所张的角度，就应等于后节点对视锥的张角。网膜窝上视锥平均大小为 3.5μm，而在近距离观察时后节点至网膜窝距离为 16mm，所以第一类单眼视力为 45″，它与经验值是一致的。第二类单眼视力在观察垂直的平行线时其值约为 20″。这个值也被认为是辨别直线影像的能力，它之所以比第一类单眼视力大大提高，是因为直线影像会穿过许多交错排列的视锥。

上述单眼视力适用于网膜窝内的构像，并且指一般情况。实际上单眼视力的值由于物体的照度和形状不同，物体与背景间的反差不同，以及各观察者的经验不同而有很大差异，可以由十分之几秒直至十分。

利用单眼观察去决定物体的远近是比较困难的，主要是依据透视规律、间接特征，以及生活经验进行判断。有效地判断物体的远近需要用双眼观察。

3. 双眼观察

双眼观察对于确定观察目标的空间关系十分重要。它有许多重要特性：

第一个特性是双眼观察时两视轴总是相交在凝视点处，称之为双眼的交会作用。设凝视点为 F，则其构像便在网膜窝中心 f_1、f_2 处，如图 5-10 所示。图中 O_1、O_2 是前节

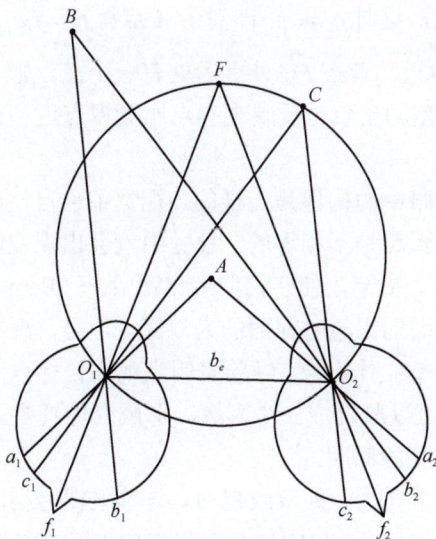

图 5-10 双眼立体视觉的生理基础

点，它们的连线叫作眼基线 b_e，其长度约为 58~72mm。眼基线和视轴决定的平面叫作主视平面，正常情况下两视轴在同一个主视平面上。

第二个特性是交会作用与调节作用的一致性。交会作用是随观察距离的变化而改变交向角的大小以使两视轴相交于凝视点。调节作用则是随着观察距离的变化而改变后节点至网膜窝的距离以使影像清晰。由于两者长期同时作用，便形成了一种习惯，即交向角变小则清晰调节自动移向远点，反之若交向角变大则调节作用自动使近点清晰。这个特性给人眼对立体像对的直接立体观察带来困难，经过专门训练可以改变这种交会与调节相统一的习惯，在不使用辅助观察设备的条件下具备一定的立体像对的立体观察能力。

第三个特性是在两个网膜窝中形成的影像，能够在视觉中合并成一个空间影像。

第四个特性则是能够估计景深。景深是指一定范围内视轴上距离人眼位置不同的物体，在视网膜感光细胞层上所结成的像能同时被人眼看清楚。这种能同时被眼看清楚的空间深度称为眼的成像空间深度，亦景深。

第三、第四个特性涉及生理视差、对称点等概念。所谓对称点，就是构像在网膜窝上并且对各自的网膜窝中心同侧等距离偏移的点，如图 5-10 中的 c_1、c_2，图中 $\widehat{f_1c_1} = \widehat{f_2c_2}$。相应视线相交的角度叫作视差角，这时视差角 γ_C 和交向角 γ_F 是相等的，也可以认为 C 点和 F 点的观察距离也是相等的，亦即 $\widehat{FC}$ 只能是接近直线且平行于眼基线的一个弧段。设网膜窝上向左偏离为正，且令 η 等于同名像点对应的两弧段之差，并称之为生理视差，则对称点的生理视差为 0，即 $\eta = \widehat{f_1c_1} - \widehat{f_2c_2}$。

对于 A 点，$\widehat{f_1a_1} > 0$，$\widehat{f_2a_2} < 0$，显然 $\widehat{f_1a_1} \neq \widehat{f_2a_2}$，这种对相应网膜窝中心的弧距不相等的点就叫作非对称点，这时 $\eta \neq 0$，即对于 A 点有 $\eta = \widehat{f_1a_1} - \widehat{f_2a_2} > 0$。

而 A 点较凝视点 F 要近。若在 $\widehat{FC}$ 外更远处有一个点，则不难得出它对应的生理视差将小于 0。所以生理视差的正负是反映观察点比凝视点近和远的生理基础，因而也是形成立体感的生理基础。

对于对称点，由于双眼中的构像是一样的，视觉中也自然凝合为一个影像。对于非对称点，两个眼中的相应弧距是不相等的，视觉中就会出现双影。这个现象是容易观察到的，只要在面前举起两支铅笔，使它们前后相距 15~20cm，则凝视前面的铅笔时后面的铅笔为双影，凝视后面的铅笔时前面的为双影。但是，离凝视点前后较近的物体的两个影像却可以凝合成一个立体影像。经验表明当观察目标点的视差角与凝视点的交向角之差不大于 70′ 时，便可以凝合成一个影像，形成立体视觉。由此可见，一定范围内的生理视差是形成立体视觉的原因。

下面介绍双眼观察的分辨力，即双眼视力。与单眼视力相同的是仍然分第一类和第二类视力。分别记作 $\Delta\gamma_1$ 和 $\Delta\gamma_2$，但它们分别代表判别两点远近和两条铅垂线远近的能力。$\Delta\gamma_1$ 和 $\Delta\gamma_2$ 为两点和两铅垂线的视差角之差，实验得出 $\Delta\gamma_1 = 30''$，$\Delta\gamma_1 = 10'' \sim 15''$。

5.5.2　像对的立体观察

像对的立体观察是摄影测量，特别是立体摄影测量的基础技术手段。下面分别介绍像对立体观察的条件、效果，以及像对立体观察的工具等内容。

1. 像对立体观察的条件

人眼对自然景物进行双眼观察时，产生立体感觉的原因是由景深差形成的生理视差。如果双眼没有观察景物实体，而是分别观察了景物的透视像 P_1、P_2，在两眼的网膜窝中也会产生同样的生理视差，因而也能产生立体感。图 5-11 表示了这种观察透视像代替观察景物实体产生立体感的情形。像对的立体观察就正是这样，因为物距差（高差）在立体像对中表现为左右视差较。而当左右眼分别对左右影像进行观察时，左右视差较又转化为生理视差，从而产生立体感。

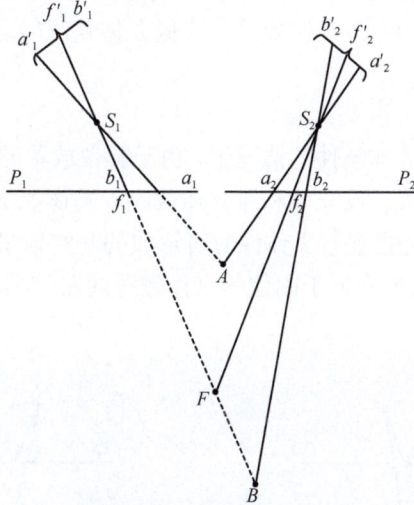

图 5-11　像对立体观察的条件

综合上述对观察像对的要求及双眼观察的诸多特性，可得出像对立体观察需要满足的基本条件：

（1）立体像对条件。两张影像必须满足立体像对条件，即从不同摄站摄取的，具有一定影像重叠的两张影像。

（2）分像条件。两眼必须分别各看一张影像，即分像。通常是左眼看左像，右眼看右像，如图 5-12 所示。需要借助一定的工具来实现更好的分像。

（3）眼基线条件。立体像对两张影像的位置必须使同名像点的连线与眼基线平行，即通过影像定向，以保证左右两视线在同一视平面内，如图 5-13 所示。由于在立体观察中，允许左视线和右视线所决定的视平面有一微小夹角，所以本条件有时可近似满足。

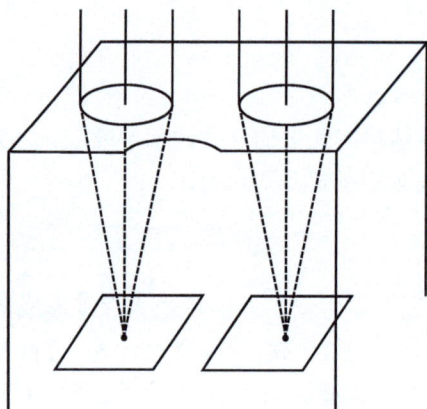

图 5-12　立体观察分像条件　　　图 5-13　立体观察眼基线条件

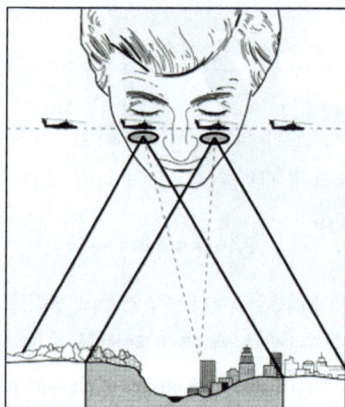

（4）比例尺条件。在一个立体像对中，左、右影像的比例尺（或空间分辨率）要求基本一致，其差别一般不能大于 16%。如果比例尺或分辨率差异太大，会为左、右同名像点的寻找带来困难，影响立体观测效果，降低立体观测能力。

2. 像对立体观察的效果

在满足像对立体观察基本条件的情况下，由于影像放置的位置不同可产生不同的立体效果，即可能产生正立体、反立体和零立体效应，具体如下：

（1）正立体。正立体是指观察立体像对时形成的与实地景物起伏（远近）相一致的立体感觉。当左、右眼分别观察置于阳位的立体像对的左、右影像时就产生正立体效应，如图 5-14（a）所示。

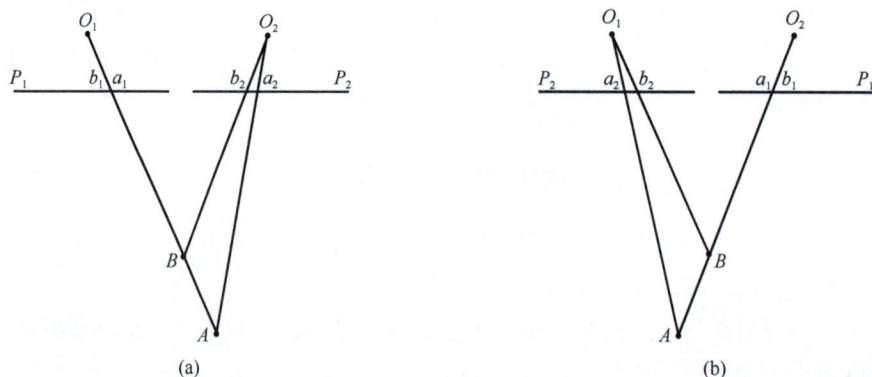

(a)　　　　　　　　　　　　　(b)

图 5-14　正立体

在此基础上将立体像对的两张影像作为一个整体，在其自身平面内旋转 180°，观察位置不变。使左眼看右像、右眼看左像，得到的仍是正立体，仅方位相差 180°，如图 5-14（b）所示。在正立体的情况下，立体像对上的左右视差较转化为生理视差时

图 5-14（a）和（b）符号是一致的，不发生符号变化。

（2）反立体。反立体是指观察立体像对时产生的与实地景物起伏（远近）相反的一种立体感觉。在正立体效应图 5-14（a）的基础上，将两张影像在各自平面内旋转 180°，或者将左右影像对调（不旋转）都可产生反立体，如图 5-15 所示。图 5-15（a）是左右影像各自旋转 180°，图 5-15（b）是左右影像对调的。显然图 5-15（a）和（b）这两种反立体的方位是相反的。这是因为左右视差较向生理视差转化时，符号发生了改变，起伏的感觉也就相反了，因而形成反立体。

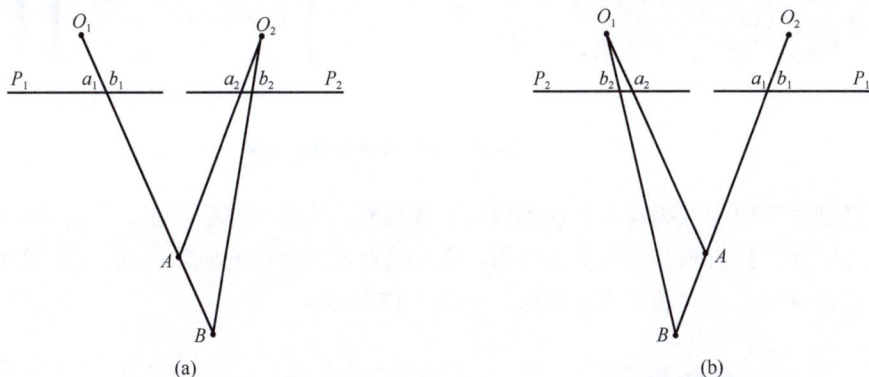

图 5-15　反立体

（3）零立体。零立体效应是指像对立体观察中形成的原景物起伏（远近）消失了的一种效应。如果将立体像对的两张影像各旋转 90°，使同名像点的连线都相等，并且原左右视差方向改变为与眼基线垂直便得到零立体结果。这时所有同名像点的生理视差都变为零，故消失了远近的感觉。零立体效应并不总是使景物被感觉为平面，对于一般立体像对，当影像转置 90° 之后，上下视差将成为左右视差较，形成模型有系统性的起伏变形。这一点在摄影测量的发展过程中曾得到应用。对于起伏很大的景物，由于转置之后左右视差较成为上下视差，所以有可能严重破坏立体观察第三个基本条件而得不到清晰的零立体感觉。

3．像对立体观察中分像的方法

对立体像对进行直接的目视观察是难以满足像对立体观察条件的，主要是分像的要求难以做到，原因在于眼睛的交会与调节作用相一致的习惯难以改变。为了克服这个障碍，通常可以采用以下方法：

（1）立体镜法。立体镜法适用于纸质影像的立体观察，可以克服分像的困难，提高立体观察能力，方便观察不同尺寸影像的。

简易立体镜的结构简单，仅由支架和两凸透镜组成，如图 5-16 所示。支架高度接近于透镜焦距，两透镜间的距离通常可调，以适应观察者眼基线长短的差异。从立体镜的结构可以看出，立体镜在实现分像的同时，由于透镜的作用，还使射入眼睛的成像光线接近平行，这就解决了人眼直接观察立体像对时存在的交会作用和调节作用的矛盾。同时，透镜的放大率提高了立体观察的效果。

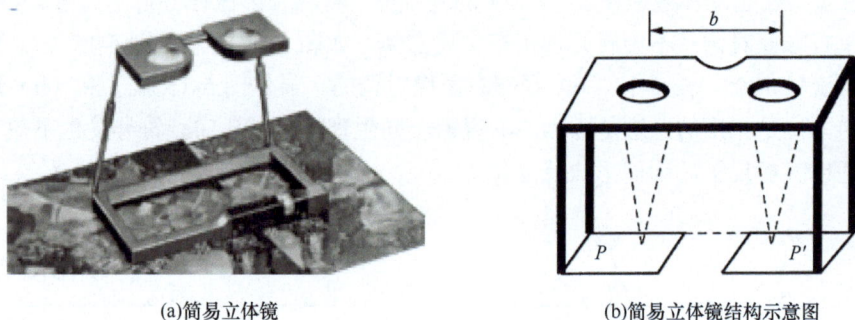

(a)简易立体镜　　　　　　　　　　　　(b)简易立体镜结构示意图

图 5-16　利用简易立体镜进行分像观察

反光立体镜便于像幅较大的航摄像对立体观察，这种立体镜在左、右光路中各加入一对反光镜起到扩大眼基线间距的作用，便于放置较大像幅的航摄影像，看到的模型起伏与实物差异较小，有利于高程测量，如图 5-17 所示。

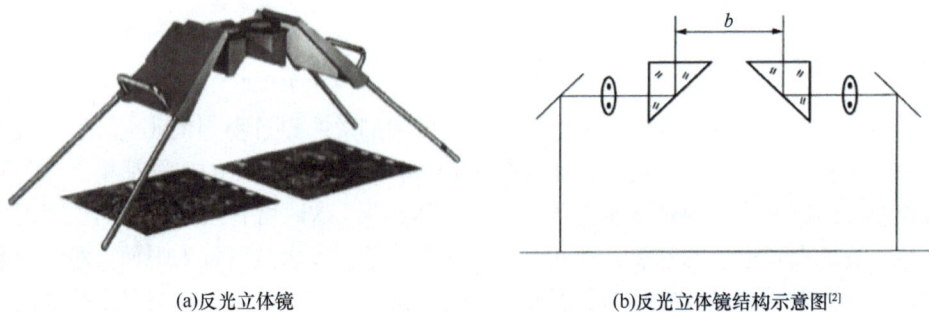

(a)反光立体镜　　　　　　　　　　　　(b)反光立体镜结构示意图[2]

图 5-17　利用反光立体镜进行分像观察

立体观测系统用两条分开的观测光路将来自左、右影像的光线分别传送到观测者左、右眼睛，每条观测光路由物镜、目镜和其他光学装置组成，如图 5-18 所示，该立体观察系统常用于模拟和解析摄影测量仪器中。

（2）互补色法。R、G、B（红、绿、蓝）是光的三原色，将 R、G、B 三色光相互交叉混合之后会发现，分别交叉的部分产生了 C、M、Y（青、品红、黄）印刷三原色，各种色彩是由红、绿、蓝三色按照特定比例混合而成，等比例的三原色混合在一起产生白色。在色谱中，两种色光以适当的比例混合而能产生白光时，则这两种颜色就称为互为补。如图 5-19 所示，红色与青色为互补色。

互补色法是将立体像对的两张影像分别以互补色印刷或投影在一起，观察者则通过补色眼镜观察，达到两眼各看一张影像的目的。通常使用的互补色是红色和蓝绿（青）色。

(a)APS型解析测图仪　　　　　　　　　(b)立体观测系统结构示意图[3]

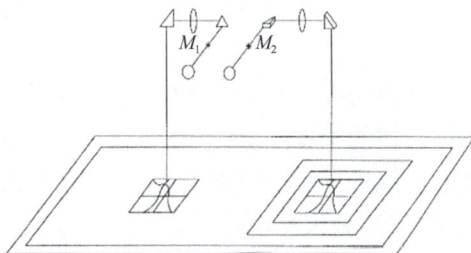

图 5-18　利用立体观测系统进行分像观察

图 5-19　三原色

利用影像处理软件 PhotoShop 制作互补色数字立体影像的步骤有：首先打开左右两张影像；然后打开左影像的通道面板，选中绿、蓝通道，全选并删除后将通道变成全黑，选中 RGB 通道后影像变成了红色；打开右影像的通道面板，选中红通道，全选并删除后将通道变成全黑，选中 RGB 通道后影像变成了天蓝色；新建一个与左右影像等大的空白影像；将前述步骤处理后的左右影像分别拷贝到新建影像的两个图层上；将上层图层的透明度设成 50%左右；调整图层的相互位置，设置合适的左右视差，尽可能消除上下视差；将当前影像保存后就可以得到红绿（青）互补色立体影像。

在印刷时，一张影像印成白底红像，另一张影像则应印成白底蓝绿（青）像，两张影像则重叠印刷在一起。在投影的情况下，一张影像被投影为红底黑像，另一张影像则被投影为蓝绿（青）底黑像，如图 5-20 所示。

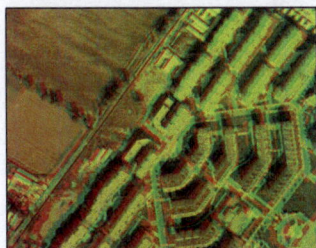

(a)互补色遥感影像　　　　(b)互补色3D电影　　　　(c)互补色3D游戏

图 5-20　互补色分像示例图

观察者通过相应补色的眼镜，戴红色镜片的眼睛则只能看到印刷影像上的蓝绿（青）影像或互补色数字立体影像中的红通道影像，而戴蓝绿（青）色镜片的眼睛只能接收印刷影像上的红色影像或互补色数字立体影像中的蓝绿通道影像，这就达到了分像的目的。

互补色法由于所观察的立体像对是重叠印刷或重叠投影的，所以在观察时不存在交会调节习惯的矛盾。互补色法分像是一个与观察者色感无关的物理过程，所以即使是色盲也有可能进行互补色的立体观察。目前仍有部分遥感影像、电影和游戏被制作成互补方式用于 3D 效果呈现。

（3）偏振光法。偏振光法是利用光的极化区分重叠投影的立体像对影像，通过检偏镜进行观察达到分像的目的。从光的电磁理论可知，光的振动是横向的。光线通过具有非对称性的系统，如冰洲方解石晶体、电气石等，便分成为两部分，即被极化为两种振动方向不同的光线[3]。使光线产生极化的晶体镜片便是偏光片。在被极化的光路上放置另一个电气石晶体镜片，便成为检偏镜。检偏镜绕光线旋转时，观察者便会发现光的强度在变化。设射入检偏镜的光强为 I_1，射出的光强为 I_2，偏光镜和检偏镜两个偏振平面之间的夹角为 α，则 $I_2 = I_1\cos^2\alpha$。两个偏振平面平行时 $\alpha = 0$，$I_2 = I_1$，光强最大，而两个偏振平面互相垂直时 $I_2 = 0$，光强消失。据此，在射向承影板的光路上，对左右光束分别使其经过偏振平面互相垂直的两个偏光片，则投影在承影板上的便是极性不同的重叠影像，其反射光线自然也是极性不同的。观察者通过相应的两偏振平面互相垂直的检偏镜，则两眼都只分别看到与检偏镜极性相同的影像，达到分像的目的。如图 5-21 为摄影测量中所用偏振立体显示屏及其原理图。

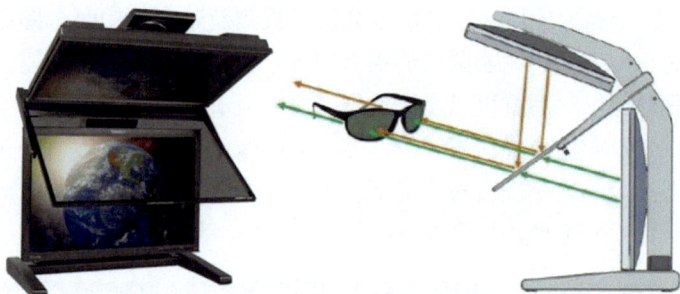

图 5-21　偏振立体显示屏及其原理图

偏振光法的优点是它不仅可以观察黑白影像，而且可以观察彩色影像，色彩损失非常小，色彩显示更为准确，更接近其原始值。但是它只适用于投影影像，而不适用于观察印刷影像。同时对观察位置的要求比较严格，不像互补色立体观察那样有较大的自由度。

（4）闪闭法。闪闭法是使用光闸使左右影像交替出现在屏幕上，观察者也通过光闸装置使左右眼交替观察屏幕影像。显然为达到分像目的，投影光路上与观察光路上的光闸必须同步工作。为了不产生闪烁的感觉，光闸启闭的频率必须足够高（每秒启闭 35~50 次），以使相邻两次影像出现的时间间隔远小于眼睛惰性形成的影像保留时间（约 0.15s）。

闪闭法需要的硬件包括通常由液晶立体眼镜、红外发射器、3D 液晶显示屏和 3D 显卡组成。使用时，红外发生器的一端与 3D 图形显示卡相连，3D 液晶显示屏按照一定的刷新频率（不低于 120Hz）交替地显示左、右影像。如图 5-22 所示，fi 表示显示帧数，显示屏上奇数帧显示左影像，偶数帧显示右影像，红外发生器则同步地发射红外线信号，控制液晶立体眼镜的左右镜片交替闪闭，从而达到左右眼睛各看一张影像的目的。

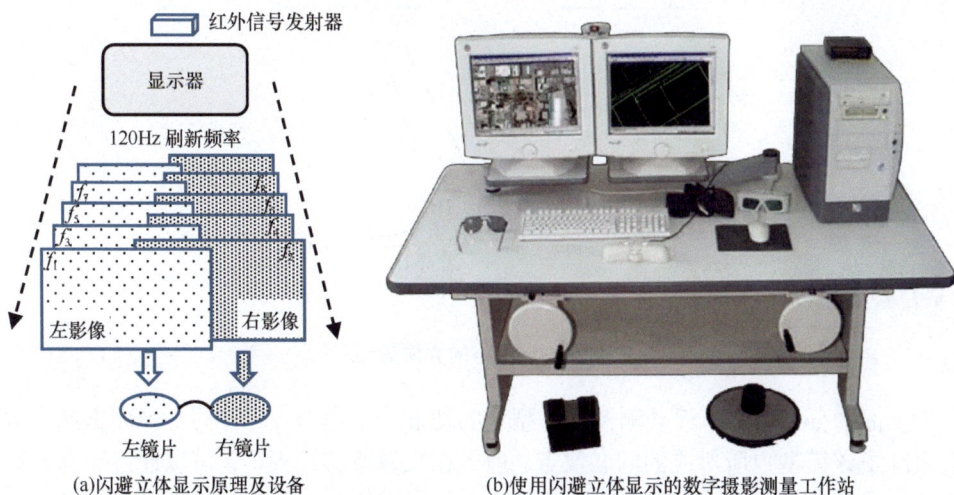

(a)闪避立体显示原理及设备　　　　(b)使用闪避立体显示的数字摄影测量工作站

图 5-22　闪避立体显示原理及设备

闪闭法的优点是不需要偏振屏幕，成本低，可以杜绝画面的损失，可视角度不受限制，前后、左右、上下任何角度都能随意观看，更换角度对 3D 效果的损失较少。缺点是如果信号接收不同步或者信号丢失，会影响立体观测的效果。

5.5.3　像对的立体量测

像对的立体量测是在立体观察条件下，实施像点的坐标量测、像对的左右视差和左右视差较量测，以及上下视差量测的过程。像对的立体量测是提取立体像对几何信息的基本手段，是立体摄影测量的一项基本技术。

如果在已定向好了的立体像对上的某一对同名像点处，用两个形状相同的很小的点标志取代同名像点，那么在立体观察之下这两个点标志便会凝合成为一个空间的点标志，并且是和立体模型相切的，即空间点标志正好位于同名像点所对应的模型点。图 5-23 的模型点 A 处是测标与模型点相切的情形，图中 T 形的下端点代表点标志。如果沿左右视差方向改变两个点标志之间的距离，那么在立体观察之下它们也会凝合成一个空间的点标志，只是该点标志的位置将上升或下降，呈现出浮在模型上空或沉入模型之下而不再与模型相切的效果，如图 5-23 中的 B、C 点。如果使两个点标志在像平面上共同移动，再随时改变两个标志间的距离，那么在模型空间就可以看到一个浮动点标志。这个点标志可以遍历整个模型空间，自然可以对准任意的模型点。在影像上则意味着两个点标志可以照准任意的同名像点。将这样的点标志结合到量测设备上便可以量测同名像点的像坐标，所以称这样的点标志为测标。

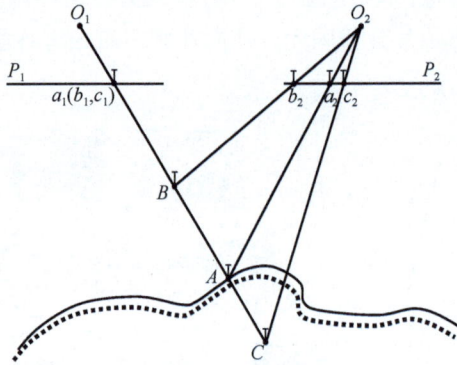

图 5-23   像对的立体量测

由上面的分析可知，浮动测标在模型空间切准一个模型点，等同于像面上两个测标分别照准了该模型点所对应的同名像点。所以在立体量测过程中，可以通过测标与影像之间的相对移动量来确定相应像点的像坐标。

在进行立体观察时，人眼能够观察到的立体模型称为视模型。由于眼基线和投影基线不相等（一般情况下眼基线小于投影基线）、立体镜主距与影像主距不相等原因，造成视模型产生一定程度的扭曲变形，与几何模型几何形状并不相似。如图 5-24 所示，由于眼基线小于投影基线，且眼基线与投影基线不平行时，视模型出现了扭曲变形，尤其是在高程方向产生一定程度的拉伸，夸大了地面的起伏，给人感觉地形更为陡峭。但

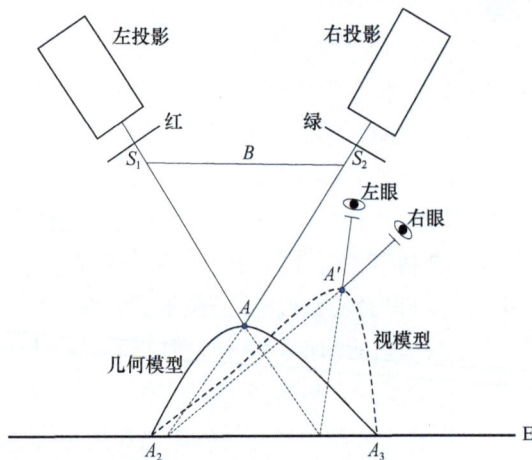

图 5-24   几何模型与视模型

视模型的扭曲变形并不会影响模型的量测结果，因为当人眼看到模型空间中的虚拟测标切准视模型点时，对应的左右两个像测标是准确照准左右同名像点的，此时根据同名像点像坐标及立体像对的方位元素就能够准确计算出模型点坐标或实际地面点坐标。

思 考 题

1. 什么是立体像对和几何模型？

2. 什么是像对的相对方位元素？写出摄影测量中常用的 3 种相对方位元素系统并分析其特点。

3. 什么是像对的绝对方位元素？绝对方位元素有哪几个？哪个决定了几何模型的大小？

4. 分析立体像对角方位元素之间的关系。

5. 什么是标准式像对？请写出利用标准式像对计算地面点间高差的公式，并标明公式中各字符的含义。

6. 主距为 100mm 的航摄相机对某一区域进行航摄，该区域的起始面高程为 $h_1 = 218m$，航摄的绝对航高为 $H_0 = 4650m$，起始面上某一地面点 A 在标准式像对的同名像点左右视差为 $p_A^0 = 65m$，某地面点 B 的同名像点的横坐标分别为 $x_{B1}^0 = 35.76mm$，$x_{B2}^0 = -44.24mm$，求该地面点 B 在航摄像片上的比例尺。

7. 简要描述立体视觉产生的原因。

8. 视模型和几何模型的区别是什么？造成视模型和几何模型不同的原因是什么？

9. 像对立体观察应满足哪些条件？其中哪个条件最难实现？如何实现？

本章参考文献

[1] 张保明, 龚志辉, 郭海涛. 摄影测量学[M]. 北京: 测绘出版社, 2008.

[2] 丁华, 张继帅, 李英会, 等. 摄影测量基础[M]. 北京: 清华大学出版社, 2018.

[3] 龚涛. 摄影测量学[M]. 成都: 西南交通大学出版社, 2014.

第6章 立体像对作业理论

6.1 立体像对的相对定向

解算立体像对相对方位元素的工作叫作相对定向。相对定向包括建立相对定向方程、解算相对方位元素等工作。

6.1.1 共面条件方程

在恢复了立体像对的相对方位元素后，同名投影光线将在各自的核面内对对相交，即同名投影光线与基线共面，表达这个条件的方程便是共面条件方程。

图 6-1（a）表示连续像对的相对定向系统中，恢复了立体像对的相对方位元素后的情形，其中，S_1 和 S_2 表示左、右投影中心，a_1、a_2 是地面点 A 在左右片上的同名像点。

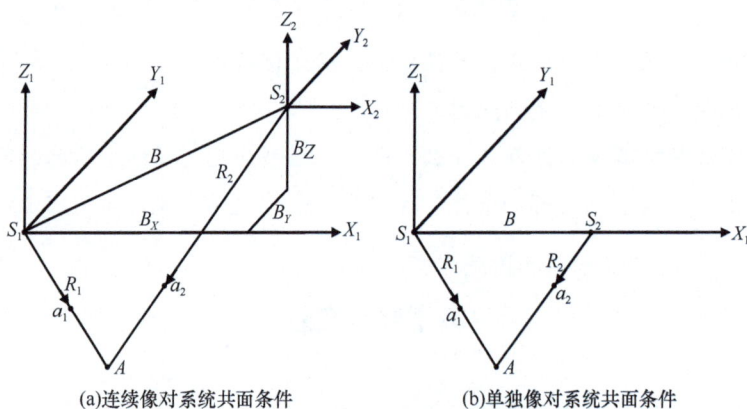

(a)连续像对系统共面条件　　　　(b)单独像对系统共面条件

图 6-1 相对方位元素恢复后的共面条件

在图 6-1（a）中，$S_1—X_1Y_1Z_1$ 是以左摄站为原点的摄影测量坐标系统，$S_2—X_2Y_2Z_2$ 为以右摄站为原点，各坐标轴都与 $S_1—X_1Y_1Z_1$ 各轴平行的另一摄影测量坐标系统。设：

像点 a_1 在 $S_1—X_1Y_1Z_1$ 中的坐标为 (X_1, Y_1, Z_1)；

像点 a_2 在 $S_2—X_2Y_2Z_2$ 中的坐标为 (X_2, Y_2, Z_2)；

S_2 在 $S_1—X_1Y_1Z_1$ 中的坐标为 (B_X, B_Y, B_Z)；

基线向量 S_1S_2 为 $\vec{B}$；

左投影向量 S_1a_1 为 $\vec{R}_1$；

右投影向量 S_2a_2 为 $\vec{R}_2$；

因为向量 $\vec{B}$、$\vec{R}_1$ 和 $\vec{R}_2$ 共面，根据空间解析几何的知识可知，$\vec{B}$、$\vec{R}_1$ 和 $\vec{R}_2$ 的混合积等于零，即

$$\vec{B} \cdot \left(\vec{R}_1 \times \vec{R}_2 \right) = 0 \tag{6-1}$$

式（6-1）就是共面条件方程的向量表达式，公式具有明确的几何含义：三个向量共面，所以三个向量所围成的空间几何体体积为零，即三个向量的混合积为零。

$\vec{B}$、$\vec{R}_1$ 和 $\vec{R}_2$ 在所建立的摄影测量坐标系统 $S_1 \!—\! X_1Y_1Z_1$ 中的坐标分量分别为 (B_X, B_Y, B_Z)，(X_1, Y_1, Z_1)，(X_2, Y_2, Z_2)。相应于向量表达式［式（6-1）］的坐标表达形式为

$$F = \begin{vmatrix} B_X & B_Y & B_Z \\ X_1 & Y_1 & Z_1 \\ X_2 & Y_2 & Z_2 \end{vmatrix} = 0 \tag{6-2}$$

式中：

$$\begin{bmatrix} X_1 \\ Y_1 \\ Z_1 \end{bmatrix} = \begin{bmatrix} a_1 & a_2 & a_3 \\ b_1 & b_2 & b_3 \\ c_1 & c_2 & c_3 \end{bmatrix} \begin{bmatrix} x_1 \\ y_1 \\ -f \end{bmatrix} = M \begin{bmatrix} x_1 \\ y_1 \\ -f \end{bmatrix} \tag{6-3}$$

$$\begin{bmatrix} X_2 \\ Y_2 \\ Z_2 \end{bmatrix} = \begin{bmatrix} a_1' & a_2' & a_3' \\ b_1' & b_2' & b_3' \\ c_1' & c_2' & c_3' \end{bmatrix} \begin{bmatrix} x_2 \\ y_2 \\ -f \end{bmatrix} = M' \begin{bmatrix} x_2 \\ y_2 \\ -f \end{bmatrix} \tag{6-4}$$

其中，$(x_1, y_1, -f)$ 是像点 a_1 的左像空系坐标，M 是左像空系与摄测系 $S_1 \!—\! X_1Y_1Z_1$ 之间的旋转矩阵，$(x_2, y_2, -f)$ 是像点 a_2 的右像空系坐标，M' 是右像空系与摄测系 $S_2 \!—\! X_2Y_2Z_2$ 之间的旋转矩阵。式（6-2）就是在摄影测量学中广泛使用的共面条件方程的坐标分量表达式。

在单独像对的相对定向系统中，是以基线坐标系为摄影测量坐标系，即摄影坐标系的 X 轴与模型基线相重合，如图 6-1（b）所示，此时有

$$B_X = B, \quad B_Y = B_Z = 0$$

而共面条件方程式（6-2）的形式变化为

$$F = \begin{vmatrix} B_X & 0 & 0 \\ X_1 & Y_1 & Z_1 \\ X_2 & Y_2 & Z_2 \end{vmatrix} = 0 \tag{6-5}$$

共面条件方程式（6-5）可进一步地简化为

$$F = \begin{vmatrix} Y_1 & Z_1 \\ Y_2 & Z_2 \end{vmatrix} = 0 \tag{6-6}$$

6.1.2 共面条件方程线性化

1. 连续像对相对定向方程的线性化

连续像对相对方位元素的计算是以左方影像为基准（选定左方像空间坐标系为摄测坐标系）或左方像空间坐标系与所选定摄测坐标系之间方位关系为已知的条件下，求解右方像空间坐标系与所选定摄测坐标系之间的方位元素 τ、υ、$\Delta\varphi$、$\Delta\omega$、$\Delta\kappa$。由于 τ、υ 是 B_X、B_Y、B_Z 的函数，而 B_X 在相对定向中可以任意给定，所以在相对定向过程中也可通过解算 B_Y、B_Z、$\Delta\varphi$、$\Delta\omega$、$\Delta\kappa$ 来代替解算 τ、υ、$\Delta\varphi$、$\Delta\omega$、$\Delta\kappa$。

共面条件方程式（6-2）中，B_X 在相对定向中可以任意给定，(X_1, Y_1, Z_1) 为左片像点在摄测坐标系中的坐标，(X_2, Y_2, Z_2) 为右片相应像点在摄测坐标系中的坐标。因为连续像对系统的摄测坐标系就是左像空间坐标系，因此，(X_1, Y_1, Z_1) 为已知，即

$$\begin{bmatrix} X_1 \\ Y_1 \\ Z_1 \end{bmatrix} = \begin{bmatrix} x_1 \\ y_1 \\ -f \end{bmatrix} \tag{6-7}$$

(X_2, Y_2, Z_2) 是 M' 的函数，而 M' 是 $\Delta\varphi$、$\Delta\omega$、$\Delta\kappa$ 的函数，所以方程式（6-2）是 B_Y、B_Z、$\Delta\varphi$、$\Delta\omega$、$\Delta\kappa$ 的函数。为了书写方便，将公式中的 $\Delta\varphi$、$\Delta\omega$、$\Delta\kappa$ 写为 φ_2、ω_2、κ_2。式（6-2）是一个非线性函数，如果相对方位元素的概略值（初始值）已知，则可按多元函数泰勒公式展开的方法将其展开为一次项公式，即

$$F = F^0 + \frac{\partial F}{\partial \varphi_2}\mathrm{d}\varphi_2 + \frac{\partial F}{\partial \omega_2}\mathrm{d}\omega_2 + \frac{\partial F}{\partial \kappa_2}\mathrm{d}\kappa_2 + \frac{\partial F}{\partial B_Y}\mathrm{d}B_Y + \frac{\partial F}{\partial B_Z}\mathrm{d}B_Z = 0 \tag{6-8}$$

式中的常数项 F^0 是相对方位元素初值计算的函数值，即

$$F^0 = \begin{vmatrix} B_X^0 & B_Y^0 & B_Z^0 \\ X_1 & Y_1 & Z_1 \\ X_2^0 & Y_2^0 & Z_2^0 \end{vmatrix} \tag{6-9}$$

式中，B_X^0、B_Y^0、B_Z^0 是基线分量的初值；X_2^0、Y_2^0、Z_2^0 由相对方位元素初值 φ_2^0、ω_2^0、κ_2^0 根据式（6-4）计算得到。

共线条件方程线性化的关键是推导式中各改正数 $\mathrm{d}\varphi_2$、$\mathrm{d}\omega_2$、$\mathrm{d}\kappa_2$、$\mathrm{d}B_Y$、$\mathrm{d}B_Z$ 的系数 $\dfrac{\partial F}{\partial \varphi_2}$、$\dfrac{\partial F}{\partial \omega_2}$、$\dfrac{\partial F}{\partial \kappa_2}$、$\dfrac{\partial F}{\partial B_Y}$、$\dfrac{\partial F}{\partial B_Z}$。

由式（6-2）可得

$$\frac{\partial F}{\partial B_Y} = \begin{vmatrix} 0 & 1 & 0 \\ X_1 & Y_1 & Z_1 \\ X_2 & Y_2 & Z_2 \end{vmatrix} \tag{6-10}$$

$$\frac{\partial F}{\partial B_Z} = \begin{vmatrix} 0 & 0 & 1 \\ X_1 & Y_1 & Z_1 \\ X_2 & Y_2 & Z_2 \end{vmatrix} \tag{6-11}$$

$$\frac{\partial F}{\partial \varphi_2} = \begin{vmatrix} B_X & B_Y & B_Z \\ X_1 & Y_1 & Z_1 \\ \dfrac{\partial X_2}{\partial \varphi_2} & \dfrac{\partial Y_2}{\partial \varphi_2} & \dfrac{\partial Z_2}{\partial \varphi_2} \end{vmatrix} \tag{6-12}$$

$$\frac{\partial F}{\partial \omega_2} = \begin{vmatrix} B_X & B_Y & B_Z \\ X_1 & Y_1 & Z_1 \\ \dfrac{\partial X_2}{\partial \omega_2} & \dfrac{\partial Y_2}{\partial \omega_2} & \dfrac{\partial Z_2}{\partial \omega_2} \end{vmatrix} \tag{6-13}$$

$$\frac{\partial F}{\partial \kappa_2} = \begin{vmatrix} B_X & B_Y & B_Z \\ X_1 & Y_1 & Z_1 \\ \dfrac{\partial X_2}{\partial \kappa_2} & \dfrac{\partial Y_2}{\partial \kappa_2} & \dfrac{\partial Z_2}{\partial \kappa_2} \end{vmatrix} \tag{6-14}$$

式（6-12）、式（6-13）和式（6-14）中分别对 φ_2、ω_2、κ_2 的偏导需要进一步进行推导。下面先对 φ_2 的偏导进行推导。

将式（6-4）对 φ_2 求偏导数，得

$$\begin{bmatrix} \dfrac{\partial X_2}{\partial \varphi_2} \\ \dfrac{\partial Y_2}{\partial \varphi_2} \\ \dfrac{\partial Z_2}{\partial \varphi_2} \end{bmatrix} = \begin{bmatrix} \dfrac{\partial a_1'}{\partial \varphi_2} & \dfrac{\partial a_2'}{\partial \varphi_2} & \dfrac{\partial a_3'}{\partial \varphi_2} \\ \dfrac{\partial b_1'}{\partial \varphi_2} & \dfrac{\partial b_2'}{\partial \varphi_2} & \dfrac{\partial b_3'}{\partial \varphi_2} \\ \dfrac{\partial c_1'}{\partial \varphi_2} & \dfrac{\partial c_2'}{\partial \varphi_2} & \dfrac{\partial c_3'}{\partial \varphi_2} \end{bmatrix} \begin{bmatrix} x_2 \\ y_2 \\ -f \end{bmatrix} \tag{6-15}$$

φ_2、ω_2、κ_2 与方向余弦之间的关系式如下：

$$\left. \begin{aligned} a_1' &= \cos\varphi_2 \cos\kappa_2 - \sin\varphi_2 \sin\omega_2 \sin\kappa_2 \\ a_2' &= -\cos\varphi_2 \sin\kappa_2 - \sin\varphi_2 \sin\omega_2 \cos\kappa_2 \\ a_3' &= -\sin\varphi_2 \cos\omega_2 \\ b_1' &= \cos\omega_2 \sin\kappa_2 \\ b_2' &= \cos\omega_2 \cos\kappa_2 \\ b_3' &= -\sin\omega_2 \\ c_1' &= \sin\varphi_2 \cos\kappa_2 + \cos\varphi_2 \sin\omega_2 \sin\kappa_2 \\ c_2' &= -\sin\varphi_2 \sin\kappa_2 + \cos\varphi_2 \sin\omega_2 \cos\kappa_2 \\ c_3' &= \cos\varphi_2 \cos\omega_2 \end{aligned} \right\} \tag{6-16}$$

将式（6-16）对 φ_2 求偏导数，有

$$
\left.
\begin{aligned}
\frac{\partial a_1'}{\partial \varphi_2} &= -\sin \varphi_2 \cos \kappa_2 - \cos \varphi_2 \sin \omega_2 \sin \kappa_2 \\
\frac{\partial a_2'}{\partial \varphi_2} &= \sin \varphi_2 \sin \kappa_2 - \cos \varphi_2 \sin \omega_2 \cos \kappa_2 \\
\frac{\partial a_3'}{\partial \varphi_2} &= -\cos \varphi_2 \cos \omega_2 \\
\frac{\partial b_1'}{\partial \varphi_2} &= 0 \\
\frac{\partial b_2'}{\partial \varphi_2} &= 0 \\
\frac{\partial b_3'}{\partial \varphi_2} &= 0 \\
\frac{\partial c_1'}{\partial \varphi_2} &= \cos \varphi_2 \cos \kappa_2 - \sin \varphi_2 \sin \omega_2 \sin \kappa_2 \\
\frac{\partial c_2'}{\partial \varphi_2} &= -\cos \varphi_2 \sin \kappa_2 - \sin \varphi_2 \sin \omega_2 \cos \kappa_2 \\
\frac{\partial c_3'}{\partial \varphi_2} &= -\sin \varphi_2 \cos \omega_2
\end{aligned}
\right\}
\tag{6-17}
$$

因为：

$$
\begin{bmatrix} x_2 \\ y_2 \\ -f \end{bmatrix} = M'^{\mathrm{T}} \begin{bmatrix} X_2 \\ Y_2 \\ Z_2 \end{bmatrix}
\tag{6-18}
$$

将式（6-17）、式（6-18）代入式（6-15），整理后可得

$$
\begin{bmatrix} \dfrac{\partial X_2}{\partial \varphi_2} \\ \dfrac{\partial Y_2}{\partial \varphi_2} \\ \dfrac{\partial Z_2}{\partial \varphi_2} \end{bmatrix} = \begin{bmatrix} -Z_2 \\ 0 \\ X_2 \end{bmatrix}
\tag{6-19}
$$

同理可得

$$\begin{bmatrix} \dfrac{\partial X_2}{\partial \omega_2} \\[2mm] \dfrac{\partial Y_2}{\partial \omega_2} \\[2mm] \dfrac{\partial Z_2}{\partial \omega_2} \end{bmatrix} = \begin{bmatrix} -Y_2 \sin\varphi_2 \\ X_2 \sin\varphi_2 - Z_2 \cos\varphi_2 \\ Y_2 \cos\varphi_2 \end{bmatrix} \tag{6-20}$$

$$\begin{bmatrix} \dfrac{\partial X_2}{\partial \kappa_2} \\[2mm] \dfrac{\partial Y_2}{\partial \kappa_2} \\[2mm] \dfrac{\partial Z_2}{\partial \kappa_2} \end{bmatrix} = \begin{bmatrix} -c_3' Y_2 + b_3' Z_2 \\ c_3' X_2 - a_3' Z_2 \\ -b_3' X_2 + a_3' Y_2 \end{bmatrix} \tag{6-21}$$

将式（6-19）代入式（6-12）得

$$\frac{\partial F}{\partial \varphi_2} = \begin{vmatrix} B_X & B_Y & B_Z \\ X_1 & Y_1 & Z_1 \\ -Z_2 & 0 & X_2 \end{vmatrix} \tag{6-22}$$

将式（6-20）代入式（6-13）得

$$\frac{\partial F}{\partial \omega_2} = \begin{vmatrix} B_X & B_Y & B_Z \\ X_1 & Y_1 & Z_1 \\ -Y_2 \sin\varphi_2 & X_2 \sin\varphi_2 - Z_2 \cos\varphi_2 & Y_2 \cos\varphi_2 \end{vmatrix} \tag{6-23}$$

将式（6-21）代入式（6-14）得

$$\frac{\partial F}{\partial \kappa_2} = \begin{vmatrix} B_X & B_Y & B_Z \\ X_1 & Y_1 & Z_1 \\ -c_3' Y_2 + b_3' Z_2 & c_3' X_2 - a_3' Z_2 & -b_3' X_2 + a_3' Y_2 \end{vmatrix} \tag{6-24}$$

在近似垂直摄影情况下，φ_2、ω_2、κ_2 是小值，式（6-23）和式（6-24）可近似表达为

$$\frac{\partial F}{\partial \omega_2} = \begin{vmatrix} B_X & B_Y & B_Z \\ X_1 & Y_1 & Z_1 \\ 0 & -Z_2 & Y_2 \end{vmatrix} \tag{6-25}$$

$$\frac{F}{\partial \kappa_2} = \begin{vmatrix} B_X & B_Y & B_Z \\ X_1 & Y_1 & Z_1 \\ -Y_2 & X_2 & 0 \end{vmatrix} \tag{6-26}$$

因此，式（6-8）的系数可近似表示为

$$F^0 = \begin{vmatrix} B_X & B_Y & B_Z \\ X_1 & Y_1 & Z_1 \\ X_2 & Y_2 & Z_2 \end{vmatrix}$$

$$\frac{\partial F}{\partial \varphi_2} = \begin{vmatrix} B_X & B_Y & B_Z \\ X_1 & Y_1 & Z_1 \\ -Z_2 & 0 & X_2 \end{vmatrix}$$

$$\frac{\partial F}{\partial \omega_2} = \begin{vmatrix} B_X & B_Y & B_Z \\ X_1 & Y_1 & Z_1 \\ 0 & -Z_2 & Y_2 \end{vmatrix}$$

$$\frac{\partial F}{\partial \kappa_2} = \begin{vmatrix} B_X & B_Y & B_Z \\ X_1 & Y_1 & Z_1 \\ -Y_2 & X_2 & 0 \end{vmatrix}$$

$$\frac{\partial F}{\partial B_Y} = \begin{vmatrix} 0 & 1 & 0 \\ X_1 & Y_1 & Z_1 \\ X_2 & Y_2 & Z_2 \end{vmatrix}$$

$$\frac{\partial F}{\partial B_Z} = \begin{vmatrix} 0 & 0 & 1 \\ X_1 & Y_1 & Z_1 \\ X_2 & Y_2 & Z_2 \end{vmatrix}$$

（6-27）

以上推导的方程式是用像点的摄测坐标计算系数的相对定向线性化方程式,下面推导用像点像坐标计算系数的相对定向线性化方程式。

当角元素为小值时,右影像像点的摄测坐标可以近似地等于像点的像空系坐标,因此有

$$\begin{bmatrix} X_1 \\ Y_1 \\ Z_1 \end{bmatrix} = \begin{bmatrix} x_1 \\ y_1 \\ -f \end{bmatrix}$$
$$\begin{bmatrix} X_2 \\ Y_2 \\ Z_2 \end{bmatrix} = \begin{bmatrix} x_2 \\ y_2 \\ -f \end{bmatrix}$$

（6-28）

这样, $\mathrm{d}B_Y$ 项的系数为

$$\frac{\partial F}{\partial B_Y} = -\begin{vmatrix} X_1 & Z_1 \\ X_2 & Z_2 \end{vmatrix} = -\begin{vmatrix} x_1 & -f \\ x_2 & -f \end{vmatrix} = f(x_1 - x_2) = fb \qquad （6-29）$$

式中, $b = x_1 - x_2$ 为影像基线。用式(6-29)遍除式(6-27)的各个系数,并考虑到式(6-28)和 $y_1 = y_2$、 $b = x_1 - x_2$ 等关系,得出

$$\frac{B}{b} \cdot \frac{x_2 y_2}{f} \mathrm{d}\varphi_2 + \frac{B}{b}\left(f + \frac{y_2^2}{f}\right)\mathrm{d}\omega_2 + \frac{B}{b} x_2 \mathrm{d}\kappa_2 + \mathrm{d}B_Y + \frac{y_2}{f}\mathrm{d}B_Z - Q = 0 \qquad （6-30）$$

式中，常数项 Q 表示为

$$Q = \frac{\begin{vmatrix} B_X & B_Y & B_Z \\ X_1 & Y_1 & Z_1 \\ X_2 & Y_2 & Z_2 \end{vmatrix}}{\begin{vmatrix} X_1 & Z_1 \\ X_2 & Z_2 \end{vmatrix}} = NY_1 - N'Y_2 - B_Y \quad (6\text{-}31)$$

式中：

$$\left. \begin{aligned} N &= \frac{B_X Z_2 - B_Z X_2}{X_1 Z_2 - X_2 Z_1} \\ N' &= \frac{B_X Z_1 - B_Z X_1}{X_1 Z_2 - X_2 Z_1} \end{aligned} \right\} \quad (6\text{-}32)$$

由式（6-30）看出，$\mathrm{d}B_Y$、$\mathrm{d}B_Z$ 是长度值，而 $\mathrm{d}\varphi_2$、$\mathrm{d}\omega_2$、$\mathrm{d}\kappa_2$ 是弧度值，为了便于精度比较，可将 $\mathrm{d}B_Y$、$\mathrm{d}B_Z$ 化为弧度值。由图 6-1（a）得

$$\left. \begin{aligned} B_Y &= B_X \tan\tau \\ B_Z &= B \sin\nu \end{aligned} \right\} \quad (6\text{-}33)$$

因为 τ 和 ν 角很小，微分可得

$$\left. \begin{aligned} \mathrm{d}B_Y &= B_X \mathrm{d}\tau \\ \mathrm{d}B_Z &= B\mathrm{d}\nu \end{aligned} \right\} \quad (6\text{-}34)$$

因此，式（6-30）可改写为

$$\frac{B}{b} \cdot \frac{x_2 y_2}{f} \mathrm{d}\varphi_2 + \frac{B}{b}\left(f + \frac{y_2^2}{f}\right)\mathrm{d}\omega_2 + \frac{B}{b} x_2 \mathrm{d}\kappa_2 + B_X \mathrm{d}\tau + \frac{y_2}{f} B\mathrm{d}\nu - Q = 0 \quad (6\text{-}35)$$

2. 单独像对相对定向方程的线性化

单独像对相对方位元素是以基线坐标系为基准的，$B_Y = B_Z = 0$，因此共面条件方程为式（6-6）。式（6-6）中，(X_1, Y_1, Z_1) 为左片像点在基线坐标系中的坐标，(X_2, Y_2, Z_2) 为右片相应像点在基线坐标系中的坐标。如果获取了同名像点的像坐标，则 (X_1, Y_1, Z_1) 为左像空系相对于基线坐标系的旋转矩阵 M 的函数，(X_2, Y_2, Z_2) 为右像空系相对于基线坐标系的旋转矩阵 M' 的函数，而 M 是 τ_1，κ_1 的函数，M' 是 ε，τ_2，κ_2 的函数，所以单独像对共面条件方程（6-6）是相对方位元素 τ_1，κ_1，ε，τ_2，κ_2 的函数。同理，由于式（6-6）是相对方位元素的非线性函数，需要将其按泰勒级数展开取一次项，得到相对方位元素的线性化式。展开公式为

$$F = F^0 + \frac{\partial F}{\partial \tau_1}\mathrm{d}\tau_1 + \frac{\partial F}{\partial \kappa_1}\mathrm{d}\kappa_1 + \frac{\partial F}{\partial \varepsilon}\mathrm{d}\varepsilon + \frac{\partial F}{\partial \tau_2}\mathrm{d}\tau_2 + \frac{\partial F}{\partial \kappa_2}\mathrm{d}\kappa_2 = 0 \quad (6\text{-}36)$$

首先推导 $\mathrm{d}\tau_1$ 的系数 $\dfrac{\partial F}{\partial \tau_1}$。

由式（6-6）可知：

$$\frac{\partial F}{\partial \tau_1} = \begin{vmatrix} \dfrac{\partial Y_1}{\partial \tau_1} & \dfrac{\partial Z_1}{\partial \tau_1} \\[2mm] Y_2 & Z_2 \end{vmatrix} \tag{6-37}$$

根据式（6-3），对 τ_1 求偏导数，有

$$\begin{bmatrix} \dfrac{\partial Y_1}{\partial \tau_1} \\[2mm] \dfrac{\partial Z_1}{\partial \tau_1} \end{bmatrix} = \begin{bmatrix} \dfrac{\partial b_1}{\partial \tau_1} & \dfrac{\partial b_2}{\partial \tau_1} & \dfrac{\partial b_3}{\partial \tau_1} \\[2mm] \dfrac{\partial c_1}{\partial \tau_1} & \dfrac{\partial c_2}{\partial \tau_1} & \dfrac{\partial c_3}{\partial \tau_1} \end{bmatrix} \begin{bmatrix} x_1 \\ y_1 \\ -f \end{bmatrix} \tag{6-38}$$

参照式（6-16）写出 τ_1 与方向余弦之间的关系式，有

$$\left. \begin{aligned} a_1 &= \cos \tau_1 \cos \kappa_1 \\ a_2 &= -\cos \tau_1 \sin \kappa_1 \\ a_3 &= -\sin \tau_1 \\ b_1 &= \sin \kappa_1 \\ b_2 &= \cos \kappa_1 \\ b_3 &= 0 \\ c_1 &= \sin \tau_1 \cos \kappa_1 \\ c_2 &= -\sin \tau_1 \sin \kappa_1 \\ c_3 &= \cos \tau_1 \end{aligned} \right\} \tag{6-39}$$

因此：

$$\begin{bmatrix} \dfrac{\partial b_1}{\partial \tau_1} & \dfrac{\partial b_2}{\partial \tau_1} & \dfrac{\partial b_3}{\partial \tau_1} \\[2mm] \dfrac{\partial c_1}{\partial \tau_1} & \dfrac{\partial c_2}{\partial \tau_1} & \dfrac{\partial c_3}{\partial \tau_1} \end{bmatrix} = \begin{bmatrix} 0 & 0 & 0 \\ \cos \tau_1 \cos \kappa_1 & -\cos \tau_1 \sin \kappa_1 & -\sin \tau_1 \end{bmatrix} \tag{6-40}$$

将式（6-40）代入式（6-38），并考虑式（6-41）可得到式（6-42）：

$$\begin{bmatrix} x_1 \\ y_1 \\ -f \end{bmatrix} = \begin{bmatrix} a_1 & b_1 & c_1 \\ a_2 & b_2 & c_2 \\ a_3 & b_3 & c_3 \end{bmatrix} \begin{bmatrix} X_1 \\ Y_1 \\ Z_1 \end{bmatrix} \tag{6-41}$$

$$\begin{bmatrix} \dfrac{\partial Y_1}{\partial \tau_1} \\[2mm] \dfrac{\partial Z_1}{\partial \tau_1} \end{bmatrix} = \begin{bmatrix} 0 & 0 & 0 \\ \cos \tau_1 \cos \kappa_1 & -\cos \tau_1 \sin \kappa_1 & -\sin \tau_1 \end{bmatrix} \begin{bmatrix} x_1 \\ y_1 \\ -f \end{bmatrix} = \begin{bmatrix} 0 \\ X_1 \end{bmatrix} \tag{6-42}$$

所以：

$$\frac{\partial F}{\partial \tau_1} = \begin{vmatrix} \dfrac{\partial Y_1}{\partial \tau_1} & \dfrac{\partial Z_1}{\partial \tau_1} \\ Y_2 & Z_2 \end{vmatrix} = \begin{vmatrix} 0 & X_1 \\ Y_2 & Z_2 \end{vmatrix} \qquad (6\text{-}43)$$

同理，可以给出共面条件方程对其他 4 个相对方位元素的求偏导结果。

$$\frac{\partial F}{\partial \kappa_1} = \begin{vmatrix} \dfrac{\partial Y_1}{\partial \kappa_1} & \dfrac{\partial Z_1}{\partial \kappa_1} \\ Y_2 & Z_2 \end{vmatrix} = \begin{vmatrix} X_1 \cos \tau_1 + Z_1 \sin \tau_1 & -Y_1 \sin \tau_1 \\ Y_2 & Z_2 \end{vmatrix} \qquad (6\text{-}44)$$

$$\frac{\partial F}{\partial \tau_2} = \begin{vmatrix} Y_1 & Z_1 \\ \dfrac{\partial Y_2}{\partial \tau_2} & \dfrac{\partial Z_2}{\partial \tau_2} \end{vmatrix} = \begin{vmatrix} Y_1 & Z_1 \\ -X_2 \sin \varepsilon & X_2 \cos \varepsilon \end{vmatrix} \qquad (6\text{-}45)$$

$$\frac{\partial F}{\partial \kappa_2} = \begin{vmatrix} Y_1 & Z_1 \\ \dfrac{\partial Y_2}{\partial \kappa_2} & \dfrac{\partial Z_2}{\partial \kappa_2} \end{vmatrix} = \begin{vmatrix} Y_1 & Z_1 \\ X_2 \cos \varepsilon \cos \tau_2 & X_2 \sin \varepsilon \cos \tau_2 - Y_2 \sin \tau_2 \end{vmatrix} \qquad (6\text{-}46)$$

$$\frac{\partial F}{\partial \varepsilon} = \begin{vmatrix} Y_1 & Z_1 \\ \dfrac{\partial Y_2}{\partial \varepsilon} & \dfrac{\partial Z_2}{\partial \varepsilon} \end{vmatrix} = \begin{vmatrix} Y_1 & Z_1 \\ -Z_2 & Y_2 \end{vmatrix} \qquad (6\text{-}47)$$

式（6-36）中的常数项 F^0 是使用相对方位元素初值计算的函数值，即

$$F^0 = \begin{vmatrix} Y_1^0 & Z_1^0 \\ Y_2^0 & Z_2^0 \end{vmatrix} \qquad (6\text{-}48)$$

在近似垂直摄影情况下，τ_1，κ_1，ε，τ_2，κ_2 值较小，故式（6-36）的系数可用式（6-49）近似表示。

$$\left. \begin{aligned} F^0 &= \begin{vmatrix} Y_1^0 & Z_1^0 \\ Y_2^0 & Z_2^0 \end{vmatrix} \\[4pt] \frac{\partial F}{\partial \tau_1} &= \begin{vmatrix} 0 & X_1 \\ Y_2 & Z_2 \end{vmatrix} \\[4pt] \frac{\partial F}{\partial \kappa_1} &= \begin{vmatrix} X_1 & 0 \\ Y_2 & Z_2 \end{vmatrix} \\[4pt] \frac{\partial F}{\partial \varepsilon} &= \begin{vmatrix} Y_1 & Z_1 \\ -Z_2 & Y_2 \end{vmatrix} \\[4pt] \frac{\partial F}{\partial \tau_2} &= \begin{vmatrix} Y_1 & Z_1 \\ 0 & X_2 \end{vmatrix} \\[4pt] \frac{\partial F}{\partial \kappa_2} &= \begin{vmatrix} Y_1 & Z_1 \\ X_2 & 0 \end{vmatrix} \end{aligned} \right\} \qquad (6\text{-}49)$$

6.1.3　相对方位元素的计算

1. 同名像点的选择

完成共面条件方程线性化后，在立体像对上每量测一对同名像点的像坐标，便可建立一个关于相对方位元素改正数的线性求解方程。因此，为求解 5 个相对方位元素改正数据必须至少使用 5 对同名点（相对定向点）来建立 5 个以上的求解方程。而在实际作业中，为了有多余观测，至少使用 6 对以上同名点。因为共面条件方程的线性化式是像坐标 y 的二次函数，x 的一次函数，为了使建立的求解方程互相独立，在平行于 y 轴的同一直线上应最少有 3 对同名点来拟合二次抛物线，而在平行于 x 轴的同一直线上则最少有 2 个同名点来拟合一条直线。

在模拟摄影测量阶段，同名像点是通过人工量测得到，为了保证摄影测量精度的同时提高作业效率，摄影测量学家格鲁伯（Otto Von Gruber）设计了一种同名点布点方案，按该方案配置的同名点叫作标准配置点，又称格鲁伯点。格鲁伯点的布设方案如图 6-2 所示，其中，1、2 点应是左、右影像的像主点 o_1、o_2 附近的明显地物点，线段 12 的长度近似等于影像基线长度 b；1、3、5 三点和 2、4、6 三点尽量位于与像主点 o_1、o_2 连线垂直的直线上，且线段 13、线段 24、线段 15、线段 26 的长度应尽量等于 o_1、o_2 线段的长度[1]。

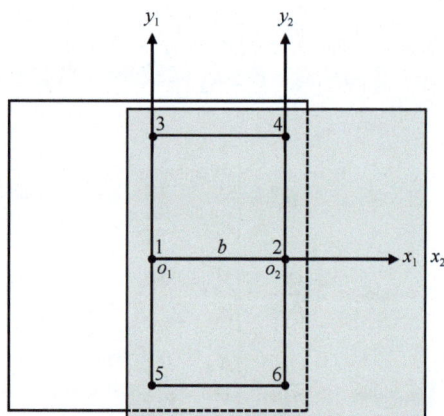

图 6-2　标准配置点

在数字摄影测量阶段，同名像点是通过影像匹配的方法自动获取（图 6-3），一个立体像对上可获取大量的同名像点，效率和精度都有了很大提升。

2. 连续像对相对方位元素计算过程

（1）读入原始数据，即同名像点坐标 (x_1, y_1)、(x_2, y_2)。

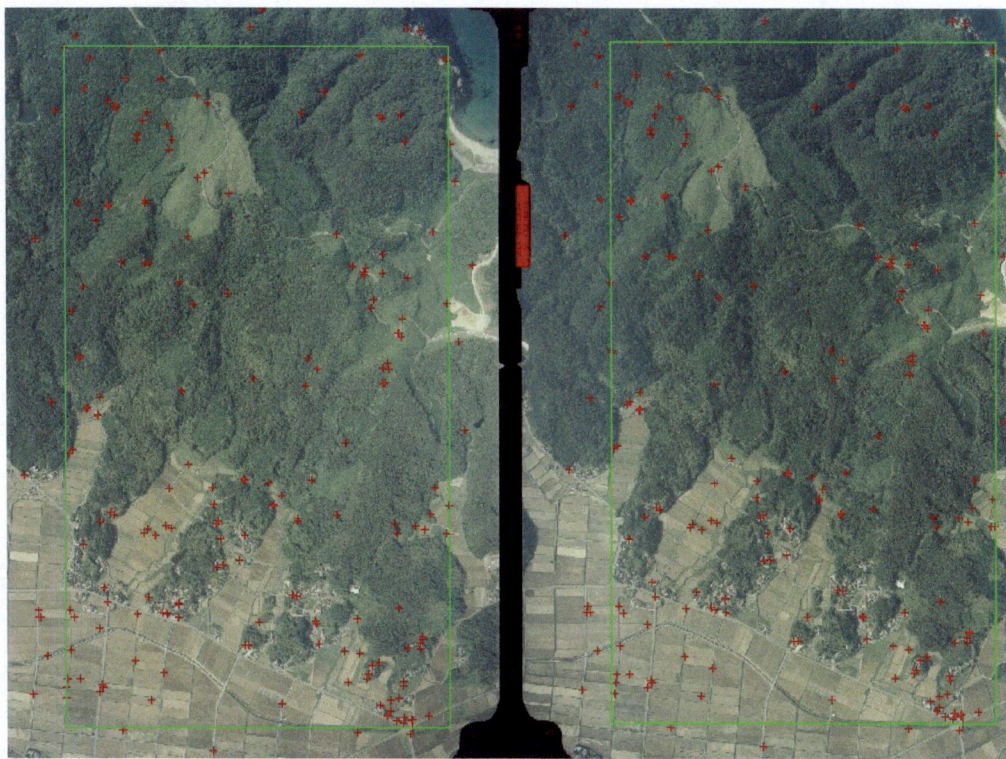

图 6-3 影像匹配获取的同名像点

（2）确定相对方位元素初值，基线分量 $B_X^0 = x_1 - x_2$（x_1、x_2 是某一对同名像点的左右影像像坐标）；在近似垂直摄影时，$\varphi_2^0 = \omega_2^0 = \kappa_2^0 = \tau^0 = \upsilon^0 = 0$，$B_Y^0 = B_Z^0 = 0$。

（3）计算右影像旋转矩阵 M' 中各方向余弦，根据式（6-4）计算右影像像点在摄测坐标系 $S_2 — X_2Y_2Z_2$ 中的坐标 (X_2, Y_2, Z_2)；因为连续像对相对方位元素系统的摄测坐标系 $S_1 — X_1Y_1Z_1$ 与左像空系重合，因此左影像旋转矩阵 M 是单位阵，左影像像点的摄测坐标 (X_1, Y_1, Z_1) 就是像空系坐标 $(x_1, y_1, -f)$。

（4）列出误差方程式：

$$\left.\begin{array}{l} c_{11}\mathrm{d}\varphi_2 + c_{12}\mathrm{d}\omega_2 + c_{13}\mathrm{d}\kappa_2 + c_{14}\mathrm{d}B_Y + c_{15}\mathrm{d}B_Z - l_1 = v_1 \\ c_{21}\mathrm{d}\varphi_2 + c_{22}\mathrm{d}\omega_2 + c_{23}\mathrm{d}\kappa_2 + c_{24}\mathrm{d}B_Y + c_{25}\mathrm{d}B_Z - l_2 = v_2 \\ \vdots \\ c_{n1}\mathrm{d}\varphi_2 + c_{n2}\mathrm{d}\omega_2 + c_{n3}\mathrm{d}\kappa_2 + c_{n4}\mathrm{d}B_Y + c_{n5}\mathrm{d}B_Z - l_n = v_n \end{array}\right\} \tag{6-50}$$

式中，n 是参加相对定向的同名像点数，方程中各系数 $c_{n1} \cdots c_{n5}$ 的具体表达式见式（6-27），l_n 是利用相对方位元素初值和同名像点像坐标计算出的常数项。

用矩阵形式表示误差方程组为

$$C\Delta - L = V \tag{6-51}$$

式中，C 为误差方程系数矩阵，Δ 为相对方位元素改正数列矩阵，L 为误差方程式中常数项列矩阵，V 为改正数列矩阵，即

$$
\left.
\begin{array}{l}
C = \begin{bmatrix}
c_{11} & c_{12} & c_{13} & c_{14} & c_{15} \\
c_{21} & c_{22} & c_{23} & c_{24} & c_{25} \\
\vdots & \vdots & \vdots & \vdots & \vdots \\
c_{n1} & c_{n2} & c_{n3} & c_{n4} & c_{n5}
\end{bmatrix} \\
\Delta = \begin{bmatrix} \mathrm{d}\varphi_2 & \mathrm{d}\omega_2 & \mathrm{d}\kappa_2 & \mathrm{d}B_Y & \mathrm{d}B_Z \end{bmatrix}^{\mathrm{T}} \\
L = \begin{bmatrix} l_1 & l_2 \cdots l_n \end{bmatrix}^{\mathrm{T}} \\
V = \begin{bmatrix} v_1 & v_2 \cdots v_n \end{bmatrix}^{\mathrm{T}}
\end{array}
\right\}
\tag{6-52}
$$

（5）按最小二乘法原理组建法方程式：

$$
C^{\mathrm{T}}C\Delta - C^{\mathrm{T}}L = 0 \tag{6-53}
$$

（6）求解法方程，求出相对方位元素改正数 $\mathrm{d}\varphi_2$、$\mathrm{d}\omega_2$、$\mathrm{d}\kappa_2$、$\mathrm{d}B_Y$、$\mathrm{d}B_Z$。

$$
\Delta = \left(C^{\mathrm{T}}C\right)^{-1} C^{\mathrm{T}}L \tag{6-54}
$$

（7）计算改正后的相对方位元素值：

$$
\left.
\begin{array}{l}
\varphi_2^{j+1} = \varphi_2^{j} + \mathrm{d}\varphi_2 \\
\omega_2^{j+1} = \omega_2^{j} + \mathrm{d}\omega_2 \\
\kappa_2^{j+1} = \kappa_2^{j} + \mathrm{d}\kappa_2 \\
B_Y^{j+1} = B_Y^{j} + \mathrm{d}B_Y \\
B_Z^{j+1} = B_Z^{j} + \mathrm{d}B_Z
\end{array}
\right\}
\tag{6-55}
$$

式中，j 为循环迭代计算的次数。

（8）以计算出的相对方位元素为新的初始值，重复步骤（3）至（7），直至相对方位元素改正数的绝对值小于限差，将计算值作为真值输出。

连续像对相对方位元素的计算过程如图 6-4 所示。

3. 单独像对相对方位元素计算过程

（1）输入原始数据，即同名像点坐标 (x_1, y_1)、(x_2, y_2)。

（2）确定相对方位元素初值，在近似垂直摄影情况下，$\tau_1^0 = \kappa_1^0 = \varepsilon^0 = \tau_2^0 = \kappa_2^0 = 0$。

（3）按式（6-39）计算左片旋转矩阵 M 各元素，组左旋转矩阵。

（4）按式（6-3）计算左片像点在左摄站为原点的基线坐标系的坐标 (X_1, Y_1, Z_1)。

（5）按式（6-16）计算右片旋转矩阵 M' 各元素，组右旋转矩阵。

（6）按式（6-4）计算右片像点在右摄站为原点的基线坐标系的坐标 (X_2, Y_2, Z_2)。

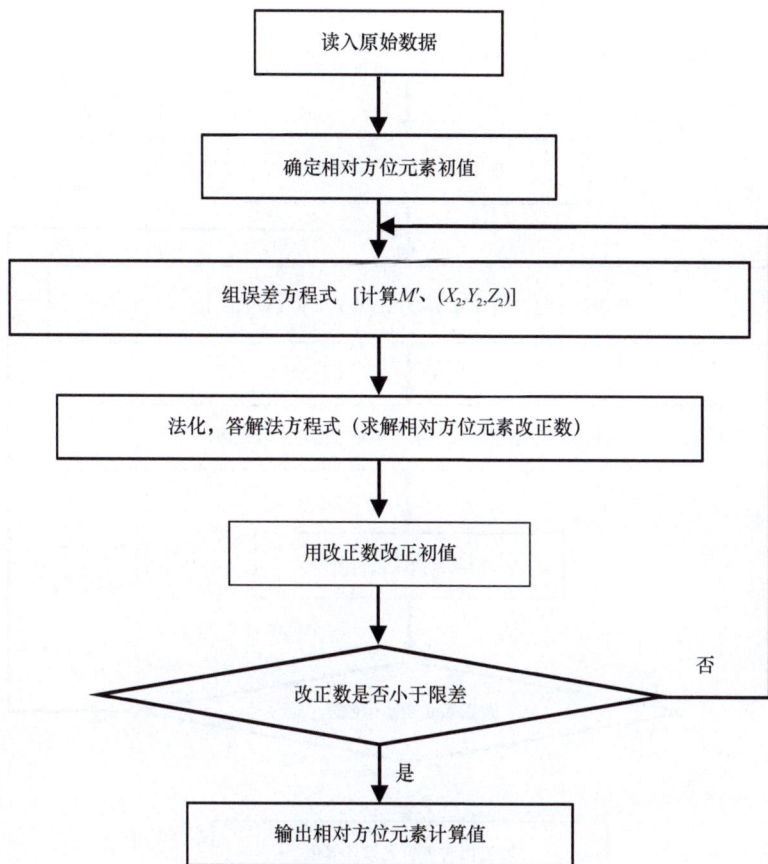

图 6-4 连续像对相对方位元素的计算过程

（7）按式（6-36）和式（6-49）组建误差方程式。

（8）按最小二乘法原理组建法方程式。

（9）求解法方程，解算相对方位元素改正数。

（10）按式（6-56）计算改正后的相对方位元素值。

$$\left.\begin{array}{l}\tau_1^{j+1}=\tau_1^j+\mathrm{d}\tau_1\\\kappa_1^{j+1}=\kappa_1^j+\mathrm{d}\kappa_1\\\varepsilon^{j+1}=\varepsilon^j+\mathrm{d}\varepsilon\\\tau_2^{j+1}=\tau_2^j+\mathrm{d}\tau_2\\\kappa_2^{j+1}=\kappa_2^j+\mathrm{d}\kappa_2\end{array}\right\} \qquad (6\text{-}56)$$

（11）以计算出的相对方位元素为新的初始值，重复（3）至（10）步，直至相对方位元素改正数的绝对值小于限差，将计算值作为真值输出。

单独像对相对方位元素的计算过程如图 6-5 所示。

```
┌─────────────────────┐
│     读入原始数据      │
└─────────────────────┘
           │
           ▼
┌─────────────────────┐
│   确定相对方位元素初值  │
└─────────────────────┘
           │
           ▼
┌──────────────────────────────────────────────────┐
│  组误差方程式 [计算M、M'、$(X_1,Y_1,Z_1)$、$(X_2,Y_2,Z_2)$]  │
└──────────────────────────────────────────────────┘
           │
           ▼
┌──────────────────────────────────────────────┐
│  法化，答解法方程式（求解相对方位元素改正数）       │
└──────────────────────────────────────────────┘
           │
           ▼
┌─────────────────────┐
│    用改正数改正初值     │
└─────────────────────┘
           │
           ▼
       ◇─────────────◇
       │ 改正数是否小于限差 │───── 否
       ◇─────────────◇
           │ 是
           ▼
┌─────────────────────┐
│   输出相对方位元素计算值  │
└─────────────────────┘
```

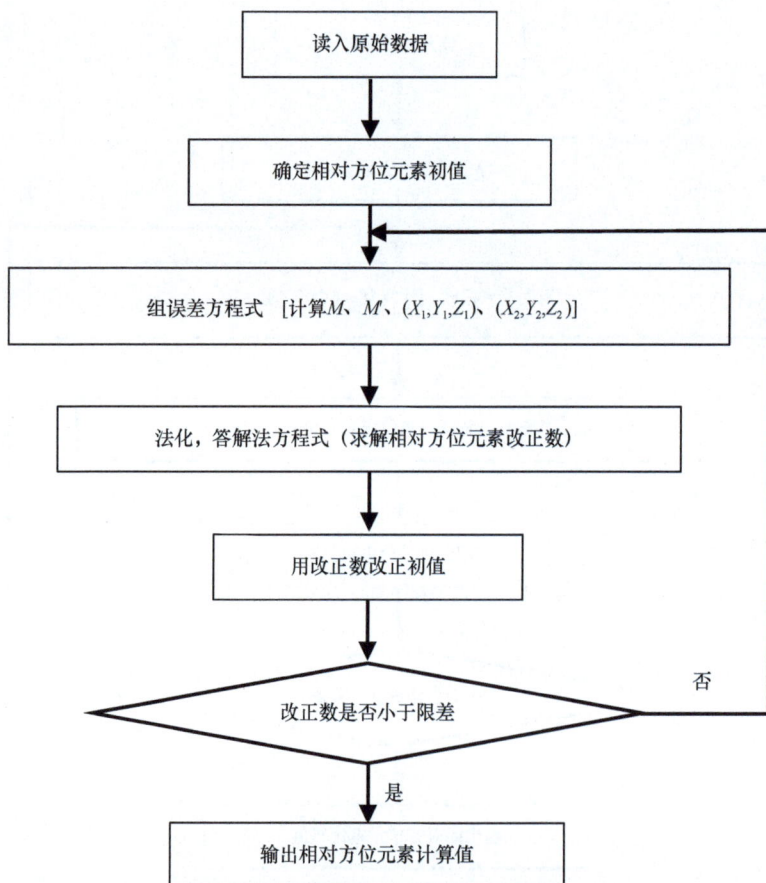

图 6-5　单独像对相对方位元素的计算过程

6.2　空间前方交会

　　利用立体像对两张影像的内方位元素、相对方位元素（或外方位元素）和同名像点的像坐标解算相应几何模型点坐标（或地面点坐标）的工作，叫作空间前方交会。

　　当已知并恢复立体像对两张影像的内方位和相对方位后，其相应光线必在各自的核面内成对相交，所有交点的集合便形成了一个与实物相似的立体模型（又称几何模型），而这些模型点的坐标便可以在一定的摄影测量坐标系中计算出来。如果已知并恢复立体像对两张影像的内方位和外方位，可形成与实物完全吻合的立体模型，进而计算出这些物点的空间坐标。这两种计算利用的都是空间前方交会的方法。

6.2.1　空间前方交会点投影系数公式

　　下面推导计算模型点坐标的空间前方交会公式。如图 6-6 所示，P_1、P_2 为立体像对的左右影像，S_1 和 S_2 分别为左右影像的投影中心，$S_1 - X_1Y_1Z_1$ 和 $S_2 - X_2Y_2Z_2$ 为原点分别在 S_1、S_2 的摄影测量坐标系，其相应坐标轴互相平行。基线 S_1S_2 的长度为 B，在 $S_1 - X_1Y_1Z_1$ 坐标系中的坐标分量为 B_X、B_Y、B_Z。a_1 和 a_2 为同名像点，A 点是对应的几何模型点。在 $S_1 - X_1Y_1Z_1$ 坐标系中，a_1 点的坐标为 (X_1, Y_1, Z_1)，A 点坐标为 $(\Delta X_1, \Delta Y_1, \Delta Z_1)$；在 $S_2 - X_2Y_2Z_2$ 坐标系中，a_2 点的坐标为 (X_2, Y_2, Z_2)，A 点坐标为 $(\Delta X_2, \Delta Y_2, \Delta Z_2)$。

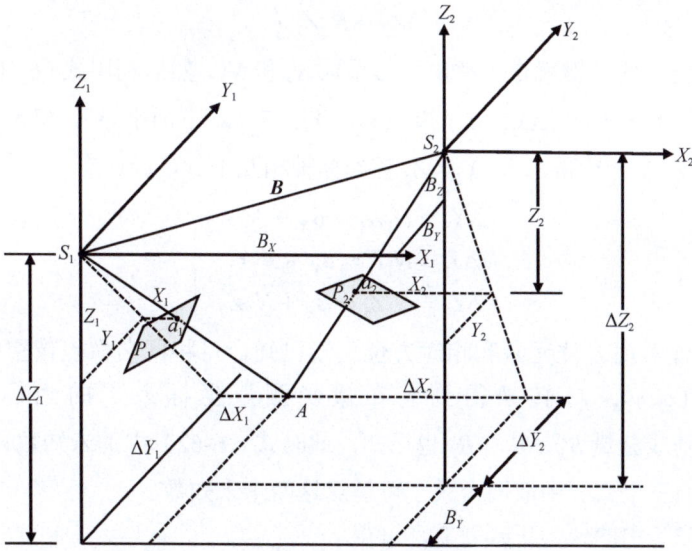

图 6-6 空间前方交会

设左像空系对 $S_1 - X_1Y_1Z_1$ 的旋转矩阵为 M，右像空系对 $S_2 - X_2Y_2Z_2$ 的旋转矩阵为 M'，则有

$$\begin{bmatrix} X_1 \\ Y_1 \\ Z_1 \end{bmatrix} = M \begin{bmatrix} x_1 \\ y_1 \\ -f \end{bmatrix} \tag{6-57}$$

$$\begin{bmatrix} X_2 \\ Y_2 \\ Z_2 \end{bmatrix} = M' \begin{bmatrix} x_2 \\ y_2 \\ -f \end{bmatrix} \tag{6-58}$$

将投影中心到物点的距离与投影中心到像点的距离之比称为投影系数，左右同名投影光线的投影系数分别为 N_1 和 N_2，有

$$\left. \begin{aligned} N_1 &= \frac{S_1A}{S_1a} \\ N_2 &= \frac{S_2A}{S_2a} \end{aligned} \right\} \tag{6-59}$$

由图 6-6 可知:

$$\left.\begin{array}{l} \Delta X_1 = N_1 X_1 \\ \Delta Y_1 = N_1 Y_1 \\ \Delta Z_1 = N_1 Z_1 \end{array}\right\} \qquad (6\text{-}60)$$

$$\left.\begin{array}{l} \Delta X_2 = N_2 X_2 \\ \Delta Y_2 = N_2 Y_2 \\ \Delta Z_2 = N_2 Z_2 \end{array}\right\} \qquad (6\text{-}61)$$

空间前方交会的关键就是求解出投影系数 N_1 和 N_2,然后利用式(6-60)和式(6-61)计算几何模型点坐标 $(\Delta X_1, \Delta Y_1, \Delta Z_1)$ 和 $(\Delta X_2, \Delta Y_2, \Delta Z_2)$。下面推导 N_1 和 N_2 的计算公式。因为坐标系 $S_1 - X_1 Y_1 Z_1$ 和 $S_2 - X_2 Y_2 Z_2$ 各坐标轴相互平行,因此有

$$\left.\begin{array}{l} \Delta X_1 = N_1 X_1 = B_X + N_2 X_2 \\ \Delta Y_1 = N_1 Y_1 = B_Y + N_2 Y_2 \\ \Delta Z_1 = N_1 Z_1 = B_Z + N_2 Z_2 \end{array}\right\} \qquad (6\text{-}62)$$

如果立体像对内方位元素和相对方位元素已知,可将同名像点像空间坐标系坐标 $(x_1, y_1, -f)$ 和 $(x_2, y_2, -f)$ 转换得到其在摄影测量坐标系下的坐标 (X_1, Y_1, Z_1) 和 (X_2, Y_2, Z_2),基线分量 B_X、B_Y、B_Z 也已知,此时式(6-62)中的未知数只有 N_1 和 N_2,从式(6-62)的三个式子中取两个式子可解算这两个未知数。

取式(6-62)中的一、三式联立,可得

$$\left.\begin{array}{l} N_1 = \dfrac{B_X Z_2 - B_Z X_2}{X_1 Z_2 - Z_1 X_2} \\[3mm] N_2 = \dfrac{B_X Z_1 - B_Z X_1}{X_1 Z_2 - Z_1 X_2} \end{array}\right\} \qquad (6\text{-}63)$$

取式(6-62)的二、三式联立,可得

$$\left.\begin{array}{l} N_1 = \dfrac{B_Y Z_2 - B_Z Y_2}{Y_1 Z_2 - Z_1 Y_2} \\[3mm] N_2 = \dfrac{B_X Z_1 - B_Z Y_1}{Y_1 Z_2 - Z_1 Y_2} \end{array}\right\} \qquad (6\text{-}64)$$

取式(6-62)的一、二式联立,可得

$$\left.\begin{array}{l} N_1 = \dfrac{B_X Y_2 - B_Y X_2}{X_1 Y_2 - Y_1 X_2} \\[3mm] N_2 = \dfrac{B_X Y_1 - B_Y X_1}{X_1 Y_2 - Y_1 X_2} \end{array}\right\} \qquad (6\text{-}65)$$

以上 3 组投影系数计算公式中,通常只使用式(6-63),因为它的交会图形最合理,交会精度最好。具体分析如下。

如图 6-7 所示，同名光线 S_1A 和 S_2A 相交于点 A，S_1A、S_2A 和 S_1S_2 构成前方交会三角形，$\angle S_1AS_2$ 称为交会角。

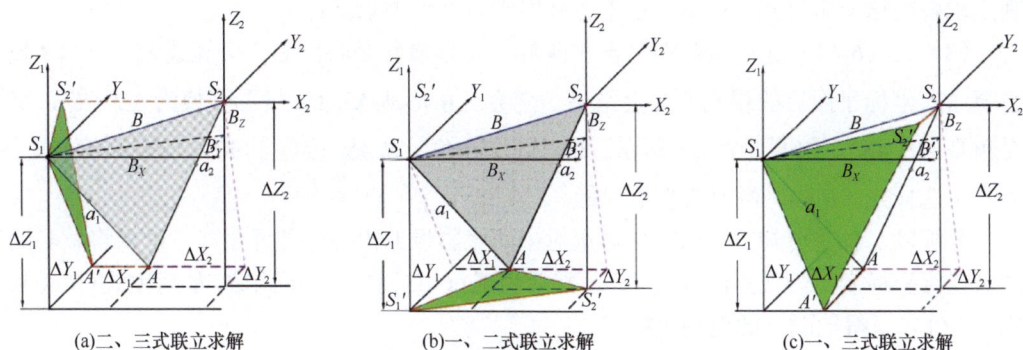

(a)二、三式联立求解 (b)一、二式联立求解 (c)一、三式联立求解

图 6-7 投影系数计算时方程式的选择

前方交会的精度与交会角的关系如下式：

$$m_A = \frac{\sqrt{|S_1A|^2\, m_{s_1}^2 + |S_2A|^2\, m_{s_2}^2}}{\sin\angle S_1AS_2} \tag{6-66}$$

式中，m_A 是点 A 的点位中误差，m_{s_1} 和 m_{s_2} 分别为左右摄站中误差，$|S_1A|$ 和 $|S_2A|$ 为同名投影光线的长度。

从式（6-66）可以看到，前方交会的点位中误差与交会角的正弦值的平方成反比，即交会角正弦值的平方越大，前方交会的点位中误差越小，交会精度就越高。交会角为 90° 时，正弦值的平方为 1，此时前方交会的精度最高；而当交会角为接近 0° 的小角或接近 180° 的大角时，精度非常低；交会角等于 0° 或 180° 时无法交会。因此，我们可以从交会角大小的角度来分析上述三组解的精度：

（1）式（6-64）这一组解不包含 X 坐标，可以看作是将同名交会光线 S_1A 和 S_2A 投影至 YZ 坐标平面后的得到的交会结果，交会三角形从 ΔS_1AS_2 投影变换为 $\Delta S_1A'S_2'$，交会角是 $\angle S_1A'S_2'$，如图 6-7（a）所示。通过 2.2.4 小节摄影测量对航空摄影的要求描述可知，航空摄影时对航高的变化及航线方向的偏移量都有严格的规定，因此图上的 B_Y、B_Z 均为小值，这也就导致了 $\angle S_1A'S_2'$ 是接近于 0° 的小角，此时交会精度非常低。极端的情况下 $B_Y = B_Z = 0$，此时 S_1S_2' 重合，交会角为 0°，N_1 和 N_2 则均为 0，显然不能交会得到模型点坐标。所以，二、三式联立求解投影系数 N_1 和 N_2 的精度低，不适用于解算模型点坐标。

（2）同理，式（6-65）这一组解不包含 Z 坐标，可以看作是将同名交会光线 S_1A 和 S_2A 投影至 XY 坐标平面后的得到的交会结果，交会三角形从 ΔS_1AS_2 投影变换为 $\Delta S_1'AS_2'$，

交会角是 $\angle S_1'AS_2'$。同样由于 B_Y、B_Z 是一个小值，因此交会角 $\angle S_1'AS_2'$ 接近 180°，极端情况下等于 180°，如图 6-7（b）所示。这显然会导致交会精度变差。因此，一、二式联立求解的这一组解式（6-64）也不适合用于解算模型点坐标。

（3）式（6-63）这一组解不包含 Y 坐标，可以看作是将同名交会光线 S_1A 和 S_2A 投影至 XZ 坐标平面后的得到的交会结果，交会三角形从 ΔS_1AS_2 投影变换为 $\Delta S_1AS_2''$，交会角是 $\angle S_1AS_2''$，如图 6-7（c）所示。此时的交会角 $\angle S_1AS_2''$ 接近于 90°，交会精度最好。因此，选择式（6-63）解算模型点坐标。

分析以上各式可知，当已知立体像对中两张影像的内外方位元素时，可以将量测的同名点像坐标变换为像点的地辅坐标，然后由式（6-63）计算投影系数，最后由式（6-60）、式（6-61）求得地面点的地辅坐标。

6.2.2　利用点投影系数计算模型点和地面点坐标

相对定向完成后，立体像对的两张影像间的相对方位已经确定，此时，利用前方交会便可以计算模型点的模型坐标；或者空间后方交会完成后，立体像对的两张影像间的内、外方位元素已经确定，利用前方交会便可以直接计算出地面点的地面坐标。

1. 利用连续像对相对方位元素计算模型坐标

（1）取两张影像的角方位元素 $(\varphi_1、\omega_1、\kappa_1)$、$(\varphi_2、\omega_2、\kappa_2)$，和 B_X、B_Y、B_Z。当以左像空间坐标系为摄测坐标系时，$\varphi_1 = \omega_1 = \kappa_1 = 0$。

（2）计算左、右两片旋转矩阵 M 和 M' 中的方向余弦。

（3）按式（6-57）和式（6-58）计算两张影像上相应像点的摄测坐标 $(X_1、Y_1、Z_1)$ 和 $(X_2、Y_2、Z_2)$。

（4）计算投影系数 N_1 和 N_2。

（5）按式（6-67）或式（6-68）计算模型点的空间坐标 $(\Delta X_1、\Delta Y_1、\Delta Z_1)$ 或 $(\Delta X_2、\Delta Y_2、\Delta Z_2)$。

$$\left.\begin{aligned}\Delta X_1 &= N_1 X_1 \\ \Delta Y_1 &= \frac{1}{2}(N_1 Y_1 + N_2 Y_2 + B_Y) \\ \Delta Z_1 &= N_1 Z_1\end{aligned}\right\} \tag{6-67}$$

$$\left.\begin{aligned}\Delta X_2 &= N_2 X_2 \\ \Delta Y_2 &= \frac{1}{2}(N_1 Y_1 + N_2 Y_2 + B_Y) \\ \Delta Z_2 &= N_2 Z_2\end{aligned}\right\} \tag{6-68}$$

分析式（6-67）和式（6-68），计算模型点 Y 方向坐标分量 ΔY_1 和 ΔY_2 时，需要将利用投影系数 N_1 和 N_2 计算的结果取平均，这是因为在相对定向时，由于残余误差的影响，使得同名投影光线并不能严格满足共面条件，在模型上存在上下视差，取 N_1 和 N_2 计算结果的平均值可以抵消一部分由于相对定向残余误差造成的上下视差影响。

（6）计算模型点的上下视差，$Q = N_1 Y_1 - N_2 Y_2 - B_Y$。

2. 利用单独像对相对方位元素计算模型坐标

（1）取两张影像的角方位元素 $(\tau_1、\kappa_1^0、\varepsilon、\tau_2、\kappa_2^0)$ 和基线 B。

（2）计算左、右片的旋转矩阵 M 和 M' 中的方向余弦。

（3）按式（6-57）和式（6-58）计算两片上相应像点的摄测坐标 $(X_1、Y_1、Z_1)$ 和 $(X_2、Y_2、Z_2)$。

（4）计算投影系数 N_1 和 N_2。

（5）按式（6-69）或式（6-70）计算模型点的空间坐标 $(\Delta X_1、\Delta Y_1、\Delta Z_1)$ 或 $(\Delta X_2、\Delta Y_2、\Delta Z_2)$。

$$\left.\begin{aligned} \Delta X_1 &= N_1 X_1 \\ \Delta Y_1 &= \frac{1}{2}(N_1 Y_1 + N_2 Y_2) \\ \Delta Z_1 &= N_1 Z_1 \end{aligned}\right\} \tag{6-69}$$

$$\left.\begin{aligned} \Delta X_2 &= N_2 X_2 \\ \Delta Y_2 &= \frac{1}{2}(N_1 Y_1 + N_2 Y_2) \\ \Delta Z_2 &= N_2 Z_2 \end{aligned}\right\} \tag{6-70}$$

（6）计算模型点的上下视差，$Q = N_1 Y_1 - N_2 Y_2$。

3. 利用两张影像的内、外方位元素计算地面点坐标

（1）取两张影像的内方位元素 $(x_0、y_0、f)$、左影像外方位元素 $(X_{S_1}、Y_{S_1}、Z_{S_1}、\varphi_1、\omega_1、\kappa_1)$、右影像外方位元素 $(X_{S_2}、Y_{S_2}、Z_{S_2}、\varphi_2、\omega_2、\kappa_2)$。

（2）计算基线 B 的三个分量：$B_X = X_{S_2} - X_{S_1}$、$B_Y = Y_{S_2} - Y_{S_1}$、$B_Z = Y_{S_2} - Z_{S_1}$。

（3）计算左、右片的旋转矩阵 M 和 M' 中的方向余弦。

（4）按式（6-57）和式（6-58）计算两张影像上相应像点的摄测坐标 $(X_1、Y_1、Z_1)$ 和 $(X_2、Y_2、Z_2)$。

（5）计算投影系数 N_1 和 N_2。

（6）按式（6-67）或式（6-68）计算地面点的空间坐标 $(\Delta X_1、\Delta Y_1、\Delta Z_1)$ 或 $(\Delta X_2、\Delta Y_2、\Delta Z_2)$。

4. 相对方位元素的误差对模型点坐标的影响

对于连续像对系统，在解算相对方位元素时，认为像对中左片在摄测坐标系中的角方位元素为定值，没有误差。因此，相对方位元素的误差只对 $(X_2、Y_2、Z_2)$ 有影响，从而影响投影系数和模型点坐标。由式（6-67）可知

$$
\left.\begin{aligned}
\mathrm{d}\Delta X_1 &= X_1 \mathrm{d}N_1 \\
\mathrm{d}\Delta Y_1 &= \frac{1}{2}(Y_1 \mathrm{d}N_1 + Y_2 \mathrm{d}N_2 + \mathrm{d}B_Y) \\
\mathrm{d}\Delta Z_1 &= Z_1 \mathrm{d}N_1
\end{aligned}\right\}
\tag{6-71}
$$

由式（6-58）和式（3-54），并将公式中的 α_x、α_y、κ 写为 φ_2、ω_2、κ_2，可得到相对方位角元素误差对变换坐标 $(X_2、Y_2、Z_2)$ 的影响为

$$
\begin{bmatrix} \mathrm{d}X_2 \\ \mathrm{d}Y_2 \\ \mathrm{d}Z_2 \end{bmatrix} = \begin{bmatrix} 0 & -\mathrm{d}\kappa_2 & -\mathrm{d}\varphi_2 \\ \mathrm{d}\kappa_2 & 0 & -\mathrm{d}\omega_2 \\ \mathrm{d}\varphi_2 & \mathrm{d}\omega_2 & 0 \end{bmatrix} \begin{bmatrix} x_2 \\ y_2 \\ -f \end{bmatrix}
\tag{6-72}
$$

下面推导相对方位元素误差对投影系数 N_1 的影响。由式（6-63）可得

$$
\begin{aligned}
\mathrm{d}N_1 &= \frac{(X_1 Z_2 - X_2 Z_1)\mathrm{d}(B_X Z_2 - B_Z X_2) - (B_X Z_2 - B_Z X_2)\mathrm{d}(X_1 Z_2 - X_2 Z_1)}{(X_1 Z_2 - X_2 Z_1)^2} \\
&= \frac{(X_1 Z_2 - X_2 Z_1)(B_X \mathrm{d}Z_2 - B_Z \mathrm{d}X_2 - X_2 \mathrm{d}B_Z) - (B_X Z_2 - B_Z X_2)\mathrm{d}(X_1 \mathrm{d}Z_2 - Z_1 \mathrm{d}X_2)}{(X_1 Z_2 - X_2 Z_1)^2}
\end{aligned}
\tag{6-73}
$$

式中，$\mathrm{d}\varphi_2$、$\mathrm{d}\omega_2$、$\mathrm{d}\kappa_2$、$\mathrm{d}B_Z$、B_Z 均为微小项，只保留微小项的一次项，式（6-73）可简化为

$$
\begin{aligned}
\mathrm{d}N_1 &= \frac{(X_1 Z_2 - X_2 Z_1)(B_X \mathrm{d}Z_2 - X_2 \mathrm{d}B_Z) - (B_X Z_2)\mathrm{d}(X_1 \mathrm{d}Z_2 - Z_1 \mathrm{d}X_2)}{(X_1 Z_2 - X_2 Z_1)^2} \\
&= \frac{B_X \mathrm{d}Z_2 - X_2 \mathrm{d}B_Z}{(X_1 Z_2 - X_2 Z_1)} - \frac{B_X Z_2(X_2 \mathrm{d}Z_2 - Z_1 \mathrm{d}X_2)}{(X_1 Z_2 - X_2 Z_1)^2}
\end{aligned}
\tag{6-74}
$$

将式（6-72）代入式（6-74），整理后得

$$
\begin{aligned}
\mathrm{d}N_1 &= \frac{1}{(X_1 Z_2 - X_2 Z_1)}\left[B_X(x_2 \mathrm{d}\varphi_2 + y_2 \mathrm{d}\omega_2) - X_2 \mathrm{d}B_Z\right] \\
&\quad - \frac{Z_2 B_X}{(X_1 Z_2 - X_2 Z_1)^2}\left[X_1(x_2 \mathrm{d}\varphi_2 + y_2 \mathrm{d}\omega_2) + Z_1(y_2 \mathrm{d}\kappa_2 - f\mathrm{d}\varphi_2)\right] \\
&= \frac{N_1}{Z_2 B_X}\left[B_X(x_2 \mathrm{d}\varphi_2 + y_2 \mathrm{d}\omega_2) - X_2 \mathrm{d}B_Z\right] \\
&\quad - \frac{N_1^2}{Z_2 B_X}\left[X_1(x_2 \mathrm{d}\varphi_2 + y_2 \mathrm{d}\omega_2) + Z_1(y_2 \mathrm{d}\kappa_2 - f\mathrm{d}\varphi_2)\right]
\end{aligned}
\tag{6-75}
$$

在近似垂直摄影的情况下，可认为 $X_1 = x_1$，$Y_1 = y_1 = y_2$，$Z_1 = Z_2 = -f$，$X_2 = x_2 = x_1 - b$ 代入式（6-75）则得出

$$dN_1 = \frac{N_1}{b}\left[\left(f + \frac{(x_1-b)^2}{f}\right)d\varphi_2 + \frac{y_1(x_1-b)}{f}d\omega_2 - y_1 d\kappa_2 + \frac{(x_1-b)}{f}dB_z\right] \quad (6-76)$$

用同样的方法可推导出相对方位元素误差对投影系数 N_2 的影响的公式，即有

$$dN_2 = \frac{N_1}{b}\left[\frac{x_1}{f}db_z + \left(f + \frac{x_1(x_1-b)}{f}\right)d\varphi_2 + \frac{x_1 y_1}{f}d\omega_2 - y_1 d\kappa_2\right] \quad (6-77)$$

将式（6-76）、式（6-77）和式（6-72）代入式（6-71），并顾及 $N_2 \approx N_1$，则得

$$\left.\begin{aligned}
d\Delta X_1 &= N_1 \frac{x_1}{b}\left(f + \frac{(x_1-b)^2}{f}\right)d\varphi_2 + \frac{y_1(x_1-b)}{f}d\omega_2 - y_1 d\kappa_2 + \frac{(x_1-b)}{f}db_z \\
d\Delta Y_1 &= N_1 \frac{y_1}{b}\left\{\left[f + \frac{(x_1-b)(2x_1-b)}{2f}\right]d\varphi_2 + \left[\frac{y_1(2x_1-b)}{2f} + \frac{fb}{2y_1}\right]d\omega_2 \right. \\
&\quad \left. -\left[y_1 - \frac{b(x_1-b)}{2y_1}\right]d\kappa_2 + \frac{(2x_1-b)}{2f}db_z\right\} \\
d\Delta Z_1 &= -N_1 \frac{f}{b}\left[\left(f + \frac{(x_1-b)^2}{f}\right)d\varphi_2 + \frac{y_1(x_1-b)}{f}d\omega_2 - y_1 d\kappa_2 + \frac{(x_1-b)}{f}db_z\right]
\end{aligned}\right\} \quad (6-78)$$

6.2.3　利用共线条件方程的前方交会

1. 线性法前方交会

已知共线条件方程的形式为

$$\left.\begin{aligned}
x - x_0 &= -f\frac{a_1(X-X_S) + b_1(Y-Y_S) + c_1(Z-Z_S)}{a_3(X-X_S) + b_3(Y-Y_S) + c_3(Z-Z_S)} \\
y - y_0 &= -f\frac{a_2(X-X_S) + b_2(Y-Y_S) + c_2(Z-Z_S)}{a_3(X-X_S) + b_3(Y-Y_S) + c_3(Z-Z_S)}
\end{aligned}\right\} \quad (6-79)$$

上式经过变换可得

$$\left.\begin{aligned}
(x-x_0)&\left[a_3(X-X_S) + b_3(Y-Y_S) + c_3(Z-Z_S)\right] \\
&= -f\left[a_1(X-X_S) + b_1(Y-Y_S) + c_1(Z-Z_S)\right] \\
(y-y_0)&\left[a_3(X-X_S) + b_3(Y-Y_S) + c_3(Z-Z_S)\right] \\
&= -f\left[a_2(X-X_S) + b_2(Y-Y_S) + c_2(Z-Z_S)\right]
\end{aligned}\right\} \quad (6-80)$$

整理可得

$$\left.\begin{array}{l} l_1X + l_2Y + l_3Z - l_x = 0 \\ l_4X + l_5Y + l_6Z - l_y = 0 \end{array}\right\} \qquad (6\text{-}81)$$

式中，l_1、…、l_6、l_x、l_y 的具体形式如下

$$\left.\begin{array}{l} l_1 = fa_1 + (x - x_0)a_3 \\ l_2 = fb_1 + (x - x_0)b_3 \\ l_3 = fc_1 + (x - x_0)c_3 \\ l_x = fa_1X_S + fb_1Y_S + fc_1Z_S + (x - x_0)a_3X_S + (x - x_0)b_3Y_S + (x - x_0)c_3Z_S \\ l_4 = fa_2 + (y - y_0)a_3 \\ l_5 = fb_2 + (y - y_0)a_3 \\ l_6 = fc_2 + (y - y_0)a_3 \\ l_y = fa_2X_S + fb_2Y_S + fc_2Z_S + (y - y_0)a_3X_S + (y - y_0)b_3Y_S + (y - y_0)c_3Z_S \end{array}\right\} \qquad (6\text{-}82)$$

左、右影像上一对同名点按照式（6-79）可列出 4 个线性方程式，用最小二乘法求解该空间点的未知地面坐标 (X, Y, Z)。若一个空间点同时在 n 幅影像成像，则可列出 $2n$ 个线性方程式进行求解。由于方程组是线性的，不需要空间坐标的初值，不用迭代求解。因为已知条件是影像的内外方位元素，因此该方法通常用于地面点坐标的求解。

2. 光束法前方交会

光束法前方交会同样是基于共线条件方程，根据已知内方位元素和外方位元素的两幅或两幅以上的影像，把待定点的影像坐标作为观测值，解求待定点物方空间坐标的过程[2]。与线性法前方交会不同的是，光束法前方交会是将共线条件方程看作地面点坐标 (X, Y, Z) 的函数，将其进行线性化后，得到关于地面点三维坐标改正数 (dX, dY, dZ) 的线性化表达式，通过迭代解算得到待定地面点的三维坐标。

已知：

$$\left.\begin{array}{l} F_X = x - x_0 + f\dfrac{a_1(X - X_S) + b_1(Y - Y_S) + c_1(Z - Z_S)}{a_3(X - X_S) + b_3(Y - Y_S) + c_3(Z - Z_S)} \\[4mm] F_Y = y - y_0 + f\dfrac{a_2(X - X_S) + b_2(Y - Y_S) + c_2(Z - Z_S)}{a_3(X - X_S) + b_3(Y - Y_S) + c_3(Z - Z_S)} \end{array}\right\} \qquad (6\text{-}83)$$

将上式线性化，可得误差方程式：

$$\left.\begin{array}{l} v_X = -\dfrac{\partial F_X}{\partial X}dX - \dfrac{\partial F_X}{\partial Y}dY - \dfrac{\partial F_X}{\partial Z}dZ - F_X^0 \\[4mm] v_Y = -\dfrac{\partial F_Y}{\partial X}dX - \dfrac{\partial F_Y}{\partial Y}dY - \dfrac{\partial F_Y}{\partial Z}dZ - F_Y^0 \end{array}\right\} \qquad (6\text{-}84)$$

式中，F_X^0、F_Y^0 是将地面点坐标初值 (X_0, Y_0, Z_0) 代入式（6-83）计算得到的常数项。

式（6-84）用矩阵形式表达为

$$V = C\Delta - L \qquad (6\text{-}85)$$

式中：

$$\left.\begin{aligned}
V &= \begin{bmatrix} v_X & v_Y \end{bmatrix}^{\mathrm{T}} \\
\Delta &= \begin{bmatrix} dX & dY & dZ \end{bmatrix}^{\mathrm{T}} \\
L &= \begin{bmatrix} F_X^0 & F_Y^0 \end{bmatrix}^{\mathrm{T}} \\
C &= \begin{bmatrix}
-\dfrac{\partial F_X}{\partial X} & -\dfrac{\partial F_X}{\partial Y} & -\dfrac{\partial F_X}{\partial Z} \\[2mm]
-\dfrac{\partial F_Y}{\partial X} & -\dfrac{\partial F_Y}{\partial Y} & -\dfrac{\partial F_Y}{\partial Z}
\end{bmatrix}
\end{aligned}\right\} \qquad (6\text{-}86)$$

法方程解为

$$\Delta = \left(C^{\mathrm{T}} C \right)^{-1} C^{\mathrm{T}} L \qquad (6\text{-}87)$$

地面点坐标初值 (X_0, Y_0, Z_0) 可通过点投影系数法前方交会得到。该方法每次答解的是坐标改正值 (dX, dY, dZ)，因此需要对初值改正后，迭代答解最终的坐标值 (X, Y, Z)。

利用共线条件方程的前方交会方法不受影像数量约束，可实现多影像空间前方交会，有效提高精度。

6.3　立体像对的绝对定向

立体像对相对定向完成之后，相应光线在各自的核面内成对相交，交点就是模型点，所有模型点的集合便形成了一个与实物相似的立体模型—几何模型。模型点在摄影测量坐标系中的坐标，可用空间前方交会的方法计算，但由于几何模型在物方空间坐标系（如地辅坐标系）中的方位未知，比例尺也是任意的，要想从模型坐标计算出对应地面点的物方空间坐标，必须确定立体模型在规定的物方空间坐标系中的方位和比例因子，即求解出几何模型的绝对方位元素。解算绝对方位元素的工作就是立体像对（几何模型）的绝对定向。

6.3.1　绝对定向方程

求解 7 个绝对方位元素，首先需要建立由绝对方位元素构成的函数，称为绝对定向方程。如 5.3.2 小节所述，7 个绝对方位元素包括三个平移量 X_D、Y_D、Z_D，三个旋转量 $\varPhi$、$\varOmega$、K 和一个比例尺缩放系数 B，如果几何模型的基线长度为 B'，设 $\lambda = B/B'$，则 λ 就是模型比例因子，可以用于替代 B，此时 7 个绝对方位元素就可写成 X_D、Y_D、Z_D、$\varPhi$、$\varOmega$、K、λ。模型点在摄影坐标系中坐标 (X, Y, Z) 与对应地面点的物方空间坐标系（通常是指地辅坐标系）(X_T, Y_T, Z_T) 之间变换关系可以表达为

$$\begin{bmatrix} X_T \\ Y_T \\ Z_T \end{bmatrix} = \lambda \begin{bmatrix} a_1 & a_2 & a_3 \\ b_1 & b_2 & b_3 \\ c_1 & c_2 & c_3 \end{bmatrix} \begin{bmatrix} X \\ Y \\ Z \end{bmatrix} + \begin{bmatrix} X_D \\ Y_D \\ Z_D \end{bmatrix} \tag{6-88}$$

式中，旋转矩阵 M 中的方向余弦 a_i、b_i、c_i 是角元素 $\varPhi$、$\varOmega$、K 的函数。若已知 7 个绝对方位元素，根据式（6-88）就可以将模型点的模型坐标（X，Y，Z）变换为地面点的地辅系坐标（X_T，Y_T，Z_T）。由于这种变换前后模型的几何形状相似，所以把这种变换称为空间相似变换。

分析式（6-88）可知，想要求解空间相似变换的 7 个变换参数（绝对方位元素），必须已知一定数量的控制点（即模型点的摄测坐标及其相应地面点的地辅坐标已知的点），每个控制点列出绝对定向方程，当方程数多于要求解的未知数（绝对方位元素），便可实现求解。因此式（6-88）也是绝对定向的数学基础，也称为绝对定向方程。

要解算 7 个绝对方位元素，至少需要列出 7 个方程，1 个平高控制点可以列 3 个方程，3 个平高控制点可列出 9 个方程，满足解算要求。为了保证方程的独立性，3 个控制点不能位于一条直线上；为了保证精度和可靠性，实际作业时通常使用 4 个或 4 个以上平高控制点进行绝对定向，且控制点均匀分布在几何模型四个角附近，位于航向和旁向模型重叠中线上最理想。

通常把解算空间相似变换 7 个变换参数的工作，就叫作几何模型的绝对定向。或者说，确定立体像对绝对方位元素的过程，叫作绝对定向。由于式（6-88）所表达的相似变换是 7 个绝对方位元素的非线性函数，要使用最小二乘法平差运算解算 7 个绝对方位元素，必须将式（6-88）线性化。

设绝对方位元素的初值为 X_D^0、Y_D^0、Z_D^0、$\varPhi^0$、$\varOmega^0$、K^0、λ^0，相应的改正数为 $\mathrm{d}X_D$、$\mathrm{d}Y_D$、$\mathrm{d}Z_D$、$\mathrm{d}\varPhi$、$\mathrm{d}\varOmega$、$\mathrm{d}K$、$\mathrm{d}\lambda$，将式（6-88）在初值附近按泰勒级数展开取一次项，可得

$$F = F^0 + \frac{\partial F}{\partial \lambda}\mathrm{d}\lambda + \frac{\partial F}{\partial \varPhi}\mathrm{d}\varPhi + \frac{\partial F}{\partial \varOmega}\mathrm{d}\varOmega + \frac{\partial F}{\partial K}\mathrm{d}K + \frac{\partial F}{\partial X_D}\mathrm{d}X_D + \frac{\partial F}{\partial Y_D}\mathrm{d}Y_D + \frac{\partial F}{\partial Z_D}\mathrm{d}Z_D \tag{6-89}$$

式中，F^0 是将绝对方位元素初值代入式（6-88）计算得到的值。

考虑到外方位角元素通常为小角，因此式（6-88）可近似表达为

$$\begin{bmatrix} X_T \\ Y_T \\ Z_T \end{bmatrix} = \lambda \begin{bmatrix} 1 & -K & -\varPhi \\ K & 1 & -\varOmega \\ \varPhi & \varOmega & 1 \end{bmatrix} \begin{bmatrix} X \\ Y \\ Z \end{bmatrix} + \begin{bmatrix} X_D \\ Y_D \\ Z_D \end{bmatrix} \tag{6-90}$$

对式（6-90）按式（6-89）展开取一次项，可得

$$\begin{bmatrix} X_T \\ Y_T \\ Z_T \end{bmatrix} = \lambda^0 M^0 \begin{bmatrix} X \\ Y \\ Z \end{bmatrix} + \begin{bmatrix} X_D^0 \\ Y_D^0 \\ Z_D^0 \end{bmatrix} + \lambda \begin{bmatrix} \mathrm{d}\lambda & -\mathrm{d}K & -\mathrm{d}\varPhi \\ \mathrm{d}K & \mathrm{d}\lambda & -\mathrm{d}\varOmega \\ \mathrm{d}\varPhi & \mathrm{d}\varOmega & \mathrm{d}\lambda \end{bmatrix} \begin{bmatrix} X \\ Y \\ Z \end{bmatrix} + \begin{bmatrix} \mathrm{d}X_D \\ \mathrm{d}Y_D \\ \mathrm{d}Z_D \end{bmatrix} \tag{6-91}$$

式中，M^0 是将初值 $\varPhi^0$、$\varOmega^0$、K^0 代入旋转矩阵 M 后的计算值。

式（6-91）写成误差方程式有：

$$\begin{bmatrix} v_X \\ v_Y \\ v_Z \end{bmatrix} = \begin{bmatrix} 1 & 0 & 0 & X & -Z & 0 & -Y \\ 0 & 1 & 0 & Y & 0 & -Z & X \\ 0 & 0 & 1 & Z & X & Y & 0 \end{bmatrix} \begin{bmatrix} \mathrm{d}X_D \\ \mathrm{d}Y_D \\ \mathrm{d}Z_D \\ \mathrm{d}\lambda \\ \mathrm{d}\Phi \\ \mathrm{d}\Omega \\ \mathrm{d}K \end{bmatrix} - \begin{bmatrix} l_X \\ l_Y \\ l_Z \end{bmatrix} \tag{6-92}$$

式中，$\begin{bmatrix} l_X \\ l_Y \\ l_Z \end{bmatrix} = \begin{bmatrix} X_T \\ Y_T \\ Z_T \end{bmatrix} - \lambda^0 M^0 \begin{bmatrix} X \\ Y \\ Z \end{bmatrix} - \begin{bmatrix} X_D^0 \\ Y_D^0 \\ Z_D^0 \end{bmatrix}$。

误差方程式（6-92）可用矩阵符号表示为

$$V = AX - L \tag{6-93}$$

式中：

$$\left. \begin{aligned} A &= \begin{bmatrix} 1 & 0 & 0 & X & -Z & 0 & -Y \\ 0 & 1 & 0 & Y & 0 & -Z & X \\ 0 & 0 & 1 & Z & X & Y & 0 \end{bmatrix} \\ X &= \begin{bmatrix} \mathrm{d}X_D & \mathrm{d}Y_D & \mathrm{d}Z_D & \mathrm{d}\lambda & \mathrm{d}\Phi & \mathrm{d}\Omega & \mathrm{d}K \end{bmatrix}^{\mathrm{T}} \\ L &= \begin{bmatrix} l_X & l_Y & l_Z \end{bmatrix}^{\mathrm{T}} \end{aligned} \right\} \tag{6-94}$$

由误差方程式可组成法方程式：

$$A^{\mathrm{T}} P A X = A^{\mathrm{T}} P L \tag{6-95}$$

从而解算出绝对方位元素：

$$X = \left(A^{\mathrm{T}} P A \right)^{-1} A^{\mathrm{T}} P L \tag{6-96}$$

式中，P 为权矩阵。

由于式（6-92）是线性近似式，按最小二乘法求解的是绝对方位元素初值的改正值，所以绝对方位元素的解算必须有一个迭代改正的过程。迭代初值的选择很重要，初值选得精确，可以加速收敛，减少迭代次数，减少计算量。绝对定向元素初值的取值要根据具体情况而定，在近似垂直摄影的情况下，模型的倾斜角很小，可取 $\Phi^0 = 0$、$\Omega^0 = 0$、$K^0 = 0$，λ^0 可由两个已知控制点的实地距离和其相应模型上的距离之比来确定，即

$$\lambda^0 = \frac{\sqrt{\left(X_{T1} - X_{T2} \right)^2 + \left(Y_{T1} - Y_{T2} \right)^2 + \left(Z_{T1} - Z_{T2} \right)^2}}{\sqrt{\left(X_1 - X_2 \right)^2 + \left(Y_1 - Y_2 \right)^2 + \left(Z_1 - Z_2 \right)^2}} \tag{6-97}$$

式中，$(X_{Ti}$，Y_{Ti}，$Z_{Ti})$ 是地面点的地辅系坐标，$(X_i$，Y_i，$Z_i)$ 是对应模型点的模型坐标。

6.3.2 重心化坐标在绝对定向中的应用

如果有 n（$n>3$）个平高控制点，则可按照式（6-92）列出 n 组误差方程式，误差方程式法化后得到的法方程式的系数矩阵和常数项如表 6-1 所示。

表 6-1 法方程式的系数矩阵及其常数项

dX_D	dY_D	dZ_D	$d\lambda$	$d\Omega$	$d\Phi$	dK	常数项
n	0	0	$[X]$	0	$-[Z]$	$-[Y]$	$[l_X]$
0	n	0	$[Y]$	$-[Z]$	0	$[X]$	$[l_Y]$
0	0	n	$[Z]$	$[Y]$	$[X]$	0	$[l_Z]$
$[X]$	$[Y]$	$[Z]$	$\left[X^2+Y^2+Z^2\right]$	0	0	0	$[Xl_X+Yl_Y+Zl_Z]$
0	$-[Z]$	$[Y]$	0	$\left[Y^2+Z^2\right]$	$[XY]$	$-[XZ]$	$[-Zl_Y+Yl_Z]$
$-[Z]$	0	$[X]$	0	$[XY]$	$\left[X^2+Z^2\right]$	$[YZ]$	$[-Zl_X+Xl_Z]$
$-[Y]$	$[X]$	0	0	$-[XZ]$	$[YZ]$	$\left[X^2+Z^2\right]$	$[-Yl_X+Xl_Y]$

注：符号 [ ] 表示求和，即 $[X]=\sum_{i=1}^{n}X_i$。

为了简化法方程式解算，可以把摄测坐标系的原点和地面坐标系的原点都平移到参加绝对定向的 n 个控制点的几何重心上去。

重心点的摄测坐标计算公式为

$$\left.\begin{aligned} \dot{X} &= \frac{1}{n}\sum_{i=1}^{n}X_i \\ \dot{Y} &= \frac{1}{n}\sum_{i=1}^{n}Y_i \\ \dot{Z} &= \frac{1}{n}\sum_{i=1}^{n}Z_i \end{aligned}\right\} \tag{6-98}$$

重心点的地面坐标计算公式为

$$\left.\begin{aligned} \dot{X}_T &= \frac{1}{n}\sum_{i=1}^{n}X_{Ti} \\ \dot{Y}_T &= \frac{1}{n}\sum_{i=1}^{n}Y_{Ti} \\ \dot{Z}_T &= \frac{1}{n}\sum_{i=1}^{n}Z_{Ti} \end{aligned}\right\} \tag{6-99}$$

以控制点几何重心为原点的坐标称为重心化坐标。模型点的重心化摄测坐标 $(\bar{X},\bar{Y},\bar{Z})$ 为

$$\begin{bmatrix} \overline{X} \\ \overline{Y} \\ \overline{Z} \end{bmatrix} = \begin{bmatrix} X \\ Y \\ Z \end{bmatrix} - \begin{bmatrix} \dot{X} \\ \dot{Y} \\ \dot{Z} \end{bmatrix} \qquad (6\text{-}100)$$

地面点的重心化地辅坐标 $\left(\overline{X}_T, \overline{Y}_T, \overline{Z}_T \right)$ 为

$$\begin{bmatrix} \overline{X}_T \\ \overline{Y}_T \\ \overline{Z}_T \end{bmatrix} = \begin{bmatrix} X_T \\ Y_T \\ Z_T \end{bmatrix} - \begin{bmatrix} \dot{X}_T \\ \dot{Y}_T \\ \dot{Z}_T \end{bmatrix} \qquad (6\text{-}101)$$

下式证明参加定向的 n 个控制点的重心化摄测坐标之和等于零，即 $\left[\overline{X} \right] = \left[\overline{Y} \right] = \left[\overline{Z} \right] = 0$。

$$\left[\overline{X} \right] = \sum_{i=1}^{n} \overline{X}_i = \sum_{i=1}^{n} \left(X_i - \dot{X} \right) = \sum_{i=1}^{n} X_i - n\dot{X} = \sum_{i=1}^{n} X_i - n \cdot \frac{1}{n} \sum_{i=1}^{n} X_i = 0 \qquad (6\text{-}102)$$

同理可证明 $\left[\overline{Y} \right] = \left[\overline{Z} \right] = 0$。

同样，参加定向的 n 个控制点的重心化地辅坐标之和等于零，即 $\left[\overline{X}_T \right] = \left[\overline{Y}_T \right] = \left[\overline{Z}_T \right] = 0$。下面证明 $\left[l_X \right] = \left[l_Y \right] = \left[l_Z \right] = 0$。

已知：

$$l_X = \overline{X}_T - \lambda^0 a_1^0 \overline{X} - \lambda^0 a_2^0 \overline{Y} - \lambda^0 a_3^0 \overline{Z} - X_{D_0} \qquad (6\text{-}103)$$

式中，a_1^0、a_2^0、a_3^0 是将绝对方位元素角元素初值代入旋转矩阵方向余弦后计算得到的值。因为坐标重心化后，摄测系原点和地辅系原点重合，因此 $X_{D_0} = 0$，于是：

$$\left[l_X \right] = \left[\overline{X}_T \right] - \lambda^0 a_1^0 \left[\overline{X} \right] - \lambda^0 a_2^0 \left[\overline{Y} \right] - \lambda^0 a_3^0 \left[\overline{Z} \right] \qquad (6\text{-}104)$$

已证明 $\left[\overline{X}_T \right] = 0$，$\left[\overline{X} \right] = \left[\overline{Y} \right] = \left[\overline{Z} \right] = 0$，因此 $\left[l_X \right] = 0$，同理可证 $\left[l_Y \right] = \left[l_Z \right] = 0$。

于是，重心化坐标后，法方程式的系数矩阵及常数项为表 6-2 所示。

表 6-2　重心化坐标后的法方程式的系数矩阵及常数项

dX_D	dY_D	dZ_D	$d\lambda$	$d\Omega$	$d\Phi$	dK	常数项
n	0	0	0	0	0	0	0
0	n	0	0	0	0	0	0
0	0	n	0	0	0	0	0
0	0	0	$\left[\overline{X}^2 + \overline{Y}^2 + \overline{Z}^2 \right]$	0	0	0	$\left[\overline{X} l_X + \overline{Y} l_Y + \overline{Z} l_Z \right]$
0	0	0	0	$\left[\overline{Y}^2 + \overline{Z}^2 \right]$	$\left[\overline{XY} \right]$	$-\left[\overline{XZ} \right]$	$\left[-\overline{Z} l_Y + \overline{Y} l_Z \right]$
0	0	0	0	$\left[\overline{XY} \right]$	$\left[\overline{X}^2 + \overline{Z}^2 \right]$	$\left[\overline{YZ} \right]$	$\left[-\overline{Z} l_X + \overline{X} l_Z \right]$
0	0	0	0	$-\left[\overline{XZ} \right]$	$\left[\overline{YZ} \right]$	$\left[\overline{X}^2 + \overline{Z}^2 \right]$	$\left[-\overline{Y} l_X + \overline{X} l_Y \right]$

此时，法方程式得到简化，前四个未知数可以独立求解，即

$$
\left.
\begin{aligned}
&\mathrm{d}X_D = 0 \\
&\mathrm{d}Y_D = 0 \\
&\mathrm{d}Z_D = 0 \\
&\mathrm{d}\lambda = \frac{\left[\bar{X}l_X + \bar{Y}l_Y + \bar{Z}l_Z\right]}{\left[\bar{X}^2 + \bar{Y}^2 + \bar{Z}^2\right]}
\end{aligned}
\right\}
\tag{6-105}
$$

这时仅仅需要使用三阶的法方程式迭代答解 $\mathrm{d}\varPhi$、$\mathrm{d}\varOmega$、$\mathrm{d}K$，极大地减少了绝对定向的计算量。

6.3.3　绝对定向的计算过程

（1）读入控制点数据，即各个控制点的地面坐标 $(X_T,\ Y_T,\ Z_T)$ 及相应模型点的摄测坐标（或称模型坐标）$(X,\ Y,\ Z)$。

（2）控制点数据坐标重心化。

（3）确定绝对定向元素的初值。在近似垂直摄影的情况下，可取 $\varPhi^0 = \varOmega^0 = K^0 = 0$，$\lambda^0$ 可由两个相距最远的控制点间的实地距离与其相应模型点的距离之比来确定。

（4）由 3 个角元素 $\varPhi$、$\varOmega$、K 的初值按式（4-3）构成旋转矩阵 M。

（5）按下式逐点计算 l_X、l_Y、l_Z。

$$
\begin{bmatrix} l_X \\ l_Y \\ l_Z \end{bmatrix}_i
= \begin{bmatrix} \bar{X}_T \\ \bar{Y}_T \\ \bar{Z}_T \end{bmatrix}_i
- \lambda^0 \begin{bmatrix} a_1 & a_2 & a_3 \\ b_1 & b_2 & b_3 \\ c_1 & c_2 & c_3 \end{bmatrix}^0
\begin{bmatrix} \bar{X} \\ \bar{Y} \\ \bar{Z} \end{bmatrix}_i
\quad (i = 1, 2, \cdots, n)
\tag{6-106}
$$

（6）按式（6-105）计算 $\mathrm{d}\lambda$，用 $\mathrm{d}\lambda$ 改正初值 λ^0，即

$$
\lambda = \lambda^0 + \mathrm{d}\lambda
\tag{6-107}
$$

（7）按表 6-2 组成并求解法方程，求出 $\mathrm{d}\varPhi$、$\mathrm{d}\varOmega$、$\mathrm{d}K$。

（8）计算改正后的绝对定向元素

$$
\left.
\begin{aligned}
&\varPhi_{j+1} = \varPhi_j + \mathrm{d}\varPhi \\
&\varOmega_{j+1} = \varOmega_j + \mathrm{d}\varOmega \\
&K_{j+1} = K_j + \mathrm{d}K
\end{aligned}
\right\}
\tag{6-108}
$$

式中，j 是迭代次数。

（9）重复（4）至（8）步，直到绝对定向元素的改正数小于限差时为止。

6.3.4　绝对定向元素、相对定向元素和影像外方位元素之间联系

通过 3.3 节、5.3 节内容描述，我们了解了影像外方位元素、立体像对的相对定向（方

位）元素和绝对定向（方位）元素，这些方位元素之间有什么联系吗？

首先，看它们的区别：航摄影像的外方位元素、立体像对相对定向和绝对定向元素都是描述摄影瞬间航摄影像或立体像对位置和姿态的参数，2 张影像的外方位元素（X_{s1}，Y_{s1}，Z_{s1}，φ_1，ω_1，κ_1）和（X_{s2}，Y_{s2}，Z_{s2}，φ_2，ω_2，κ_2）就是描述左、右影像在摄影瞬间的绝对位置和姿态的参数；相对定向（方位）元素（τ、υ、$\Delta\varphi$、$\Delta\omega$、$\Delta\kappa$）或（τ_1、κ_1^0、ε、τ_2、κ_2^0）则是描述立体像对（或几何模型）中两张影像相对位置和姿态关系的参数；绝对定向（方位）元素（X_0、Y_0、Z_0、$\varPhi$、$\varOmega$、K、λ）是描述立体像对（或几何模型）在摄影瞬间的绝对位置和姿态的参数。所以外方位元素和绝对定向元素都是描述影像或立体模型绝对位置和姿态，只有相对定向元素描述的是立体像对相对位置和姿态。

其次，看它们的关系：从各类元素的数量看，一个立体像对 2 张影像共有 12 个外方位元素，而一个立体像对的相对定向元素共有 5 个，绝对定向元素共 7 个，从元素的数量和作用的角度可认为：一个立体像对 12 个外方位元素=5 个相对定向元素+7 个绝对定向元素。

最后，看它们的联系：利用这三组元素可以建立起像点坐标和地面点坐标之间的两条关系实现路径，如图 6-8 所示，第一种途径，利用立体像对两张影像的内、外方位元素，通过空间前方交会可以实现由像点坐标求得地面点坐标，反过来利用单像空间后方交会可以由地面点坐标和像点坐标解求外方位元素；第二种途径，利用立体像对相对定向确定相对方位元素，通过空间前方交会可以确立几何模型的坐标，再通过绝对定向元素，进而确定模型点对应的地面点坐标。

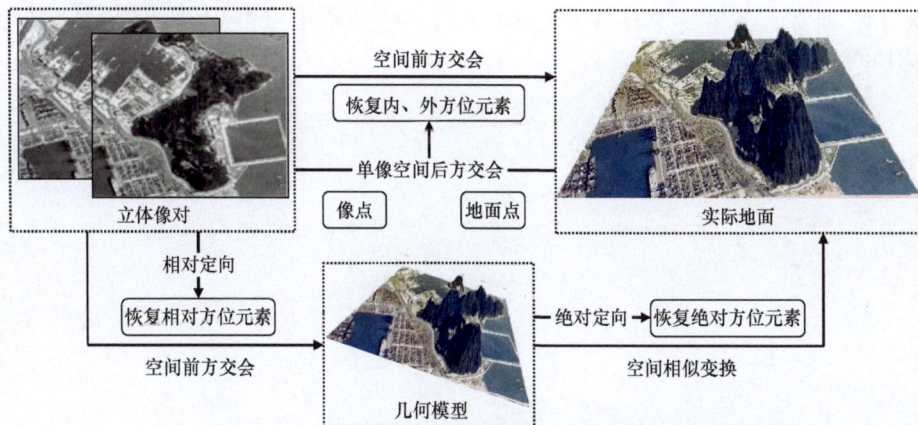

图 6-8　影像外方位元素、立体像对相对和绝对方位元素关系

思　考　题

1. 什么叫相对定向？阐述共面条件方程向量表达式的几何含义。

2. 写出连续像对和单独像对的共面条件方程坐标分量表达式，并标明式中字符含义。

3. 写出连续像对相对方位元素的计算过程，并写出相对定向对同名像点选取的要求。

4. 什么叫空间前方交会？空间前方交会点投影系数公式中计算投影系数一般用哪个公式？为什么？

5. 为什么利用投影系数计算物方空间点的 Y 方向坐标分量 ΔY_1 和 ΔY_2 时，需要将利用投影系数 N_1 和 N_2 计算的结果取平均？

6. 写出利用连续像对相对方位元素计算模型坐标的过程。

7. 写出空间前方交会公式计算模型点坐标的过程，计算模型坐标和地面坐标的主要区别是什么？

8. 什么是绝对定向？写出绝对定向方程，并标明式中字符含义。

9. 绝对定向时，坐标重心化的目的是什么？坐标重心化后可以降低对控制点的要求吗？

10. 写出绝对定向的计算过程，并说明该过程对控制点的要求。

11. 画图描述像片外方位元素、立体像对相对和绝对方位元素之间的关系。

本章参考文献

[1] 龚涛. 摄影测量学[M]. 成都: 西南交通大学出版社, 2014.

[2] 张剑清, 胡安文. 多基线摄影测量前方交会方法及精度分析[J]. 武汉大学学报信息科学版, 2007, 32(10): 847-851.

第7章 数字空中三角测量

7.1 空中三角测量基本思想

如前面章节所述，摄影测量作业时，无论是单像空间后方交会，还是立体像对的绝对定向，都需要一定数量的控制点。例如单像空间后方交会需要一张影像上至少有4个不在一条直线上的控制点才能解算影像的外方位元素；一个立体像对（两张影像）进行绝对定向，也需要不少于4个控制点。而一个摄影测量的作业区域，通常是由若干条航线构成，每个航线由若干个立体像对构成。也就是说在整个摄影测量作业区域内需要大量的地面控制点才能满足从像点坐标求取地面点坐标的要求。如果地面控制点都到实地去测量，作业成本将会急剧增加，作业效率也非常低。尽量减少野外测量（如测量控制点）工作，是摄影测量的一个永恒主题。那有没有一种方法，可以不到实地进行测量就能获取测图所需的大量地面控制点呢？这就是空中三角测量所要解决的问题，即利用少量的外业实测的控制点确定全部影像的外方位元素，加密出测图所需的控制点。

空中三角测量是依据摄影影像与所摄物体（如地面）之间存在的几何关系，利用少量的野外控制数据和影像上的观测数据，在室内加密出大量测图所需的控制点数据，以及测定影像的方位元素的作业方法。其基本过程是利用连续摄取的具有一定重叠的影像，按照摄影测量学的理论和方法，建立同实地相应的航带模型或区域模型（包括模拟的或数字的），从而获取待测点（俗称加密点）的平面坐标和高程。

空中三角测量可分为两大类：一是单航带空中三角测量；二是区域网空中三角测量，亦称为区域网平差。区域网空中三角测量主要包括三种方法：航带法区域网空中三角测量、独立模型法区域网空中三角测量和光束法区域网空中三角测量。

7.2 单航带空中三角测量

单航带空中三角测量研究的对象是一条航带，基本思路是首先对立体像对进行相对定向形成单个几何模型；然后利用相邻模型间的重叠区域将单个模型连接起来，形成整条航带模型；最后对整条航带模型进行绝对定向后，便可得到模型点所对应地面点的物方空间坐标，达到加密控制点的目的。即首先要把许多立体像对所构成的单个模型连接成航带模型，然后把一个航带模型视为一个单元模型进行解析处理。由于在单个模型连成航带模型的过程中，各单个模型中的偶然误差和残余的系统误差将传递到下一个模型中去，这些误差传递累积的结果会使航带模型产生扭曲变形，所以航带模型经绝对定向以后，还需对模型进行非线性变形改正，才能得到满足精度要求的加密控制点，这便是单航带空中三角测量的基本思想。

航带法空中三角测量的主要工作流程为：①像点坐标的量测和系统误差改正；②像对的相对定向；③单模型连接形成航带模型；④航带模型的绝对定向；⑤航带模型的非线性变形改正。

其中像点坐标系统误差改正、相对定向和绝对定向等方法前面章节已经进行过详细介绍，本节重点介绍单模型连接形成航带模型和航带模型的非线性变形改正两部分。

7.2.1　航带模型的构建

以连续像对相对定向系统为例，在一条航带内，以首张影像的像空系坐标为摄测系，通过立体像对相对定向，建立第一个任意比例尺的单模型。紧接着对第二个立体像对进行相对定向，建立第二个单模型。如图 7-1 所示，此时，第二个单模型是建立在立体像对左像空系的基础上的，即航带的第二张影像的像空系，且模型的大小也是任意的。因此，第一模型和第二个模型的坐标系原点、比例尺均不一样。

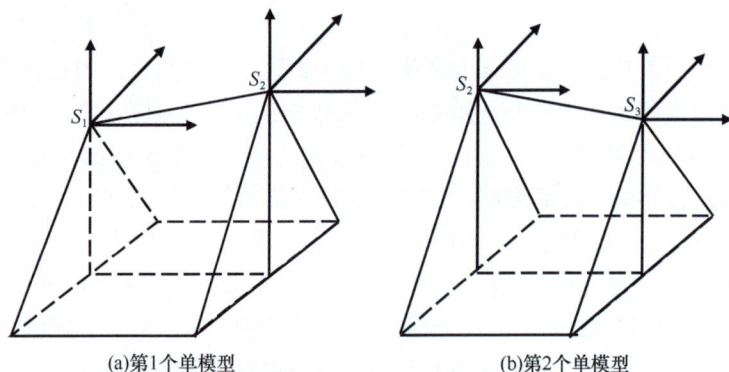

(a)第1个单模型　　　　　(b)第2个单模型

图 7-1　单模型的建立

因此，我们需要统一两个模型的坐标系原点和比例尺，实现两个模型的连接。

比例尺的统一是以相邻模型重叠部分的公共连接点的高程相等作为连接条件连接两个模型，如图 7-2 所示。首先在模型重叠部分分别找到三个同名连接点对，分别是 1、2 点，3、4 点和 5、6 点。根据摄站 S_2 与各连接点的 z 坐标差，可以计算出第二个模型比例尺的缩放系数 k，如式（7-1）：

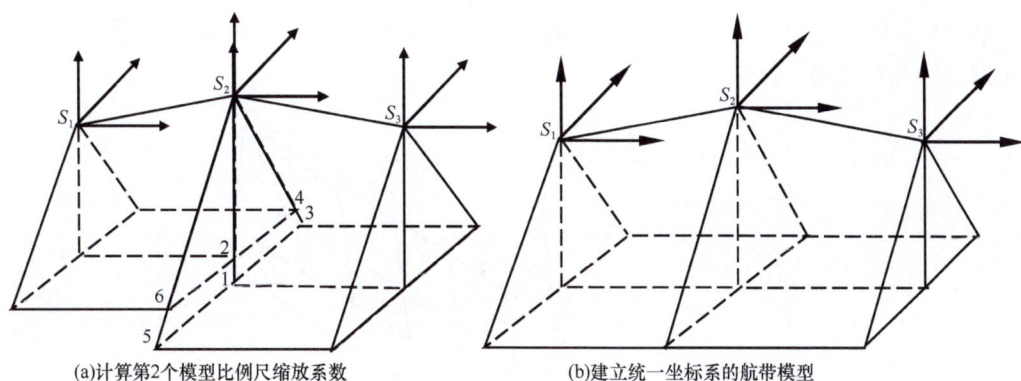

(a)计算第2个模型比例尺缩放系数　　　　(b)建立统一坐标系的航带模型

图 7-2　模型连接

$$
\left.
\begin{aligned}
\frac{S_2 4}{S_2 3} &= \frac{\left(Z_{S_2} - Z_4\right)}{\left(Z_{S_2} - Z_3\right)} \\[2mm]
\frac{S_2 2}{S_2 1} &= \frac{\left(Z_{S_2} - Z_2\right)}{\left(Z_{S_2} - Z_1\right)} \\[2mm]
\frac{S_2 6}{S_2 5} &= \frac{\left(Z_{S_2} - Z_6\right)}{\left(Z_{S_2} - Z_5\right)} \\[2mm]
k &= \frac{1}{3}\left(\frac{S_2 4}{S_2 3} + \frac{S_2 2}{S_2 1} + \frac{S_2 6}{S_2 5}\right)
\end{aligned}
\right\}
\qquad (7\text{-}1)
$$

式中，Z_i（$i=1$，$\cdots$，6）是公共连接点分别在各自模型上的高程 Z 坐标，Z_{S_2} 是第二个摄站的 Z 坐标。因为是连续像对相对方位元素系统，在构建第二个单模型时，摄站 S_2 保持不变，因此两个模型上的公共摄站 S_2 的 Z 坐标相等。通常情况下可利用三对连接点计算出 3 个缩放系数，然后取平均值得到最终的缩放系数 k。

　　求得模型比例尺归化系数 k 以后，后一模型中，每一个模型点的模型坐标及基线分量均乘以 k，就可获得与前一模型比例尺一致的坐标。在统一模型比例尺的基础上，将第二个模型的摄测坐标系坐标原点平移至航带第一张影像的摄站点。这样便完成了两个模型的连接。以此类推，可实现这条航带后续单模型的依次连接，最终建立起一个航带模型，且该航带模型的航带坐标系就是第一张影像的像空系 S_1—$x_1 y_1 z_1$。

7.2.2　航带模型的绝对定向

　　航带模型是以第一张影像的像空系为基础建立起来的，其绝对位置和模型比例尺是不确定的，因此需要根据已知地面控制点确定航带模型在地面坐标系中的正确位置和比例尺，把待定点的模型坐标转换为大地坐标，这一过程称为绝对定向，如图 7-3 所示。

与单元模型的绝对定向类似，航带模型的绝对定向也需要确定 7 个参数，计算方法与单元模型的绝对定向一样。

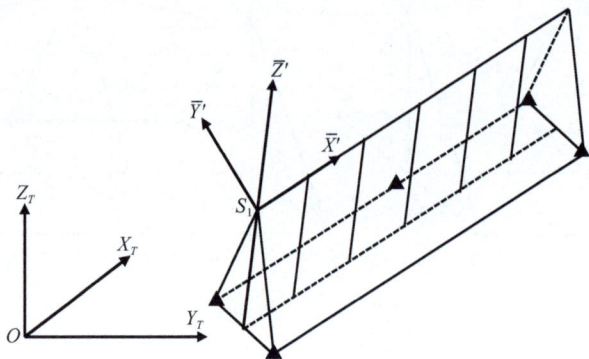

图 7-3 航带模型的绝对定向

7.2.3 航带模型的非线性变形改正

立体像对相对定向后形成的几何模型存在着残余系统误差和偶然误差，在模型连接中由于误差传递累积的影响，使航带模型产生扭曲变形。所以绝对定向后计算的地面坐标只是地面坐标的概略值。为此，还需利用控制点进行航带网的非线性变形改正。由于航带模型变形的原因很复杂，难以用数学公式准确描述，因此一般采用多项式曲面来拟合复杂的变形曲面。一般采用多项式来进行非线性变形改正。

航带模型在 Y 方向上只有一个模型的宽度，可以用线性一次项公式来拟合变形，而在 X 方向上航带模型比较长，至少需要二次多项式来拟合变形，因此多项式通常是 Y 的一次式，X 的次数则根据实际作业时航带模型的长度来选定。式（7-2）是二次多项式。

$$\left.\begin{aligned}
\delta X &= A_0 + A_1 X + A_2 Y + A_3 X^2 + A_4 XY \\
\delta Y &= B_0 + B_1 X + B_2 Y + B_3 X^2 + B_4 XY \\
\delta Z &= C_0 + C_1 X + C_2 Y + C_3 X^2 + C_4 XY
\end{aligned}\right\} \tag{7-2}$$

对于二次多项式共有 15 个待定参数，必须至少有 5 个平面高程控制点才能解决问题。为了平差计算，至少需要 6 个以上平面高程控制点。

如果航带较长，则可以采用三次多项式来拟合模型的扭曲变形［式（7-3）］。

$$\left.\begin{aligned}
\delta X &= A_0 + A_1 X + A_2 Y + A_3 X^2 + A_4 XY + A_5 X^3 + A_6 X^2 Y \\
\delta Y &= B_0 + B_1 X + B_2 Y + B_3 X^2 + B_4 XY + B_5 X^3 + B_6 X^2 Y \\
\delta Z &= C_0 + C_1 X + C_2 Y + C_3 X^2 + C_4 XY + C_5 X^3 + C_6 X^2 Y
\end{aligned}\right\} \tag{7-3}$$

实际作业时，可以把航带模型的绝对定向和非线性变形改正两个步骤合并，统一用非线性变形改正多项式来实现模型点的摄影测量坐标（X、Y、Z）向对应地面点的大地坐标（X_T、Y_T、Z_T）的变换。

$$\left.\begin{array}{l} X_T = X + \delta X \\ Y_T = Y + \delta Y \\ Z_T = Z + \delta Z \end{array}\right\} \tag{7-4}$$

式中，(X, Y, Z) 为模型点坐标，（X_T、Y_T、Z_T）是模型点所对应地面点的坐标，δX、δY、δZ 为航带模型点的非线性变形改正数。

根据式（7-4）列出误差方程式：

$$\left.\begin{array}{l} X_T - X - \delta X = v_X \\ Y_T - Y - \delta Y = v_Y \\ Z_T - Z - \delta Z = v_Z \end{array}\right\} \tag{7-5}$$

若航带内有 n 个控制点，当非线性变形改正多项式为二次项时，以 X 方向为例，误差方程式具体形式为

$$\left.\begin{array}{l} A_0 + A_1 X_1 + A_2 Y_1 + A_3 X_1^2 + A_4 X_1 Y_1 - l_{X_1} = -v_{X_1} \\ A_0 + A_2 X_2 + A_2 Y_2 + A_3 X_2^2 + A_4 X_2 Y_2 - l_{l_{X_2}} = -v_{X_2} \\ \vdots \\ A_0 + A_2 X_n + A_2 Y_n + A_3 X_n^2 + A_4 X_n Y_n - l_{X_n} = -v_{X_n} \end{array}\right\} \tag{7-6}$$

式中，$l_X = X_T - X$。

式（7-6）用矩阵符号的形式可表示为

$$V = AX - L \tag{7-7}$$

其中：

$$\left.\begin{array}{l} V = \begin{bmatrix} -v_{X_1} & -v_{X_2} & \cdots & -v_{X_n} \end{bmatrix}^{\mathrm{T}} \\[2mm] A = \begin{bmatrix} 1 & X_1 & Y_1 & X_1^2 & X_1 Y_1 \\ 1 & X_2 & Y_2 & X_2^2 & X_2 Y_2 \\ \vdots & \vdots & \vdots & \vdots & \vdots \\ 1 & X_n & Y_n & X_n^2 & X_n Y_n \end{bmatrix} \\[2mm] X = \begin{bmatrix} A_0 & A_1 & A_2 & A_3 & A_4 \end{bmatrix}^{\mathrm{T}} \\[2mm] L = \begin{bmatrix} l_{X_1} & l_{X_2} & \cdots & l_{X_n} \end{bmatrix} \end{array}\right\} \tag{7-8}$$

对误差方程（7-7）进行法化，得到法方程：

$$A^{\mathrm{T}} P A X = A^{\mathrm{T}} P L \tag{7-9}$$

解法方程，得到非线性改正参数 A_i（$i=1, \cdots, 4$）。

$$X = \left(A^{\mathrm{T}} P A\right)^{-1} A^{\mathrm{T}} P L \tag{7-10}$$

同理，可以解算出 B_i 和 C_i（$i=1, \cdots, 4$）。

解算出非线性变形改正参数 A_i、B_i、C_i 后，将航带上任意模型点的摄影测量坐标（X、Y、Z）代入式（7-4），便可以计算出对应地面点的大地坐标（X_T、Y_T、Z_T），该点就可作为加密控制点用于后续的摄影测量作业。

7.3 航带法区域网空中三角测量

摄影测量任务的区域通常是由多条航带构成，相邻航带之间具有一定的重叠度（平均 30%的重叠率），具有连接关系。单航带空中三角测量的最大特点，也是最大弱点就是：各条航线的空中三角测量过程是彼此独立地进行的，没有考虑到在一个测区内相邻航带（线）之间的几何联系。这使得相邻航带模型之间的衔接就变得比较复杂，要求作业员根据经验在相邻航带的同名连接点之间进行人工配差，并由此进行反复运算，从而降低了作业效率及加密精度。

7.3.1 基本思想

航带法区域网平差则是以单航带作为基本单元，把几条航带或一个测区作为一个解算的整体，同时求得每条航带的非线性变形改正参数及整个测区内全部待定加密点的大地坐标。

如图 7-4 所示，航带法区域网平差的基本思想是：首先按单航带空中三角测量的方法构成每条航带模型；然后用本航带的控制点及相邻航带的公共点，进行航带的空间相似变换，把整个区域内的各条航带都纳入到统一的摄影测量坐标系中；进而按非线性变形改正公式同时解算各航带的非线性变形改正系数及每个加密点的大地坐标。平差中所确定的各航线非线性变形改正参数，分别用于改正各航带模型的系统变形。

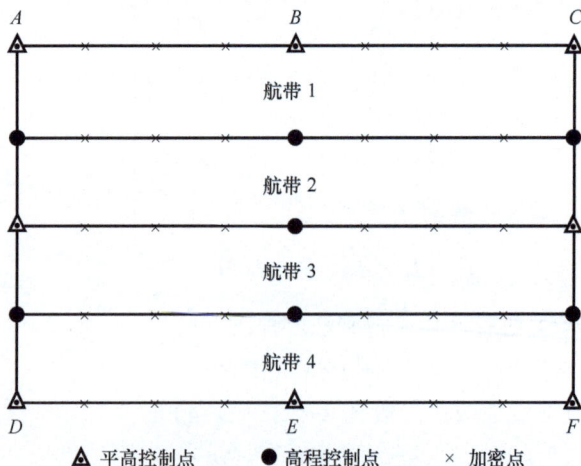

图 7-4 航带法区域网空中三角测量

就航带法区域网平差本身而论，它仍然是一种近似的方法，精度性能有限。但这种方法的计算量小，计算简单，对于小比例尺测图仍有一定的实用价值。此外，这种方法还可以用来为更严密的光束法区域网空中三角测量提供平差计算的初值。

1. 平差目的

在整个区域内，以航带模型连接点和控制点的航带坐标 (X, Y, Z) 为观测值，用平差的方法整体解算各航带模型的变形改正参数 (A_i, B_i, C_i)，以及各加密点的大地坐标 (X_D, Y_D, Z_D)。

2. 平差单元

单航带——将点的航带坐标视为观测值。

3. 理论模型

航带法区域网空中三角测量理论模型为多项式改正公式，参见式（7-2）、式（7-3）。

4. 平差条件

对于控制点满足控制条件：内业计算坐标 (X_T, Y_T, Z_T) 与外业坐标 (X_T', Y_T', Z_T') 应相等；对于连接点满足连接条件：相邻航带公共连接点的坐标 (X_T, Y_T, Z_T) 应相等。

航带法区域网空中三角测量计算过程中既要顾及相邻航带间公共点的坐标应相等（连接条件），控制点的内业计算坐标与它的外业坐标应相等（控制条件），又要使观测值改正数的平方和最小，因此其精度和作业效率要高于单航带空中三角测量。只位于一条航带上的加密点在平差中既没有连接作用，也没有控制作用，故不参加平差计算。

7.3.2　误差方程

在多条航带同时进行区域网平差时，在第 i 条航带上的外业控制点可列出一组误差方程式。

$$\left. \begin{array}{ll} X_T - X_i - \delta X_i = v_{X_i} & \text{权：} p \\ Y_T - Y_i - \delta Y_i = v_{Y_i} & \text{权：} p \\ Z_T - Z_i - \delta Z_i = v_{Z_i} & \text{权：} p \end{array} \right\} \tag{7-11}$$

式中，$(X_T、Y_T、Z_T)$ 是已知地面控制点的大地坐标，$(X_i、Y_i、Z_i)$ 是其在航带 i 上对应模型点的摄影测量坐标，对于控制点来说均为已知值。

位于航带 i 和航带 $i+1$ 重叠区域的公共点（连接点），可分别在对应航带中列出误差方程。

$$\left. \begin{aligned} X_T - X_i - \delta X_i = v_{X_i} \quad &权: 1 \\ Y_T - Y_i - \delta Y_i = v_{Y_i} \quad &权: 1 \\ Z_T - Z_i - \delta Z_i = v_{Z_i} \quad &权: 1 \end{aligned} \right\}, \quad \left. \begin{aligned} X_T - X_{i+1} - \delta X_{i+1} = v_{X_{i+1}} \quad &权: 1 \\ Y_T - Y_{i+1} - \delta Y_{i+1} = v_{Y_{i+1}} \quad &权: 1 \\ Z_T - Z_{i+1} - \delta Z_{i+1} = v_{Z_{i+1}} \quad &权: 1 \end{aligned} \right\} \quad (7\text{-}12)$$

式中，连接点的地面坐标(X_T、Y_T、Z_T)是未知值。

一般认为控制点的可信度比连接点高，对平差的贡献更大，因而式（7-10）中通常这里的权值 p 大于 1。按照式（7-11）、式（7-12）列出区域中所有参加平差的点的不同的误差方程式，依据最小二乘原理，在[pvv]=min（即余差的平方和最小）的条件下组法方程并答解，同时答解出各条航带的变形改正参数，以及所有连接点的地面坐标。

7.3.3　计算过程

航带法区域网空中三角测量的主要计算过程如下：

（1）建立自由比例尺的航带模型。各航带分别进行模型的相对定向和模型连接，然后求出各航带模型中摄站点、控制点和待定点的摄影测量坐标。由于此时求得的摄影测量坐标在坐标系原点和模型比例尺方面都还是各自独立的，故称之为自由比例尺的航带模型。

（2）建立"松散"的区域网（区域网概算）。为了将区域中各自由比例尺的航带模型拼成松散的区域网，需要将自由比例尺的航带模型逐个依次进行空间相似变换，即各航带模型进行概略绝对定向，具体过程为：①利用第一条航带中的已知控制点，利用绝对定向方程对航带模型进行概略绝对定向，求出第一条航带中各点在区域摄测坐标系中的概略坐标（因为尚未进行非线性变形改正，所以是概略的）。②依次进行各条航带的概略绝对定向。这时每一条航带中若有控制点，则利用控制点进行概略绝对定向；若无控制点，则利用上一航带与本航带间的公共点作为"已知"的控制点，进行概略绝对定向。

所谓"松散"的区域网，是指相邻航带连接时，各接边点坐标都不取中数，以保持各航带的相对独立性。也就是说，实际上并没有拼接成一个整体的区域网，保留的误差是后续区域网整体平差的依据。区域网概算的目的是为区域网平差提供较好初值，同时在概算的过程中采取适当的技术措施剔除观测数据和控制数据中可能存在的粗差。区域网概算是区域网平差前的准备阶段，即数据预处理的过程，为了有效进行区域网平差计算，几乎每一种区域网平差方案中都有区域网概算这样处理步骤。

（3）区域网整体平差。将区域网内所有航带模型同时进行非线性变形改正，整体平差后求得待定加密点的地面坐标。

列出所有参加平差的控制点和连接点的误差方程式，如果误差方程式的个数大于需要求解的未知数，即具有多余观测数，便可解算出每一条航带模型的非线性变形改正参数 A_i、B_i、C_i 和连接点的未知地面坐标（X_T、Y_T、Z_T）。

7.3.4　多余观测数计算

以图 7-4 所示区域为例，参加平差的点包括布设于区域周边的平高控制点、高程控制点和位于相邻两条航带重叠区域的连接点，计算航带法区域网平差的多余观测数如下：

（1）方程数。位于单条航带上的平高控制点 6 个，每个控制点列 3 个误差方程，共18 个误差方程；位于两条航带重叠部分的平高控制点、高程控制点以及连接点共计 27 个，每个连接点列 6 个误差方程（一条航带列 3 个误差方程），共计 27×6=162 个方程。因此，能够列出的方程数为 18+162=180。

（2）未知数。需要求解的未知数包括两大类：每个航带模型的非线性变形改正参数：第一大类未知数是每个航带模型的非线性变形改正参数，以二次多项式（7-2）为例，每个航带模型 15 个改正参数，4 条航带共 15×4=60 个未知改正参数；第二大类未知数是未知地面坐标，18 个连接点的未知地面坐标（X_T、Y_T、Z_T），共 18×3=54 个未知地面坐标，7 个高程控制点的未知地面坐标（X_T、Y_T），共计 7×2=14 个未知地面坐标。因此，需要求解的未知数为 60+54+14=128。

（3）多余观测数。多余观测数=方程数–未知数=180–128=52。

7.4　独立模型法区域网空中三角测量

为了避免单模型连接成航带模型时的误差累积，可以将单模型（或双模型）作为平差计算单元。相互连接的单模型既可以构成一条航带网，也可以组成一个区域网，但构网过程中的误差却被限制在单个模型范围内，而不会发生传递累积，这样就可克服航带法区域网空中三角测量的不足，有效提高加密精度。

7.4.1　基本思想

独立模型法区域网空中三角测量是以独立构成的局部立体模型（包括单模型、双模型或模型组，但常用的是单模型，即一个立体像对相对定向后构成的几何模型）为基本平差单元的平差方法。把一个单元模型视为刚体，利用各单元模型彼此间的公共点连成一个区域。因为单元模型是刚体，所以连接过程中，每个单元模型只能作平移、缩放、旋转，这样的要求只有通过单元模型的三维线性变换（空间相似变换）来完成。在变换中要使模型间公共点的坐标尽可能一致，控制点的模型坐标应与其地面坐标尽可能一致（即它们的差值尽可能小），同时观测值改正数的平方和为最小，在满足这些条件的情况下，按最小二乘法原理求得待定点的地面坐标。

1. 平差目的

在整个区域内，用平差的方法确定每个单模型在区域中的最或然位置，即平移、旋转、缩放的七个变换参数 X_0、Y_0、Z_0、Φ、Ω、K、λ，从而计算出各加密点的大地坐标 $(X_D，Y_D，Z_D)$。

2. 平差单元

单模型（模型组）——将模型点在单模型中的坐标视为观测值。

3. 理论模型

独立模型法区域网空中三角测量理论模型是空间相似变换公式（绝对定向方程），具体形式参见式（6-88）。

4. 平差条件

对于控制点满足控制条件：内业计算坐标 $(X_T、Y_T、Z_T)$ 与外业坐标 $(X_T'、Y_T'、Z_T')$ 相符合；对于连接点满足连接条件：相邻模型连接点的坐标 $(X_T、Y_T、Z_T)$ 应相等。

7.4.2　误差方程式

独立模型法区域网空中三角测量的原始误差方程式可由空间相似变换式（6-88）线性化后求得

$$\begin{bmatrix} 1 & 0 & 0 & X & -Z & 0 & -Y \\ 0 & 1 & 0 & Y & 0 & -Z & X \\ 0 & 0 & 1 & Z & X & Y & 0 \end{bmatrix}_{i,j} \begin{bmatrix} \mathrm{d}X_0 \\ \mathrm{d}Y_0 \\ \mathrm{d}Z_0 \\ \mathrm{d}\lambda' \\ \mathrm{d}\Phi \\ \mathrm{d}\Omega \\ \mathrm{d}K \end{bmatrix}_j + \begin{bmatrix} X_T \\ Y_T \\ Z_T \end{bmatrix}_i - \begin{bmatrix} X \\ Y \\ Z \end{bmatrix}_{i,j} = \begin{bmatrix} \upsilon_x \\ \upsilon_y \\ \upsilon_z \end{bmatrix}_{ij} \qquad (7\text{-}13)$$

式中，i 代表点的序号，j 代表 i 点所在的模型号，$\mathrm{d}\lambda = \mathrm{d}\lambda_j / \lambda_j^0$，$\lambda_j^0$ 是模型 j 的缩放系数初值，$\mathrm{d}\lambda_j$ 是缩放系数的改正数；$(\mathrm{d}\Phi，\mathrm{d}\Omega，\mathrm{d}K)$ 是三个旋转参数初值的改正数，$(\mathrm{d}X_0，\mathrm{d}Y_0，\mathrm{d}Z_0)$ 是三个平移参数初值的改正数，$(X_T，Y_T，Z_T)$ 是地面点坐标，$(X，Y，Z)$ 是对应的模型点坐标。

写成矩阵形式为

$$A_{i,j}\Delta_j + \bar{X}_{T_i} - \bar{X}_{i,j} = \upsilon_{i,j} \quad 权 p_{i,j} \qquad (7\text{-}14)$$

式中，$A_{i,j} = \begin{bmatrix} 1 & 0 & 0 & X & -Z & 0 & -Y \\ 0 & 1 & 0 & Y & 0 & -Z & X \\ 0 & 0 & 1 & Z & X & Y & 0 \end{bmatrix}_{i,j}$，$\bar{X}_{T_i} = \begin{bmatrix} X_T & Y_T & Z_T \end{bmatrix}_i^{\mathrm{T}}$，$\bar{X}_{i,j} = \begin{bmatrix} X & Y & Z \end{bmatrix}_{i,j}^{\mathrm{T}}$，$\Delta_j =$

$\begin{bmatrix} \mathrm{d}X_0 & \mathrm{d}Y_0 & \mathrm{d}Z_0 & \mathrm{d}\lambda' & \mathrm{d}\varPhi & \mathrm{d}\varOmega & \mathrm{d}K \end{bmatrix}_j^{\mathrm{T}}$。

根据式（7-14）可得出符合平差条件的点的误差方程式。其中，模型连接点和起连接作用摄站点的误差方程均为

$$A_{i,j}\Delta_j + \bar{X}_{T_i} - \bar{X}_{i,j} = \upsilon_{i,j} \quad 权1 \tag{7-15}$$

控制点的误差方程为

$$A_{i,j}\Delta_j + \bar{X}'_{T_i} - \bar{X}_{i,j} = \upsilon_{i,j} \quad 权p_{i,j} \tag{7-16}$$

如果把控制点的大地坐标看作带有误差的"观测值"，则需要增加一组误差方程式：

$$\begin{bmatrix} X_T \\ Y_T \\ Z_T \end{bmatrix}_i - \begin{bmatrix} X'_T \\ Y'_T \\ Z'_T \end{bmatrix}_i = \begin{bmatrix} \upsilon'_x \\ \upsilon'_y \\ \upsilon'_z \end{bmatrix}_i \tag{7-17}$$

式中，(X'_T, Y'_T, Z'_T) 为控制点带有误差的大地坐标实测值，(X_T, Y_T, Z_T) 是理论真值。

式（7-16）与式（7-17）共同构成控制点存在误差时的误差方程，写成矩阵形式为

$$\left. \begin{matrix} A_{i,j}\Delta_j + \bar{X}_{T_i} - \bar{X}_{i,j} = \upsilon_{i,j} & 权1 \\ \bar{X}_{T_i} - \bar{X}'_{T_i} = \upsilon'_i & 权p_i \end{matrix} \right\} \tag{7-18}$$

区域中各连接点按式（7-15）列出误差方程；区域中各控制点按式（7-16）列出误差方程；将区域内所有误差方程在$[p\upsilon\upsilon] = \min$ 的条件下进行整体的平差运算；答解法方程，即可求得各模型变换参数的改正数和加密点的地面坐标。当然，由于误差方程式是绝对定向方程的线性化近似式，平差计算需要反复迭代趋近，直至改正数小于限差。

7.4.3　计算过程

独立模型法区域网空中三角测量基本过程如图 7-5 所示。在平差计算中，需要解算两类未知数，即每个模型的 7 个定向参数和每个待定点的地面坐标。显然，这种平差计算要解算的未知数是很多的。为解决这个问题，可以采用消去全部待定点地面坐标这一类未知数而只保留每个模型的 7 个定向参数这一类未知数的办法。对于每个模型的 7 个定向参数这一类未知数，可采取平面和高程分开求解的方法。

7.4.4　多余观测数计算

以图 7-6 所示区域为例，参加独立模型区域网平差的点除了布设于区域周边的平高控制点、高程控制点外，位于模型重叠区域的加密点因为起到模型连接的作用能够参加平差，而位于单个模型上的加密点（如点 21、25、41、45、61、65）既没有连接作用，更没有控制作用，因此不能参加平差。此外，相邻模型之间起到连接作用的摄站点（如位于加密点 22 附近空中的摄站点）也可以参加平差。

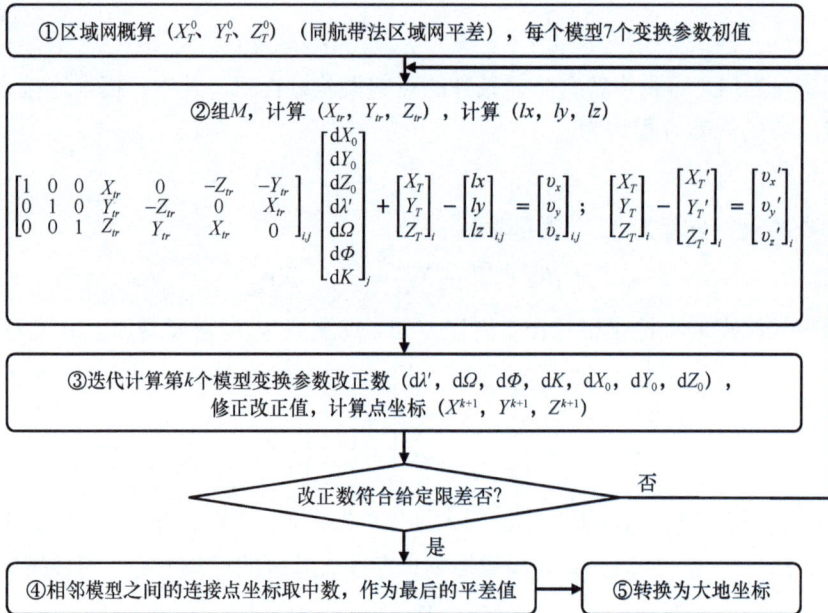

图 7-5　独立模型法区域网空中三角测量基本过程

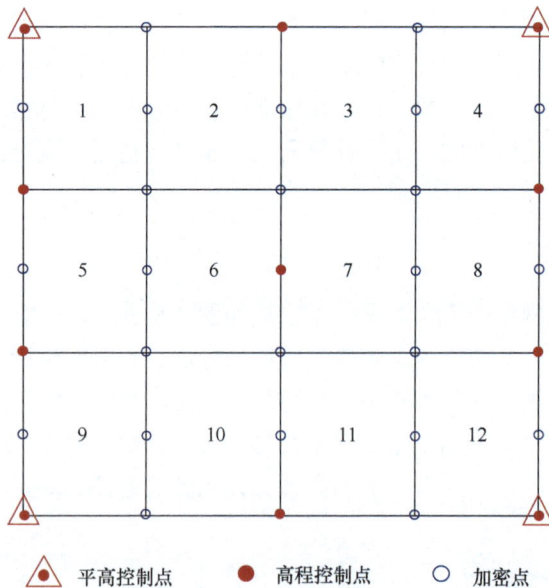

△ 平高控制点　● 高程控制点　○ 加密点

图 7-6　区域网构成示例

以控制点大地坐标没有误差为例，计算独立模型法区域网平差的多余观测数如下：

（1）方程数。位于一条航带中间的两个模型各有 6 个模型点、2 个摄站点，共计 8 个点参加平差，三条航带共 6 个模型 48 个点；位于一条航带两端的模型，每个模型上有 5 个模型点（单模型点如 21 不参加平差）、1 个摄站点，共计 6 个点参加平差，三条航带共 6 个模型 36 个点。因此，参加平差的点共计 84 个，每个点列 3 个误差方程，共计 84×3=252 个误差方程。

（2）未知数。需要求解的未知数包括两类：模型的绝对定向参数和参加平差点的未知大地坐标。模型的绝对定向参数：整个区域 12 个模型，每个模型 7 个绝对定向参数，共计 84 个。参加平差点的未知大地坐标：18 个连接点的未知大地坐标（X_T、Y_T、Z_T），共 18×3=54 个；7 个高程控制点的未知大地坐标（X_T、Y_T），共计 7×2=14 个；9 个参加平差的摄站点的未知大地坐标（X_T、Y_T、Z_T），共计 9×3=27 个。第二大类未知数共计 95 个。因此，需要求解的未知数为 84+95=179 个。

（3）多余观测数。多余观测数=方程数−未知数=252−179=73。

7.5　光束法区域网空中三角测量

7.5.1　基本思想

光束法区域网空中三角测量是以一幅影像所组成的一束光线（影像）作为平差的基本单元，以中心投影的共线方程作为平差的基础方程。如图 7-7 所示，光束法区域网空中三角测量是以一幅影像所组成的一束光线（影像）作为平差的基本单元，以中心投影的共线方程作为平差的基础方程。通过各光线束在空间的旋转（外方位角元素）和平移（外方位线元素），同名投影光线实现最佳交会，并使整个区域最佳地纳入到已知的控制点坐标系统中去。由于存在着像点坐标量测误差，所谓的相邻影像公共交会点坐标应相等，以及控制点的加密坐标与地面测量坐标应一致，均是在具有多余观测的情况下，保证[pvv]最小意义下的一致。这便是光束法区域网空中三角测量的基本思想。

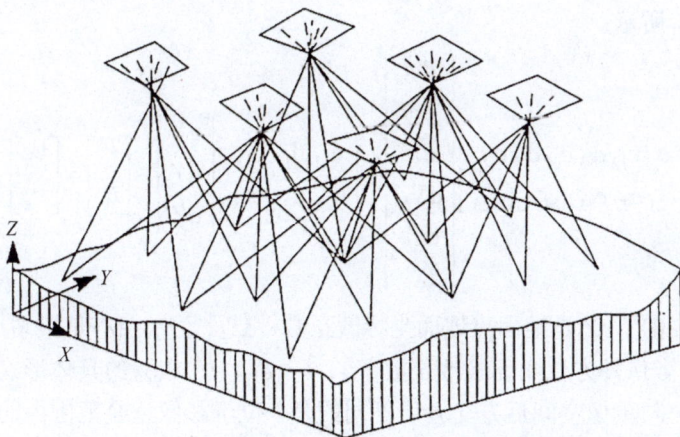

图 7-7　光束法区域网空中三角测量

同单张影像空间后方交会一样，光束法区域网平差以共线条件方程式作为其基本数学模型。影像坐标观测值是未知数的非线性函数，因此须经过线性化处理后，才能用最小二乘法原理进行计算。同样，线性化过程中，需要给未知数提供一组初始值，然后逐渐趋近地求出最佳解，即使得$[pvv]$最小。所提供的初始值越接近最佳解，收敛速度越快。不合理的初始值不仅会影响收敛速度，甚至可能造成不收敛。

1. 平差目的

在整个区域内，利用共线条件方程统一平差，联合解算出每张影像的外方位元素$(X_S, Y_S, Z_S, \alpha_x, \omega, \kappa)$和加密点的地面坐标$(X、Y、Z)$。

2. 平差单元

单张影像（即光线束）作为平差基本单元，像点的像平面坐标$(x、y)$为平差观测值。

3. 理论模型

光束法区域网空中三角测量理论模型是共线条件方程，参见式（3-49）。

4. 平差条件

对于控制点满足控制条件：内业计算坐标(X, Y, Z)与外业坐标(X', Y', Z')相符合；对于加密点满足条件：同名光线相交的地面点坐标(X, Y, Z)应相等。

7.5.2 误差方程

光束法区域网空中三角测量的原始误差方程式可由共线条件方程式（3-49）推导求得如式（7-19）所示：

$$\begin{bmatrix} c_{11} & c_{12} & c_{13} & c_{14} & c_{15} & c_{16} \\ c_{21} & c_{22} & c_{23} & c_{24} & c_{25} & c_{26} \end{bmatrix} \begin{bmatrix} \mathrm{d}\varphi \\ \mathrm{d}\omega \\ \mathrm{d}\kappa \\ \mathrm{d}X_S \\ \mathrm{d}Y_S \\ \mathrm{d}Z_S \end{bmatrix} + \begin{bmatrix} \mathrm{d}_{11} & \mathrm{d}_{12} & \mathrm{d}_{13} \\ \mathrm{d}_{21} & \mathrm{d}_{22} & \mathrm{d}_{23} \end{bmatrix} \begin{bmatrix} \mathrm{d}X \\ \mathrm{d}Y \\ \mathrm{d}Z \end{bmatrix} - \begin{bmatrix} l_x \\ l_y \end{bmatrix} = \begin{bmatrix} \upsilon_x \\ \upsilon_y \end{bmatrix} \tag{7-19}$$

其中，$\mathrm{d}X$、$\mathrm{d}Y$、$\mathrm{d}Z$是地面点地面坐标改正数，$\mathrm{d}X_S$、$\mathrm{d}Y_S$、$\mathrm{d}Z_S$是摄站点坐标改正数，$\mathrm{d}\varphi$、$\mathrm{d}\omega$、$\mathrm{d}\kappa$是影像外方位角元素改正数，l_x、l_y、c_{11}、$\cdots$、c_{26}的具体形式参见单像空间后方交会一节。与单像空间后方交会所不同的是，位于影像重叠范围内的加密点要参加平差，其对应的地面点坐标(X, Y, Z)所待求解的是未知值，所以对(X, Y, Z)也要进行偏微分，d_{11}、$\cdots$、d_{23}的具体形式为

$$d_{11} = \frac{\partial x}{\partial X} = -c_{11} = -\frac{1}{Z}(a_1 f + a_3 x)$$

$$d_{12} = \frac{\partial x}{\partial Y} = -c_{12} = -\frac{1}{Z}(b_1 f + b_3 x)$$

$$d_{13} = \frac{\partial x}{\partial Z} = -c_{13} = -\frac{1}{Z}(c_1 f + c_3 x)$$

$$d_{21} = \frac{\partial y}{\partial X} = -c_{21} = -\frac{1}{Z}(a_2 f + a_3 y)$$

$$d_{22} = \frac{\partial y}{\partial Y} = -c_{22} = -\frac{1}{Z}(b_2 f + b_3 y)$$

$$d_{23} = \frac{\partial y}{\partial Z} = -c_{23} = -\frac{1}{Z}(c_2 f + c_3 y)$$

（7-20）

式（7-19）用矩阵符号表示为

$$C_{i,j}\Delta_j + D_{i,j}\Delta'_i - l_{i,j} = \upsilon_{i,j} \quad 权 p_{i,j}$$

（7-21）

式中：

$$C_{i,j} = \begin{bmatrix} c_{11}\, c_{12}\, c_{13}\, c_{14}\, c_{15}\, c_{16} \\ c_{21}\, c_{22}\, c_{23}\, c_{24}\, c_{25}\, c_{26} \end{bmatrix}_{i,j}$$

$$D_{i,j} = \begin{bmatrix} d_{11}\, d_{12}\, d_{13} \\ d_{21}\, d_{22}\, d_{23} \end{bmatrix}_{i,j}$$

$$\Delta_j = \begin{bmatrix} d\varphi\ d\omega\ d\kappa\ dX_S\ dY_S\ dZ_S \end{bmatrix}_j^{\mathrm{T}}$$

$$\Delta'_i = \begin{bmatrix} dX\ dY\ dZ \end{bmatrix}^{\mathrm{T}}$$

$$l_{i,j} = \begin{bmatrix} l_x\ l_y \end{bmatrix}_{i,j}^{\mathrm{T}}$$

（7-22）

i 代表点的序号，j 代表影像序号。

在运用误差方程式（7-19）进行光束法区域网平差时，要区分不同类型的点。

第一类是加密点。区域中的所有加密点都位于立体重叠范围之内，都要参加平差。加密点的每一条投影光线都可以按式（7-19）列出一组误差方程式，并使其权为 1。这就是说，假定像坐标(x, y)是等精度的观测值，并且是不相关的，并将它们定为单位权观测。

第二类是控制点。在区域中，位于立体重叠范围内的所有控制点（包括平高控制点、平面控制点、高程控制点）都要参加平差；只构像在单张影像上的控制点必须是平高控制点才能参加平差。参加平差的控制点的每一条投影光线都可以按式（7-19）列出一组误差方程式，若认为控制点坐标无误差，则应作如下处理：对平高控制点，令 $dx = dy = dz = 0$；对平面控制点，令 $dx = dy = 0$；对高程控制点，令 $dz = 0$。

如果考虑到控制点本身的误差，即把控制点的已知坐标当作具有一定权值的观测量来看待，则控制点的每一条投影光线除了按照式（7-19）列出一组误差方程式（使其权值为 1）而外，每个控制点还应增列下面的一组误差方程式：

对于平高控制点，有

$$\left.\begin{array}{lll} dX = \upsilon_X & 权 & P_平 \\ dY = \upsilon_Y & & P_平 \\ dZ = \upsilon_Z & & P_高 \end{array}\right\}$$　　　　　　（7-23）

对于平面控制点，有

$$\left.\begin{array}{lll} dX = \upsilon_X & 权 & P_平 \\ dY = \upsilon_Y & & P_平 \end{array}\right\}$$　　　　　　（7-24）

对于平面控制点，有

$$dZ = \upsilon_Z \quad 权 \quad P_高$$　　　　　　（7-25）

依据误差方程可以列出相应的法方程并进行平差计算。

在平差计算中，需要解算两类未知数，即每幅影像的 6 个外方位元素 X_S、Y_S、Z_S、α_x、ω、κ 和每个待定点的地面坐标(X, Y, Z)。为简化平差计算，可以采用消去全部待定点地面坐标这一类未知数而只保留每幅影像的 6 个外方位元素这一类未知数的办法。

7.5.3　基本过程

光束法区域网空中三角测量基本过程如图 7-8 所示。

实践证明，光束法区域网平差对于像点坐标系统误差的影响是最为敏感的。因为光束法区域网平差的基本数学条件就是满足像点、物点和投影中心 3 点共线，平差使用的数学模型是共线条件方程。为了满足 3 点共线这一理论条件，必须事先最大程度地减小像点坐标系统误差。否则，尽管光束法区域网平差是理论最严密的直接平差方案，也难以保证平差的精度。

7.5.4　多余观测数计算

下面以图 7-6 所示区域网为例，航向重叠 60%，旁向重叠 30%，控制点大地坐标没有误差的条件下，计算光束法区域网平差的多余观测数。

图 7-6 所示区域由 3 条航带，每条航带 5 张影像（4 个模型）构成，分别计算参加平差的点所列误差方程数和需要求解的未知数如下：

（1）方程数。如前所述，只要位于影像重叠范围内的点均可参加平差，因此区域内所有标注的点均可参加平差。每条航带 5 张影像，首尾两张影像上参加平差的点各有 6 个，3 条航带共计 6 张影像 36 个点。航带中间的 3 张影像上每张影像各有 9 个点参加平差，3 条航带共计 9 张影像 81 个点。因此，参加平差的共计 36+81=117 个点，每个点可以列 2 个方程，共计可以列 234 个方程。

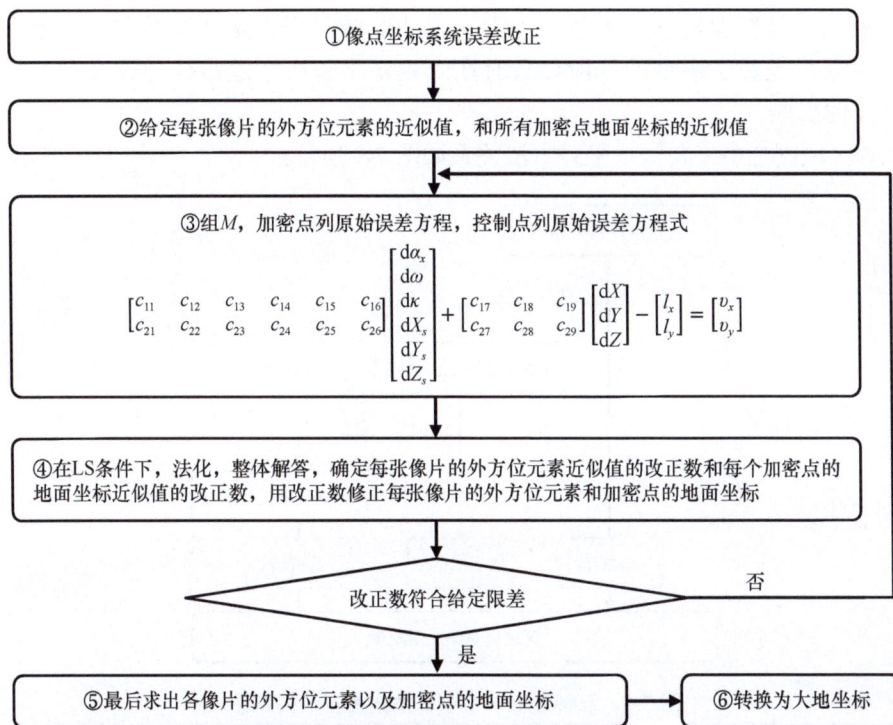

图 7-8　光束法区域网空中三角测量基本过程

（2）未知数。需求解的未知数包括两大类：每张影像的外方位元素和参加平差点的未知大地坐标。影像外方位元素：整个区域 15 张影像，每张影像 6 个外方位元素，共 90 个外方位元素。参加平差点的未知大地坐标：区域中共计 24 个加密点，每个加密点未知大地坐标 3 个（X_T、Y_T、Z_T），共 72 个。7 个高程控制点，每个点未知大地坐标 2 个（X_T、Y_T），共 14 个。需求解的未知大地坐标共计 86 个。未知数数量为 90+86=176。

（3）多余观测数。多余观测数=方程数−未知数=234−176=58。

7.6　三种区域网空中三角测量方法比较

分析三种区域网空中三角测量平差方法的平差基本单元就会发现：航带法区域网平差是以每条航带为平差单元，将单航带的摄影测量坐标视为"观测值"；独立模型法区域网平差则是以单元模型为平差单元，将点的模型坐标作为观测值；而光束法区域网平差则以单张影像为平差单元，将影像坐标量测值作为观测值。显然，只有影像坐标才是真正原始的、独立的观测值，而其他两种方法的观测值，往往是相关而不独立的。从这个意义上讲，光束法平差是最严密的。此外，在 3.11 节我们曾介绍过影像坐标中存在着诸如物理因素、量测仪器误差等引起的像点坐标系统误差，这些误差项均是影像坐标的函数。由于光束法区域网平差是从原始的影像坐标观测值出发建立平差数学模型的，所以只有在光束法平差中才能最佳地顾及和改正影像系统误差的影响。

三种区域网空中三角测量平差方法关系如图 7-9 所示：

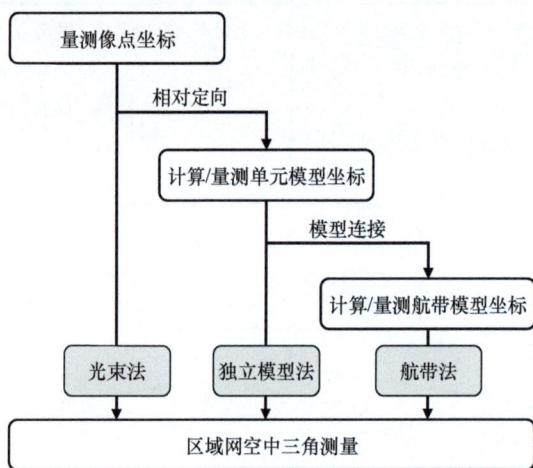

图 7-9   三种区域网空中三角测量方法关系图

三种区域网空中三角测量平差方法不同特点如表 7-1 所示。

表 7-1   三种区域网空中三角测量方法的不同点比较

比较项目	航带法	独立模型法	光束法
基本思想	以航带模型为基本平差单元，根据控制点的外业坐标与内业坐标相等、连接点的内业坐标相等，按照非线性改正公式列出误差方程，在整个区域内统一进行平差，答解出各航带的非线性改正系数，计算出加密点地面坐标	以各自建立的单模型为基本平差单元，根据控制点的外业坐标与内业坐标相等、连接点的内业坐标相等，按照三维空间相似变换列出误差方程，在整个区域内统一进行平差，答解出各模型的绝对定向参数，并计算出加密点地面坐标	以每个光束（影像）作为基本平差单元，根据控制点的外业坐标与内业坐标相等、加密点的内业坐标相等，按照共线条件方程列出误差方程，在全区域内统一进行平差处理，答解出各每张影像的外方位元素，然后按多片前方交会计算出加密点地面坐标
平差单元	航带	单模型	单张影像
观测值	航带模型点的航带坐标	模型坐标	像点坐标
未知数	各航带非线性变形改正参数以及加密点坐标	各模型空间相似变换参数以及加密点坐标	各影像外方位元素以及加密点坐标
采用数学模型	多项式	空间相似变换公式	共线条件方程
精度	低	高	最高
计算量	小	大	最大
应用领域	为平差提供初值或小比例尺低精度点位加密	测图加密	低级别大地测量三角网及高精度数字地籍测量等

7.7　自检校光束法区域网空中三角测量

自检校光束法区域网平差是在共线条件方程基础上，选用若干附加参数组成系统误差模型，将这些附加参数作为未知数，与光束法区域网平差的其他未知参数（影像外方位元素、加密点地面坐标）一起解求，从而在平差过程中自行检定和消除系统误差的影响。其数学模型具体形式详见 4.3.1 小节。误差方程的矩阵形式为

$$V_1 = A\Delta_1 + B\Delta_2 + C\Delta_3 - L_1 \tag{7-26}$$

式中，Δ_1 为外方位元素和未知地面坐标的改正数向量，Δ_2 为地面控制点坐标的改正数向量，V_1 为像点坐标的改正数向量，L_1 为像点坐标的观测值向量，符号的具体形式参见式（7-22）；$\Delta_3 = [\delta_x\ \delta_y]^T$ 为附加参数向量，A、B、C 分别为相应的误差方程式系数矩阵。

通常附加参数 δ_x 和 δ_y 代表像点坐标系统误差的改正数。由于像点坐标系统误差规律复杂，但变化连续，因此通常采用某种多项式函数来逼近，如：

$$\left.\begin{array}{l} \delta_x = a_0 + a_1 x + a_2 y + a_3 x^2 + a_4 xy + a_5 y^2 + \cdots \\ \delta_y = b_0 + b_1 x + b_2 y + b_3 x^2 + b_4 xy + b_5 y^2 + \cdots \end{array}\right\} \tag{7-27}$$

附加参数之间往往具有相关性，如果作为自由未知数的话，会因为参数之间的相关性引起法方程矩阵状态变坏[1]。因此，进行区域网平差运算时，一般是把附加参数当作具有适当权值的观测值来处理。如果将地面控制点坐标也作为带权观测值，式（7-26）可变为[2]

$$\left.\begin{array}{ll} V_1 = A\Delta_1 + B\Delta_2 + C\Delta_3 - L_1 & P_1 \\ V_2 = I_2\Delta_2 - L_2 & P_2 \\ V_3 = I_3\Delta_3 - L_3 & P_3 \end{array}\right\} \tag{7-28}$$

式中，V_2、V_3 分别为点坐标和附加参数的改正数向量；L_2 为地面控制点坐标改正数的观测值向量；L_3 为附加参数的观测值向量，一般为零向量，只有当某个参数预先测出时才不为零；I_2、I_3 是相应阶的单位矩阵；P_2 为控制点坐标观测值的权矩阵；P_3 为附加参数的权矩阵。

令 $V = [V_1\ V_2\ V_3]^T$，$\Delta = [\Delta_1\ \Delta_2\ \Delta_3]^T$，$L = [L_1\ L_2\ L_3]^T$，$A = \begin{bmatrix} A & B & C \\ 0 & I_2 & 0 \\ 0 & 0 & I_3 \end{bmatrix}$，$P = \begin{bmatrix} P_1 & 0 & 0 \\ 0 & P_2 & 0 \\ 0 & 0 & P_3 \end{bmatrix}$。

则式（7-28）可简写为

$$V = A\Delta - L \qquad P \tag{7-29}$$

法化后得到法方程：

$$(A^{\mathrm{T}}PA)\Delta = A^{\mathrm{T}}PL \qquad\qquad (7\text{-}30)$$

解法方程得

$$\Delta = (A^{\mathrm{T}}PA)^{-1}A^{\mathrm{T}}PL \qquad\qquad (7\text{-}31)$$

即

$$\begin{bmatrix} \Delta_1 \\ \Delta_2 \\ \Delta_3 \end{bmatrix} = \begin{bmatrix} A^{\mathrm{T}}P_1A & A^{\mathrm{T}}P_1B & A^{\mathrm{T}}P_1C \\ B^{\mathrm{T}}P_1A & B^{\mathrm{T}}P_1B+P_2 & B^{\mathrm{T}}P_1C \\ C^{\mathrm{T}}P_1A & C^{\mathrm{T}}P_1B & C^{\mathrm{T}}P_1C+P_3 \end{bmatrix}^{-1} \begin{bmatrix} A^{\mathrm{T}}P_1L_1 \\ B^{\mathrm{T}}P_1L_1+P_2L_2 \\ C^{\mathrm{T}}P_1L_1+P_3L_3 \end{bmatrix} \qquad (7\text{-}32)$$

7.8   POS 辅助空中三角测量

多年以来,摄影测量学家一直在致力研究不需要地面控制的摄影测量技术。因此,应用空中辅助设备,直接测定成像传感器在曝光瞬间的位置和方向,实现遥感影像的直接定向,一直是摄影测量领域的重要研究课题,也是摄影测量技术必然的发展趋势。美国在阿波罗月球计划中,对月球形貌进行测绘,就是利用非摄影测量数据辅助摄影测量的成功案例。我国自主研制的第一颗探月卫星——嫦娥一号就将月球 CCD 影像和激光测高数据相结合,综合运用了 CCD 影像与激光测高数据相结合的定位模型,激光测高数据辅助下的月面区域网平差方法,信息贫乏月面立体影像的匹配技术和月表 DEM 的自动生成等关键技术,实现了月面形貌测绘[3]。

最早研制并用于摄影测量空中三角测量的辅助仪器是测微高差仪。该仪器可以在航空摄影飞行的过程中直接测定各摄站点间的高差,将高差数据应用于区域网空中三角测量,可以极大减少区域网内部的高程控制点数量。

随着 GPS、BD 等全球卫星导航系统(GNSS)和惯性导航系统(INS)的广泛应用,将这些传感器组合构建 POS 系统,并将 POS 系统与成像传感器通过固联进行集成,获取摄影时刻影像的位置和姿态数据(即外方位元素),用于辅助摄影测量空中三角测量,已成为摄影测量减少地面控制,提高空中三角测量精度的一个重要技术手段。

7.8.1   POS 系统介绍

POS 系统(position and orientation system)又称定向定位系统,是将 GNSS 与 INS 进行组合,以实时测量移动物体的位置与姿态数据的系统,广泛应用于飞机、舰船等移动交通工具的导航定位。

惯性导航系统(INS)是由惯性测量元件(IMU)及导航电脑所组成,这是一种自主式导航系统,其基本原理是根据牛顿力学定律,利用陀螺、加速度计等惯性元件测量载体在惯性参考坐标系的加速度,将它对时间进行积分,并变换到导航坐标系中,从而确定载体在导航坐标系中的速度、姿态和位置等信息。一个惯性导航系统包含三个加速度计，每个加速度计能够敏感一个方向上的加速度，通常三个敏感方向互相垂直。不同于其他类型的导航系统，惯性导航系统是完全自主的，它既不向外部发射信号，也不从外部接收信号。惯性导航系统必须精确地知道在导航起始时运载体的位置，惯性测量值用来估算在启动之后所发生的位置变化。

全球卫星导航系统（GNSS）是通过在轨运行的卫星信号来确定用户接收机位置的系统，主要包括地面控制中心、在轨导航卫星星座、用户接收装置三个部分。其基本原理是通过测量多颗（4 颗以上）发射信号的卫星与接收信号的用户之间距离，交会确定用户的三维坐标。目前在轨运行的 GNSS 系统包括美国的 GPS、俄罗斯的 Glonass、欧洲的 Galileo、中国的北斗（BD）卫星导航系统。

INS 测量载体的姿态有两个主要优势：一是能够不依赖于任何外部信息就能独立并快捷地解析出载体瞬时速度，位置及姿态角等主要参数，是完全自主式的导航系统；二是外界因素对工作效率的影响相对较小，不受时间、地点、气候条件、载体机动及无线电干扰的影响，也没有信号丢失等问题。然而，其缺点也较为明显，一方面根据其推导计算形式，可以认为时间耗费越大其相对测量的精度就会减弱，因此，为保证其工作精度，对于长用时间作业，需要在规定的时长间隔中对其校正并进行漂移补偿。另一方面，起始工作校准时长也较为漫长。

利用 GNSS 系统进行定位具有不随时间产生累计误差，不受时长及初始对准限制，连续观测，保证精度，可全天候地提供精确的位置、速度和时间信息的优点[4]。但是，GNSS 系统安装在高速运动的飞机上，也会存在对卫星信号的捕获敏感性差，连续运行下会出现"失锁"及"周跳"，飞机瞬时出现大位移时，对其位置状态的测量较为困难等缺点。同时，GNSS 系统也不能测量姿态信息。

因此，组合 GNSS 与 INS，可将 GNSS 系统受时间影响小等优点与 INS 系统信号强等特色进行优势互补。GNSS 系统信号受干扰会导致载体信号波和码跟踪回路没办法"锁定"卫星，INS 系统高精度的定位信息帮助 GNSS 系统捕捉和跟踪卫星信号，降低跟踪误差，加强 IMU/GNSS 组合系统的抗干扰力；反之，GNSS 定位信息将校准惯性导航系统的初信息；利用采集信息频率的差异，利用惯性导航系统数据（高频率）在 GNSS 系统数据（低频率）间的内插计算，得到埋想的高频率高精度位置数据[5]。

将 GNSS 与 INS 组合后构建的 POS 系统的结构如图 7-10 所示。

7.8.2　POS 辅助空中三角测量的原理

随着 POS 系统测量位置和姿态数据的精度不断提高，该系统被引进到航空航天摄影测量中，形成了 POS 辅助空中三角测量技术。POS 辅助空中三角测量就是利用 POS 系统获取的航测仪的位置及姿态的数据，经过后期的数据检校和处理得到每张影像的外方位元素，将外方位元素作为带权观测值参与摄影测量区域网平差，以计算得到更高

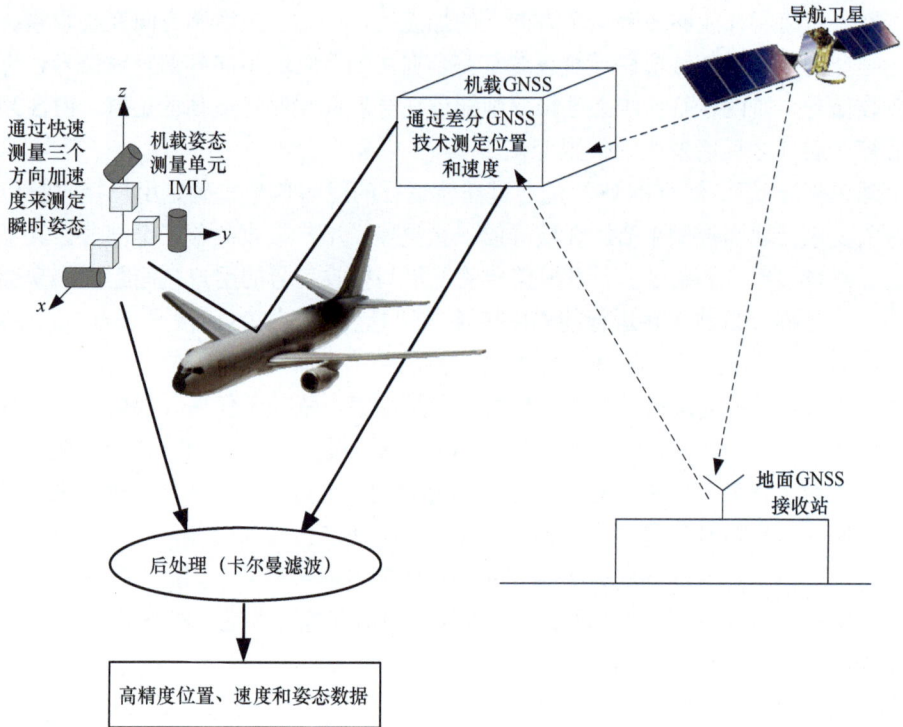

图 7-10   POS 系统结构示意图

精度的影像外方位元素,该技术又称之为集成传感器定向(integrated sensor orientation, ISO)[6]。集成传感器定向比传统的空三有优势,直接测量的外方位元素可以提供稳定的几何条件,从而可以减少所需控制点和连接点的数量,同时 ISO 可以为直接地理定位系统提供质量控制和质量确认。因此,利用 POS 数据辅助空中三角测量,可以减少甚至不需要地面控制,从而简化摄影测量作业流程,显著提高作业效率,降低生产成本。

从 20 世纪 50 年代初,人们就着手研究利用各种辅助数据进行空中三角测量。随着 80 年代后期 GPS 全球定位系统的出现,GPS/INS 构成的 POS 系统被应用于辅助空中三角测量。1999 年,由奥地利、比利时、意大利、荷兰、挪威、丹麦、瑞士等欧洲国家共同组建的欧洲摄影测量实验室 OEEPE(European Organization for Experimental Photogrammetric Research)开展了"GPS/INS 辅助空中三角测量定向(ISO)"试验,试验主要工作是对 GPS 辅助航空摄影测量、GPS/INS 直接定向法和 GPS/INS 辅助空间三角测量三种方法所得到的精度进行比较分析[1]。

如果 POS 系统获取的影像外方位元素精度足够高,则可以在全数字摄影测量工作站上安置立体像对的外方位元素,恢复立体模型,实现立体测图,这种方法称为直接定向法(direct georeferencing,DG)。但通常情况下 POS 系统获取的影像外方位元素难以满足高精度摄影测量的要求,此时需要使用集成传感器定向(ISO)方法,将 POS 系统获取的三维空间坐标与三个姿态角数据作为带权观测值，参与摄影测量区域网平差，从而获取更高精度的外方位元素。

POS 数据辅助空中三角测量的误差方程式矩阵形式为[7]

$$\left.\begin{array}{l} V_X = A\Delta_1 + B\Delta_2 + C\Delta_3 - L_X \qquad E \\ V_G = A_G\Delta_1 + Rr + D_G d_G - L_G \qquad P_G \\ V_I = A_r\Delta_1 + Mm + D_I d_I - L_I \qquad P_I \end{array}\right\} \tag{7-33}$$

式中，V_X、V_G、V_I 分别为像点坐标、GNSS 摄站坐标和 IMU 姿态角观测值的改正数向量；$\Delta_1 = [\mathrm{d}\varphi\ \mathrm{d}\omega\ \mathrm{d}\kappa\ \mathrm{d}X_S\ \mathrm{d}Y_S\ \mathrm{d}Z_S]^T$ 是影像外方位元素改正数向量；$\Delta_2 = [\mathrm{d}X\ \mathrm{d}Y\ \mathrm{d}Z]^T$ 是加密点未知地面坐标的改正数向量；Δ_3 是自检校参数改正数向量，具体形式随自检校误差改正模型的不同而变化，如自检校参数选 k_1、k_2、k_3 时，$\Delta_3 = [\mathrm{d}k_1\ \mathrm{d}k_2\ \mathrm{d}k_3]^T$；$r = [\mathrm{d}u\ \mathrm{d}v\ \mathrm{d}w]^T$ 是 GNSS 偏心分量改正数向量；$\mathrm{d}_G = [\mathrm{d}a_X\ \mathrm{d}a_Y\ \mathrm{d}a_Z\ \mathrm{d}b_X\ \mathrm{d}b_Y\ \mathrm{d}b_Z]^T$ 是 GNSS 漂移误差改正数向量；$m = [\mathrm{d}\varphi_1\ \mathrm{d}\omega_1\ \mathrm{d}\kappa_1]^T$ 是 IMU 视准轴误差改正数向量；$\mathrm{d}_I = [\mathrm{d}a_{\varphi_1}\ \mathrm{d}a_{\omega_1}\ \mathrm{d}a_{\kappa_1}\ \mathrm{d}b_{\varphi_1}\ \mathrm{d}b_{\omega_1}\ \mathrm{d}b_{\kappa_1}]^T$ 是 IMU 漂移误差改正数向量；A、B、C、A_G、R、D_G、A_r、M、D_I 为相应未知数系数矩阵；$L_X = [x - x_{计}\quad y - y_{计}]^T$ 是像点坐标残差向量；$L_G = \left[X_A - X_A^0\quad Y_A - Y_A^0\quad Z_A - Z_A^0\right]^T$ 是 GNSS 摄站坐标观测值残差向量；$L_I = \left[\varphi_1 - \varphi_1^0\quad \omega_1 - \omega_1^0\quad \kappa_1 - \kappa_1^0\right]^T$ 为 IMU 姿态角观测值残差向量；$P_G = \sigma_0^2 E / \sigma_G^2$ 为 GNSS 摄站坐标观测值的权矩阵，σ_0 为像点坐标量测精度，σ_G 为 GNSS 定位精度；$P_I = \sigma_0^2 E / \sigma_I^2$ 为 IMU 姿态角观测值的权矩阵，σ_I 为 IMU 的测姿精度。

将通过 POS 系统测定的区域网中每张影像的 6 个外方位元素作为带权观测值，并在影像上量测像点坐标，便可按式（7-33）列出 POS 辅助光束法区域网平差的误差方程。依照像点坐标、POS 系统提供的 GPS 摄站坐标及 IMU 姿态角的测量精度，分别给予三类观测值不同的权，然后用最小二乘平差方法求解物点的三维地面坐标和影像外方位元素的最或然值。

目前，POS 辅助空中三角测量的理论与技术逐步成熟完善，但受到硬件水平等因素的制约，这种作业方式在某些方面依然存在不足，影响到空三加密成果精度的提高。这些不足主要体现在以下方面[8]：

（1）机载 GNSS 定位精度不高问题。由于受到 GNSS 信号接收因素，如信号失锁、大气折射、多路径效应等因素的影响，GNSS 的定位精度与高精度摄影测量作业的要求还存在一定的差距。

（2）INS 姿态测量精度不高问题。在 POS 辅助空中三角测量中，姿态是通过 INS 测量的，一方面源于系统的本身存在的各种漂移，加速度计也存在动态误差，另一方面，INS 的核心部件——陀螺制造工艺复杂，目前基本处于垄断态势，各国对其出口陀螺的精度也进行了限制，两方面因素共同影响了姿态测量的精度。

（3）POS 与成像传感器的联接误差问题。由于目前的航空摄影测量系统是由航摄相机和机载 POS 通过固联进行集成，并非一个整体，因此不可避免地存在联接误差。此外，航摄时相机会有不同角度的倾斜或旋转，导致摄影前测定的偏心分量与摄影时刻不一致。

（4）不同传感器的数据同步问题。实际作业中，很难在摄影瞬间同时获取 GNSS 和 INS 的测量数据，即 GNSS、INS 与成像传感器三者很难实现数据获取的完全同步。通常采用数据内插的方法得到影像的外方位元素，由此带来的误差不利于提高平差的精度。

（5）成像传感器的内方位元素变化问题。航摄仪的内方位元素在出厂时已经过厂家的检校，会随设备一起提供给用户。因此在空中三角测量时，通常将内方位元素视作已知值参与平差。但实验室检校无法充分顾及航摄作业的实际情况对于内方位元素的影响，再加上时间和环境等因素，造成航空摄影时，航摄仪的内方位元素存在着误差，这将会对平差结果造成不良影响。解决的办法就是将相机的内方位元素作为未知值，在自检校区域网平差中与其他未知参数一起答解。

思 考 题

1. 空中三角测量的任务是什么？
2. 单航带空中三角测量的基本思想是什么？
3. 航带模型为什么会产生变形？一般用什么方法进行改正？
4. 试画出单航带空中三角测量的程序框图。
5. 航带法区域网平差的基本思想是什么？
6. 独立模型法区域网空中三角测量的基本思想是什么？
7. 光束法区域网空中三角测量的基本思想是什么？
8. 区域网空中三角测量三种方法的平差单元和在平差中主要解算的内容是什么？
9. 区域网空中三角测量三种方法中，哪种方法在理论上是最严密的？为什么？

10. 如下图所示，某摄影测量作业区域由 3 条航线，每条航线 4 个模型构成，如把控制点的外业实测坐标看作没有误差的精确值，请计算独立模型法区域网空中三角测量的多余观测数（起连接作用的摄站点参加平差）。

本章参考文献

[1]　王之卓. 摄影测量原理续编[M]. 武汉: 武汉大学出版社, 2007.
[2]　杨辐澜. 摄影测量自检校技术研究[D]. 西安: 长安大学, 2015.

[3] 何钰. 基于月面 CCD 影像和激光测高数据的月球形貌测绘技术研究[D]. 郑州: 中国人民解放军战略支援部队信息工程大学, 2012.

[4] 张雪萍. POS 辅助航空摄影测量直接对地目标定位的关键技术研究[D]. 武汉: 武汉大学, 2010.

[5] 安金玉. POS 辅助航空摄影测量应用研究[D]. 昆明: 昆明理工大学, 2014.

[6] 周思怡. GPS_INS 辅助空中三角测量技术研究及应用[D]. 南昌: 东华理工大学, 2016.

[7] 袁修孝. POS 辅助光束法区域网平差[J]. 测绘学报, 2008, 37(3): 342-348.

[8] 白洪伟, 吴满意. POS 辅助空中三角测量的技术现状概述[J]. 赤峰学院学报(自然科学版), 2015, 31(12): 27-29.

第8章 影像匹配

在模拟摄影测量和解析摄影测量阶段，同名像点的识别与量测是通过人工方式实现的，由于量测工作量大，作业效率低，且精度难以保证，摄影测量工作者一直在探索同名像点自动识别与量测的方法。进入数字摄影测量阶段后，利用计算机对数字影像进行处理，使用影像匹配技术自动识别并量测同名像点成为现实，为实现摄影测量自动化奠定了基础。

影像匹配是在两幅（或多幅）具有一定重叠的数字影像之间自动识别同名实体（点、线、面或其他要素）的技术，是计算机视觉和数字摄影测量的核心问题。影像匹配的作用是让计算机能够自动识别两张或多张影像上的同名像点，并精确计算出像点坐标，实现像点自动量测。它可以代替或部分代替作业人员实现空中三角测量、测图与数字地面模型数据的采集。此外，影像匹配在遥感、计算机视觉等领域也有着广泛的用途。

8.1 影像匹配概述

在摄影测量与遥感中，匹配可以定义为在不同的数据集合之间建立一种对应关系。这些不同的数据集合可以是影像，也可以是地图，或者目标模型和 GIS 数据，如图 8-1 所示为影像与 GIS 矢量数据匹配。

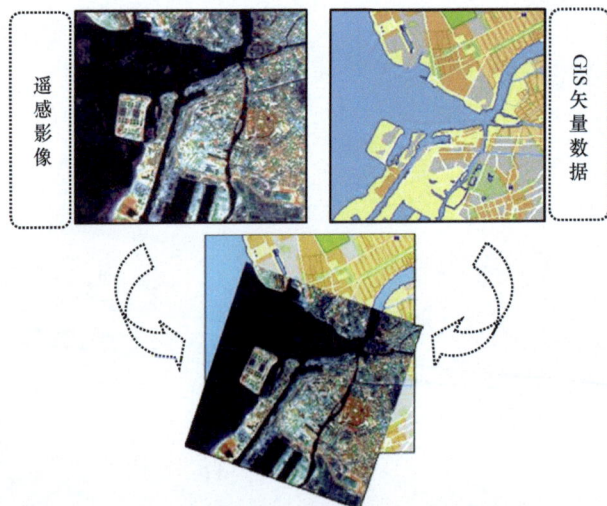

图 8-1 遥感影像与 GIS 矢量数据匹配

影像匹配是指在两幅（或多幅）影像之间识别同名元素（点）的过程，它是计算机视觉及数字摄影测量的核心问题，也是影像融合、目标识别、目标变化监测等问题的一个重要基础步骤。数字摄影测量中是以影像匹配代替传统的人工量测，来达到自动确立同名像点的目的。如图 8-2 所示为影像匹配识别同名像点。

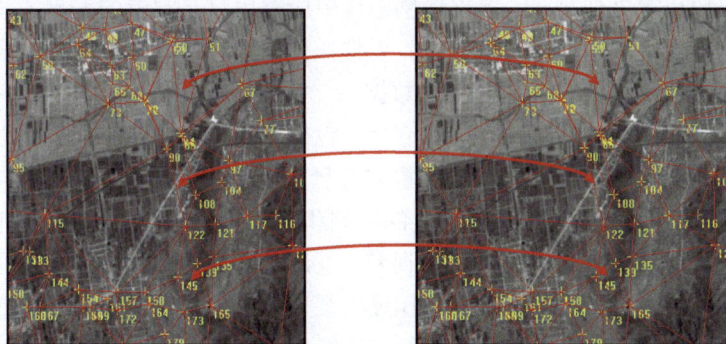

图 8-2　影像匹配识别同名像点

人通过目视判别寻找同名像点的过程一般为"基于解译→基于特征→基于灰度"的顺序，而计算机匹配自动寻找识别同名像点的过程为"基于灰度→基于特征→基于解译"，与目视判别顺序相反。目前基于灰度的匹配和基于特征的匹配两种方法相对已经很成熟，随着深度神经网络在计算机视觉中的应用，推动了基于解译的匹配技术快速发展。当然数字影像匹配需要将上述三个层次的方法结合起来，才能保证影像匹配结果的可靠性和精度，真正实现立体观测的全自动化。

在摄影测量中，影像匹配主要应用在内定向、相对定向、数字空三中的转点、绝对定向、DEM 获取，以及影像解译等影像处理环节。最初的影像匹配是利用相关技术实现的，因而早期也有人称影像匹配为影像相关，随后发展了多种影像匹配方法。

影像匹配的技术流程如图 8-3 所示。

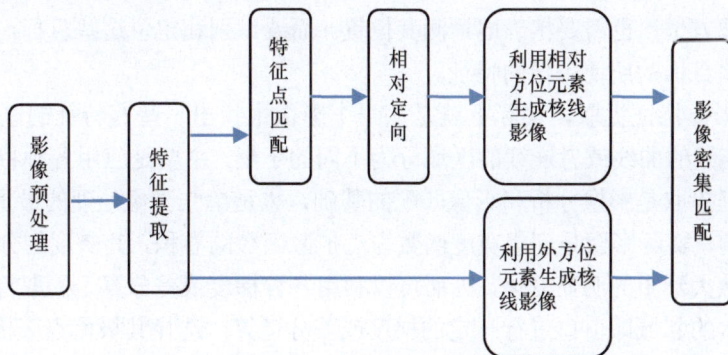

图 8-3　影像匹配技术流程

8.2　遥感影像预处理

遥感影像预处理是数字摄影测量技术流程中的一个基础步骤，目的是通过影像增强、辐射误差校正等处理算法，突出遥感影像中所需信息与背景的差异，减少辐射误差或噪声，提高影像的清晰度和可判读性，以便快捷、准确判读或提取所需信息，为影像的匹配与解译提供满足要求的基础影像数据。

遥感影像预处理包括：①遥感影像变换。包括将模拟影像转换为数字影像，以及为使影像处理问题简化或有利于影像特征提取等目的而实施的影像变换，如快速傅里叶变换等。②遥感影像校正。包括校正因大气的影响和因传感器本身影响而产生的辐射误差，以及影像在几何位置上发生变化的几何误差。③遥感影像增强。采用一系列技术改善影像的视觉效果，提高影像的清晰度、对比度，突出所需信息。包括对比度增强、平滑锐化、彩色变换、影像运算和多光谱变换等。④影像压缩编码。指通过删除冗余信息来减少数据量的技术，包括无损压缩和有损压缩及变换编码等。⑤遥感影像复原。指去除或减轻在获取影像过程中发生的影像质量退化的技术，包括经典的卷积滤波和线性代数滤波等。⑥遥感影像融合。指将多种遥感平台、多时相遥感数据及遥感数据与非遥感数据的信息组合匹配的技术。融合后的遥感影像数据将更有利于综合分析，提高了遥感数据的可应用性。⑦遥感影像分类。指采用一定规则对影像进行有意义的分割处理，进一步对物体进行识别分类。

8.3　特　征　提　取

对一幅数字影像，我们最感兴趣的是那些非常明显的目标，对数字影像中的明显目标，不仅要识别它们，还需要确定它们的位置。例如地面控制点在影像上一般为明显目标，对它们的位置是需要精确量测的，另外有一些明显目标虽不是控制点，但要将它们用于确定影像方位，也需要精确地量测其位置。而要识别和定位这些目标，必须借助于提取构成这些目标的所谓影像的特征。

所谓的影像特征提取，实际上就是从一个影像中找出一些有特征的区域，将其中孤立的点、连续的曲线或者连续的区域分为不同的子集，主要是应用各种特征提取算子来进行。特征提取是影像分析和影像匹配的基础，也是单张影像处理的最重要的任务。若不考虑噪声，实际影像是理想灰度函数与点扩散函数的卷积，其灰度的分布均表现为从小到大或从大到小的明显变化，因而可以利用各种梯度或差分算子提取特征。其原理是对各个像素的邻域即窗口进行一定的梯度或差分运算，选择其极值点（极大或极小）或超过给定阈值的点作为特征点。特征提取算子又可分为点特征提取算子与线特征提取算子，而面特征主要是通过区域分割来获取，本章主要对点特征和线特征提取算子进行介绍。

8.3.1 影像特征

影像特征是区分不同目标影像的根据，是不同目标影像固有性质的某种表现形式。理论上，特征是影像灰度曲面的不连续点。在实际影像中，特征表现为在一个微小邻域中灰度的急剧变化，或灰度分布的均匀性，也就是在局部区域中具有较大的信息量。

特征可分为点状特征、线状特征与面状特征，点特征主要指明显点，如角点、圆点等；线特征主要指影像的"边缘"与"线"；面特征主要指影像的"成片"区域。图 8-4 是影像上各类特征的实例。图 8-5 描述了点特征和线特征中边缘和线的灰度分布特性。

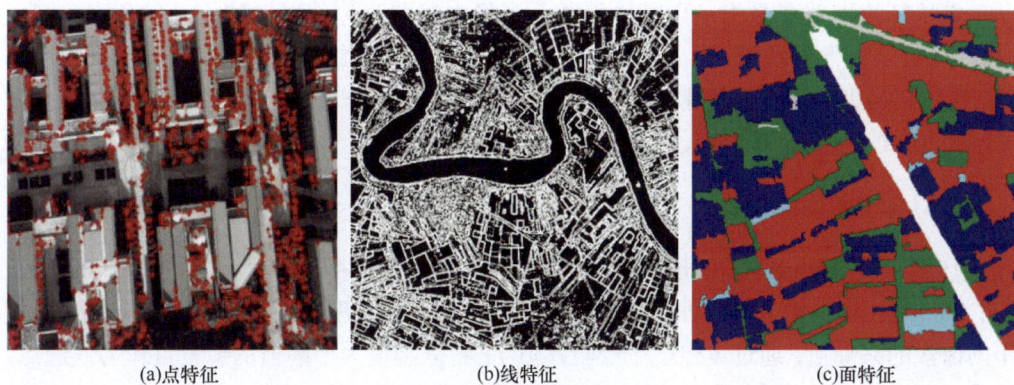

| (a)点特征 | (b)线特征 | (c)面特征 |

图 8-4　影像特征

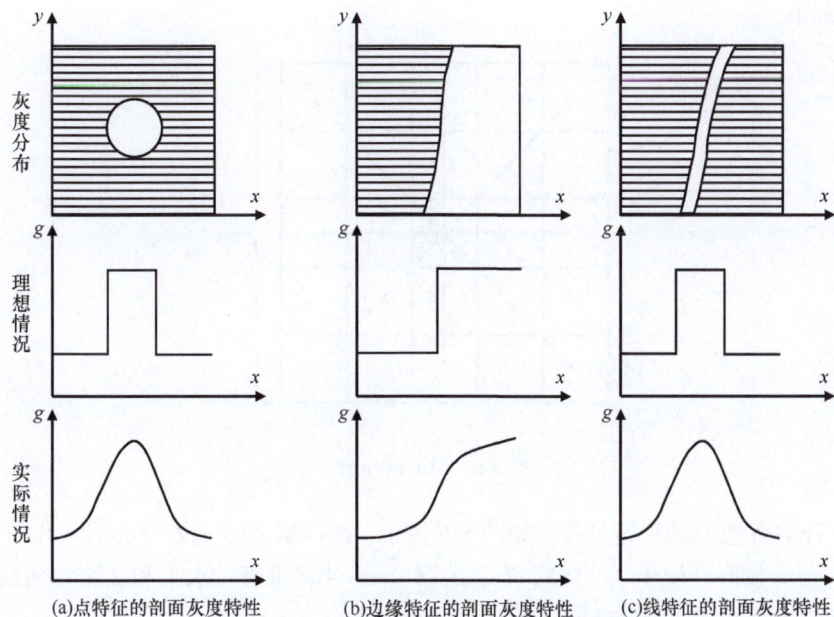

| (a)点特征的剖面灰度特性 | (b)边缘特征的剖面灰度特性 | (c)线特征的剖面灰度特性 |

图 8-5　影像特征的剖面灰度特性曲线

图 8-5（a） 表示点特征的剖面灰度特性曲线，理想情况下点特征的灰度会发生一个突然跳跃，实际情况下是有一个连续变化的过程；图 8-5（b） 表示线特征中"边缘"的剖面灰度特性曲线，沿"边缘"走向的灰度变化平缓，而垂直于"边缘"走向的灰度变化剧烈；图 8-5（c）表示线特征中"线"的剖面灰度特性曲线，"线"则可以认为是具有很小宽度的、其中间区域具有相同的影像特征的边缘对，也就是距离很小的一对边缘构成一条线。线特征的强度变化具有一定的方向性。

8.3.2　点特征提取算法

点特征提取算子是指运用某种算法从影像中提取我们感兴趣的点（如角点、圆点等）。在数字影像处理领域中已提出了一系列算法各异且具有不同特色的点特征提取算子，在数字摄影测量中比较常用的有 Moravec 算法、Harris 算法、Förstner 算法、SUSAN算法和 SIFT 算法等。

1. Moravec 算法

1977 年，Moravec 提出了利用灰度方差提取点特征的算子，即 Moravec 算子（图 8-6）。该算子的基本原理是在 4 个方向上计算像素灰度方差，选择灰度方差最小值作为像素的兴趣值，通过设定一个经验阈值 T，将兴趣值大于阈值的像素点作为候选点，通过选取一定大小的窗口内兴趣值最大的候选点作为特征点提取。兴趣点的灰度值与其邻域像素点灰度值有很大的差别，即它在不同的邻域方向上都具有很大的灰度变化度。算法步骤为：

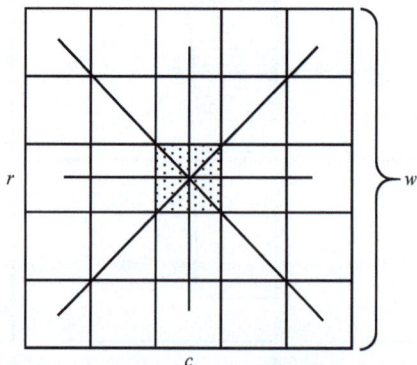

图 8-6　Moravec 算子

（1）计算各像元的兴趣值Ⅳ。如图 8-6 所示，在以像素(c, r)为中心的 $w×w$ 的影像窗口中（w 为奇数值，如 3×3、5×5、7×7 的窗口），计算垂直、水平和 2 个对角线共 4 个方向相邻像素灰度差的平方和 V_i：

$$V_1 = \sum_{i=-k}^{k-1}\left[I(c+i,r) - I(c+i+1,r)\right]^2$$

$$V_2 = \sum_{i=-k}^{k-1}\left[I(c+i,r+i) - I(c+i+1,r+i+1)\right]^2$$

$$V_3 = \sum_{i=-k}^{k-1}\left[I(c,r+i) - I(c,r+i+1)\right]^2 \tag{8-1}$$

$$V_4 = \sum_{i=-k}^{k-1}\left[I(c+i,r-i) - I(c+i+1,r-i-1)\right]^2$$

式中，$k = [w/2]$，[]是取整函数；$I(c, r+i)$ 是像素 $(c, r+i)$ 的灰度值，其他像素点灰度值依次类推。

取其中最小者作为像素 (c, r) 的兴趣值，即

$$IV_{c,r} = \min\{V_1, V_2, V_3, V_4\} \tag{8-2}$$

（2）给定一经验阈值 T，将兴趣值大于阈值 T 的点作为候选点。阈值 T 的选择以候选点中包含所需要的特征点而又不含过多的非特征点为原则。

（3）在一定大小区域内，选取候选点中兴趣值最大者对应的像素作为特征点。

Moravec 算子是在 4 个主要方向上选择具有最大–最小灰度方差的点作为特征点。图 8-7 所示为该算子提取结果示例。

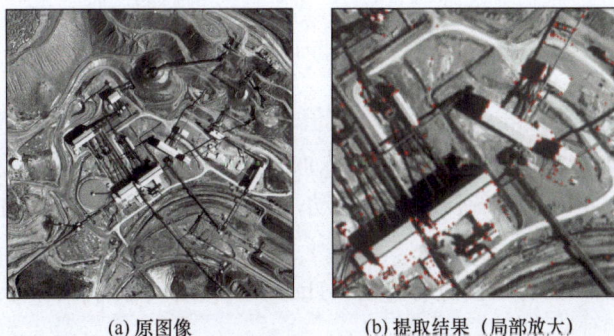

(a) 原图像   (b) 摄取结果（局部放大）

图 8-7 Moravec 算子提取结果

然而，Moravec 算法虽然简单，但也存在着一些明显的问题：

（1）由于 Moravec 算子是利用在窗口 4 个方向上的灰度方差实现局部相关计算的，除了这 4 个方向之外，灰度方差信息得不到有效检测（如 20°角方向上有边缘时，可能就无法被检测出来），所以在方向上具有一定局限，算子的响应呈现各向异性，对旋转较为敏感。

（2）窗口函数已变成二值函数，权重赋值时没有考虑像素点距离中心点的距离，都是一样的值。因此，该算子对噪声的响应较强。

（3）由于特征点与孤立点具有相同的角点性，Moravec 算子通过选取影像像素点四

个方向上的灰度方差最小值来判断特征点，所以在检测边缘信息时非常灵敏，但由于太过灵敏，容易产生判断误差，容易把一些噪声点误判为特征点。

综上，这种角点算法虽然有着非常快的计算速度，但是其判断准确性还有待提高。

2. Harris 算法

1988 年，C. Harris 和 J. Stephens 对 Moravec 算子进行了改进，提出 Harris 算子，也称为 Plessey 角点检测算法[1]。该算法主要应用微分方程和自相关矩阵来检测影像特征点，基本原理是用一定大小的窗口在影像上滑动，当在任意方向上移动该窗口都会导致窗口中的像素灰度发生较大变化时，认为该窗口中存在特征点。

设影像灰度函数为 $I(x, y)$，定义自相关矩阵如下：

$$M = G(x, y) * \begin{bmatrix} I_x^2 & I_x I_y \\ I_x I_y & I_y^2 \end{bmatrix} \tag{8-3}$$

式中，*是卷积，$G(x, y)$ 为高斯滤波函数，I_x、I_y 是像素点 (x, y) 分别在 x、y 方向上的一阶导数，具体形式如下：

$$\left. \begin{array}{l} G(x, y) = e^{(x^2 + y^2)/2\sigma^2} \\ I_x = \dfrac{\partial I}{\partial x} \approx G(x, y) * [-1 \quad 0 \quad 1] \\ I_x = \dfrac{\partial I}{\partial y} \approx G(x, y) * [-1 \quad 0 \quad 1]^{\mathrm{T}} \end{array} \right\} \tag{8-4}$$

设 λ_1、λ_2 是自相关矩阵 M 的 2 个特征值。当 λ_1 和 λ_2 都很小时，认为该像素点 (x, y) 是平坦区域点；当 λ_1 和 λ_2 中只有一个较大而另一个较小时，该像素点为边缘点；当 λ_1 和 λ_2 的值均很大时，提示沿着任意方向移动，影像的灰度都将导致明显的变化，该像素点是角点。

为避免对矩阵 M 的特征值进行分解，Harris 重新定义了特征点响应函数，即 Harris 算子：

$$R = \det(M) - k tr^2(M) \tag{8-5}$$

式中，k 为经验值，一般取值为 0.04~0.06，$\det(M)$ 为 M 的行列式，$tr(M)$ 为 M 的迹，计算公式如下：

$$\det(M) = \lambda_1 \lambda_2 = I_x^2 I_y^2 - (I_x I_y)^2, \quad tr(M) = \lambda_1 + \lambda_2 = I_x^2 + I_y^2 \tag{8-6}$$

当像素点 (x, y) 的 R 值为局部最大时，就是特征点。Harris 算子对影像平移、旋转及光照变化具有很好的稳定性。

3. Förstner 算法

该算子通过计算各像素的 Roberts 梯度和像素 (c, r) 为中心的 $w \times w$ 窗口的灰度协方差矩阵，在影像中寻找具有尽可能小而接近于圆的误差椭圆的点作为特征点（图 8-8）。其步骤为：

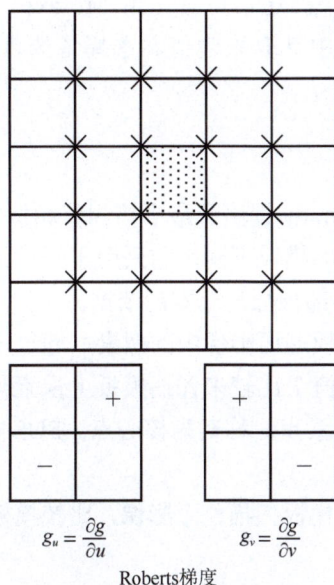

图 8-8　Förstner 算子

（1）计算如图 8-8 所示各像素的 Roberts 梯度：

$$\left. \begin{array}{l} g_u = \dfrac{\partial I}{\partial u} = I(x+1, y+1) - I(x, y) \\[2mm] g_v = \dfrac{\partial I}{\partial v} = I(x, y+1) - I(x+1, y) \end{array} \right\} \tag{8-7}$$

式中，$I(x, y)$ 是像素 (x, y) 的灰度值。

（2）计算 $L \times L$（如 5×5 或更大）窗口中灰度的协方差矩阵：

$$Q = N^{-1} = \begin{bmatrix} \sum g_u^2 & \sum g_u g_v \\ \sum g_v g_u & \sum g_v^2 \end{bmatrix}^{-1} \tag{8-8}$$

（3）计算兴趣值 q 与像元的权 w：

$$\left. \begin{array}{l} q = \dfrac{4 Det(N)}{\left[tr(N) \right]^2} \\[4mm] w = \dfrac{L}{tr(Q)} = \dfrac{Det(N)}{tr(N)} \end{array} \right\} \tag{8-9}$$

式中，$Det(N)$ 代表矩阵 N 的行列式；$tr(N)$ 代表矩阵的迹。

（4）确定待选点。

如果兴趣值 q 大于给定的阈值 T，则该像元为待选点。

（5）选取极值点。

在一个适当窗口中，以权值 w 为依据，选择待选点中 w 最大的点为特征点。

由于 Förstner 算子较复杂，通常可首先用 Moravec 等算子提取初选点，然后采用 Förstner 算子在 3×3 窗口中计算兴趣值并选择备选点，最后提取的极值点即为特征点。

4. SUSAN 算法

1997 年英国的 Smith 和 Brady 提出了最小核同值相似区域检测算法，即 SUSAN 算法。SUSAN 算子与常规算法的模板不同，它采用了一种圆形的模板，以影像中同一片区域具有相似的或是一致的内部特征为基本的依据。

SUSAN 算法采用圆形模板遍历影像中的像素，通过计算模板上像素与中心像素的灰度差，并与设定的灰度差阈值 T 比较来评估模板上像素与中心像素是否相似来提取角点。模板中心像素为待检测像素点，称其为核心点。SUSAN 算法角点提取基本流程具体如下：

（1）设置圆形模板，利用模板扫描整个影像，比较模板内的每个像素与核心点的灰度值。

（2）若模板上非核心像素点与核心点的灰度差小于等于给定的灰度差阈值 T，则认为该核心点是同值点。同值点判别函数 $c(u, v)$ 如下：

$$c(u,v) = \begin{cases} 1 & |I(x,y) - I(u,v)| \leqslant T \\ 0 & |I(x,y) - I(u,v)| > T \end{cases} \qquad (8\text{-}10)$$

式中，$I(x, y)$ 是影像中坐标为 (x, y) 的中心像素灰度值，$I(u, v)$ 是在圆形模板上坐标为 (u, v) 的像素灰度值。

（3）将所有同值点组成的区域定义为核值相似区域——SUSAN 区域 $n(x, y)$，计算公式如下：

$$n(x,y) = \sum c(u,v) \qquad (8\text{-}11)$$

（4）将 SUSAN 区域的面积 $n(x, y)$ 与设置的阈值 N 进行比较，计算其角点响应函数 $R(x, y)$：

$$R(x,y) = \begin{cases} N - n(x,y) & n(x,y) < N \\ 0 & n(x,y) \geqslant N \end{cases} \qquad (8\text{-}12)$$

（5）角点响应函数值计算完毕，将角点响应函数 $R(x, y)$ 值不为零的像素与其 8 邻域内像素点的角点响应值进行比较，取值最大的像素点作为最终角点。

SUSAN 区域判定特征点的原理如图 8-9 所示，核心点中位于影像中比较平坦的区域时，SUSAN 区域的面积最大（如图 8-9 中的 a 和 b 处）；而 SUSAN 区域面积接近模板面积一半时，核心点可认为位于边缘线附近（如图 8-9 中的 c 处）；SUSAN 区域面积小于一定阈值时，核心点就可认为是特征点（如图 8-9 中 d 处）。

影像

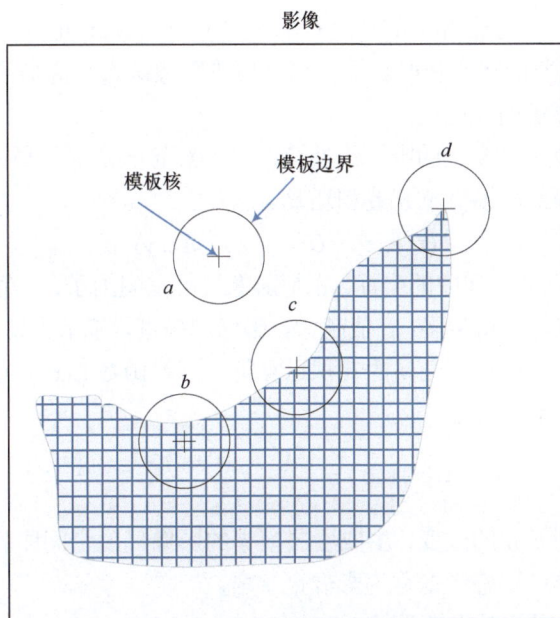

图 8-9　SUSAN 核值相似区判定特征点原理

5. SIFT 算法

SIFT 算子也称尺度不变特征变换（scale invariant feature transform）算子，是 David Lowe 在 2004 年基于差分高斯算子提出的一种特征点提取方法，它不仅具备尺度与旋转不变性，而且具备良好的鲁棒性。对于一幅影像，SIFT 算子利用了空间金字塔所提取的特征点，也包括了周围有利于描述该特征点的像素点，在很大程度上提高了特征点的匹配正确率。

利用 SIFT 算子提取特征点，首先要对影像进行预处理操作；然后利用高斯函数提取得到影像中的边界曲率极值点视作候选值，并从候选值中筛选出对比度低于边界值的极值点；最后提取得到稳定的影像特征点。具体过程如下：

（1）构造影像尺度空间。人眼在不同距离观察同一事物，会呈现出不同的视觉效果，如大小和清晰度的不同，这种观察方法称为尺度方法。一幅小比例尺地图覆盖的范围更大，但缺少细节。随着比例尺放大，一幅地图覆盖范围会越来越小，但是细节越来越清晰。影像尺度空间与地图比例尺正好相反，大尺度可以显示影像的概貌特征，小尺度显示影像的细节特征。

可以引入一个变换函数构建一幅影像的尺度空间。通过变换函数与原影像的作用关系，生成新的影像，新生成影像与原影像具有不同尺度。如果改变变换函数的参数，以不同参数的变换函数与原影像作用，就生成了不同尺度的影像层。可以通过滤波器来实现这些作用关系，通过参数的连续变化，影像被线性的平滑滤波器进行滤波。影像的尺度变换只有高斯卷积核即高斯滤波可以实现[2]。

首先通过高斯滤波对影像上的点进行卷积计算 Hessian 矩阵,利用每个像素点的 Hessian 矩阵构建高斯金字塔获取影像特征,再将影像函数与高斯函数的核卷积进行迭代运算,快速构建影像的尺度空间。

高斯函数是完成尺度变化的唯一线性核,将 $L(x, y, \sigma)$ 定义为原始影像 $I(x, y)$ 与一个可变尺度的 2 维高斯函数 $G(x, y, \sigma)$ 卷积运算。有:

$$L(x, y, \sigma) = G(x, y, \sigma) * I(x, y) \tag{8-13}$$

式中,(x, y) 是影像尺度空间中的坐标。σ 是影像尺度空间因子,σ 值越小表示影像被平滑得越少,影像细节保留得越多;σ 值越大,影像越模糊,细节保留越少。*是在原始影像 $I(x, y)$ 和高斯函数 $G(x, y, \sigma)$ 之间的卷积运算符,三维函数 $L(x, y, \sigma)$ 即为影像 I 的尺度空间。$G(x, y, \sigma)$ 的具体形式为

$$G(x, y, \sigma) = \frac{1}{2\pi\sigma^2} e^{-(x^2+y^2)/2\sigma^2} \tag{8-14}$$

通过尺度空间因子 σ 的改变,生成层层模糊的影像尺度空间序列,其形成过程类似于层叠的金字塔,这种层叠影像称为影像金字塔。

高斯金字塔影像的形成分为两步:

第一步:降采样形成 n 阶金字塔影像。

通过对原始影像连续进行采样间隔为 2 的降采样处理,从而得到由下往上、由大至小的影像金字塔,最下层影像是原始影像,依次往上相邻阶层影像分辨率减半,最上层影像的分辨率最小,如图 8-10 所示。

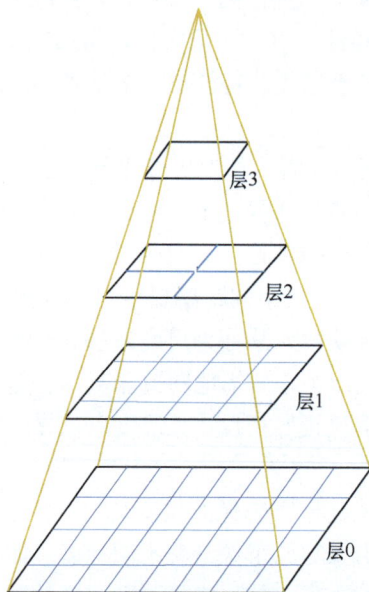

图 8-10 影像金字塔

例如一幅原始影像的大小为 2048×2048，则其金字塔每一阶影像的大小和阶数对应关系如表 8-1 所示。

表 8-1　影像金字塔阶数与影像大小对应关系

影像大小	2048×2048	1024×1024	512×512	256×256	…	2×2	1
金字塔层数	1	2	3	4	…	11	12

第二步：在影像金字塔每一阶加入高斯核卷积形成 m 层尺度空间的高斯影像。

由于通过降采样方法得到的影像连续性表现不是很好，因此需要对金字塔中每一阶影像再进行高斯核卷积，形成 m 层尺度空间的高斯影像。通过对每一阶影像以不同的影像尺度空间因子 σ 进行高斯核卷积，每一阶影像都可以生成 m 层不同尺度空间高斯模糊后的影像，于是就形成了有 n 阶、每阶有 m 层的高斯金字塔（laplaction of gaussian，LoG）影像。如图 8-11 是一个有 5 阶，每阶有 4 层的高斯金字塔影像结构。

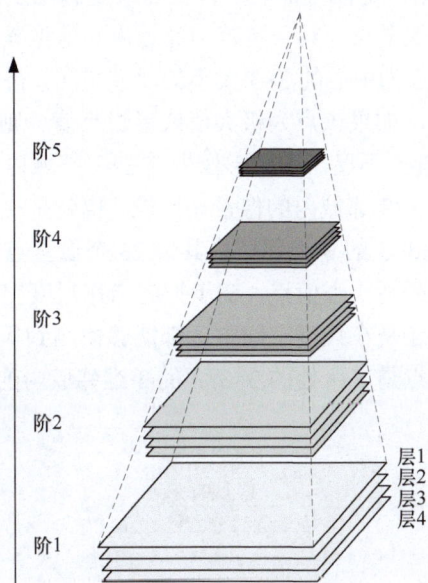

图 8-11　高斯金字塔影像图

为了高效地检测出关键点，在高斯尺度空间中使用高斯差分函数 $D(x, y, k\sigma, \sigma)$ 得到的高斯差分影像，然后在高斯差分影像中寻找极值点。$D(x, y, k\sigma, \sigma)$ 表示两个尺度相差常数 k 倍的高斯尺度函数的差，即

$$D(x, y, k\sigma, \sigma) = G(x, y, k\sigma) - G(x, y, \sigma) \tag{8-15}$$

如图 8-12 所示，在高斯金字塔影像中的同一阶中有 m 层高斯尺度空间影像，利用式（8-15）将相邻层的影像相减，得到 $m-1$ 层高斯差分影像。每一阶影像均执行高斯差分操作，以便从中找出影像像素值的变化情况。

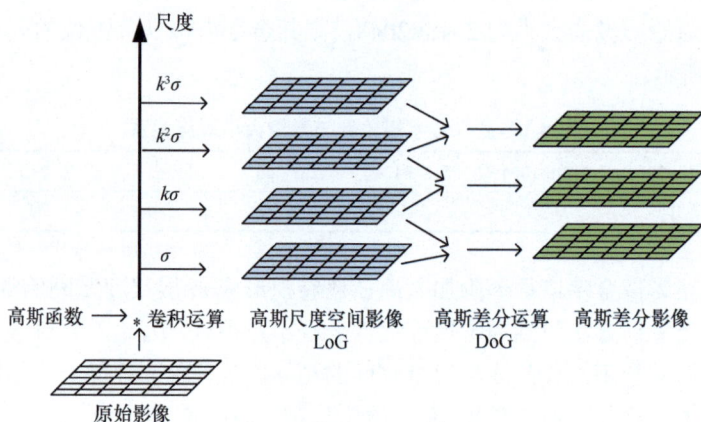

图 8-12　高斯金字塔某一阶差分影像构建[2]

（2）SIFT 极值点检测，定位特征点。特征点就是影像空间中的局部特征极值点，为了寻找极值点，需要将像素点与其一定范围邻域内其他像素点进行对比，然后确定是否极值点。选择以待检测点为中心的 3×3 大小的邻域空间，待检测点将会在该空间中与其他 8 个像素点进行比较，如果该点为极大值或者极小值，则该像素点为影像极值点。在 DoG 尺度空间中，像素点不仅在本层影像中的 3×3 邻域内与其他像素比较，还与其相邻上层和下层影像对应 3×3 邻域内的像素作比较。也就是说，尺度空间中像素点的极值点提取，是与其所处 3×3×3 的 3 维邻域内其他 26 个像素点作比较，若此像素点在立体空间所有点中为极大值或者极小值点，初步把它当作尺度空间中的特征点。这样就保证了无论是在平面影像，还是在尺度空间中，都能够侦测到极值点。如图 8-13 所示，蓝色点为待检测点，红色点是其所处的 3×3×3 的 3 维邻域内的 26 个像素点。

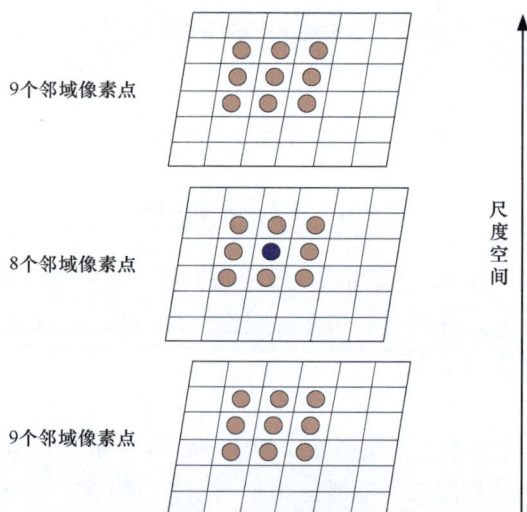

图 8-13　尺度空间极值点检测

（3）特征点方向计算。为了使 SIFT 描述子具有旋转不变性，可根据特征点邻域像素的梯度分布确定特征点方向参数，再依据影像的梯度直方图获取特征点的稳定方向（具备影像旋转不变性）。特征点的梯度向量计算公式为

$$G[I(x,y)] = \begin{bmatrix} \dfrac{\partial I}{\partial x} \\ \dfrac{\partial I}{\partial y} \end{bmatrix} \tag{8-16}$$

式中，$I(x,y)$ 是特征像素在影像中的灰度值。

梯度的模 $M(x,y)$ 就是梯度的最大增率，计算公式为

$$M(x,y) = \left[\left(\dfrac{\partial I}{\partial x} \right)^2 + \left(\dfrac{\partial I}{\partial y} \right)^2 \right]^{\frac{1}{2}} \tag{8-17}$$

在数字影像中，导数的计算通常用差分予以近似，因此梯度算子即差分算子可写为

$$M(x,y) = \sqrt{[I(x+1,y) - I(x-1,y)]^2 + [I(x,y+1) - I(x,y-1)]^2} \tag{8-18}$$

可进一步简化为差分绝对值之和：

$$M(x,y) = |I(x+1,y) - I(x-1,y)| + [I(x,y+1) - I(x,y-1)] \tag{8-19}$$

梯度的方向 $\theta(x,y)$ 是影像函数 $I(x,y)$ 在 (x,y) 处最大增加率的方向，计算公式为

$$\theta(x,y) = \tan^{-1} \left[\dfrac{I(x,y+1) - I(x,y-1)}{I(x+1,y) - I(x-1,y)} \right] \tag{8-20}$$

以特征点为中心，在 0°～360°范围内等分为 n 个方向，求每个方向的梯度值，梯度的峰值方向代表了该特征点的梯度主方向，即为特征点方向。

（4）构建特征点 SIFT 描述子。以特征点为中心结合小波特征进行矢量处理，确保特征点主方向的稳定性，最后利用特征点八邻域内的像素点信息为每一个特征点生成一个 128 维度的描述子矩阵。

SIFT 描述子是附带了多种信息的像素点，这些附带的信息不仅包括像素点本身的一些特性，比如大小、位置、方向等，还将在它周围一定范围内、对它有影响的其他像素点的信息也包括了进来，这样，这类点具有了更多的稳定特性。

在特征点所在尺度空间，计算将特征点周边 16×16 邻域内的像素点的梯度模值和方向。如图 8-14（a）所示，将 16×16 的区域分成 4×4 的子区域，每个子区域有 4×4 个像素，在每个子区域内沿 360°的 8 个等分方向计算梯度直方图，如图 8-14（b）所示。将 4×4 个区域的 8 个方向的直方图按照位置依次排序得到一个 4×4×8=128 维的向量 $w = (w_1, w_2, w_3, \cdots, w_{128})$。对于不同纹理特征的特征点，所选邻域的大小直接影响特征描述子的区分性，因此领域大小和子区间窗口尺度不是固定不变的，需要可根据数据的实际情况合理选择。

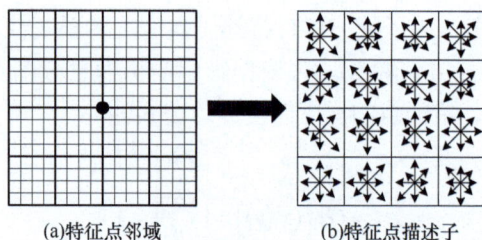

(a)特征点邻域   (b)特征点描述子

图 8-14   特征点描述子示意图

为了更好地减小光照变化对影像特征的影响，需要对该向量进行归一化的处理，最终得到的向量 $I=(I_1,I_2,I_3,\cdots,I_{128})$ 即为 SIFT 的特征描述子。向量归一化公式如下：

$$I_j = \frac{w_j}{\sum_{i=1}^{128} w_i} \quad j=1,2,3,\cdots,128 \tag{8-21}$$

8.3.3   线特征提取算子

线特征是指影像的"边缘"与"线"。"边缘"可定义为影像局部区域特征不相同的那些区域间的分界线，而"线"则可以认为是具有很小宽度的、其中间区域具有相同的影像特征的边缘对，也就是距离很小的一对边缘构成一条线。因此线特征提取算子通常也称边缘检测算子。边缘的剖面灰度曲线（图 8-15）通常是一条刀刃曲线。由于噪声的影响，灰度曲线并不是平滑的。对这种边缘进行检测，通常是检测一阶导数（或差分）最大或二阶导数（或差分）为零的点。常用方法有差分算子、拉普拉斯算子、LoG 算子等。

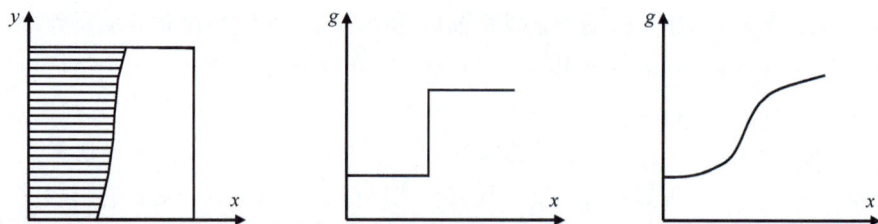

图 8-15   边缘的剖面灰度曲线

梯度算子就是差分算子的一种，其原理是利用 8.3.2 小节介绍的梯度公式计算像素点 (x,y) 的梯度值 $G(x,y)$，将梯度值与给定的阈值 T 比较，当 $G(x,y)>T$ 时，则认为该像素是边缘上的点。

由于各种差分算子均对噪声较敏感（即提取的特征并非真正的特征，而是噪声），因此一般应先作低通滤波，尽量排除噪声的影响，再利用差分算子提取边缘。高斯–拉普拉斯算子（LoG 算子）就是这种将低通滤波与边缘提取综合考虑的算子。

1. 高斯–拉普拉斯算子（LoG 算子）

由于各种差分算子对噪声很敏感，因而在进行差分运算前应先进行低通滤波。通过理论推导，说明最优低通滤波器的波形近似于高斯函数曲线。在提取边缘时，利用高斯函数先进行低通滤波，然后再利用拉普拉斯算子进行高通滤波并提取零交叉点，这就是高斯–拉普拉斯算子或称为 LoG 算子。

高斯函数为

$$G(x,y,\sigma) = \frac{1}{2\pi\sigma^2} e^{-(x^2+y^2)/2\sigma^2} \tag{8-22}$$

式中，σ 为高斯密度分布函数的空间分布系数。

如图 8-16 所示，高斯密度分布函数在二维空间的形状似倒悬的"钟"，曲面等高线是从中心开始呈正态分布的同心圆，且在 x 方向与 y 方向 σ 的取值大小是相同的，σ 的大小决定了开口范围。高斯函数为低通滤波器，滤波器宽度是由参数 σ 表征的，决定着数据的平滑程度。参数 σ 的取值大小，对边界识别结果精度有直接影响，σ 越大，滤波器频带就越宽，对高频噪声干扰压制作用越大，避免了虚假边界的出现，同时也损失了部分边界信息；反之，σ 越小，滤波器频带越窄，可以识别更多边界细节信息，但对噪声干扰的压制能力下降。

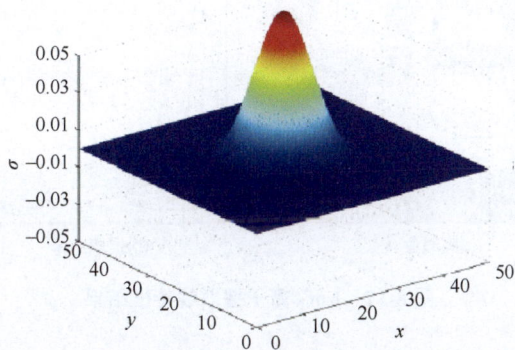

图 8-16　高斯密度分布函数图

对该函数求拉普拉斯二阶方向导数（拉普拉斯变换），即得 LoG 算子的函数形式：

$$\nabla^2 G(x,y,\sigma) = \frac{\partial^2 G(x,y,\sigma)}{\partial x^2} + \frac{\partial^2 G(x,y,\sigma)}{\partial y^2} \tag{8-23}$$

分别求得 x、y 方向的二阶导数：

$$\left. \begin{array}{l} \dfrac{\partial^2 G(x,y,\sigma)}{\partial x^2} = \dfrac{1}{2\pi\sigma^2} \dfrac{x^2-\sigma^2}{\sigma^4} e^{-(x^2+y^2)/2\sigma^2} \\[3mm] \dfrac{\partial^2 G(x,y,\sigma)}{\partial y^2} = \dfrac{1}{2\pi\sigma^2} \dfrac{y^2-\sigma^2}{\sigma^4} e^{-(x^2+y^2)/2\sigma^2} \end{array} \right\} \tag{8-24}$$

将上式代入式（8-23）中，得

$$\nabla^2 G(x,y,\sigma) = \frac{1}{\pi\sigma^4}\left(\frac{x^2+y^2}{2\sigma^2}-1\right)e^{-(x^2+y^2)/2\sigma^2} \tag{8-25}$$

设影像函数为 $I(x,y)$，对影像进行高斯函数平滑滤波和拉普拉斯算子变换运算，可得

$$\hat{I}(x,y) = \nabla^2\left[I(x,y)*G(x,y,\sigma)\right] \tag{8-26}$$

因为线性系统中卷积与微分的次序可以交换，可以将上式可改写为

$$\hat{I}(x,y) = \nabla^2 G(x,y,\sigma)*I(x,y) \tag{8-27}$$

即

$$\hat{I}(x,y) = \left[\frac{1}{\pi\sigma^4}\left(\frac{x^2+y^2}{2\sigma^2}-1\right)e^{-(x^2+y^2)/2\sigma^2}\right]*I(x,y) \tag{8-28}$$

所以，LoG 算子是以 $\nabla^2 G(x,y,\sigma)$ 为卷积核，对原灰度函数进行卷积运算后提取的零交叉点为边缘点。图 8-17 是利用 LoG 算子进行线特征提取的结果。

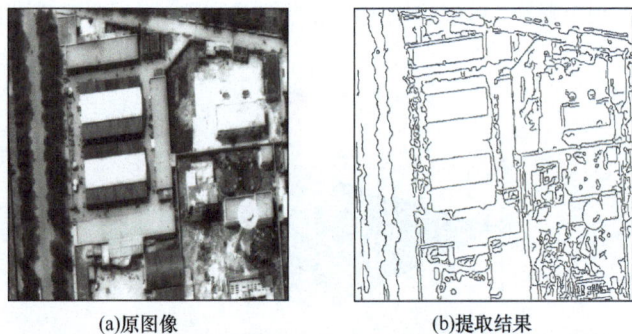

(a)原图像　　　　　　　　　　(b)提取结果

图 8-17　LoG 算子提取线特征结果

2. Canny 线特征提取算子

John Canny 于 1986 年提出了 Canny 算子，该算子是一种基于梯度算子的影像线特征检测算法，基本流程包括：首先使用二维高斯滤波模板对影像进行平滑处理；接着利用导数算子分别求出 x 和 y 方向像素灰度值的梯度幅值与方向；然后进行非极大值抑制，找出局部区域内梯度最大值像素点，将该像素点暂定为边缘点；最后进行双阈值选择，判断暂定边缘点是否作为最终边缘特征点。

1）高斯滤波

首先使用二维高斯滤波器 $G(x,y,\sigma)$ 与影像 $I(x,y)$ 进行卷积以去除影像噪声。

$$L(x,y,\sigma) = G(x,y,\sigma)*I(x,y) \tag{8-29}$$

式中 $G(x, y, \sigma)$ 的具体形式见 8.3.2 小节。

2）梯度计算

计算滤波平滑后影像像素点梯度的模和方向。具体计算公式详见 8.3.2 小节。

3）非极大值抑制

沿着像素梯度方向寻找像素点的局部梯度极大值，将局部非极大值对应的像素点灰度值设置为 0，其作用是除去假边缘，细化、精确定位影像边缘。

非极大值抑制的原理如图 8-18 所示，在一个 3×3 的领域内，斜线方向为中心像素 9 号点的梯度方向，则其局部最大值分布在这条线上，即除点 9 号点外，局部梯度最大值还有可能是点 10 和 11。因为 10 和 11 两个点不是整像素点，它们的梯度值需要通过邻域内的整像素点内插得到。比较 9、10、11 三个点的梯度，如果像素点 9 的灰度梯度值非最大，则可认为 9 号像素点不是边缘点。

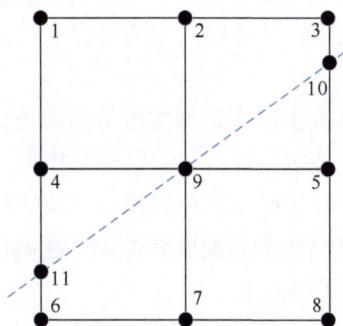

图 8-18 像素梯度方向非极大值抑制

4）双阈值设置

设置高阈值 T_l 和低阈值 T_h，对非极大值抑制中产生的局部极大值像素点 $g_{i,j}$ 进行检测，将像素点 $g_{i,j}$ 的梯度幅值 $M_{i,j}$ 与双阈值进行比较：

$$\begin{cases} M_{i,j} > T_h, & g_{i,j} \text{是边缘像素点} \\ M_{i,j} < T_l, & g_{i,j} \text{非边缘像素点} \\ T_l < M_{i,j} < T_h, & g_{i,j} \text{是疑似边缘像素点} \end{cases} \quad (8\text{-}30)$$

对于疑似边缘点，需要进一步根据边缘联通性进行判断，即如果该点的相邻像素点中有边缘点，则该点视为边缘点并进行连接，否则该点为非边缘点[3]。

Canny 算子具有高斯噪声鲁棒性好，边缘特征检测结果唯一，边缘定位精度高等特点。但对于光照条件不好，对比度低的影像，Canny 算子难以取得令人满意的边缘检测结果。

8.4 影像匹配方法

8.4.1 基本概念

在模拟和解析摄影测量阶段，可以将原始胶片型影像中的灰度信息转换为电子、光学和数字等不同形式的信号，因而用于影像匹配的相关技术可构成电子相关、光学相关和数字相关等不同的相关方式。

电子相关是研究最早的一种相关技术，它以左右影像灰度的视频信号作为输入，采用电子线路构成的相关器来实现影像相关。由于作为相关器的电子线路复杂，而且噪声源多，所以电子相关的性能受到限制，20 世纪 70 年代后就已不再研究电子相关。

光学相关是光学信息处理系统，它以光的干涉和衍射为基础，并利用了透镜的傅里叶变换特性，通过光学系统实现影像相关。光学相关有很多优点，如装置的结构简单，可处理的数据量大，速度极快等，这种相关方法有许多技术问题尚待解决，难以用于摄影测量自动化。

数字相关是利用计算机对数字影像进行数值计算的方式完成影像的相关。数字相关的算法除了相关函数外，还有许多种算法，它们都是根据一定准则，比较左、右影像的相似来确定其是否为同名影像，从而确定相应像点。数字相关具有极大的灵活性，它将随着数字影像处理技术和计算机技术的发展而得到广泛的应用，目前的影像匹配主要是使用数字相关技术，也称数字影像匹配。

1. 共轭实体

共轭实体是建立立体像对两张影像之间对应关系的过程中所关注的对象。如果想在数字立体像对的像点之间建立对应关系，此时像点就是共轭实体；如果想在数字立体像对的线状目标（或线特征）之间建立对应关系，此时线状目标就是共轭实体；如果想在数字立体像对的居民区或河流之间建立对应关系，那么居民区或河流就是共轭实体。因此对不同关注的焦点可有不同的共轭实体，如图 8-19 所示，在这样一组立体像对中，

图 8-19 立体像对上的共轭实体

共轭实体可以是某个房屋的角点；也可以是两个不同区域的边界；还可以是某一个房屋屋顶的平面；甚至可以是某个具体的目标，比如说飞机、汽车等等。影像匹配的目的，就是在不同的影像上找到对应的共轭实体。

2. 匹配实体

匹配实体是为了确定共轭实体或在确定共轭实体的过程中所比较的那些要素。这些要素包括数字影像的灰度值及分布模式，描述数字影像上特定对象特征的特征向量、数字影像上特征之间的关系等。表 8-2 所示为共轭实体和匹配实体对应表。

表 8-2　共轭实体和匹配实体对应表

共轭实体	匹配实体
点特征	点周围局部影像的灰度值及分布等
线特征	线特征参数向量，如方向、长度、梯度、曲率等
面特征	面特征参数向量，如面积、圆度、区域邻接关系等

3. 相似性测度

相似性测度是评价匹配实体之间相似性程度的一种定量度量指标，一般通过代价函数来计算。在基于灰度的影像匹配中，常用的相似性测度包括：差的绝对值和测度、差平方和测度、相关函数测度、相关系数测度、协方差测度等[4]，代价函数在不同匹配实体上所计算出来的数值越小，说明是共轭实体的可能性越大。

若影像匹配的目标窗口的灰度函数为 $I(i, j)$ $(i=1,2,\cdots,m;\ j=1,2,\cdots,n)$，$m$ 与 n 为窗口的行列数，一般情况下为奇数。搜索区灰度函数为 $I'(i,j)$ $(i=1,2,\cdots,k;\ j=1,2,\cdots,l)$，$k$ 与 l 是搜索区窗口的行列数，一般情况下也为奇数。$I'(i, j)$ 中任一个 m 行 n 列的子块（搜索窗口）记为 $I'(i+r,j+c)$，$(i=1,2,\cdots,m;\ j=1,2,\cdots,n;\ r=[m/2]+1,\cdots,k-[m/2];\ c=[n/2]+1,\cdots,l-[n/2])$。

将影像窗口 $I(i, j)$ 和 $I'(i+r, j+c)$ 内的灰度值拉伸成一个 $N=m\times n$ 的 1 维向量，分别用 X 和 Y 表示，即

$$\left.\begin{array}{l} X = (x_1, x_2, \cdots, x_N) \\ Y = (y_1, y_2, \cdots, y_N) \end{array}\right\} \tag{8-31}$$

各相似性测度公式如下：

（1）差绝对值和为

$$S(c,r) = \sum_{i=1}^{m}\sum_{j=1}^{n}\left| I(i,j) - I'(i+r,j+c) \right| \tag{8-32}$$

式中，$I(i, j)$ 是左影像上位置 (i, j) 的灰度值，$I'(i+r, j+c)$ 是右影像上位置 $(i+r, j+c)$ 的灰度值。

如果用一维矢量 X 和 Y 来表示差绝对和测度，有

$$S(c,r) = \sum_{i=1}^{N} |x_i - y_i| \qquad (8\text{-}33)$$

差的绝对值和直接度量了相应影像两个窗口内灰度值的差异。如果 $S(c,r)$ 值越小，两个窗口影像越相似，若 $S(c,r)=0$，则说明两个窗口内灰度值完全相等。可将小于设定阈值 T 的搜索窗口集合作为匹配候选窗口，再结合其他准则最终确定匹配窗口。

（2）差平方和为

$$S^2(c,r) = \sum_{i=1}^{m}\sum_{j=1}^{n} \left[I(i,j) - I'(i+r,j+c) \right]^2 \qquad (8\text{-}34)$$

如果用一维矢量 X 和 Y 来表示差绝对和测度，有

$$S^2(c,r) = |X-Y|^2 = \sum_{i=1}^{N} (x_i - y_i)^2 \qquad (8\text{-}35)$$

同样，$S^2(c,r)$ 值越小，两个窗口内的灰度值越接近，当 $S^2(c,r)=0$ 时，两个窗口内灰度值及其分布完全相同。

（3）相关函数为

$$R(c,r) = \sum_{i=1}^{m}\sum_{j=1}^{n} I(i,j) I'(i+r,j+c) \qquad (8\text{-}36)$$

上式可表示为向量的内积，即

$$R(c,r) = \sum_{i=1}^{m}\sum_{j=1}^{n} I(i,j) I'(i+r,j+c) = X \cdot Y = |X| \cdot |Y| \cos\theta \qquad (8\text{-}37)$$

式中，θ 是向量 X 和 Y 的夹角。

当两窗口的相关函数值 $R(c,r)$ 最大时，两个窗口的中心点被认为是同名像点。由于在搜索过程中向量 X 不变，因此相关函数最大等价于 $|Y|\cos\theta$ 值最大，即向量 Y 在向量 X 上的投影最大。该算法没有考虑影像灰度畸变的影响，可能产生假匹配。如图 8-20 所示，搜索向量 Y_1、Y_2 的模均小于目标向量 X 的模时，相关函数值越大，越与目标向量相似，如图 8-20（a）所示，$X\cdot Y_1 > X\cdot Y_2$，Y_1 与 X 更相似。但当搜索向量的模大于目标向量 X 时，随着相关函数值的增大，搜索向量 Y 越偏离目标向量 X，如图 8-20（b）所示，虽然 $X\cdot Y_1 > X\cdot Y_2$，但显然 Y_2 与 X 更相似。

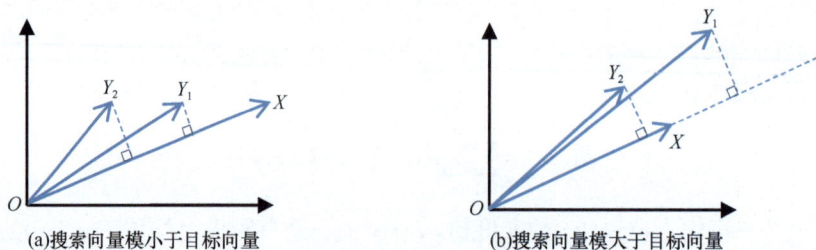

(a)搜索向量模小于目标向量　　　　　　　(b)搜索向量模大于目标向量

图 8-20　相关函数测度

（4）协方差函数为

$$
\left.\begin{array}{l}
C(c,r) = \sum_{i=1}^{m}\sum_{j=1}^{n}\left[I(i,j)-\overline{I}\right]\left[I'(i+r,j+c)-\overline{I}'(r,c)\right] \\[3mm]
\overline{I} = \frac{1}{m\times n}\sum_{i=1}^{m}\sum_{j=1}^{n}I(i,j) \\[3mm]
\overline{I}'(r,c) = \frac{1}{m\times n}\sum_{i=1}^{m}\sum_{j=1}^{n}I'(i+r,j+c)
\end{array}\right\}
\tag{8-38}
$$

如果 $C(c_0,r_0) > C(c,r)(c \neq c_0, r \neq r_0)$，则认为搜索区内相对于目标区影像位移 r_0 行、c_0 列的影像为目标区影像的匹配影像。

上式写成向量形式为

$$
C(c,r) = (X-\overline{X})\cdot(Y-\overline{Y}) = X'\cdot Y'
\tag{8-39}
$$

式中：

$$
\left.\begin{array}{l}
\overline{X} = (\overline{x},\overline{x},\cdots,\overline{x}) \\[2mm]
\overline{Y} = (\overline{y},\overline{y},\cdots,\overline{y}) \\[2mm]
\overline{x} = \frac{1}{N}\sum_{i=1}^{N}x_i \\[3mm]
\overline{y} = \frac{1}{N}\sum_{i=1}^{N}y_i \\[3mm]
X' = (X-\overline{X}) \\[2mm]
Y' = (Y-\overline{Y})
\end{array}\right\}
\tag{8-40}
$$

因此，协方差函数估计值记为向量 X' 和 Y' 的数量积，协方差函数最大等价于向量 Y' 在向量 X' 上的投影最大。

（5）相关系数为相关系数是标准化（归一化）的协方差函数，其表达式为

$$
\left.\begin{array}{l}
\rho(c,r) = \dfrac{\sum_{i=1}^{m}\sum_{j=1}^{n}\left[I(i,j)-\overline{I}\right]\left[I'(i+r,j+c)-\overline{I}'(r,c)\right]}{\sqrt{\sum_{i=1}^{m}\sum_{j=1}^{n}\left[I(i,j)-\overline{I}\right]^2 \cdot \sum_{i=1}^{m}\sum_{j=1}^{n}\left[I'(i+r,j+c)-\overline{I}'(r,c)\right]^2}} \\[5mm]
\overline{I} = \frac{1}{m\times n}\sum_{i=1}^{m}\sum_{j=1}^{n}I(i,j) \\[4mm]
\overline{I}'(r,c) = \frac{1}{m\times n}\sum_{i=1}^{m}\sum_{j=1}^{n}I'(i+r,j+c)
\end{array}\right\}
\tag{8-41}
$$

4. 匹配方法

匹配方法定义为计算或实现匹配实体相似性测度的方法，也可以称为匹配算法。

按照匹配实体的不同，可以将匹配方法大致分为三类：基于灰度的匹配方法、基于特征的匹配方法，以及基于关系匹配方法。基于灰度的匹配方法，它的匹配实体主要就是点的灰度值及其分布；基于特征的匹配方法，它所对应的匹配实体就是点、线、面特征的描述参数，包括基于物方的特征匹配和基于像方的特征匹配；关系匹配方法所对应的匹配实体则是共轭实体对应关系的一种抽象化表达。从本质上来说，匹配方法只是完成了某一组实体的匹配，而要完成整幅影像的匹配，则还需要一整套的匹配策略。

5. 匹配策略

匹配策略是求解匹配问题的整体概念或者方案。它主要包括匹配环境的分析、匹配方法的选择，以及匹配质量控制等等。具体包括：分析所匹配的影像属于地形影像还是城区影像；针对不同的影像选择何种匹配方法，是基于灰度的匹配还是基于特征的匹配；匹配计算过程中的相关参数如何设置，如搜索范围的确定、近似值的获取、阈值的设定、迭代的次数等。

8.4.2　基于灰度的影像匹配方法

1. 相关系数影像匹配

相关系数影像匹配是以相关系数作为相似性测度的灰度匹配方法，该方法计算简单、匹配速度快，但缺点是在影像有遮挡、地形有断裂，以及存在严重几何畸变等情况下匹配效果不佳。因此相关系数法可作为概率松弛影像匹配、最小二乘影像匹配等其他更为复杂精确的影像匹配方法的初匹配。

1）匹配步骤

相关系数影像匹配的步骤如下：

（1）通过点特征提取算子，提取出左影像的特征点；

（2）选择目标特征点作为待匹配点，将其作为模板窗口的中心，同时设定模板窗口的大小；

（3）确定待匹配点在右影像上的搜索区域；

（4）设定相关系数阈值 T；

（5）在右影像搜索区域内逐像素搜索，以每一像素 (r, c) 为中心，形成与模板窗口同样大小的搜索窗口，计算搜索窗口与模板窗口之间的相关系数 $\rho(c, r)$；

（6）比较 $\rho(c, r)$ 与 T，如果 $\rho(c, r) > T$，则将该搜索窗口作为模板窗口的备选共轭窗口，搜索窗口的中心作为模板窗口中心的候选共轭点；

（7）结合其他知识或准则，在候选共轭窗口中确定一个最终的匹配窗口；

（8）重复（2）到（7）步，直至完成所有目标点的匹配。

2）不足之处

匹配窗口形状、窗口内影像内容，以及影像灰度的变化等三个因素的影响，相关系数法的不足包括：

（1）矩形的匹配窗口仅适用于局部范围内仅有平移变形的立体影像匹配，如果待匹配的影像之间存在更复杂的变换，那这种形状简单的窗口就不能包含两幅影像上的同名影像；

（2）人类视觉系统对于灰度变化剧烈处较为敏感，但传统的基于灰度的匹配方法等权利用模板窗口的每一像素，没有充分利用窗口内容的显著特征；

（3）当影像中存在较大面积的遮挡或阴影区域时，该区域内窗口影像内容贫乏，无明显突出的灰度细节，造成的模板窗口与另一张影像的其他平滑区域产生误匹配；

（4）相关系数等基于灰度的影像匹配都是直接利用影像的灰度值，没有结构特征约束，使得这种匹配方法对影像灰度值的变化非常敏感，如光照变化、传感器类型不同，以及瞬时噪声等引起灰度值产生变化的因素都会影响匹配结果；

（5）基于灰度的匹配算法是基于像素灰度值的，其匹配的结果是整像素点，即得到的匹配位置均为行和列的整数值，因此只能达到像素级精度，难以满足高精度摄影测量的要求。

3）改进的策略

a. 加权相关系数

加权相关系数计算公式如下：

$$\rho(c,r) = \frac{\sum_{i=1}^{m}\sum_{j=1}^{n} p(i,j)\left[I(i,j)-\bar{I}\right]p'(i,j)\left[I'(i+r,j+c)-\bar{I}'(r,c)\right]}{\sqrt{\sum_{i=1}^{m}\sum_{j=1}^{n} p(i,j)\left[I(i,j)-\bar{I}\right]^2 \cdot \sum_{i=1}^{m}\sum_{j=1}^{n} p'(i,j)\left[I'(i+r,j+c)-\bar{I}'(r,c)\right]^2}} \tag{8-42}$$

式中，$p(i,j)$ 和 $p'(i,j)$ 分别为模板窗口与搜索窗口内各像素的权值。

像素点 E 的灰度权值 p_E 计算公式如下：

$$p_E = \sqrt{\left(\frac{|g_E-g_B|+|g_E-g_H|}{2}\right)^2 + \left(\frac{|g_E-g_D|+|g_E-g_F|}{2}\right)^2} \tag{8-43}$$

式中，g 是相应像素的灰度值，像素分布如图 8-21 所示。

A	B	C
D	E	F
G	H	I

图 8-21　像素分布图

b. CLR 匹配法

如图 8-22 所示，CLR 匹配法选择 3 种不同形式的模板窗口，待匹配像素分别位于模板窗口的中心或左右边缘，以计算模板窗口与搜索窗口的相关系数，选择大于阈值 T，且在 3 种窗口中相关系数最大的一对窗口作为共轭影像，匹配像素作为同名像点。该策略可以减少因立体像对的左右影像拍摄角度不同造成匹配失败的情况。

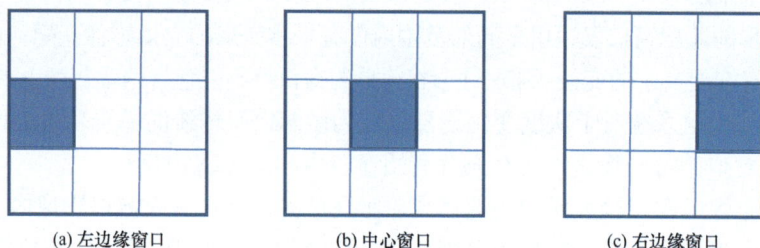

(a) 左边缘窗口　　　　(b) 中心窗口　　　　(c) 右边缘窗口

图 8-22　3 种不同的匹配窗口

如图 8-23 所示，左右影像上分别有一个同名地物，窗口内的黑色像素是同名点，如果采用中心窗口，显然左影像模板窗口内要包含地物侧面的像素，但该地物相应的侧面在右影像上未能成像，这就会使左右影像的相关系数降低，不能得到正确匹配效果。使用左边缘窗口能够较好地解决该问题。

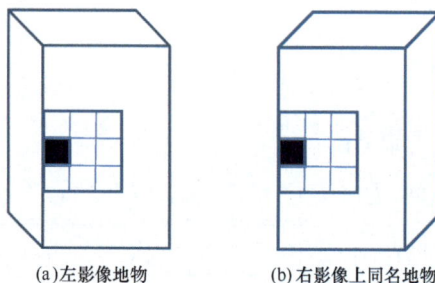

(a) 左影像地物　　　　(b) 右影像上同名地物

图 8-23　匹配窗口对不同情况的适应性

c. 窗口变形匹配法

窗口变形法是利用初匹配成果计算两张影像之间的几何畸变参数，利用几何畸变参数来变换传统的矩形匹配窗口，以减少影像几何畸变对匹配产生的影响。

d. 子像素级精度的相关系数匹配

假设相关系数匹配得到的同名点坐标为 (c, r)，因为基于灰度的匹配是整像素匹配，因此 c 和 r 是整数值。划定搜索区内以 (c, r) 为中心的一个矩形窗口，窗口大小 $(2d + 1) \times (2d + 1)$，d 为整数。在该窗口内的每一个像素均有一个相关系数 $\rho(i, j)$，$(c - d \leqslant i \leqslant c + d; r - d \leqslant j \leqslant r + d)$，可以建立一个二元二次多项式观测方程：

$$\rho(i, j) = a_0 + a_1 i + a_2 j + a_3 i^2 + a_4 ij + a_5 j^2 \tag{8-44}$$

利用窗口内每个像素的相关系数 $\rho(i, j)$，可解算多项式的系数 $a_m (m = 0, \cdots, 5)$，得到一个二次曲面，求取该二次曲面的极大值点 (x_{max}, y_{max})。x_{max} 和 y_{max} 是相关系数极大值点的实数坐标，即子像素精度的共轭点位置。图 8-24 描述了 1 维情况下的相关系数极大值点拟合原理。

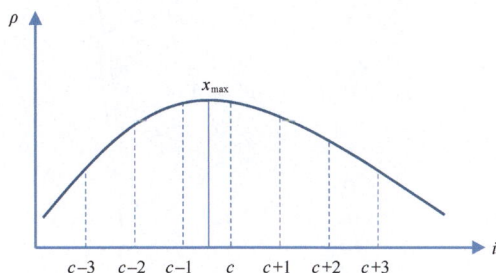

图 8-24　1 维情况下的相关系数极大值拟合

2. 最小二乘影像匹配

最小二乘影像匹配算法也是通过比较模板窗口与搜索窗口内影像的灰度值，寻找共轭实体的匹配方法。其基本思想是：以影像局部范围内的灰度差平方和最小为匹配原则的基础上，引入辐射畸变和几何畸变等约束条件，构建误差方程，通过最小二乘平差方法求解窗口中心位置和畸变系数，从而确定共轭实体。在匹配过程中，搜索窗口的中心位置及形状是不断变换的，直至变形窗口和模板窗口（不变）内的灰度差平方和达到极小值。

设 $I(i,j)$ 表示左影像上模板窗口内的影像灰度值函数，$I'(i,j)$ 表示右影像上搜索窗口内的影像灰度函数，模板窗口和搜索窗口大小一样，均为 $(2m+1)\times(2n+1)$。如果搜索窗口的中心像素是模板窗口中心像素的精确共轭点（即同名点），则有

$$I(i,j) = I'(i,j) \tag{8-45}$$

但实际上由于成像时光照条件、地物反射特性，以及地面倾斜误差和投影误差等因素的影响，使得两幅影像之间的相应灰度值并不完全相等。假设这种灰度值差异可以通过右影像灰度值的亮度偏移 k_0 和对比度拉伸 k_1 进行线性变换校正，则式（8-45）的灰度关系可改写为

$$I(i,j) = k_0 + k_1 I'(i,j) \tag{8-46}$$

实际摄影测量作业时，两幅影像之间不仅存在辐射差异，而且由于影像外方位元素不同、地形起伏等因素的影响，还存在较为复杂的几何畸变。因而，同一目标区在左影像的模板窗口是矩形，但右影像上搜索窗口则是一个不规则的几何形状（图 8-25）。

设 (i,j) 为规则搜索窗口内的整数坐标值，(x,y) 为搜索窗口变形后的实数坐标值，规则窗口变换至不规则窗口的几何变形公式为

$$\left. \begin{array}{l} x = T_x(i,j) \\ x = T_y(i,j) \end{array} \right\} \tag{8-47}$$

则式（8-46）可以改写为

$$I(i,j) = k_0 + k_1 I'\left[T_x(i,j), T_y(i,j) \right] \tag{8-48}$$

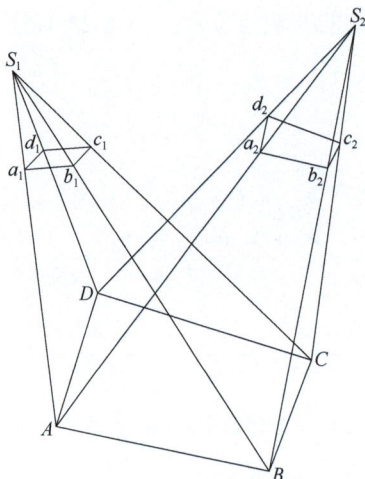

图 8-25   搜索窗口几何变形[5]

如图 8-25 所示，如果已知两幅影像的外方位元素和所对应地面区域的数字高程模型（DEM），则可以将左影像上规则形状的模板窗口投影至地面得到对应的地面区域，然后再将该地面区域投影至右影像，从而得到不规则形状的搜索窗口。但绝大多数情况下影像外方位元素和地面数字高程模型（DEM）是未知的，此时变形公式可用仿射变换式［式（8-49）］或投影变换式［式（8-50）］来表达：

$$\left.\begin{aligned} x &= a_0 + a_1 i + a_2 j \\ y &= b_0 + b_1 i + b_2 j \end{aligned}\right\} \tag{8-49}$$

$$\left.\begin{aligned} x &= \frac{l_1 i + l_2 j + l_3}{l_7 i + l_8 j + 1} \\ y &= \frac{l_4 i + l_5 j + l_6}{l_7 i + l_8 j + 1} \end{aligned}\right\} \tag{8-50}$$

以仿射变换为例，同时考虑几何畸变和辐射畸变，公式可改写为

$$I(i, j) = k_0 + k_1 I'(a_0 + a_1 i + a_2 j, b_0 + b_1 i + b_2 j) \tag{8-51}$$

利用式（8-51），以模板窗口和搜索窗口内影像灰度差的平方和达到极小值为平差条件，求解出最或然未知参数 k_0、k_1、a_i、$b_i (i = 0, 1, 2)$，进而得到模板窗口中心像素的共轭点。

8.4.3   基于特征的影像匹配方法

如前所述，基于灰度的影像匹配对两幅影像间的辐射畸变和几何畸变较为敏感，虽然可以通过最小二乘匹配等方法进行改进，但仍会出现匹配失败的情况。基于特征的影像匹配自 20 世纪 70 年代末提出以来，在计算机视觉领域得到了广泛的研究和应用。该方法是将影像中提取的特征作为共轭实体，把特征属性或描述参数作为匹配实体，通过

计算匹配实体之间的相似性测度以实现共轭实体匹配的方法。该方法在特征层而非灰度级上进行匹配，比灰度匹配更加稳健可靠，而且应用范围更广。

1. 特征匹配的基本原理

特征匹配包括 3 个步骤。

1）提取特征

利用 8.3 节中介绍的特征提取算法，从多张影像中提取点特征或边缘特征（线特征）。

2）确定候选特征

比较左右影像上所有提出的特征的属性，将属性相似的特征分为一类，作为左影像上待配准特征的候选特征。如对于边缘特征，比较左影像和右影像上所提取的边缘特征之间的对比度、方位等属性，将与左影像待匹配边缘特征相似程度高的右影像特征归为一类，作为候选边缘特征，从而形成待匹配特征与候选特征集合之间的对应列表。

3）最终特征对应

从上一步获取的特征候选列表中确定真正的对应特征，同时估计两影像之间的几何变换参数，利用几何变换参数对一定窗口内的所有特征进行几何变换，以消除初始特征对应列表中的不确定性。

实施特征匹配的策略包括：

（1）建立影像金字塔多层数据结构。影像金字塔结构如图所示，金字塔的层数根据原始影像的尺寸大小而定。构建影像金字塔的目的从金字塔顶层影像开始进行匹配，将上一层匹配结果作为下一层分辨率更高影像的匹配初值，提高匹配效率的同时，保证匹配结果的可靠性。

这种匹配策略也称为由粗到精的匹配，如图 8-26 所示，粗匹配可为精匹配预测搜索范围，减少搜索计算量，从而提高搜索的效率。此外，因为金字塔上层影像是下层影像经过低通滤波和压采样得到，顶层影像所保留的特征是影像中最为明显、能量最集中的较大结构特征，而小尺度和反差不大的特征则被多次平滑滤波后消除。因此从金字塔顶层开始匹配，能够快速匹配出一幅影像中最为显著的特征，匹配的结果也更为可靠稳健。

（2）特征提取结果的分布。特征提取结果的分布可分为随机分布和均匀分布两种模式。随机分布就是以实际特征提取结果为准，信息丰富的区域特征集中，信息匮乏区域特征少甚至没有特征。均匀分布则是将影像划分成规则矩形格网，每一格网提取的特征数量基本一致。但如果某一个格网所覆盖的影像区域信息匮乏，按照兴趣值最大原则提取的特征并不是真正的影像特征。

（3）将 2 维匹配变换为 1 维匹配。为了在右影像搜索匹配左影像的同名像点，需要利用一定尺寸的搜索窗口在右影像上给定的二维搜索区内沿 x 和 y 方向逐像素进行二维搜索，计算量大，搜索效率低。依据摄影测量立体像对的基础知识，同名像点一定位于同名

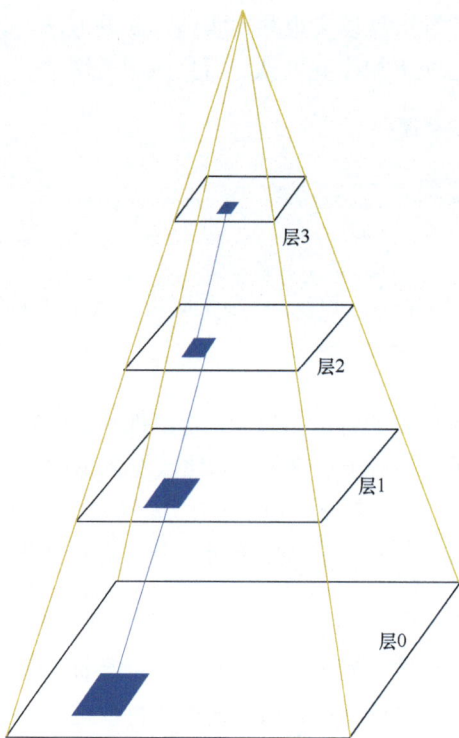

图 8-26　由粗到精预测搜索范围

核线上。如果左右影像方位元素（相对方位元素或内方位元素）已知，通过相应方法（详见 8.5 节）可以找到左右影像的同名核线，此时沿同名核线进行同名像点搜索（核线相关），便可将影像 2 维匹配转化成 1 维匹配，在提高计算效率的同时保证匹配结果的可靠性。

（4）特征点的匹配顺序。特征点的匹配顺序包括深度优先和广度优先两种方式。

深度优先指在左影像最上一层提取到特征点后即对其与对应层的右影像进行匹配，然后将匹配结果传导至下一层影像进行匹配，直至最底层的原始影像；再回到最上层，从该层已匹配点的邻域中选择另一点重复上一步进行匹配，直至最上层完成匹配；进入第二层影像重复对第一层影像的处理步骤，循环反复直至每一层影像处理完成。

广度优先是一种按层处理的方法，首先对最上层影像进行特征提取与匹配，将所有点处理完成后，再将处理结果映射到下一层进行匹配加密，依次处理每一层影像，直至所有层影像完成匹配。

2. 点特征匹配方法

利用 8.3.2 小节介绍的点特征算子提取影像特征点，然后对左右影像上的特征点进行匹配，得到共轭特征点对。

常用的特征点对相似性测度包括：

（1）中心化绝对差和测度。给定左右影像上的两个特征点集合 F_L、F_R，$p_L(i)$ 和

$p_R(j)$ 分别为两个集合中的特征点，i 和 j 分别表示特征点在各自集合中的序号，这两个特征点之间的中心化绝对差和定义为一定窗口范围内中心化灰度差的绝对值和 $S(i,j)$：

$$S(i,j) = \sum_{(x,y)\in w} \left| \left(I_L(x,y) - \overline{I}_L(x,y) \right) - \left(I_R(x,y) - \overline{I}_R(x,y) \right) \right| \tag{8-52}$$

式中，$I_L(x,y)$ 和 $I_R(x,y)$ 分别表示左右影像的灰度值函数；$\overline{I}_L(x,y)$ 和 $\overline{I}_R(x,y)$ 分别表示左右影像上以 $p_L(i)$ 和 $p_R(j)$ 为中心，范围为 w 的窗口内的平均灰度值。

（2）角点强度测度。设影像灰度函数为 $I(x,y)$ 的自相关矩阵为 M，具体形式如式（8-3）。设 λ_1、λ_2 是 M 的特征值，当 λ_1 和 λ_2 均大于一定阈值时，像素点 (x,y) 为特征点。检测出的任一特征点 p，用标量值 C_p 作为特征点的特征，称为角点强度，计算公式为

$$C_p = \left\| \lambda_1^2 + \lambda_2^2 \right\| = \sqrt{\lambda_1^2 + \lambda_2^2} \tag{8-53}$$

式中，$\|\cdot\|$ 表示欧式范数。

定义立体像对上左右两幅影像上特征点 p 和 q 之间的相似性测度 $s(p,q)$ 为

$$s(p,q) = \frac{\min\left(C_p, C_q\right)}{\max\left(C_p, C_q\right)} \tag{8-54}$$

（3）相关系数测度。相关系数的定义详见 8.4.1 节，将相关系数测度与单一性和对称性结合使用，可以得到较好的初始匹配结果。单一性是指对于左影像上的每一个特征点，右影像上只有那些达到最强匹配强度的点才被考虑为候选点。对称性就是要求在初始匹配列表中只保留那些互相均达到最高匹配系数的点对。

（4）灰度值差分不变量测度。灰度差分不变量（gray-value differential invariant，GDI）测度是一个不变向量，由多个曲面微分不变量组成，影像灰度函数 $I(x,y)$ 在某点处的灰度差分不变量 $G(x,y)$ 为

$$G(x,y) = \begin{bmatrix} G_1 & G_2 & G_3 & G_4 & G_5 \end{bmatrix}^{\mathrm{T}} \tag{8-55}$$

$I_1, \cdots, I_5$ 的表达式如下：

$$\left. \begin{aligned} G_1 &= I(x,y) \\ G_2 &= I_x^2 + I_y^2 \\ G_3 &= I_{xx} I_x^2 + 2I_x I_y I_{xy} + I_{yy} I_y^2 \\ G_4 &= I_{xx} + I_{yy} \\ G_5 &= I_{xx}^2 + 2I_{xy} I_{yx} + I_{yy}^2 \end{aligned} \right\} \tag{8-56}$$

式中，G_1 为影像灰度函数，G_2 是灰度函数的梯度，G_4 是灰度函数的拉普拉斯影像，G_3、G_5 没有特别的微分几何含义，但同其他量一样，都是正交旋转不变量。

利用立体像对左右影像提取的特征点集合 F_L 和 F_R 中的特征点 p_L 和 p_R，计算其相应的灰度差分不变量 G_L 和 G_R，然后用 Mahalanobis 距离作为两个特征点之间的相似性测度 $R_S(G_L, G_R)$：

$$R_S(G_L, G_R) = \sqrt{[G_L - E(G_L)]^T C^{-1} [G_R - E(G_R)]} \qquad (8\text{-}57)$$

式中，C 是向量 G_L 和 G_R 的协方差矩阵，E 是数学期望。

因为 GDI 具有局部正交旋转不变的性质，所以具有良好的抗遮挡、抗裁剪和抗旋转能力。

8.5　核线影像生成

如 8.4 节所述，进行数字影像匹配时，为了在右片搜索左片的同名像点，需要在右片上给定的二维搜索区内沿 x 和 y 方向逐像素进行二维搜索，计算量比较大，搜索效率不高。依据摄影测量立体像对的基础知识，同名像点一定位于同名核线上，如果能找到左右影像的同名核线，则沿同名核线进行同名像点搜索（核线相关），可将二维影像相关转化成一维影像相关，在提高计算效率的同时保证匹配结果的可靠性[6]。

由于在原始倾斜影像上，各核线不平行，相交于核点，因此在立体像对上确定同名核线是进行核线相关的前提。在原始立体像对上确定同名核线后，便可沿同名核线进行重采样，生成同名核线影像对。本书主要介绍两种核线影像生成的方法。

8.5.1　利用立体像对相对方位元素生成核线影像

下面以连续像对相对方位元素系统为例，介绍利用立体像对相对方位元素确定核线的方法。

如图 8-27 所示，主距为 f 的影像 P 和 P' 构成立体像对，P 和 P' 的像空系分别为 $S\!-\!xyz$ 和 $S'\!-\!x'y'z'$，摄测系与左像空系重合，摄影基线 SS' 在左像空系的三个分量为 B_x、B_y、B_z。地面点 M 在立体像对上的同名像点为 m 和 m'，设过像点 m 的核线上有任意一点 n，n 在右影像上的同名像点为 n'，因此 mn 和 $m'n'$ 是同名核线。

因为同一核线上的点均位于同一核面内，根据共面条件方程有

$$\begin{vmatrix} B_X & B_Y & B_Z \\ x_m & y_m & z_m \\ x & y & z \end{vmatrix} = \begin{vmatrix} B_X & B_Y & B_Z \\ x_m & y_m & -f \\ x & y & -f \end{vmatrix} = 0 \qquad (8\text{-}58)$$

式中，(x_m, y_m, z_m) 是 m 点的像空间坐标系坐标，(x, y, z) 是核线 mn 上的任一像点的像坐标。

展开式（8-58）可得

$$y = \frac{fB_Y + y_m B_Z}{x_m B_Z + fB_X} x + \frac{y_m B_X - x_m B_Y}{x_m B_Z + fB_X} f \qquad (8\text{-}59)$$

利用式（8-59），给出 x 坐标，便可得到核线 mn 上任一像点的像坐标 (x, y)，于是便可求出核线 mn。

为了求解 mn 的同名核线，将左像空系旋转至与右像空系平行后，得到坐标系 $S\!-\!x'y'z'$，左像点 m 在该坐标系下的坐标为 (x'_m, y'_m, z'_m)，摄影基线 SS' 在坐标系 $S\!-\!x'y'z'$ 的三个分量为

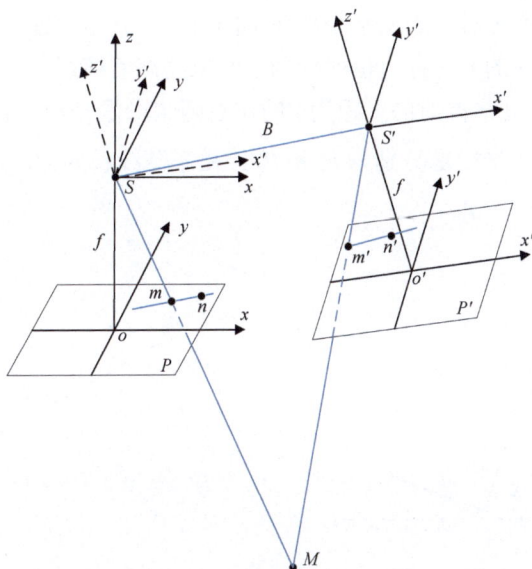

图 8-27　立体像对同名核线

B_X'、B_Y'、B_Z'。因为同名核线上的点均位于同一核面内，满足共面条件，所以右影像同名核线上任一像点的右像空系坐标$(x', y', -f)$、左像点 m 在 $S—x'y'z'$坐标系下坐标(x_m', y_m', z_m') 和摄影基线 SS'在坐标系 $S—x'y'z'$的坐标分量有 B_X'、B_Y'、B_Z' 满足共面条件方程：

$$\begin{vmatrix} B_X' & B_Y' & B_Z' \\ x_m' & y_m' & z_m' \\ x' & y' & -f \end{vmatrix} = 0 \tag{8-60}$$

式中，$\begin{bmatrix} x_m' \\ y_m' \\ z_m' \end{bmatrix} = R \begin{bmatrix} x_m \\ y_m \\ -f \end{bmatrix}$，$\begin{bmatrix} B_x' \\ B_y' \\ B_z' \end{bmatrix} = R \begin{bmatrix} B_X \\ B_Y \\ B_Z \end{bmatrix}$，$R$ 是相对方位元素 $\overline{\Delta\varphi}$、$\overline{\Delta\omega}$、$\overline{\Delta\kappa}$ 所构成的旋转矩阵。

展开式（8-60）得

$$y' = \frac{fB_Y' + y_m'B_Z'}{x_m'B_Z' + fB_X'} x' + \frac{y_m'B_X' - x_m'B_Y'}{x_m'B_Z' + fB_X'} f \tag{8-61}$$

利用式（8-61），给出坐标 x'，便可得到右影像同名核线 $m'n'$ 上任一像点的像坐标(x', y')，于是可求得右影像上的同名核线 $m'n'$。

同理，可计算得到单独像对相对方位元素系统下的核线影像。

8.5.2　利用影像外方位元素生成核线影像

根据核线的定义可知，当立体像对的两张影像水平时，影像上所有核线互相平行，且平行于像平面坐标系 x 轴,因此水平影像上的每一行就是核线。如果在右水平影像上找到与左片 y 坐标对应的 y' 坐标,也就找到了对应的同名核线。

如图 8-28 所示,立体像对的主距为 f 的左右两张影像分别为 P_L 和 P_R,设它们所对应的同摄站同主距的水平影像分别为 P_L' 和 P_R',摄影基线长为 B,地面点 A 在影像上成像分别为 a_L、a_L' 和 a_R、a_R'。

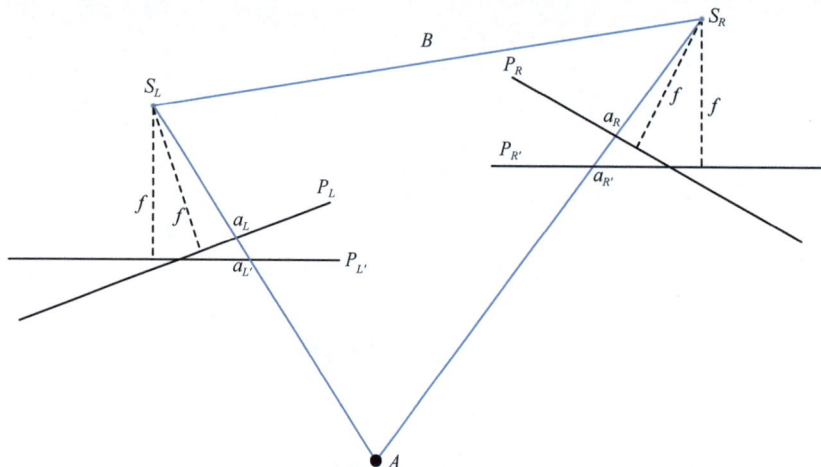

图 8-28 过 A 点的核面

已知同摄站同主距的水平影像和倾斜影像的关系式为

$$x = -f \frac{a_1 x' + b_1 y' - c_1 f}{a_3 x' + b_3 y' - c_3 f} \left.\right\}$$
$$y = -f \frac{a_2 x' + b_2 y' - c_2 f}{a_3 x' + b_3 y' - c_3 f} \left.\right\} \tag{8-62}$$

式中,(x, y) 是倾斜影像上像点坐标,(x', y') 是水平影像上像点坐标,a_1、a_1、…、c_2、c_3 是外方位角元素构成的方向余弦。

在水平影像上,将 y' 取常数值 c_L 代入式(8-62)得到

$$x = -f \frac{a_1 x' + b_1 c_L - c_1 f}{a_3 x' + b_3 c_L - c_3 f} \left.\right\}$$
$$y = -f \frac{a_2 x' + b_2 c_L - c_2 f}{a_3 x' + b_3 c_L - c_3 f} \left.\right\} \tag{8-63}$$

若以左水平影像上像坐标 y_L' 为常数值 c_L,取一系列 x_L' 值 x_{L1}'、x_{L2}'、x_{L3}'、…、x_{Ln}',便可利用式(8-63)计算得到左倾斜影像核线上的像坐标 (x_{L1}, y_{L1})、(x_{L2}, y_{L1})、(x_{L3}, y_{L1})、…、(x_{Ln}, y_{L1})。

找到右影像上同名核线的关键是获得与 $y_L' = c_L$ 对应的常数值 c_R。可根据式(8-61),

利用左水平影像核线上的像坐标 (x'_L, c_L) 计算右倾斜影像上同名核线像坐标 (x'_R, c_R)：

$$c_R = \frac{fB_Y + c_L B_Z}{x'_L B_Z + fB_X} x'_R + \frac{c_L B_X - x'_L B_Y}{x'_L B_Z + fB_X} f \tag{8-64}$$

式中，B_X、B_Y、B_Z 是基线分量，由外方位线元素计算得到。确定右水平影像同名核线的 y'_R 坐标值 c_R 后，取一系列 x'_R 值 x'_{R1}、x'_{R2}、x'_{R3}、…、x'_{Rn}，便可利用式（8-62）计算得到右倾斜影像同名核线上的像坐标 (x_{R1}, y_{R1})、(x_{R2}, y_{R1})、(x_{R3}, y_{R1})、…、(x_{Rn}, y_{R1})。

思 考 题

1. 什么是影像匹配？
2. 影像匹配可以解决摄影测量中的哪些问题？
3. 遥感影像预处理有哪些方式？
4. 影像特征是什么？为什么要提取影像特征？
5. 描述 SIFT 特征提取方法的流程。
6. 什么是线特征？线特征提取有哪些方法？
7. Canny 算子提取线特征的基本思想是什么？
8. 基于灰度的影像匹配中，常用相似性测度有哪些，并给出其计算公式。
9. 最小二乘影像匹配方法的主要过程是什么？
10. 什么是基于特征的影像匹配？
11. 基于特征的影像匹配方法的基本步骤有哪些？
12. 什么是核线影像？核线影像有什么作用？

本章参考文献

[1] 崔乐, 李春, 李英. Harris 算法和 Susan 算法的实现及分析[J]. 计算机与数字工程, 2019, 47(10): 2396-2401.
[2] 崔哲. 基于 SIFT 算法的图像特征点提取与匹配[D]. 西安: 电子科技大学, 2016.
[3] 商景辉. 基于 Canny 算子的边缘检测算法研究[J]. 信息与电脑, 2020, 32(2): 39-41.
[4] 耿则勋, 张保明, 范大昭. 数字摄影测量学[M]. 北京: 测绘出版社, 2010.
[5] 张祖勋, 张剑清. 数字摄影测量学[M]. 武汉: 武汉测绘科技大学出版社, 1997.
[6] 袁修孝, 吴珍丽. 基于 POS 数据的核线影像生成方法[J]. 武汉大学学报(信息科学版), 2008, 33(6): 560-564.

第9章 影像解译

如第 8 章所述，影像匹配是使用计算机通过算法来自动解决对应性问题，即建立同名像点或同名地物之间的相互对应关系。但是如何自动识别影像上地物或现象的性质、类型和状况，提取属性信息，是摄影测量走向全自动化的基础理论与关键技术问题，称为影像解译。

9.1 影像解译概述

影像解译是对影像上的各种特征进行综合分析、比较、推理和判断，最后提取出各种地物目标信息的过程。影像解译是摄影测量应用的关键环节，高效准确的解译技术有助于提高其应用水平、拓展应用领域。自 20 世纪 60 年代以来，特别是 80 年代以后，随着航空航天技术、传感器技术、计算机技术及通信技术的进步，大大推动了摄影测量与遥感的发展，各种运行于空中或者太空中的遥感平台多尺度、多层次、多角度、多谱段地对地球进行着观测，各种先进的对地观测系统源源不断地为我们提供着丰富的数据源。然而，与影像数据获取能力形成鲜明对比的是，当前影像信息自动化处理能力依然较为低下，其现状可描述为："data-rich but analysis-poor"，即"大数据、小知识"。因此，如何有效利用影像数据准确获取所需要的信息，实现从数据到地学知识的智能转化，一直是摄影测量与遥感领域急需而又难以解决的问题。

从影像解译发展历程来看，影像解译技术经历了人工目视解译、半自动解译阶段，随着高分辨率遥感平台的诞生、人工智能技术的发展，以及地理知识的积累，目前影像解译正在向自动化智能化方向发展。

目视解译是利用影像的影像特征（如色调或色彩）和空间特征（如形状、大小、位置），与多种非遥感信息资料相组合，运用地学相关规律，进行由此及彼、由表及里、去伪存真的综合分析和逻辑推理的思维过程。长期以来，目视解译是地学专家获得区域地学信息的主要手段。陈述彭先生曾肯定目视解译方法，认为"目视解译不是遥感应用的初级阶段，或者是可有可无的，相反，它是遥感应用中无可替代的组成部分，它将与地学分析方法长期共存、相辅相成"。

从 20 世纪 70 年代起，人们开始利用计算机进行遥感影像的解译研究。最初是利用计算机软件对数字影像进行几何纠正与配准，后来设计了一系列人工特征与方法用于解译处理。在此基础上，采用人机交互方式从影像中获取有关地学信息。遥感影像分类是该阶段影像解译的最典型任务，该阶段遥感影像分类的基本单元为单个像素，一系列方法被运用到像素级分类中，这些方法被分为了监督分类和非监督分类两种基本类型。随着高分辨率遥感影像的不断涌现，像素级分类方法存在着分类特征指标较少，没有充分利用影像所能表达的空间、纹理、结构等信息的问题，难以满足高分辨率影像的解译需求。

近年来，随着神经网络技术的发展、大规模标注数据的发布和高性能计算的普及，以深度学习为代表的方法、海量数据的学习能力、高度的特征抽象能力，以及"端到端"的处理能力，在影像解译中表现出显著优势，逐渐成为主流，可以说深度学习推动影像解译进入了自动化、智能化阶段。标注数据、网络模型、计算力是深度学习的 3 大要素，得益于大规模标注数据，深度神经网络能够习得有效的层次化特征表示。虽然取得优异效果，但深度学习也体现出其局限性，尤其在依赖大规模标注数据和难以有效利用先验知识等方面，深度学习模型的结果有时与人的先验知识或者专家知识相冲突。此外，深度学习的不透明性、不可解释性也成为制约其发展的障碍，"理解"与"解释"是影像智能解译需要攻克的挑战之一。

本章将按照影像解译发展历程，分别介绍目视解译、半自动解译和影像智能解译三部分内容。

9.2　目 视 解 译

目视解译是按照应用目的，利用人的经验知识，通过目视观察和大脑思维，识别遥感影像上的目标并提取相关信息的技术过程。目视解译也称为"判读""判译"等。目视解译是用户获取影像信息内涵的主要方式之一。随着信息技术的发展，目前计算机可以在影像解译过程中发挥重要的作用，但是由于影像的复杂性，影像解译依然需要人工的参与，并且目视判读的思想和方法在计算机影像解译算法设计中具有重要的借鉴和参考意义。目视解译是一个复杂的认知过程，其生理和心理机制仍在研究之中，即使地物和已知模式有非常大的不同，人脑依然能进行准确地识别和匹配，这正是计算机难以模拟的地方。

目视判读能综合利用地物的色调或色彩、形状、大小等影像特征知识，以及有关地物的专家知识，并结合其他非遥感数据资料进行综合分析和逻辑推理，从而能达到专题信息提取的目的，尤其是在提取具有较强纹理结构特征的地物时更是如此。它是目前业务化生产的一门技术，然而，目视解译工作存在着一定的局限性，主要包括以下几方面：①目视解译方法要求解译人员具有各种丰富的知识，要求解译者在心理上和生理上对解译工作有一定的灵性和经验；②费时费力，工作效率较低；③主观因素作用大，容易产生误判；④不能完全实现定量描述，与数字时代定量化、模型化、系统化的现实情况很难适应，无法实现遥感（remote sensing，RS）与地理信息系统（geographic information system，GIS）的集成。

根据所利用的影像数量，目视解译可分为单像解译、立体影像解译。单像解译是利用单幅影像进行目视解译，立体影像解译是观察立体像对进行目视解译。单幅影像解译只能获得目标的二维平面信息。在某些复杂的地形条件下，有些目标无法从单幅影像上解译出来。按照解译的数据源又可分为模拟影像解译和数字影像解译。模拟影像解译是指在硬拷贝影像上进行目视解译，数字影像解译则是在计算机上对数字影像进行目视解译。不论哪种解译类型，目视解译都遵循了一定的方法和过程，本节通过目视解译方法介绍影像解译的特征、方法及过程。

9.2.1　影像解译特征

各种地物在影像上有不同的表现形式称为解译特征。影像解译特征主要有八个：色调或色彩、阴影、大小、形状、纹理、图案、位置、组合等。

（1）色调或色彩，指影像的相对明暗程度（相对亮度），在彩色影像上色调表现为颜色。色调是地物反射、辐射能量强弱在影像上的表现，地物的属性、几何形状、分布范围和规律都通过色调差异反映在影像上，因而可以通过色调差异来识别目标，如图 9-1 所示。同一波段内的色调差异多用灰度级来表示，一般为 0～255 级。由于人眼识别色彩的能力远强于灰度，因而往往利用彩色影像的不同颜色提高识别能力和精度。色调受多种因素影响，在进行多张影像比较时，色调有时不能作为稳定可靠的解译标志。

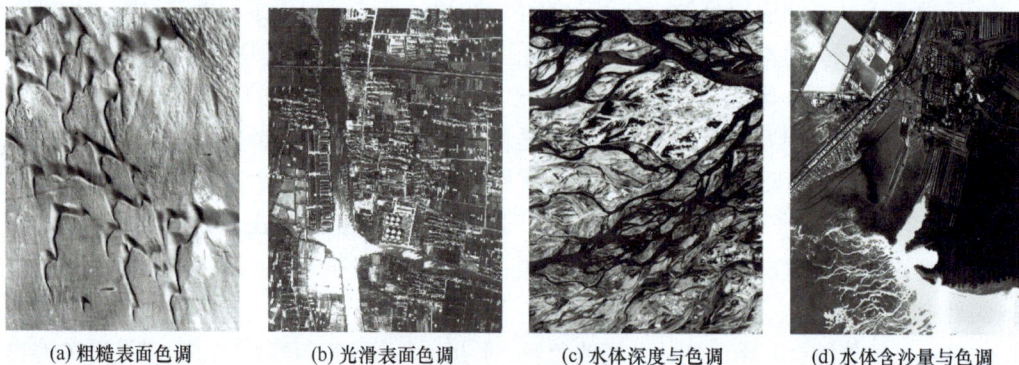

(a) 粗糙表面色调　　(b) 光滑表面色调　　(c) 水体深度与色调　　(d) 水体含沙量与色调

图 9-1　不同地物的色调

（2）阴影是指因地物遮挡在影像上形成的暗色调。阴影的存在对影像解译有两方面的效果。一方面阴影的存在增加了对解译有用的信息，阴影一定程度上反映了地物的空间结构，不仅增强了立体感，其形状和轮廓还显示了地物的高度和侧面形状，如高层建筑、电线杆等。另一方面阴影的存在会对解译造成不利影响，阴影往往会造成一部分区域形成暗色调的盲区，造成阴影区域内地物信息的损失。

（3）大小是指地物尺寸、面积、体积在影像上的记录，是地物识别的重要标志。它直接反映地物相对于其他目标的大小。解译时往往从熟悉的地物（如房屋、道路）入手，建立起直观的大小概念，进而推测不熟悉目标的大小。如影像分辨率已知则可直接定量得到地物大小。

（4）形状指地物目标的外形轮廓。航空或航天影像上记录的多为地物顶面形状，当传感器有一定倾斜角度时也可得到侧面形状。地物形状是识别的重要标志之一，部分地物（道路、河流）等可以根据形状进行判定。

（5）纹理是影像的细部结构，以一定的频率重复出现，是单一细小特征的组合。纹理特征对于区分部分目标可能起到重要作用，比如不同类型的植物。地物在影像上呈现的纹理往往受到光照角度、影像对比度等因素影响。

（6）图案，即图形结构，是个体目标重复排列的空间形式，反映了地物的空间分布特征。部分地物具有一定的重复关系，构成特殊的组合形式。它可以是自然的，也可以是人工构造的，例如建筑物群等。

（7）位置，指地物所处的地点和环境。地物和周边的空间关系是进行解译的参考信息之一，如火力发电厂由铁路专用线、燃料场、主厂房、变电所和供水设备等组成，这些地物按照电力生产的流程顺序配置，如图 9-2 所示。

图 9-2　火力发电厂位置布局特征

（8）组合，是指某些地物特殊表现和空间组合关系。与严格按照空间排列的图形结构不同，组合是地物组成之间一定的位置或排列关系，例如炼油厂往往包含多个储油罐。

根据上述 8 个解译特征的综合，结合摄影季节、时间、影像种类、比例尺等，可以整理出不同目标在该影像上所特有的表现形式，即建立识别目标所依据的解译标志。解译标志就是在影像上能够反映和判别地物的影像特征，可分为直接标志和间接标志两种类型。直接解译标志是影像上可以直接反映出地物信息的影像标志，间接解译标志是运用某些直接解译标志，根据地物熟悉和经验，间接推断出的影像标志。例如根据道路与河流相交处的特殊标志可以判断渡口的位置，通过运动场大小可以判断学校的规模等。

9.2.2　目视解译方法及过程

目视解译的过程一般包括解译前的准备、初步解译与野外考察、室内解译、成果鉴定，以及成果转绘与制图等步骤。

1. 解译前的准备

解译前要明确解译任务目标和要求，对解译人员进行训练，搜集已有资料，完成解译数据和设备的准备。

（1）明确解译任务目标和要求。在解译前首先要明确解译任务与要求，确定解译工作的人员需求、解译方案等，确定合适波段与恰当时相的影像作为解译数据。

（2）人员训练。人员训练包括解译知识、专业知识的学习和实践两个方面。知识的学习包括影像解译课程及各种专业课程内容。对于具体的解译人员，其解译内容比较专业化，一般不用学习所有专业知识，以某部分专业知识为主，兼顾其他专业知识即可。训练内容包括野外实地勘察，阅读学习已有解译成果以及影像与实地对照等，并参加典型区域解译训练，积累解译经验。

（3）解译资料收集。在实际工作前应尽可能搜集影像所在地区的相关资料，充分利用已有成果。对于原有资料已有且变化不大的信息，可以快速从影像上提取出来。重点对变化和原有资料缺失的内容进行解译。需要搜集的资料包括历史资料、统计资料、各种类型地图和专题图，实地勘察资料及其他辅助资料等。

（4）解译数据准备。当解译人员拿到目标影像时，应知道影像的详细信息，比如影像传感器类型、拍摄时间、波段、比例尺、投影等。要了解影像的质量，比如影像的几何分辨率、辐射分辨率、最小灰度、最大灰度等。

（5）解译设备准备。影像目视解译要依赖一定的设备，解译设备一般包含三个功能：影像观察、影像量测和影像转绘。影像观察设备比较简单，一般可用放大镜或各种立体镜。影像量测可用摄影测量仪器测量坐标和高程。影像转绘是解译中的一个重要环节，在影像上勾绘出地物类别后绘制在地图上，经整饰后作为成果，转绘可采用专用的转绘仪，如图 9-3 所示。此外为了提高目视解译的效果，也可使用影像增强处理设备。早期影像解译是在模拟影像上进行的，随着计算机软硬件的发展，目视解译逐渐发展为在计算机屏幕上进行。借助 GIS 处理软件，使用影像合成、叠加、融合等手段可以使影像以高清晰度显示，同时也能和各种类型地图叠加对比分析，进行修测更新。生成数字化的矢量或者注记文件可以在不同软件之间相互转换。

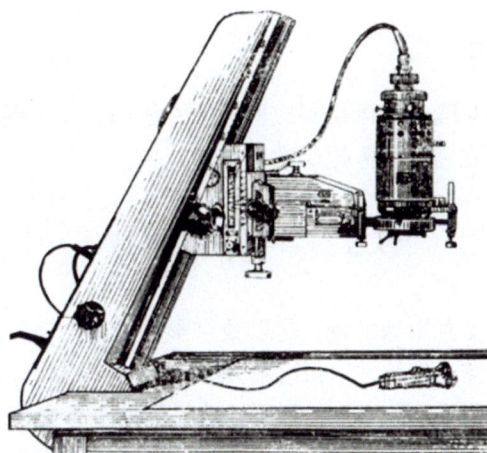

图 9-3 转绘仪

2. 初步解译与野外考察

初步解译的主要任务是掌握解译区域特点,确立典型解译样区,建立目视解译标志,探索解译方法,为全面解译奠定基础。野外考察是详细掌握目标区域情况的有效方法,野外考察需要填写各种地物的判读标志登记表,以作为建立地区性的判读标志的依据。在此基础上,制定影像解译的专题分类系统。

3. 室内解译

在详细解译阶段一般按照发现目标、描述识别目标的过程进行解译。

发现目标是根据影像显示的各种特征和地物的判读标志,按照"先大后小,先易后难,先已知后未知"的策略,并结合解译目的去发现目标。采用上述的解译特征并结合经验知识对目标进行识别。当目标间差别较小,难以判读时,可使用影像增强的办法提高视觉效果。

描述识别目标是对发现的目标应从多个特征方面进行描述。不同地物特征各不相同,通过描述再与标准的目标特征进行比较。利用已有资料,综合运用描述目标的各类特征,结合解译人员经验,通过比较、推理、判断等方法分析对象性质,识别目标具体类型。

4. 成果鉴定

解译出的目标还应经过鉴定后才能确认。鉴定方法包括野外鉴定、随机抽样鉴定、已有资料鉴定等。野外鉴定方法最为可靠,可检验解译中图斑的内容是否正确,检验解译标准。对室内判读中遗留的疑难问题,也可通过野外验证进行再次解译。鉴定后可列出解译正误对照表,求出解译的可信度水平。

5. 成果转绘与制图

图上各种目标识别并确认后可绘制成所需的专题图。在专题图上可进行量算分析，为清查、管理、开发、规划等业务提供数据支撑。

9.3 半自动解译

半自动解译是人机交互影像解译，是以数字影像为基本信息源，在相应软硬件工作环境下，利用计算机影像处理软件，帮助解译人员进行影像解译的一种方法。随着遥感手段不断地更新，遥感数据大量增加，利用计算机辅助进行影像分析处理逐渐成为活跃和富有发展前景的领域，许多学者提出采用人机交互式的解译方法来提高解译效率和解译精度。人机交互式解译具有以下优点：①实现了影像、数据和解译结果的对比和合成，并在信息识别和解译结果验证时，可以按解译人员的要求进行各种影像和解译结果的标注叠加，也可以把影像数据和解译数据及图形数据集成在一起输出到 GIS 中，从而实现了数字条件下的影像解译。②全数字化操作，可以进行一些增强处理和图形编辑等预处理，在解译过程中可随时对影像进行信息增强，有利于解译判读。另外，在解译和验证时可随时对解译图进行修改，克服了目视解译影像修改困难的缺点。③通过分析遥感影像的光谱特性进行影像的监督和非监督分类，实现遥感信息的半自动解译，提高解译效率。

半自动解译处理的是数字影像，通常首先对影像进行预处理，改善影像视觉效果。然后采用影像分类方法，对影像像素类别进行识别。

9.3.1 影像预处理

1. 影像校正

影像校正包含辐射校正和几何纠正两个部分。辐射校正是消除影像数据中依附在辐射亮度里的各种失真的过程。辐射校正是卫星遥感必不可少的步骤，几何纠正是修正解译影像的几何变形。

1）辐射校正

完整的辐射校正包括传感器定标、大气校正、太阳高度和地形校正等。传感器定标是建立传感器每个探测装置输出值与对应的实际地物辐射亮度之间的定量关系。定标数据中包含由探测器的灵敏度特性引起的数据误差、大气失真和测量系统误差等。由探测器灵敏度特性引起的误差主要是由其光学或者光电转换系统造成的，例如在使用透镜的光学系统中，其影像存在着边缘部分比中心部分发暗的现象。传感器定标可分为实验室定标和飞行定标。实验室定标是在传感器出厂前在实验室进行的光谱和辐射定标。当传感器出厂运行一段时间后，工作环境变化和元器件老化会影响探测器的性能，这时需要进行飞行中的定标和校准，飞行定标又有星上定标和地面定标两种途径。星上定标需要选择合适的校准源，例如用太阳标定可见光和近红外波段，用黑体标定热红外波段等。星上定标是实时连续的，但是不能确切知道大气层外的太阳辐射特性，并且星上定标系统稳定性不足会影响定标的精度。地面定标是设立地面辐射定标试验场，在试验场中安置均匀、稳定的特定目标，用高精度仪器在地面进行同步测量，来进行在轨仪器的辐射定标。地面定标由于包含了大气影响，因此必须要有大量同步测量数据（如大气光学厚度），而同步测量数据的误差将直接影响到辐射校正的精度。星上定标和地面定标各有其特点，两者结合可提高定标精度。

为了获得像元真实的反射亮度，还需要获取大气透过率、太阳直射光辐照度，以及入射角等信息，对影像进行太阳高度和地形校正。大气透过率可以结合大气条件进行合理预测，太阳直射光辐照度是一个已知常量，入射角的计算与地形相关，地形平坦时较为容易，对于复杂地形则需要结合数字高程模型（DEM）进行计算。除此之外，通常在太阳高度和地形校正时还需要建立较为复杂的地球表面反射模型。

2）几何校正

原始的影像通常会包含比较大的几何变形，几何校正的目的就是要纠正由于系统或者非系统因素引起影像变形，实现解译影像与标准地图或影像的几何配准。几何校正需要根据影像中几何变形的性质、可用的矫正数据、影像的应用目的等来选择合适的几何纠正方法。在不严格考虑地形起伏情况下，可采用地面控制点选取、坐标变换、重采样三个步骤。

（1）控制点选取。在地形图和待纠正影像上分别选取若干控制点，控制点应具有明显的特征，易于辨认，且数量足够。控制点的数量、分布和精度直接影像几何校正的效果。

（2）坐标变换。控制点确定以后，再在纠正影像上读取各控制点的像素坐标(x, y)和地图坐标(X, Y)。几何纠正可以把变形影像看作某种曲面，输出影像作为规则平面。适当高次多项式可以拟合任意曲面，因此可描述两个曲面中对应点的坐标关系。选择合适的坐标变换多项式函数，利用控制点求得换算参数，带入多项式后，对全幅影像各像元进行坐标变换，对像元点重新定位，达到坐标纠正的目的。

（3）重采样。原变形影像经坐标变换后，重新定位的像元在原影像中分布不均匀，且坐标与行列号不对应，因此需要进行一定规则的重新采样，进行像素值的插值计算。插值方法可采用最邻近法、双线性内插方法，以及三次卷积内插方法等。

2. 影像增强和变换

影像校正的目的是消除伴随数据获取过程中的误差及变形，使传感器记录的数据更接近于真实值。而影像增强和变换则是为了突出相关的专题信息，提高影像的视觉效果，使解译人员能更容易地识别影像内容，从影像中提取更有用的定量化信息。影像增强和变换通常都在影像校正和重建后进行，要消除原始影像中的各种噪声。影像增强和变换按其作用的空间一般分为光谱增强和空间增强两类。

光谱增强对应于每个像元，与像元的空间排列和结构无关，因此又叫点操作。它是对目标物的光谱特征即像元的对比度、波段间的亮度比进行增强和转换。其主要包括对比度增强、各种指标提取、光谱转换等。空间增强主要集中于影像的空间特征，即考虑每个像元及其周围像元亮度之间的关系，从而使影像的空间几何特征如边缘、目标物的形状、大小、线性特征等突出或者降低，其中包括各种空间滤波、傅里叶变换，以及比例空间的各种变换如小波变换等。

3. 影像镶嵌

当解译区域超出单幅影像所覆盖的范围时，通常需要将两幅或多幅影像拼接起来，形成一幅或一系列覆盖全区的较大影像，这个过程就是影像镶嵌。进行影像镶嵌时，首先要指定一幅参照影像，作为镶嵌过程中对比度匹配及镶嵌后输出影像的地理投影、像元大小、数据类型的基准。在重复覆盖区，各影像之间应有较高的配准精度，必要时要在影像之间利用控制点进行配准。

为便于影像镶嵌，一般均要保证相邻图幅间有一定的重复覆盖区。由于其获取时间的差异，太阳光强及大气状态的变化，或者传感器本身的不稳定，其在不同影像上的对比度及亮度值会有差异，因而有必要对各镶嵌影像之间在全幅或重复覆盖区上进行亮度值的匹配，以便均衡化镶嵌后输出影像的亮度值和对比度。最常用的影像匹配方法有直方图匹配和彩色亮度匹配。直方图匹配就是建立数学上的检索表，转换一幅影像的直方图，使其和另一幅影像的直方图形状相似。彩色亮度匹配是将两幅要匹配的影像从彩色空间（RGB）变换为光强、色相和饱和度（intensity-hue-saturation，IHS），然后用参考影像的光强替换要匹配影像的光强，再进行由 IHS 到 RGB 的彩色空间反变换。

影像匹配及相互配准后，需要选取合适的方法来决定重复覆盖区域的输出亮度值，常用的方法包括取覆盖同一区域影像之间的平均值、最小值、最大值，也可指定一条切割线，切割线两侧的输出值对应于其邻近影像上的亮度值。线性插值是可用的另一种方法，根据重复覆盖区上像元在两幅邻接影像的距离指定权重进行线性插值，如位于重复覆盖区中间线上的像元取其平均值。

要实现高精度的影像镶嵌是相当复杂的，它需要在镶嵌的影像间选取控制点进行匹配及配准，这往往需要大量的时间和计算量。随着获取高精度航空航天遥感影像技术的快速发展，特别是近几年高分辨率（0.5～2m）遥感影像的广泛应用，已发展了影像镶嵌的自动化技术。

9.3.2 影像分类

影像分类的目的是将影像中每个像元按照某种规则或算法划分为不同的类别。根据分类过程人工参与程度，影像分类方法可分为监督分类和非监督分类。本小节将介绍两种方法，在实际分类任务中，并不存在一个"正确"的分类形式，选择哪种方法取决于任务要求、影像特征等。

1. 监督分类

监督分类又称训练分类方法，即用被确认类别的样本像元去识别其他未知类别像元的过程。已被确认类别的样本像元指那些位于训练区的像元。首先在影像上为每一种类别选取训练区，由计算机完成训练区样本的学习。对于未知类别像元则采用同样的方法提取其特征并与训练样本比较，将其划分为相应的类别。监督分类可分为选择训练样本及分类算法两个过程。

1）选择训练样本

训练样本的选择是监督分类的关键。选择的训练样本应能准确地代表整个区域内每个类别的特征差异，并且同类训练样本需是均值的，其特征能在影像上准确识别和定位。在选择样本时还需要有足够的样本数量。样本选择的来源包括实地收集和影像选择两种方式，利用先验知识从影像上选择样本的方法应用较为广泛。选择样本后，还需要计算样本像素的基本特征信息，利用每个样本的统计值检查训练样本的代表性，用于评估样本选择的好坏。样本训练评价可采用图表显示及统计测量等方法。

面向不同的应用需求和影像数据，监督分类样本选择方法有所不同，其选择步骤如下：

（1）收集资料，包括解译地区的地图、航空影像或实地资料等，以了解该区域主要的地物类别与分布情况。

（2）影像检查，对已有参考资料或者实地考察经验，检查影像质量，判断是否需要进行配准、几何纠正等预处理，确定分类类别并选择合适的分类方法。

（3）选择样本。对于每个地物类别按照标准选择训练样本，训练样本需要容易识别且在影像上分布较为均匀。

（4）样本评价。对每个类别的训练样本，按照统计测量等方法计算其协方差等统计指数，也可进行显示查看，评估训练样本的有效性和合理性。对于不合理的样本需要重新进行选择。

（5）完成选择。将选择的训练样本信息用于分类算法中。

2）分类算法

完成训练样本选择后即可进行分类过程。分类过程中需要选择合适的分类算法，常用的分类算法有平行分类算法、最小距离法、最大似然法，以及贝叶斯分类方法等。

平行分类算法是根据训练样本的灰度值范围形成一个多维的空间。如果未知像元的灰度值在某训练样本的空间范围内，则将其划分到对应的类别中。

最小距离法是利用训练样本中各类别的灰度均值,计算未知像元与训练样本之间的距离,根据距离大小确定其类别。该方法没有考虑到不同类别的灰度值分布不均匀,从而造成类别边界上的重叠。

最大似然法是一种应用较为广泛的分类方法,根据训练样本的均值、方差等统计信息评价未知像元与训练类别之间的相似性。该方法可以同时定量考虑多个波段和类别,但是其计算量较大,并且对于样本方差的变化比较敏感。

监督分类的优点包括可根据任务目的和区域情况,充分利用解译区域先验知识,选择合适的分类类别,避免一些不必要的地物类别,样本选择可控,通过反复的样本训练可提高分类精度。监督分类同样包含一些缺点,首先样本的选择和训练需要花费较多的人力物力。其次监督分类只能识别出训练样本中的类别,分布较少或者解译人员忽视的类别无法被识别出来。并且其分类方法、训练样本均由人工选择,受主观因素影响较强。

2. 非监督分类

非监督分类也称为聚类分析,该分类方法不需要人工选择训练样本,仅需要极少的人工初始输入,由计算机按照一定规则自动地根据像元特征组成集群组,然后解译人员将每个集群组与参考数据对比,将其划分为某一类别。该方法事先并不知道任何样本标签的情况,通过数据之间的内在关系把样本划分为若干类别,使得同类别样本之间的相似度高,不同类别之间的样本相似度低,即增大类内距,减少类间距。

和监督分类方法相比,非监督分类主要优点有:①非监督分类不需要预先对解译影像及其背景知识深入地学习,能够解释所划分的集群组与实际地物类别关系即可。监督分类需要选择训练样本,需要较大的学习成本。②人为误差较小。非监督分类只需要定义少量输入参数,分类中的决策细节由计算机完成,减少了人为参与的程度,也降低了由于人的主观因素造成误差的概率。非监督分类产生的类别往往更为均质,并且不会因为人的失误造成部分地物类别没有被识别。

非监督分类也有一定的缺点,包括:①非监督分类产生的集群组与地物类别并不一一对应,由于"同物异谱、异物同谱"现象普遍存在,群组与类别对应匹配难度较大,甚至难以满足一对一的对应关系,需要进行分析及后处理才能得到最终的分类结果,且分类结果往往不能让人满意;②影像中各地物随时间、地形、拍摄角度等影响,相同地物在不同影像上差别较大,不同影像之间对比协同分类比较困难。

非监督分类方法较多,这里简单介绍常用的 K-Means、ISODATA 分类算法。

1）K-Means 聚类算法

K-Means 算法也称为 K 均值聚类算法,是常用的聚类算法之一。它的基本思想是,通过迭代寻找 K 个簇的一种划分方案,使得聚类结果对应的损失函数最小。其中,损失函数可以定义为各个样本距离所属簇中心点的误差平方和:

$$J(c,u) = \sum_{i=1}^{M} \left\| x_i - u_{ci} \right\|^2 \qquad (9\text{-}1)$$

式中，x_i 代表第 i 个样本，ci 是 x_i 所属的簇，u_{ci} 代表簇对应的中心点，M 是样本总数。

K-Means 方法的核心目标是将给定的数据集划分成 K 个簇，并给出每个样本数据对应的中心点。具体步骤非常简单，可以分为 4 步：

（1）数据预处理。主要是标准化、粗差过滤；

（2）随机选取 K 个中心；

（3）定义损失函数：$J(c,u) = \sum_{i=1}^{M} \left\| x_i - u_i \right\|^2$；

（4）算法迭代，重复如下过程：

对于每一个样本 x_i 按照下面公式将其分配到距离最近中心：

$$c_i^t < -\arg\min_k \left\| x_i - u_k^i \right\|^2 \qquad (9\text{-}2)$$

然后对于每一个类，重新计算其中心点：

$$u_k^{t+1} < -\arg\min_u \sum_{i:c_i^t=k}^{b} \left\| x_i - u \right\|^2 \qquad (9\text{-}3)$$

K-Means 核心思想是先固定中心点，调整每个样本所属的类别来减少 J；再固定每个样本的类别，调整中心点继续减小 J。两个过程交替循环，J 单调递减直到最（极）小值，中心点和样本划分的类别同时收敛。K-Means 方法高效可伸缩，计算复杂度接近于线性，收敛速度快，原理相对通俗易懂，可解释性强。但是其结果受初始值和异常点影响，聚类结果可能不是全局最优而是局部最优。并且 K 是超参数，一般需要按经验选择，样本点也只能划分到单一的类中。为了弥补该方法划分类别数量固定的不足，ISODATA 是在该算法的基础上进行了改进。

2）ISODATA 算法

ISODATA（Iterative Self-Organizing Data Analysis Technique Algorithm）即迭代自组织数据分析方法。ISODATA 算法是在 K-Means 算法的基础上，增加对聚类结果的"合并"和"分裂"两个操作，并设定算法运行控制参数的一种聚类算法。ISODATA 算法中，最终划分的类别数量并不一定为 K，可以小于或者等于 K。一般 ISODATA 算法需要输入以下参数：

- 最大集群组数量 C_{max}，该数量是最终划分类别数量的最大值。
- 集群中心变化阈值。在分类过程中，最大的类别不变的像元百分比，当达到此值则算法停止。部分影像可能无法触发此判定条件。
- 最大迭代次数。当循环次数达到最大迭代次数时，算法停止。
- 集群组最小像元数量，每个集群组允许的最小的像元数量。
- 集群组最大标准方差，当集群组内像元超过最大标准方差阈值则分裂该集群组。

- 集群合并标准，两个集群间容许的最小距离，当两个集群之间的距离小于该值时则进行合并操作。

ISODATA 算法是一个循环过程，其初始的集群组与 K-Means 算法相同，是随机地在特征空间中选择的。算法基本步骤为：

（1）初始随机选择 C_{max} 个集群中心，作为分类基础。

（2）计算其他像元距离每个中心的距离，将距离最小的划分为相应的集群中。

（3）重新计算每个集群的均值，按照阈值合并或者分裂集群组。

（4）重复（2）、（3）步骤，直到其满足算法停止条件。

3. 分类结果评价

影像分类结果通常采用混淆矩阵来评价其精度，混淆矩阵如表 9-1 所示的结构。通过混淆矩阵，我们可以计算得到总体精度、Kappa 系数、生成精度，以及用户精度等指标。

表 9-1　混淆矩阵结果表结构

真实＼分类结果	未分类	类别 1	类别 2	类别 3	类别 N	合计
未分类						
类别 1						
类别 2						
类别 3						
类别 N						
合计						

1）总体精度（overall accuracy，OA）

总体精度由被正确分类的像元总和除以总像元数计算。假设 m 为被正确分类的像元数量，n 为总像元数量，则：

$$OA = \frac{m}{n} \tag{9-4}$$

2）Kappa 系数（Kappa coefficient）

Kappa 系数（K）是另外一种计算分类精度的方法。它采用了离散的多元技术，考虑了矩阵的所有因素，其公式为

$$K_{hat} = \frac{N\sum_k X_{kk} - \sum_k X_{k\Sigma} X_{\Sigma k}}{N^2 - \sum_k X_{k\Sigma} X_{\Sigma k}} \tag{9-5}$$

式中，N 表示像元总数；k 为类别数，即总列数；X_{kk} 表示分类正确的像元数量；$X_{k\Sigma}$ 和 $X_{\Sigma k}$ 分别为第 k 行和第 k 列的像元数量。

3）生成精度（producer accuracy）

生成精度是指假定地表真实为 A 类，分类器能将一幅影像的像元归为 A 类的可能性。比如在混淆矩阵中，真实草地类中共有 1000 个像素，其中 500 个像元正确分类，生成精度是 500/1000 = 50.0%。

4）用户精度（user accuracy）

用户精度是指假定分类器将像元归到 A 类，则相应的地表真实类别是 A 的可能性。比如在混淆矩阵中，分类器将 1000 个像元归到草地一类中，但是只有 600 个像元是正确归类的。用户精度是 600/1000 = 60.0%。

9.3.3　人机交互解译系统

计算机可以灵活地处理数字影像数据，适合定量分析，在影像解译中发挥了重要作用。但是计算机处理系统很难完全满足解译任务在精度和功能上的需要，因而有必要使自动分类结果与目视解译结果相结合，或者说利用计算机辅助目视解译。这就需要在影像信息提取和解译过程中，一方面使影像解译人员能充分运用他们的解译经验，同时又能发挥计算机处理影像信息的优势。实现这个目的的途径之一是构建人机交互解译系统。

人机交互解译系统设计的关键是要充分发挥目视解译和计算机分析系统各自的优点和特长，将它们有机地结合起来，组成一个经济有效的工作程序。人承担的工作量要尽可能地减少，计算机承担的工作量尽可能多。

人机交互解译中涉及大量的数据组织与处理工作，也会涉及到二维、三维甚至多维的数据可视分析，因此人机交互解译系统通常包含地理信息系统功能和可视化系统功能。地理信息系统提供了从数据源开始，经过空间数据管理到系统用户完整的信息处理功能，可为影像解译分析提供一个良好的基础软件环境和丰富的影像处理功能，从而大大提高影像解译的分类识别精度和效率。可视化是影像解译交互式操作的基础性工作。可视化可以帮助人们理解并向他们展示交互式操作中所负载的信息。缺乏可视化的辅助，人与计算机就存在交流上的困难，解译过程就难以正常进行。

图 9-4 展示了人机交互解译系统的一般处理流程。在这个流程中计算机完成数据输入输出、对数据进行计算、处理和组织、利用屏幕进行可视化操作，以及对影像、图形和符号进行编辑等。人工则在便捷的图形界面操作基础上，调用相应的处理模块，对计算机处理结果进行二次分析，以便减少工作量，提高解译效果。例如，对于城市大比例尺影像进行解译，因为在城市的各个角落有零星分布的树木和小面积水体，如果用人工解译的方法逐一地勾绘出来，显然就比较麻烦。如计算机先对主要地物进行自动分类，

对剩下的不适合自动分类的地物用屏幕目视解译方法完成。如此将两种解译方法的结果结合起来，就可以得到较理想的解译结果。

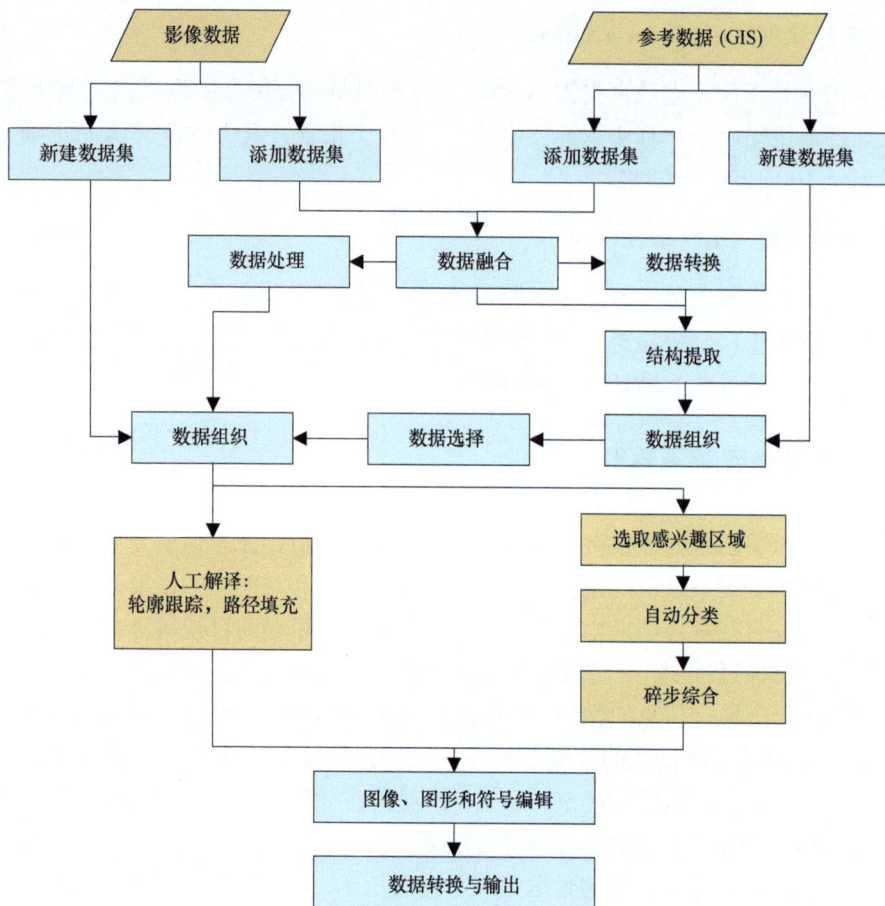

图 9-4 人机交互解译系统的一般处理流程

9.4 影像智能解译

作为有效解释遥感影像的关键和挑战性问题，遥感影像的分类一直是一个活跃的研究领域。遥感影像场景分类用预定义的语义类别正确标记给定的遥感影像，广泛应用于城市规划、自然灾害检测、环境监测、植被分布调查等领域。随着遥感影像空间分辨率的提高和解译技术的发展，遥感影像分类逐渐形成了三个不同层次的分支：像素级、对象级和场景级分类，如图 9-5 所示，这三个分支也是影像智能解译阶段的三个基本任务。像素级遥感影像分类又称为语义分割，侧重于用对每个像素标记一个类别。对象级的遥感影像分类又称为目标检测，旨在识别遥感影像中感兴趣目标的位置和类别。场景级别的影像分类目的是将给定的遥感影像整体赋予一个语义类别，即影像场景分类。

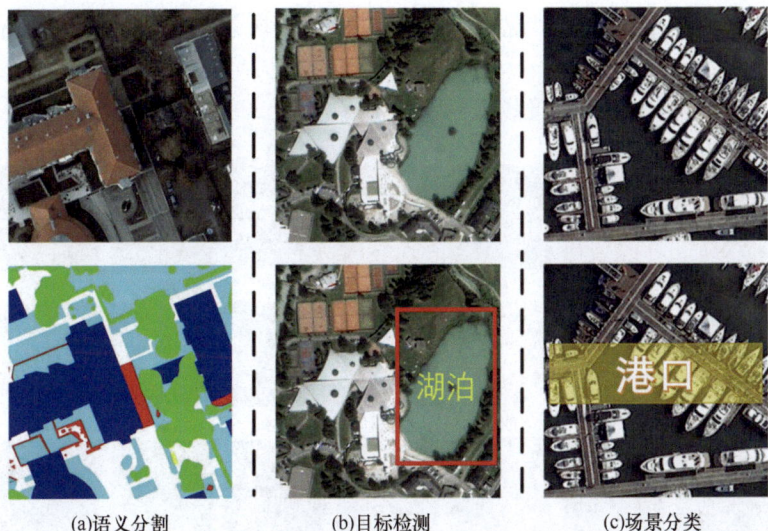

(a)语义分割　　　　　(b)目标检测　　　　　(c)场景分类

图 9-5　影像智能解译的三个基本任务

9.4.1　影像场景分类

遥感影像场景分类是根据其内容正确地将给定的遥感影像标记为相应的语义类。例如，将某幅城市地区遥感影像分类为住宅、商业或工业区等。场景分类是一个相当具有挑战性的问题，人们对遥感影像场景分类进行了广泛的研究，但是目前还没有一种算法能够以令人满意的精度实现对遥感影像场景分类。遥感影像场景分类面临的挑战包括类内差异性、类间相似性、尺度变化性、物体多样性等。

类内差异性是指同一类别内地物外观的巨大差异。地物的风格、形状、比例和分布通常各不相同，这使得很难正确地对场景影像进行分类。例如，教堂有不同的建筑风格，机场和火车站有不同形状。再者由于受到天气、云、雾等环境条件变化的影响，同一类别的物体往往会出现颜色和辐射强度存在较大差异的现象，即"同物异谱"。

类间相似性是指不同场景类别影像中包含相同的对象或场景类别之间语义高度相似。例如，"桥梁"和"天桥"场景中都包含相同的地面对象"桥梁"、室外排球场和网球场外观相似等，区分这些场景类别可能比较困难。

尺度变化性是遥感影像场景分类的另外一个不可忽视的挑战。在遥感成像中，传感器在不同高度的轨道上运行，从几百公里到一万多公里，这导致成像高度剧烈变化。同一类别场景在不同成像高度下具有巨大的尺度差异。此外，同一幅影像中同类地物的大小也可能存在差异，比如大小不等的湖泊。

物体多样性是指一幅遥感影像中包含多种地物类型。由于地面物体的复杂多样分布及遥感成像设备视角较大，在同一幅遥感影像中出现多个、多种地面物体是很常见的。例如，商业区场景可能包括建筑物、汽车、河流、道路、停车场、草地、游泳池和操场等。面对这种情况，单标签遥感影像场景分类很难正确描述遥感影像内容。

图 9-6 为不同类别遥感影像场景示意图。

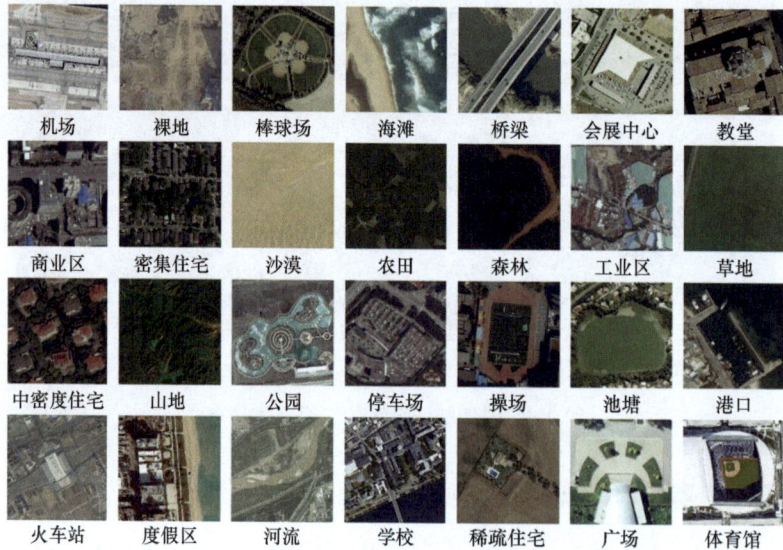

机场　裸地　棒球场　海滩　桥梁　会展中心　教堂

商业区　密集住宅　沙漠　农田　森林　工业区　草地

中密度住宅　山地　公园　停车场　操场　池塘　港口

火车站　度假区　河流　学校　稀疏住宅　广场　体育馆

图 9-6　不同类别遥感影像场景示意图

1. 遥感影像场景分类方法

1）基于自编码器的遥感影像场景分类方法

自编码器是一种无监督特征学习模型，由一种浅层对称神经网络组成，如图 9-7（a）所示。自动编码器由三层组成：输入层、隐藏层和输出层。它包含两个单元，即编码器和解码器。从输入层到隐藏层的转换是编码的过程。编码过程可以用式（9-6）表示：

$$h = f\left(W \cdot x + b\right) \tag{9-6}$$

$$\tilde{x} = f\left(W' \cdot h + b'\right) \tag{9-7}$$

式中，h 表示隐藏层的输出，f 表示非线性映射函数，W 为编码权值矩阵，x 为输入，b 表示偏置矢量。解码是编码的逆过程，是从隐藏层到输出层的转换，可以用式（9-7）表示。其中 $\tilde{x}$ 表示输出，W'、b' 为解码权值矩阵和偏置矢量。

自编码器（autoencoder，AE）误差函数通常包括重建误差项和正则化项两个部分组成，通过最小化误差实现高纬度特征的压缩。在实际应用中通常将多个自编码器组合形成多层的堆叠自动编码器。如图 9-7（b）所示，将三个单独的自动编码器 AE_1、AE_2 和 AE_3 堆叠在一起，形成堆叠自编码器。在堆叠自编码器中，上一个自编码器隐藏层的输出是下一个自编码器的输入。训练堆叠自编码器的关键是如何初始化网络，网络参数的初始化方式影响网络的收敛性，尤其是下层编码器的收敛性及训练稳定性。

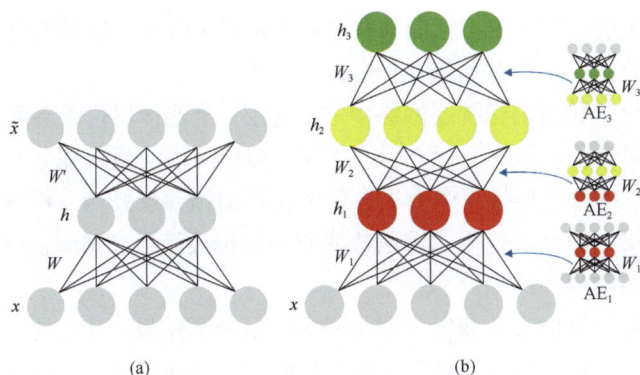

图 9-7 自编码器网络结构示意图

基于自编码器的遥感影像场景分类方法是将影像看作一维向量,将其输入自编码器中进行训练,通过编码和解码得到一个低纬度的特征向量表示。自编码器能够从未标记的数据中自动学习影像中层视觉表示,进而完成场景分类任务。

2)基于卷积神经网络的遥感影像场景分类方法

卷积神经网络(convolutional neural networks,CNN)在视觉领域表现出强大的特征学习能力。自 2012 年提出 Alexnet 提出以来,出现了一系列先进的 CNN 模型,如 VGGNet、GoogleNet、ResNet、DensNet 等。CNN 是一种具有学习能力的多层网络,由卷积层、池化层、全连接层和激活层组成,如图 9-8 所示。

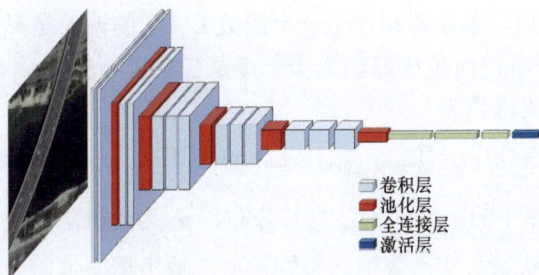

图 9-8 卷积神经网络典型结构

卷积层的功能是对输入数据进行特征提取。卷积层由多个卷积核组成,卷积核包含一个权重矩阵和一个偏置矢量,与前馈神经网络的神经元类似。卷积层内每个神经元都与前一层中位置接近区域的多个神经元相连,区域的大小取决于卷积核的大小,通常为 3×3 或者 5×5。卷积核的大小又被称为"感受野(receptive field)",类似于视觉皮层细胞的感受野。卷积核在工作时,会有规律地遍历输入特征,在感受野内对输入特征做矩阵元素乘法并叠加偏置矢量,达到特征提取的目的。

在卷积层进行特征提取后,输出的特征图会被传递至池化层进行特征选择和信息过滤。池化层包含预设定的池化函数,其功能是将特征图中单个点的结果替换为其相邻区域的统计量。池化层可以改变特征图的尺寸。池化层选取池化区域与卷积核扫描特征图步骤相同，由池化大小、步长和填充控制。

全连接层等价于传统前馈神经网络中的隐含层。全连接层位于卷积神经网络的最后部分，在经过多层卷积和池化处理之后，在卷积神经网络的最后部分一般会由少量的全连接层组成。特征图在全连接层中会失去空间拓扑结构并展开为一维向量。全连接层后面一般还有激活层，激活层使用逻辑函数或归一化指数函数（softmax function）输出分类标签，给出最后的分类结果。

基于卷积神经网络的方法获得了非常好的场景分类结果，是目前影像分类方法的主流。该方法的缺点是它们通常需要大量带注释的样本来训练神经网络中的参数。按照使用的模型不同，该方法又可分为三类：使用预训练的 CNN 模型作为特征提取器、在目标数据集进行迁移学习，以及从头开始训练的 CNN 模型。

3）基于生成对抗网络的遥感影像场景分类方法

生成式对抗网络（generative adversarial networks，GANs）主要思想是构造两个模型来模拟人类博弈游戏，其中一个模型是生成器，主要负责将随机变量映射成具有相应类别特征的影像；另一个模型是鉴别器，主要负责辨别输入的影像是来自影像库的标记影像还是来自生成器的影像。在训练 GANs 的过程中，通过最大化真实影像与生成影像分布之间的差异来优化鉴别器，而最小化这个差异来优化生成器。整个模型通过反复不断地对抗训练，最终达到生成影像成功误导鉴别器的目的，即生成器完美地模拟了真实数据的分布，这样在影像分类任务中，可以起到减少训练样本需求的功能。

优化 GANs 模型时，鉴别器相当于一个函数 D，它的输入是影像，输出是该影像来自真实影像库中的概率，而生成器相当于一个从随机变量空间到真实影像空间的映射 G，所以 GANs 的损失函数为

$$\min_{G} \max_{D} V(D,G) = \mathrm{IE}_{x \sim p_{\mathrm{data}}(x)} \left[\log D(x) \right] + \mathrm{IE}_{z \sim p_z(x)} \left\{ 1 - \log D\left[G(z) \right] \right\} \qquad (9\text{-}8)$$

式中，x 为真实影像库中的影像，p_{data} 为其分布，p_z 为随机隐变量 z 的分布，一般为高斯白噪声分布，$D(x)$ 代表真实影像输入鉴别器后的输出概率值，$D\left[G(z) \right]$ 对应的则是生成影像通过鉴别器后的输出概率值，$G(z)$ 为隐变量通过生成器得到的生成影像。将真实影像鉴别概率的对数期望与负的生成影像鉴别概率的对数期望相加，实现了对生成影像的分布与真实影像分布之间的差异度量。而 GANs 模型利用该损失函数优化模型参数时，使用的是对抗训练的方式，即最小化该损失函数来训练生成器中的参数，最大化该损失来训练鉴别器中的参数。在优化生成器时需要鉴别器有一定的辨别能力，因此应先优化鉴别器再优化生成器。但是当鉴别器的辨别能力过强时，它又不能给生成器的参数提供有效的梯度，所以鉴别器和生成器需要循环交替地进行优化。

将生成对抗网络应用于影像分类，需要在鉴别器中增加特征提取结构，同时将输出换为分类器。如图 9-9 所示，生成对抗网络不能进行端到端的训练。由于增加了生成器

模块，在训练样本较少的情况下，生成对抗网络往往比卷积神经网络分类效果更好。但是大量实验证明，在训练样本充足时，生成对抗网络比分类效果比卷积神经网络较差。

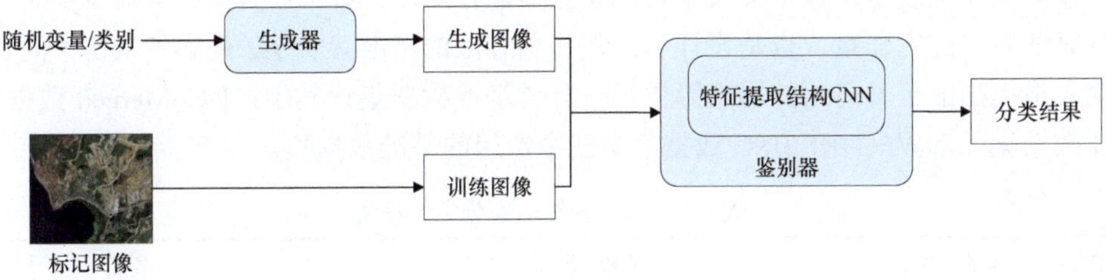

图 9-9　生成对抗网络场景分类图

2. 场景分类评价指标

评价遥感影像场景分类任务性能的常用标准有三个：总体精度（OA）、平均精度（average accuracy，AA）和混淆矩阵。整体精度的度量是对整个测试数据集上分类器性能的评估，是评价遥感影像场景分类方法性能的常用标准，其公式为准确分类的样本总数除以测试样本的总数。平均精度为每个类别的准确率之和除以类别总数。当测试集上每个类别的样本数相等时，整体精度和平均精度数值应该相同。混淆矩阵是关于每个单个分类器性能的详细分类结果表。表中的每个元素是指预测为第 i 个类别而实际属于第 j 个类别的影像的比例。混淆矩阵可以直接可视化每个类别的性能，通过混淆矩阵我们可以很容易地看到哪些类型分类结果是正确的、哪些类型分类结果是错误的。图 9-10 给出了一个混淆矩阵结果示例图。

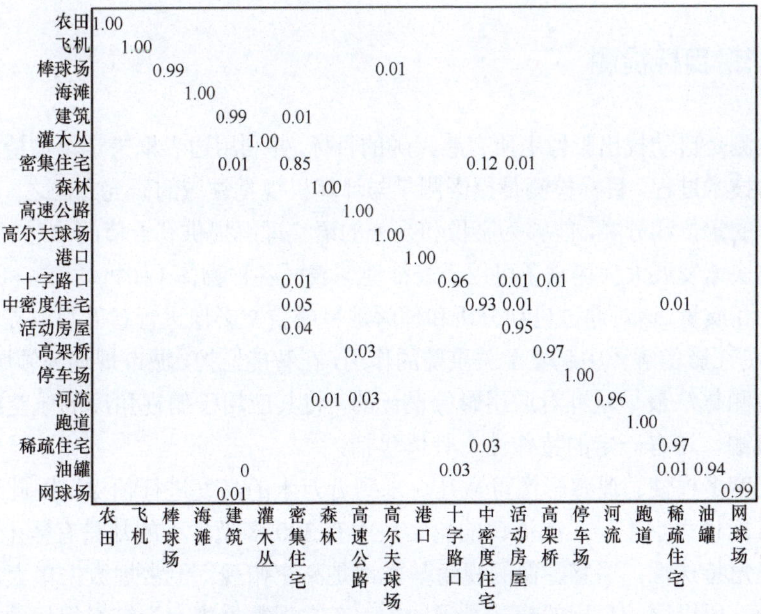

图 9-10　混淆矩阵结果示例图

3. 遥感影像分类数据集

数据集在深度学习技术发展中发挥了重要的作用。开源的数据集大大减少了研究者进行算法研究的工作量，也是设计和评估各种方法的基准。表 9-2 列出了来自不同领域研究人员提出的公开可用的遥感影像场景分类基准数据集，其中：UC–Merced 数据集、AID 数据集和 NWPU–RESISC 数据集是三个常用的基准数据集。

表 9-2　遥感影像场景分类数据集

数据集	数据量大小	数据内容简介	网址
UC–Merced	317MB	2100 张含标签场景影像，包含 21 类场景，每类 100 张，影像大小为 256×256 像素	http://weegee.vision.ucmerced.edu/datasets/landuse.html
WHU–RS19	100MB	1005 张含标签场景影像，包含 19 个类场景，每类约 50 张，影像大小为 600×600 像素	http://dsp.whu.edu.cn/cn/staff/yw/HRSscene.html
AID	2.47GB	10000 张含标签场景影像，包含 30 类场景，每类约 200～420 张，影像大小为 600×600 像素	https://captain-whu.github.io/AID/
RSSCN7	348MB	2800 张含标签场景影像，包含 7 类场景，每类 400 张，影像大小为 400×400 像素	https://sites.google.com/site/qinzoucn/documents
SIRI–WHU	706MB	Google 影像部分包含 2400 张含标签场景影像，包含 12 类场景，每类 200 张，影像大小为 200×200 像素；还有 1 张遥感影像，包含 4 类场景，影像大小为 10000×9000 像素	http://www.lmars.whu.edu.cn/prof_web/zhongyanfei/e-code.html
Semantic3d	12.39GB	超过 40 亿个标记点的栅格点云数据，包含 8 类场景	http://www.semantic3d.net/
NWPU–RESISC45	406MB	31500 张含标签场景影像，包含 45 类场景，每类约 700 张，影像大小为 256×256 像素	https://gcheng-nwpu.github.io/#Datasets

9.4.2　影像目标检测

目标检测是自动找出影像中所有感兴趣的目标，并利用边界框来定位被检测目标的位置和大小的技术过程。目标检测是摄影测量与计算机视觉领域的研究方向之一，其任务是对象级目标的定位和分类，能够为影像和视频的语义理解提供有价值的信息。摄影测量与遥感技术的快速发展大大提高了可用于表征地球表面各种物体（如机场、飞机等）的遥感影像的数量和质量，这对通过自动分析和理解卫星或航空影像进行智能观测提出了强烈要求。目标检测在影像解译中起着至关重要的作用，在智能监控、城市规划等领域应用广泛。

目标检测算法最早是针对通用影像设计的，将其应用于俯视角度的航空或航天遥感影像目标检测，还有一定的特殊性。具体包括：

（1）尺度多样性：遥感影像可从几百米到近万米的高度进行拍摄，因此地面目标即使是同类目标也大小不一，如港口的轮船大的有 300 多米，小的却只有数十米。

（2）视角特殊性：遥感影像的视角基本都是高空俯视，但常规数据集大部分还是地面水平视角，所以同一目标的模式是不同的，在常规数据集上训练得很好的检测器，使用在遥感影像上可能效果很差。

（3）小目标问题：遥感影像的目标很多都是小目标（几十个甚至几个像素），这就导致目标信息量较少，卷积神经网络（CNN）等方法在常规目标检测数据集上效果较好，但对于小目标检测而言，卷积神经网络的池化层会让信息量进一步减少，一个 24×24 的目标经过 4 层池化后只有约 1 个像素，使得维度过低难以区分。

（4）多方向问题：遥感图像采用俯视拍摄，目标的方向都是不确定的。而常规数据集上往往有一定的确定性，如行人、车辆基本都是竖着的。如图 9-11 所示，在遥感影像中，轮船的方向是不确定的，可以朝向任意方向，因此目标检测器需要对方向具有鲁棒性。

图 9-11 生成对抗网络场景分类图

（5）背景复杂度高：遥感影像视野比较大，通常有数平方公里的覆盖范围，视野中可能包含各种各样的背景，会对目标检测产生较强的干扰。

目标检测算法主要分为基于人工特征的目标检测算法和基于深度学习的目标检测算法。

1. 基于人工特征的目标检测方法

传统检测方法是建立在手工特征基础上的，这种方法从影像中提取大量低级影像特征，难以有效进行影像语义表示，因此性能不高。基于人工特征的目标检测方法主要包括 DPM（deformable parts model）、选择性搜索（selective search）等，其基本结构主要包括以下三个部分：

（1）区域选择器。首先对给定影像设置不同大小和比例的滑动窗口，将整个影像从左到右、从上到下进行遍历以框出待检测影像中的某一部分作为候选区域。

（2）特征提取。提取候选区域的视觉特征，在目标检测中常用特征提取方法包括 SIFT、SURF、HOG 等，利用这些方法对每个区域进行特征提取。

（3）分类器分类。使用训练好的分类器对特征进行目标类型识别，如常用的 DPM、Adaboot、SVM 等分类器。

传统目标检测方法取得了一定的成果，但也暴露了其固有的弊端。首先，采用滑动窗口进行区域选择会导致较高的时间复杂度和窗口冗余。其次，外观形态的多姿性、光照变化的不定性和背景的多样性导致人工手动设计特征的方法鲁棒性不好，泛化性差，繁杂的算法步骤导致检测效率慢、精度不高，传统的检测方法已经难以满足人们对目标检测的需求。近年来，深度学习快速发展，通过引入了一些能学习语义的高水平、深层次特征的工具来解决传统体系结构中存在问题，使模型在网络架构、训练策略和优化功能方面得到较大的性能提升。

2. 基于深度学习的目标检测算法

主流的深度学习目标检测算法主要分为双阶段检测算法和单阶段检测算法。双阶段检测算法是以 R-CNN 系列为代表的基于区域建议的目标检测算法；单阶段检测算法是以 YOLO（you only look once）、SSD（single shot multibox detector）为代表的基于回归分析的目标检测算法。

1）R-CNN 算法

R-CNN 全称是 Region-CNN，是一种典型的基于区域建议的目标检测方法，这种方法将目标检测的框架分为两个阶段。第一阶段侧重于生成一系列可能包含目标对象的候选区域，第二阶段旨在将从第一阶段获得的候选区域分类为对象类或背景，并进一步微调边界框的坐标。

R-CNN 主要包含区域建议、基于 CNN 的深度特征提取、分类回归三个模块，如图 9-12 所示，其算法过程为：

（1）使用选择性搜索等候选区域生成算法从每张影像中提取 2000 个左右的可能包含目标物体的区域候选框；

（2）对候选区域进行归一化操作，缩放成固定大小，然后进行特征提取；

（3）使用 AlexNet 将候选区域特征逐个利用 SVM 进行分类，通过使用边界框回归和非极大值抑制（non-maximum suppression，NMS）对区域分类得分进行调整和过滤，再经过全连接网络进行分类。

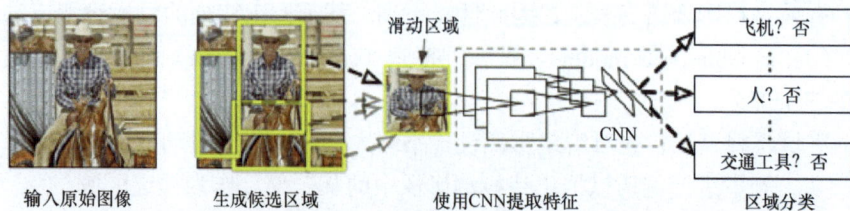

输入原始图像　　生成候选区域　　　　使用CNN提取特征　　　区域分类

图 9-12　R-CNN 算法框架

相较于传统算法，R-CNN 的不再需要人工设计特征算子，而是引入卷积神经网络去自动学习如何更好地提取特征，实验结果也证明这样做是更有效的。但是 R-CNN 每个阶段都必须分别进行训练，训练缓慢且难以优化。在提取特征向量时，每个候选区域都会被单独从原图上裁剪下来，再依次输入神经网络，这样做既占用了大量磁盘空间，也带来了较多重复计算，导致训练速度和推理速度都非常慢。为了解决上述问题，后续的 Fast R-CNN、Faster R-CNN 等方法提出了一系列改进措施。

2）YOLO 算法

YOLO 是一种基于回归的目标检测算法。这种方法使用检测器进行对象实例预测，将目标检测简化为回归问题，直接得到目标的分类和位置信息。与基于区域建议的方法相比，基于回归的方法不需要产生候选区域框和特征重采样阶段，因此更为简单高效。

YOLO 采用单个 CNN 主干，在一次评估中直接从整个影像中预测目标边界框和类别的概率，如图 9-13 所示，它的工作原理如下：

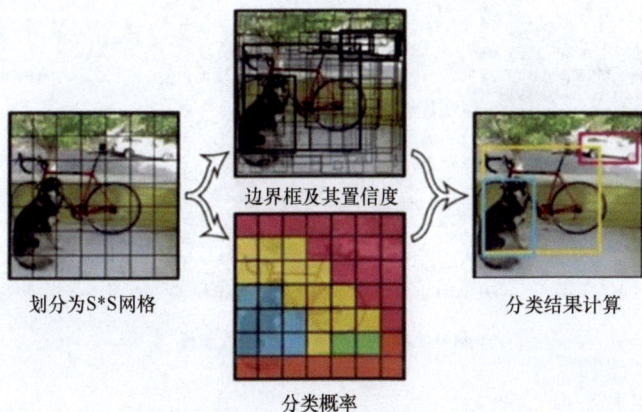

边界框及其置信度

划分为S*S网格

分类结果计算

分类概率

图 9-13 YOLO 算法示意图

（1）给定输入影像，首先将其划分为 $S \times S$ 网格。如果物体的中心落入网格单元，则该网格负责检测该物体。

（2）每个网格单元预测 B 个边界框位置及其置信度和 C 个类概率。因此 YOLO 的损失函数由定位损失、置信度损失、分类损失三部分组成，这样便将其重构为单个回归问题来实现目标检测。

（3）设置阈值，过滤掉分类置信度得分低的边界框，并采用非最大抑制算法提高检测准确率。

YOLO 算法实现了实时的目标检测，与两阶段目标检测算法相比，效率提升较大。但是该方法对小尺度目标的检测效果不佳，目标重叠遮挡环境下容易漏检。

R-CNN 和 YOLO 算法在速度和准确性上各有优劣，SSD 算法结合两者的优点，达到检测精度和速度的平衡。SSD 使用 VGG（visual geometry group）骨干网络进行特征提取，并采用分层提取特征思想，每个阶段提取不同语义层次的特征图进行目标分类和边界框回归，实现了多尺度目标检测。SSD 算法还采用了目标预测机制，依据预定义边框在不同尺度上得到的候选框来判别目标种类和位置。图 9-14 给出了利用深度学习算法实现目标检测的结果实例。

图 9-14　目标检测结果示意图

3. 目标检测算法评价指标

目标检测算法的性能主要通过以下几个参数评估：交并比（intersection over union，IoU）、检测速度（frame per second，FPS）、准确率（accuracy，A）、召回率（recall，R）、精确度（precision，P）、平均精确度（average precision，AP）和平均精确度均值（mean average precision，mAP）。其中 AP 由 P–R 曲线和坐标轴围起来的面积组成，mAP 是 AP 的均值。目标检测模型的分类和定位能力是其最主要的性能体现，而 mAP 值是其最直观的表达方式，mAP 值越大，表明该模型的精度越高；检测速度代表了目标检测模型的计算性能，用 FPS 值来体现，FPS 值越大，说明算法模型实时性越好。在实际应用中，评估目标检测模型的性能时，一般结合平均精确度均值 mAP 和检测速度 FPS 两者结合判断。

4. 目标检测数据集

典型遥感影像目标检测数据集如表 9-3 所示：

表 9-3　目标检测数据集

数据集	数据量大小	数据内容简介	网址
NWPU VHR–10	73MB	800 张高分辨遥感影像（650 张含目标，150 张无目标），分别为 715 张 Google Earth 的 RGB 影像与 85 张锐化红外影像，共 10 个目标类别，影像大小尺度不同，约 1000×1000 像素	http://www.escience.cn/people/JunweiHan/NWPUVHR10dataset.html
UCAS–AOD	3.24GB	飞机数据集包括 600 张影像与 3210 个飞机目标，车辆数据集包括 310 张影像与 2819 个车辆目标	https://ucassdl.cn/
DOTA	34.28GB	2806 张遥感影像，包含飞机、船只等 15 类共 188282 个目标实例，影像大小为 800×800 到 4000×4000 像素不等	https://captain-whu.github.io/DOTA/dataset.html
DIOR	6.91GB	23463 张遥感影像与 190288 个目标实例，共 20 类目标，每类约 1200 张影像	http://www.escience.cn/people/gongcheng/DIOR.html
TGRS–HRRSD	4GB	21761 张遥感影像与 55740 个目标实例，包含 13 类目标类型	https://github.com/CrazyStoneonRoad/TGRS-HRRSD-Dataset/tree/master/OPT2017
RSOD	309.5MB	4 类数据集，其中飞机数据集 446 景 4993 个目标实例，操场 189 景 191 个目标实例，立交桥 176 景 180 个目标实例，油罐 165 景 1586 个目标实例	https://github.com/RSIA-LIESMARS-WHU/RSOD-Dataset
舰船检测 SAR	472MB	102 张高分三号遥感影像与 108 张 Sentinel-1 遥感影像，共 43819 个目标实例，影像大小为 256×256 像素	https://github.com/CAESAR-Radi/SAR-Ship-Dataset
RarePlanes	488.96MB	真实数据部分有 253 张来自 112 个不同位置的遥感影像，包含 14700 个人工标注飞机目标实例；合成数据集有 50000 张遥感影像和约 63000 个飞机目标实例	https://www.cosmiqworks.org/current-projects/rareplanes/
UAV–123	17.45GB	123 个视频和超过 110k 帧，包含目标是劣的边界框和属性注释	https://uav123.org/#portfolio
Stanford UAV	69GB	包含 8 个场景约 60 个视频，每个场景包含自行车、行人、滑板、骑车等目标	https://cvgl.stanford.edu/projects/uav_data/
COWC	54GB	53 张遥感影像，包含 32716 个车辆实例及 58247 个负面实例	https://gdo152.llnl.gov/cowc/

9.4.3　影像语义分割

影像语义分割是遥感影像解译的重要内容之一，它是指像素级地识别影像，即标注出影像中每个像素所属的对象类别。与传统的影像分类类似，其目标是把影像分成同质的若干区域并提取出感兴趣目标，预测出影像中每一个像素的类标签。语义分割得准确与否直接影响到后续的对象分析、识别等结果的正确性和优劣。

通常人们仅对影像中的某些部分感兴趣，这些部分的内容称为目标和前景（其他部分则称为背景），一般对应于影像中一些特定的、具有独特性质的区域。为了识别目标，需要将它们分离提取出来，在此基础上才有可能对目标作进一步的分析、利用和评价。多年来，人们在影像分割的概念上存在一些不同解释和表述，下面从集合概念出发给出影像分割的定义：

令集合 R 代表整个影像区域，对 R 的分割可以看作将 R 分为 N 个满足以下五个条件的非空子集（子区域）：R_1、R_2、…、R_N。

（1）$\bigcup_{i=1}^{N} R_i = R$；

（2）对所有的 i 和 j，$i \neq j$，有 $R_i \cup R_j = \phi$；

（3）对 i=1，2，…，N，有 $P(R_i) = \text{True}$；

（4）对 $i \neq j$，有 $P(R_i \cup R_j) = \text{False}$；

（5）对 i=1，2，…，N，R_i 是连通的区域。

其中，$P(R_i)$ 为集合 R 中元素的特征相似性，ϕ 为空集。

上述条件表明，分割后的区域应为同质的连通区域，而不同区域间应互不相交且特性不同。总之，影像分割就是按照某种或某些性质，将相似的像素分割到一起，性质差异较大的像素划分到不同的区域中。在实际应用中，影像分割不仅要把影像分割为满足上述条件的区域，还要把感兴趣的目标区域提取出来。

1. 影像语义分割方法

通过影像分割直接提取语义对象是一个非常困难的任务，对分割算法的研究已有几十年的历史，至今借助各种理论已经提出了数以百计的分割算法，并且这方面的研究仍未停歇。与其他任务类似，语义分割技术同样可以划分为传统语义分割方法和基于深度学习的语义分割方法。

传统语义分割方法主要基于纹理、灰度、几何特征等将影像中不同的物体分割和识别，使物体与影像背景分离。这类方法通常需要人工调整算法的参数，耗费时间和人力，并且模型效果以及精度劣于深度学习方法。按照处理方法不同，可将其分为基于边缘检测的方法和基于区域的方法。边缘是影像中灰度值或颜色值不连续（突变）或者是特征发生变化的地方。一幅影像中不同区域之间总是存在边缘，这些边缘含有丰富的信息，且比较容易被人的视觉感知。基于边缘检测的影像分割方法就是在分析边缘的这些特性后提出的，通常是首先检测出影像的边缘点，然后利用边缘拟合技术得到封闭的区域边缘，从而完成影像的分割。基于边缘检测的影像分割方法得到的区域边界常常是不连续的，且易受噪声影响，还容易产生伪边界，因而无论使用哪种边界闭合方法都很复杂。基于区域的影像分割则不存在区域边界不连续的问题。这种分割方法是假设同一区域中相邻的像素在视觉上应该有相似的特征，如灰度特征、颜色特征或纹理特征等。基于区域的分割算法主要是利用影像的空间信息，分割出连续的区域，方便后继的各种应用。常用的具体方法有阈值分割、区域生长算法、分裂合并算法、聚类分割等。

基于深度学习的影像语义分割方法是目前的主流，按照方法特点和处理粒度，可将其分为基于区域分类的影像语义分割方法和基于像素分类的影像语义分割方法。

1）基于像素分类的影像语义分割方法

基于像素分类的影像语义分割方法利用深度神经网络从带有大量标注的影像数据中提取出影像特征和语义信息，再根据这些信息来学习、推理原始影像中像素的类别，通过端到端训练的方式对每个像素进行分类，达到语义分割的目标。该方法将原始影像、标注影像，以及弱标注图像等数据作为训练样本，可以捕获更丰富的影像特征，不仅增加了模型的整体契合度，而且提高了学习效率，有效提升了分割准确率。与区域分类方法相比，该方法无须产生目标候选区域，直接为影像中的每个像素进行分类，原始影像经过一个端到端模型后直接输出分割结果，是一种从训练数据出发，贯穿整个模型后直接输出结果的新模式。常用的基于像素分类的影像语义分割方法包括基于 FCN 的方法和基于编码器–解码器的方法。

a. 基于 FCN 的影像分割方法

全卷积网络（fully convolutional networks，FCN）是 2015 年提出的用于影像语义分割的一种网络框架，是深度学习用于语义分割领域的重要方法之一。FCN 将传统 CNN 后面的全连接层换成了卷积层，这样网络的输出将是二维的热力图而非一维向量，并且可适应任意尺寸输入。同时，为解决卷积和池化导致影像尺寸的变小，使用上采样方式对影像尺寸进行恢复，输出精细的分类结果。该方法还使用跨层连接结构，增加分类结果的鲁棒性和精确性。

FCN 网络结构主要分为两个部分：全卷积部分和反卷积部分。其中全卷积部分为一些经典的 CNN 网络（如 VGG，ResNet 等）用于提取特征；反卷积部分则是通过上采样得到原尺寸的语义分割影像。FCN 的输入可以为任意尺寸的彩色影像，输出与输入尺寸相同，输出通道数为 $N+$ "1"。N 表示目标类型数量，"1"表示背景通道。FCN 网络结构如图 9-15 所示。

在卷积过程的卷积操作和池化操作会使得特征图的尺寸变小，为得到原影像大小的像素预测，需要对得到的特征图进行上采样操作。上采样可采用可通过双线性插值、解池化、转置卷积等方法实现。FCN 采用了转置卷积方法。转置卷积也称为反卷积，其具备将输入特征图的尺寸增大的作用，计算操作原理如图 9-16 所示。

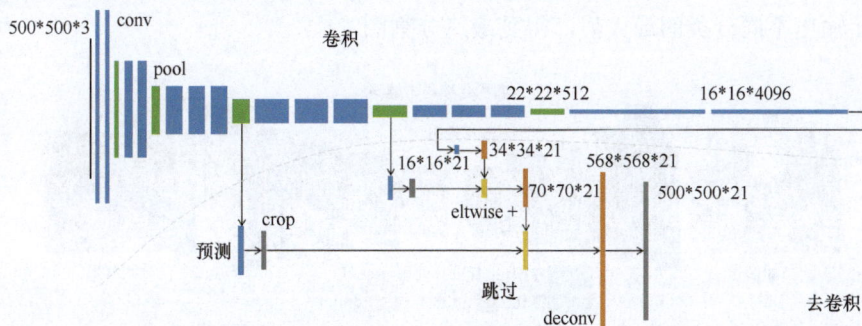

图 9-15　FCN 网络结构

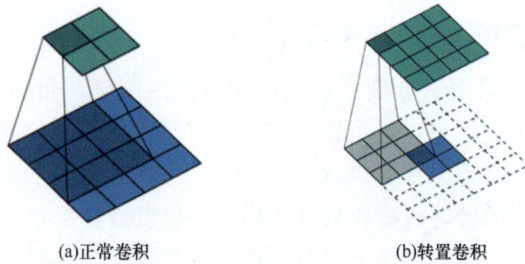

(a)正常卷积　　　　　　　　　(b)转置卷积

图 9-16　转置卷积示意图

从网络结构中可以看出，FCN 会生成三个不同尺寸的预测结果，使用跨层连接将这三个预测结果进行上采样和融合操作，网络最后的输出是 $N+1$ 个通道的热度图，此时热度图是经过上采样变为原图大小。为了得到每个像素的预测分类，最后通过逐像素地求其在 $N+1$ 幅热度图中该像素位置的最大数值作为该像素的分类结果。

FCN 同时兼顾全局语义信息和局部位置信息，又能从抽象特征中恢复出像素所属的类别，把影像级别的分类进一步延伸到了像素级别的分类，成功地将原本用于影像分类的网络实现了影像分割功能。但是 FCN 存在两个突出问题：一是影像经过池化操作后，特征图的分辨率不断降低，部分像素的空间位置信息丢失；二是分割过程未能有效地考虑影像上下文信息，导致局部特征和全局特征的利用率失衡。

b. 基于编码器–解码器的影像分割方法

解决池化操作后特征图分辨率不断降低、部分像素空间位置信息丢失等问题的另一类方法是使用编码器–解码器（encoder–decoder）的网络结构。该类方法是一种利用对称网络结构进行影像语义解析的机制，其本质是利用卷积、池化等操作所构成的编码器来编码被捕获的像素位置信息和影像特征，再利用反卷积或上池化等操作所构成的解码器来对其进行解析，还原影像的空间维度和像素的位置信息。

SegNet（semantic segmentation）是一种典型的编码器–解码器结构方法，它可以基于先验概率计算每个像素点的分类，其基本结构如图 9-17 所示。该网络的左侧编码器是 VGG16 的前 13 层卷积网络，通过卷积、池化等操作进行下采样处理。右侧解码器与左侧网络结构对称，采用解池化的上采样方法得到原始影像尺寸的特征图。最后通过 Softmax 输出不同分类的最大值，得到最终分割图。

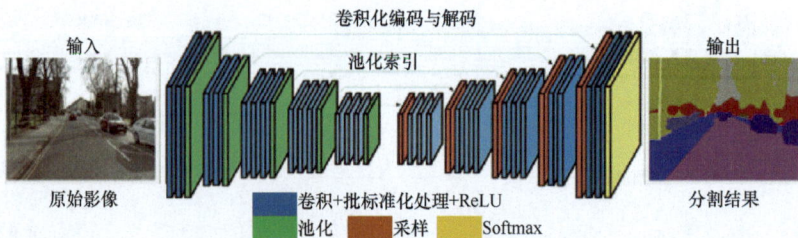

图 9-17　SegNet 网络结构

2）基于区域分类的影像分割方法

基于区域分类的影像语义分割方法把传统影像处理算法与神经网络相结合，先将原始影像划分成不同的目标候选区域，得到一系列候选区域，再利用神经网络对候选区域其中的每个像素进行语义分类，最后根据分类结果对原始影像进行标注，得到最终分割结果。因为候选区域的划分质量直接决定分割结果的好坏，因此该方法的关键在于如何从原始影像产生不同目标的候选区域。

Mask–RCNN 是一种典型的基于区域分类的影像分割方法，如图 9-18 所示。它是在目标检测网络 Faster–RCNN 的基础上增加了 FCN 模块进行影像分割，因此它的输出有两个，一个是目标检测结果，一个是影像分割结果。即主要流程为：

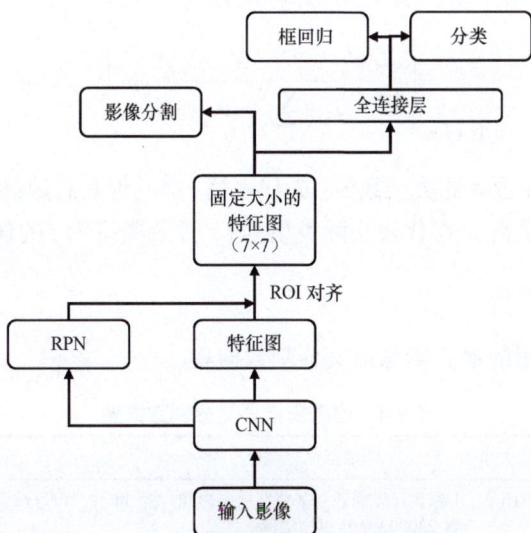

图 9-18　Mask–RCNN 网络结构

（1）输入影像；

（2）利用骨干网络（ResNet-FPN）提取得到特征图，骨干网络通常是经过预训练的；

（3）利用 RPN 模块得到预定义的 ROIs，并进行过滤得到一组候选的感兴趣区。对候选的感兴趣区进行对齐操作，避免由于量化损失造成的位置误差；

（4）对候选感兴趣区进行分类和回归，得到目标检测结果。同时采用 FCN 网络得到每一个候选感兴趣区中目标的掩膜，将目标掩膜融合即是影像分割的结果。

2. 评价指标

常用的性能评价指标主要包括平均召回率（average recall，AR）、平均精度（AP）、平均精度均值（mAP）、像素准确率（pixel accuracy，PA）、平均准确率（mean accuracy，MA）、平均交并比（mean intersection over union，mIoU）和带权交并比（frequency weighted intersection over union，FWIoU）。在结果评价时，一般选取 PA、MA 和 mIoU 这 3 种评

价指标综合分析。其中，mIoU 表示分割结果与其真值的重合度，是目前语义分割领域使用频率最高和最常见的评价指标。PA、MA 和 mIoU 的具体定义及计算公式如下：

（1）PA 指用于正确分割的像素数量与影像像素总量的比例：

$$PA = \left.\left(\sum_{i=1}^{N} X_{ii}\right)\middle/\left(\sum_{i=1}^{N} T_i\right)\right. \tag{9-9}$$

（2）MA 表示所有类别物体像素准确率的平均值：

$$MA = \left.\left(\sum_{i=1}^{N} \frac{X_{ii}}{T}\right)\middle/N\right. \tag{9-10}$$

（3）mIoU 表示分割结果与原始影像真值的重合程度：

$$mIoU = \left.\left(\sum_{i=1}^{N} \frac{X_{ii}}{T_i + \sum_{j=1}^{N}(X_{ji} - X_{ii})}\right)\middle/N\right. \tag{9-11}$$

其中，N 代表影像像素的类别数量；T_i 代表第 i 类的像素总数；X_{ii} 代表实际类型为 i、预测类型为 i 的像素总数；X_{ji} 代表实际类型为 i、预测类型为 j 的像素总数。

3. 影像分割数据集

表 9-4 列出了常用的遥感影像语义分割数据集。

表 9-4　遥感影像语义分割数据集

数据集	数据量大小	数据内容简介	网址
WHU building datasets	25 GB	1 幅大尺度新西兰基督城遥感影像，包含 220000 个建筑物实例	https://study.rsgis.whu.edu.cn/pages/
Inria Aerial Image	64.3 GB	1152 张来自 8 个不同城市的各个季节的遥感影像，用于分割建筑物	http://https//project.inria.fr/aerialimagelabeling
AIRS Datasets	17.6 GB	1047 张遥感影像，包括超过 22000 个建筑物目标实例	https://www.airs-dataset.com/
Aerial Image Segmentation Datasets	23.8GB	80 张高分辨率遥感影像数据集，包括 4 类目标，影像大小为 512×512 像素	http://www.jiangyeyuan.com/ASD/ Aerial Image Segmentation Dataset.htm
EvLab-SS Datasets		60 张遥感影像，包含 11 个主要类别，平均影像大小约为 4500×4500 像素	http://earthvisionlab.whu.edu.cn/zm/Semantic Segmentation/index.html

思 考 题

1. 什么是影像解译？

2. 简述影像解译的发展阶段。

3. 影像目视解译的特征有哪些？

4. 目视解译的一般过程是什么？

5. 什么是半自动解译？它有哪些优点？

6. 对比分析监督分类和非监督分类两种方法。

7. KMeans 算法的基本过程是什么？

8. 简述影像智能解译的三个基本任务。

9. 影像场景分类有哪些方法？常用的评价指标有什么？

10. 影像目标检测有哪些方法？常用的评价指标有什么？

11. 与通用图像目标检测相比，遥感影像目标检测有哪些特殊性？

12. 影像语义分割有哪些方法？常用的评价指标有什么？

本章参考文献

[1] 赵英时. 遥感应用分析原理与方法[M]. 北京: 科学出版社, 2003.

[2] 方涛. 高分辨率遥感影像智能解译[M]. 北京: 科学出版社, 2016.

[3] 关泽群. 遥感图像解译[M]. 武汉: 武汉大学出版社, 2007.

[4] Cheng G, Xie X X, Han J W, et al. Remote Sensing Image Scence Classification Meets Deep Learning: Challenges, Methods, Benchmarks, and Opportunities[J]. IEEE Journal of Selected Topics in Applied Earth Observations and Remote Sensing, 2020, 13: 3735-3756.

[5] Li K, Wan G, Cheng G, et al. Object detection in optical remote sensing images: A survey and a new benchmark[J]. ISPRS Journal of Photogrammetry and Remote Sensing, 2020, 159: 296-307.

[6] Fatima S A, Kumar A, Pratap A, et al. Object Recognition and Detection in Remote Sensing Images: A Comparative Study[C]. 2020 International Conference on Artificial Intelligence and Signal Processing (AISP). IEEE, 2020.

[7] Zhang Y, Yang H T, Yuan C H. A Survey of Remote Sensing Image Classification Methods[J]. Journal of Ordnance Equipment Engineering, 2018, 39(8): 108-112.

[8] 张继贤, 顾海燕, 杨懿, 等. 高分辨率遥感影像智能解译研究进展与趋势[J]. 遥感学报, 2021, 25(11): 13.

[9] 冯权泷, 陈泊安, 李国庆, 等. 遥感影像样本数据集研究综述[J]. 遥感学报, 2022, 26(4): 17.

[10] 余东行. 高分辨率遥感影像场景与目标识别技术研究[D]. 郑州: 中国人民解放军战略支援部队信息工程大学, 2022.

[11] 冯伍法. 遥感图像判绘[M]. 北京: 科学出版社, 2014.

第 10 章　无人机摄影测量

随着无人驾驶航空器（无人机）平台和载荷、导航、电子技术的发展，利用无人机开展摄影测量作业，已经成为测绘地理信息获取的重要手段。无人机摄影测量是卫星遥感测绘和传统航空摄影测量手段的有力补充，具有机动灵活、高效快速、精细准确、作业成本低、环境要求低、适用范围广、生产周期短等特点，在小区域和飞行困难地区高分辨率影像快速获取方面具有明显优势[1][2]。随着摄影测量自动化软件的飞速发展，基于无人机平台的数字摄影测量技术已显示出其独特的优势。本章主要介绍无人机摄影测量的基本概念，以及利用计算机视觉理论方法描述的无人机摄影测量理论和无人机作业流程。

10.1　无人机摄影测量的基本概念

无人机（unmanned aeria vehicle，UAV），是一种自带动力，不搭载操作人员，由无线电遥控或自主飞行，能执行多种任务并能多次使用的无人驾驶飞行器。无人机实际上是无人驾驶飞行器的统称，从技术角度定义可以分为：无人固定翼飞机、无人垂直起降飞机、无人飞艇、无人直升机、无人多旋翼飞行器、无人伞翼机等[3][4]。

无人机摄影测量（UAV Photogrammetry）是指利用无人驾驶平台（无人机）和机载遥感设备，快速获取地理空间信息，且完成遥感数据处理、描述和应用的技术，如图 10-1

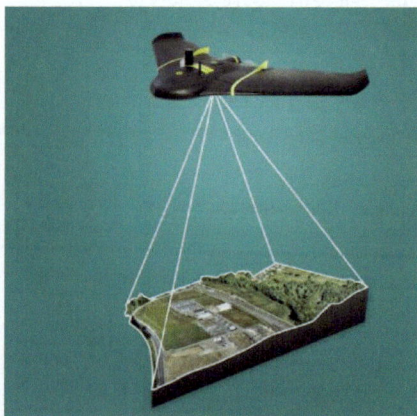

图 10-1　无人机航空摄影测量示意图

所示。无人机摄影测量涉及无人驾驶飞行器、遥感传感器、遥测遥控、通信、导航定位和遥感应用等技术，是一门集成化、综合性的应用技术。通过搭载的不同遥感设备（如高分辨率 CCD 数码相机、倾斜摄影相机、红外扫描仪，激光扫描仪、磁测仪、重力仪、导航设备等），无人机可以实现对地球重力场、地磁场、地表甚至地下形态的测绘。目前应用最广泛的是利用无人机平台搭载可见光成像设备，通过获取地表影像对地面进行低空摄影测量。

10.1.1　无人机摄影测量系统

无人机摄影测量系统由硬件系统和配套软件两个系统组成。其中硬件系统由六部分组成，包括飞行平台分系统、飞控分系统、数据链分系统、测绘载荷分系统、地面站分系统、发射与回收分系统以及保障与维修单元等。软件系统部分包括飞行控制软件、地面站软件、摄影测量数据处理与应用软件。除此之外，整个无人机系统摄影测量还包括维护与运输设备，控制、维护和数据处理人员。这些要素构成完整的无人机摄影测量系统，可以单独遂行应急测绘任务，如图 10-2 所示。

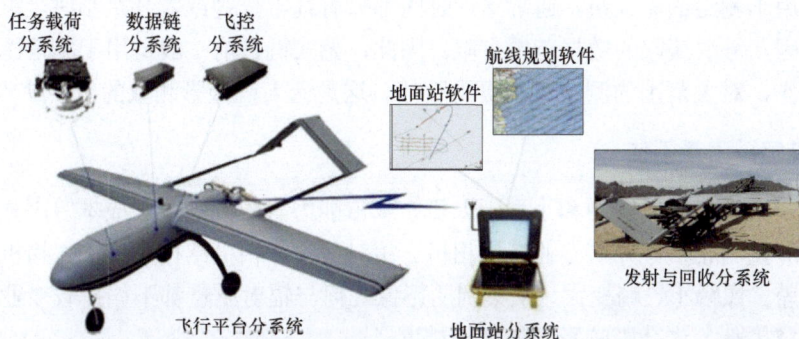

图 10-2　无人机摄影测量系统组成

10.1.2　无人机摄影测量特点

无人机摄影测量和传统的载人航空遥感测绘、卫星遥感测绘，高度由低到高，共同构成对地遥感测绘的平台体系。无人机摄影测量主要执行 1km 以下低空测绘任务，而且主要在云下飞行。相比其他两类来说，无人机摄影测量优点和缺点主要体现在以下几个方面。

1. 无人机摄影测量的优点

1）响应快

无人机摄影测量最大的特点就是使用机动灵活、受限制条件较少，可以快速获得所需区域的遥感数据，实现快速响应，时效性好。为此，无人机摄影测量技术在越来越多的应急测绘中处于关键地位。

2）精度高

无人机由于飞行高度相比载人飞机和卫星遥感来说，可以在更低的高度获取更高分辨率的测绘数据。目前，民用卫星影像最高分辨率一般只能达到 0.3m 或者 0.5m 左右，而无人机影像可以到厘米级，高分辨率数据可以还原更高精度的地表三维信息。

3）成本低

用于测绘的无人机平台和载荷在采购和使用成本上，都比载人飞机和卫星要低得多，特别是各类消费级无人机进军测绘行业后，遥感数据获取成本大大降低。需要注意的是，成本低是相对的，对于大范围，精度要求不高，比如全省范围的测绘任务，使用卫星遥感的手段成本可能更低。

2. 无人机摄影测量的缺点

1）测绘范围小

一般用于测绘的无人机，通常飞行时间都只有几十分钟或者几个小时、再加上飞行高度的原因，每次获取的数据范围有限。因此，无人机目前一般适用于小范围、高精度的测绘工作，对大范围的测绘工作很难胜任。这是无人机摄影测量的主要缺点。

2）传感器质量不佳

测绘中大量使用的微型和小型无人机，载重能力有限，受限于成本等因素，搭载的是普通的非量测相机，并非专业航摄相机。相对而言，相机结构不稳定、相机内方位参数稳定性差，像幅小、畸变大，采集到的影像几何与辐射质量都不如搭载专业航摄相机的载人航空摄影，这会影响影像处理的精度。

3）平台不稳定

无人机重量轻，姿态容易受气流影响，远不如载人飞机和卫星平台稳定。容易造成影像的倾斜角、旋偏角大，航线弯曲、高度不稳定等问题，使得重叠率不一致情况很普遍，给后续测图生产等工作带来困难。通常无人机航测都需要设置更高的重叠率，以保证在姿态变化较大的情况下，获取的影像能满足正常重叠率，但同时会造成影像数据的冗余。

10.1.3 无人机摄影测量软件

目前在无人机摄影测量生产作业中，常用的软件有：Agisoft MetaShape、PixDMapper、ContextCapture、Inpho UAS Master 等（图 10-3）。这些软件都有一个共同的特点，就是门槛低、自动化程度高。其中，MetaShape、PixDMapper、Inpho UAS Master 目前主要用于 DOM、DSM 的生产，而 ContextCapture 主要用于倾斜摄影三维模型生产。除了正射影像图、数字表面模型和三维模型，大比例尺数字线划图的生产主要使用航天远景 MapMatrix 等软件完成。

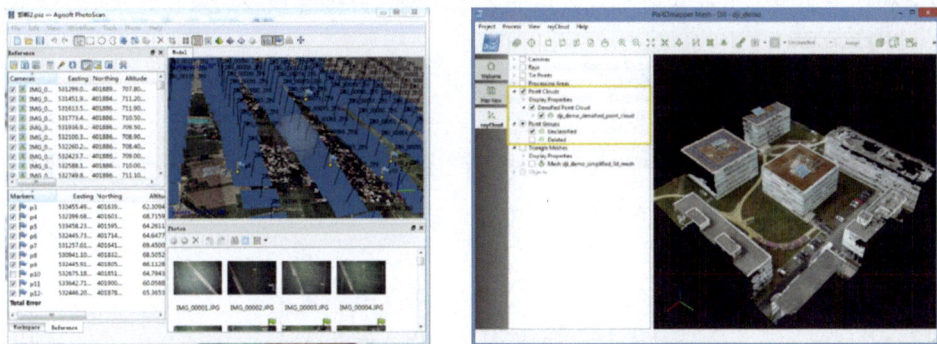

图 10-3　MetaShape 与 PixDMapper 软件主界面

10.1.4　无人机摄影测量应用

首先，无人机摄影测量的最重要的应用是大比例尺基础测绘。无人机已经广泛应用于 1∶500、1∶1000、1∶2000 等大比例尺测图作业。很大程度上，取代了原先采用全站仪和 RTK 野外实地测量的作业模式，不仅提高了效率，还可以获取正射影像图、数字表面模型、实景三维模型等数据资料，可以精确、完整地对测区进行三维重建，构成基础测绘数据产品。

其次，通过无人机摄影测量生成的产品，无人机摄影测量也广泛应用于重大工程、资源调查、应急救灾、环境监测、智慧城市、文物保护、文化娱乐等各个行业。可以说，凡是能用到遥感探测三维重建技术的领域，无人机摄影测量都可以大显身手。

10.2　无人机摄影测量的计算机视觉理论

传统摄影测量技术已经形成了完善的理论方法，其理论基础是共线条件方程和共面条件方程。近几年，计算机视觉领域的研究发展迅猛，初步形成了一套完备的理论方法。和摄影测量主要用于地形测量的目标不同，计算机视觉的研究目标主要是使计算机具有通过二维影像认知三维环境信息的能力，这种能力不仅使机器感知三维环境中物体的几何信息（包括它的形状、位置、姿态、运动等），而且能对它们进行描述、存储、识别与理解。虽然摄影测量和计算机视觉的研究目标有差异，但都包含利用影像进行三维测量的环节，所解决的问题是相同的。另外，由于无人机上搭载的相机相比于航空摄影用的专业相机，更接近机器视觉研究采用的相机，且飞行姿态不稳定、倾斜摄影广泛应用等，使得无人机摄影测量的研究条件更加接近计算机视觉研究范畴。所以，计算机视觉理论方法目前也广泛应用于无人机摄影测量影像处理。

计算机视觉理论进行几何处理的核心是在齐次坐标基础上用矩阵表示的一套像点、物点和相机之间的线性模型，其表达比共线条件方程更间接、计算更方便。本小节从齐次坐标概念和作用出发，介绍矩阵形式表达的成像模型，并推导核线约束和光束法平差模型。

10.2.1 齐次坐标及其优势[5]

首先，为什么要引入齐次坐标？利用齐次坐标如何能简化计算？经典的用像点表示地面点的共线条件方程如式（3-51）所示。

将该方程用矩阵形式可表示为

$$\begin{bmatrix} X \\ Y \\ Z \end{bmatrix} = \begin{bmatrix} X_S \\ Y_S \\ Z_S \end{bmatrix} + \lambda \begin{bmatrix} a_1 & a_2 & a_3 \\ b_1 & b_2 & b_3 \\ c_1 & c_2 & c_3 \end{bmatrix} \begin{bmatrix} x \\ y \\ -f \end{bmatrix} \tag{10-1}$$

此式的物理含义是像点在像空间坐标系中的坐标，经过旋转、缩放和平移，变换到物方坐标系中，本质上是坐标的旋转、缩放、平移三种变换问题。在数学运算中，矩阵相乘的变换可以传递，计算方便；而矩阵相加的运算，计算就显得相对复杂，特别在连续的变换过程中，推导和计算都将变得非常麻烦，其根本原因是上述表达方式并不是一个线性的变换关系。能不能用更加简洁的方式表达这个共线条件方程，让计算更加简便？齐次坐标就是来解决这个问题的。

简单地说：齐次坐标就是在原有坐标上加上一个维度，如式（10-2）所示。

$$\begin{bmatrix} x \\ y \end{bmatrix} \xrightarrow{\text{增加一个维度}} \begin{bmatrix} x \\ y \\ 1 \end{bmatrix} \begin{bmatrix} X \\ Y \\ Z \end{bmatrix} \xrightarrow{\text{增加一个维度}} \begin{bmatrix} X \\ Y \\ Z \\ 1 \end{bmatrix} \tag{10-2}$$

使用齐次坐标，可以方便地将加法转化为乘法，方便地表达平移。这是齐次坐标最重要的一个优势之一。比如我们要完成将 2D 坐标点 $x=[u, v]'$ 和平移 $t=[tu, tv]$，如果用非齐次方法的话，是用如下的加法：

$$x' \Rightarrow \begin{bmatrix} u' \\ v' \end{bmatrix} = \begin{bmatrix} u + tu \\ v + tv \end{bmatrix} = x + t \tag{10-3}$$

如果用齐次坐标表示时可以将加法转换为乘法：

$$x' \Rightarrow \begin{bmatrix} u' \\ v' \\ 1 \end{bmatrix} = \begin{bmatrix} 1 & 0 & tu \\ 0 & 1 & tv \\ 0 & 0 & 1 \end{bmatrix} \begin{bmatrix} u \\ v \\ 1 \end{bmatrix} = Tx \tag{10-4}$$

一旦将矩阵加法利用齐次坐标变换为乘法，坐标的旋转、平移、缩放三种变换都可以用乘法来表示。在应对更加复杂的变换时，直接矩阵相乘即可。另外，在判断引入齐次坐标的空间关系方面更为方便，这些空间关系判断是摄影测量几何计算中经常用到的，比如：

（1）表达点在直线或平面上。2D 平面上一条直线 L 可以用方程 $ax+by+c=0$ 来表示，用向量表示为

$$l = (a,b,c)^T \tag{10-5}$$

点 $p = (x, y)$ 在直线 L 上的充分必要条件是 $ax + by + c = 0$。点 p 的齐次坐标就是：

$$p' = (x, y, 1) \tag{10-6}$$

那么 $ax + by + c = 0$ 就可以用两个向量的内积（点乘）来表示：

$$ax + by + c*1 = (a,b,c)^T (x, y, 1) = l^T * p' = 0 \tag{10-7}$$

因此，点 p 在直线 L 上的充分必要条件就是直线 L 与 p 的齐次坐标 p' 的内积：

$$l^T * p' = 0 \tag{10-8}$$

同理，我们知道三维空间的一个平面 A 可以用方程 $ax + by + cz + d = 0$ 来表示，三维空间的一个点 $p = (x, y, z)$ 的齐次坐标 $p' = (x, y, z, 1)$，类似的，点 P 在空间平面 A 上可以用两个向量的内积来表示，如下：

$$ax + by + cz + d = (a,b,c,d)^T (x, y, z, 1) = A^T * P' = 0 \tag{10-9}$$

因此，点 P 在平面 A 上的充分必要条件就是平面 A 向量与 P 的齐次坐标 P' 的内积（点乘）：

$$A^T * P' = 0 \tag{10-10}$$

（2）表达直线与直线、平面与平面的交点。在齐次坐标下，可以用两个点 p, q 的齐次坐标叉乘结果来表达一条直线 l，也就是：

$$l = p \times q \tag{10-11}$$

也可以使用两条直线 l, m 的叉乘表示他们的交点 x，即

$$x = l \times m \tag{10-12}$$

见图 10-4 所示。

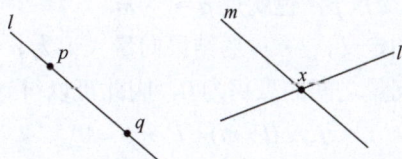

图 10-4　齐次坐标叉乘表示直线或者相交

上述例子说明，采用了齐次坐标表示以后，空间计算变得非常简洁。之所以可以这么简洁地表示交点是因为采用了齐次坐标的表示方式。那么这是为什么呢？先介绍一下叉乘（也称叉积、外积）的概念：

两个向量 a 和 b 的叉乘仅在三维空间中有定义，写作 $a \times b$。$a \times b$ 是与向量 a, b 都垂直的向量，其方向通过右手定则决定，如图 10-5 所示。

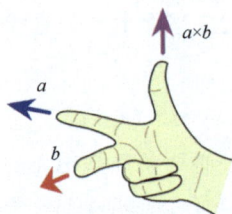

图 10-5　叉乘的定义

其模长等于以两个向量为边的平行四边形的面积。叉乘可以定义为

$$a \times b = \|a\| \|b\| \sin(\theta) \tag{10-13}$$

式中，θ 表示 a，b 的夹角（$0°\sim180°$），$\|a\|$ 和 $\|b\|$ 是向量 a，b 的模长。n 则是一个与向量 a，b 所构成的平面垂直的单位向量，如图 10-6 所示。

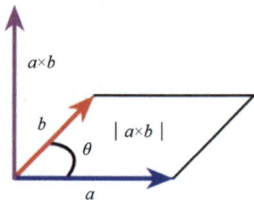

图 10-6　叉乘的模长

根据叉乘定义，向量自身叉乘结果为 0，因为夹角为 0。而点乘（也称点积、内积）的定义是：

$$a \times b = \|a\| \times \|b\| \times \cos(\theta) \tag{10-14}$$

根据定义，如果两个向量垂直则 $\cos(\theta) = 0$，点积也为 0。

经过上面点乘和叉乘定义的铺垫。下面来推导一下上面的结论，为什么两条直线 l，m 的叉乘 $l \times m$ 等于它们的交点 p，也就是 $p = l \times m$。

首先，根据前面叉乘的定义，$l \times m$ 的结果向量（记为 $p = l \times m$）与 l，m 都垂直，根据点乘的定义，垂直的向量之间的点积为 0，因此可以得到

$$l^T \times (l \times m) = l^T \times p = 0 \tag{10-15}$$

$$m^T \times (l \times m) = m^T \times p = 0 \tag{10-16}$$

因此，根据前面点在直线上的结论，可以看到 p 既在直线 l 上又在直线 m 上，所以 $p = l \times m$ 是两条直线的交点，此处 p 是齐次坐标。同样可以证明，两点 p，q 的叉乘可以表示过两点的直线 l，即 $l = p \times q$。

（3）区分一个向量和一个点。从普通坐标转换成齐次坐标时，如果 (x, y, z) 是个点，则变为 $(x, y, z, 1)$；如果 (x, y, z) 是个向量，则变为 $(x, y, z, 0)$。

从齐次坐标转换成普通坐标时，如果是 $(x, y, z, 1)$，则知道它是个点，变成 (x, y, z)；如果是 $(x, y, z, 0)$，则知道它是个向量，仍然变成 (x, y, z)。

（4）表达无穷远。比如两条平行的直线 $ax + by + c = 0$，$ax + by + d = 0$，可以分别用向量 $l = (a, b, c)$，$m = (a, b, d)$表示，根据前面直线交点的计算方法，其交点为 $l \times m$，根据叉乘计算法则，向量叉乘结果：

$$u = u_1 i + u_2 j + u_3 k$$
$$v = v_1 i + v_2 j + v_3 k$$ （10-17）

最终：$l \times m = (d - c)(b, -a, 0)$，忽略标量 $(d - c)$，我们得到交点为 $(b, -a, 0)$，并且是齐次坐标，如果要转化为非齐次坐标，那么会得到 $(b/0, a/0)$，坐标是无穷大，可以认为该点为无穷远点，这与我们通常理解的：平行线相交于无穷远的概念相吻合。因此，如果一个点的齐次坐标中，最后一个元素为 0，则表示为无穷远点。

有了齐次坐标的概念之后，我们就可以依托齐次坐标，构建一套完整的相机成像模型和影像几何关系理论体系，这就是计算机视觉测量的基础。

10.2.2　常用坐标系统

为了描述理想的中心投影成像模型，我们有必要先了解描述相机位置、物方点、像点的坐标系。相机理想成像过程如图 10-7 所示。在计算机视觉中，常用的坐标系主要有影像坐标系，相机坐标系 $O_c—X_cY_cZ_c$，世界坐标系 $O—XYZ$，如图 10-7 所示。

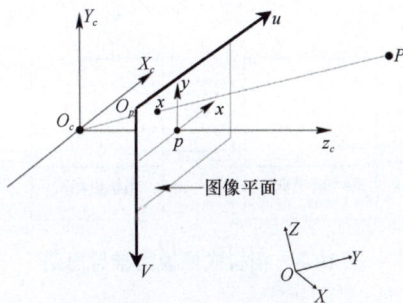

图 10-7　常用坐标系

影像坐标系的定义详见 3.2.1 小节，这里重点介绍相机坐标系和世界坐标系。

1. 相机坐标系

以相机的光心为坐标原点，X 轴和 Y 轴分别平行于影像坐标系的 X 轴和 Y 轴，相机的光轴为 Z 轴，用（C_c，Y_c，Z_c）表示其坐标值。以焦点 O_c 为原点和坐标轴 X_c，Y_c，Z_c 组成了相机坐标系。

2. 世界坐标系

客观三维世界的绝对坐标系，也称客观坐标系。因为数码相机安放在三维空间中，我们需要世界坐标系这个基准坐标系来描述数码相机的位置，并且用它来描述安放在此三维环境中的其他任何物体的位置，用（X, Y, Z）表示其坐标值。在摄影测量中，也常用物方坐标系表达世界坐标系。

10.2.3　相机的成像模型[6]

如图 10-7 所示，相机成像的过程实际是将真实的三维空间中的三维点映射到成像平面（二维空间）过程，可以简单的使用小孔成像模型来描述该过程，以了解成像过程中三维空间到二维图像空间的变换过程。

小孔成像实际就是将相机坐标系中的三维点变换到像平面坐标系中的二维点。假设，三维空间中点 P，在世界坐标系中的坐标为$[X, Y, Z]^T$，在相机坐标系中的坐标是$[X_c, Y_c, Z_c]^T$；其像点 p，在影像坐标系的中的坐标是$[u, v]^T$，在以像主点为原点的像平面坐标系坐标是$[x, y]^T$。由于光轴垂直与成像平面，那么可以知道像点 p 在相机坐标系中的坐标是$[x, y, z]^T$，其中 $z=f$，f 是焦点到成像平面之间的距离，被称为焦距。

相机成像模型的推导思路本质上是要将世界坐标系中的 P 点坐标$[X, Y, Z]^T$ 经过一系列的旋转、平移、缩放、透视等变换，用图像坐标$[u, v]^T$ 来表示。推导的思路如图 10-8 所示。

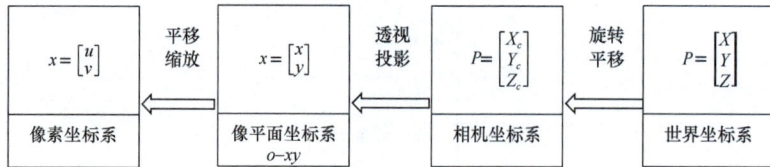

图 10-8　相机成像模型推导思路

推导过程首先要利用影像坐标系和像素坐标系的转换，用像点的影像坐标$[u, v]^T$ 表示以像主点为原点的像平面坐标系坐标$[x, y]^T$；接着需要用透视变换，将像平面坐标$[x, y]^T$ 表示为相机坐标系中的三维坐标$[X_c, Y_c, Z_c]^T$；最后，需要利用旋转平移，将相机坐标表示为$[X, Y, Z]^T$ 物方空间的世界坐标，从而完成成像模型的推导。连续的坐标变换，需要用到齐次坐标，以简化变换过程。

影像坐标与以像主点为原点的像平面坐标的转换方法详见 3.2.1 小节。

1. 相机坐标转换为以像主点为原点的像平面坐标

在相机坐标系中，（x, y, f）与（X_c, Y_c, Z_c）对应坐标成比例，可表示为

$$\frac{Z_c}{f} = \frac{X_c}{x} = \frac{Y_c}{y}$$

（10-18）

经过整理可得

$$
\begin{cases}
x = f\dfrac{X_c}{Z_c} \\[2mm]
y = f\dfrac{Y_c}{Z_c} \\[2mm]
z = f
\end{cases}
\tag{10-19}
$$

上式可表示为齐次坐标形式：

$$
Z_c\begin{bmatrix} x \\ y \\ 1 \end{bmatrix} =
\begin{bmatrix} f & 0 & 0 \\ 0 & f & 0 \\ 0 & 0 & 1 \end{bmatrix}
\begin{bmatrix} X_c \\ Y_c \\ Z_c \end{bmatrix}
\tag{10-20}
$$

由此，就推导出了相机坐标系与影像坐标系的转换数学模型。

2. 世界坐标转换为相机坐标

世界坐标转换为相机坐标的变换矩阵可以细分为旋转矩阵 R 和平移矩阵 t。R 为 3×3 正交矩阵，t 为 1×3 矩阵，针对物方空间 P 点在相机坐标系中的坐标为 $P_c = [X_c, Y_c, Z_c]^T$，世界坐标系中的坐标为 $P_w = [X, Y, Z]^T$，则它们之间的变换关系数学表达形式为

$$
P_c = RP_w + t
\tag{10-21}
$$

写成矩阵形式为

$$
\begin{bmatrix} X_c \\ Y_c \\ Z_c \end{bmatrix} = R\begin{bmatrix} X \\ Y \\ Z \end{bmatrix} + t
\tag{10-22}
$$

利用齐次坐标，将旋转和平移统一为矩阵相乘的形式如下：

$$
\begin{bmatrix} X_c \\ Y_c \\ Z_c \\ 1 \end{bmatrix} =
\begin{bmatrix}
R_{11} & R_{12} & R_{13} & t_1 \\
R_{21} & R_{22} & R_{23} & t_2 \\
R_{31} & R_{32} & R_{33} & t_3 \\
0 & 0 & 0 & 1
\end{bmatrix}
\begin{bmatrix} X \\ Y \\ Z \\ 1 \end{bmatrix}
\tag{10-23}
$$

整理可表示为

$$
\begin{bmatrix} X_c \\ Y_c \\ Z_c \\ 1 \end{bmatrix} =
\begin{bmatrix} R & t \\ 0^T & 1 \end{bmatrix}
\begin{bmatrix} X \\ Y \\ Z \\ 1 \end{bmatrix}
\tag{10-24}
$$

其中，$\begin{bmatrix} R & t \\ 0^T & 1 \end{bmatrix}$ 为相机外参数矩阵，常用 $[R|t]$ 来表示，该变换包含世界坐标系到相机

的旋转和平移关系。从世界坐标系转换到像素坐标系的表达形式如下：

$$Z_c \begin{bmatrix} u \\ v \\ 1 \end{bmatrix} = \begin{bmatrix} f_x & 0 & u_0 & 0 \\ 0 & f_y & v_0 & 0 \\ 0 & 0 & 1 & 0 \end{bmatrix} \begin{bmatrix} R & t \\ 0^{\mathrm{T}} & 1 \end{bmatrix} \begin{bmatrix} X \\ Y \\ Z \\ 1 \end{bmatrix} \tag{10-25}$$

从公式可以看出，想要计算空间中某一点坐标，需要像素坐标以及尺度因子 Z_c，也就是物点到相机的深度信息，单相机无法计算出三维点坐标。为了更加简洁的表示该模型，当物方点坐标除以 Z_c，统一到在归一化成像平面时，即如果令某像点的齐次坐标为 x，其对应物方点的世界坐标系中的齐次坐标为 X，则上述模型可表达为

$$x = K\begin{bmatrix} R|t \end{bmatrix} X = PX \tag{10-26}$$

这就是相机的小孔成像模型，其中，P 为 3 行 4 列的矩阵，称为投影矩阵。它由通过相机的内参以及外参组成，可以将三维的空间点投影到图像的像素空间中。通过推导过程可知，该模型为小孔成像模型，和传统摄影测量中理想条件下共线条件方程等价，当引入齐次坐标后，表达形式大大简化，也方便了后续运算。

10.2.4　无人机影像光束法平差

在已知无人机影像位置姿态初值及影像控制点的情况下，为了获取更加精确的影像位置姿态（外方位元素）和连接点物方坐标，需要用到光束法平差。通过将相机的姿态和测量点的三维坐标作为未知参数，将影像上探测到的用于前方交会的特征点坐标作为观测数据，从而进行平差得到最优的相机参数和连接点坐标。换句话说，假设有一个 3D 空间中的点，它被位于不同位置的多个摄像机看到，光束法平差就是能够从这些多视角信息中提取出 3D 点的坐标及各个摄像机的相对位置和姿态的过程。该过程从数学上看，是一个典型的优化过程，并且是非线性的，寻找优化的目标函数是解决问题的关键。

假设有一个 3D 的空间点 X_j，下标 j 表示很多个物方空间点中的第 j 个点。该点在很多幅影像上都有成像，设第 i 幅影像上有第 j 个点的像，像点坐标为 x_{ij}，第 i 幅影像的二维相机平面的投影变换矩阵为 P_i。当给出一系列的像点坐标 x_{ij}，需要找到投影矩阵 P_i，使得 $x_{ij} = P_i X_j$。

如图 10-9 所示，由于估计的投影矩阵 P_i 有误差，进而导致投影回到像平面的点 x_{ij} 和观测的 $\bar{x}_{ij}$ 点坐标有差异，这个差异可以理解为重投影误差，用 e_{ij} 表示。

$$e_{ij} = \left\| \bar{x}_{ij} - x_{ij} \right\| \tag{10-27}$$

即

$$e_{ij} = \left\| \bar{x}_{ij} - P_i X_j \right\| = \left\| \bar{x}_{ij} - K\begin{bmatrix} R_i | t_i \end{bmatrix} \right\| \tag{10-28}$$

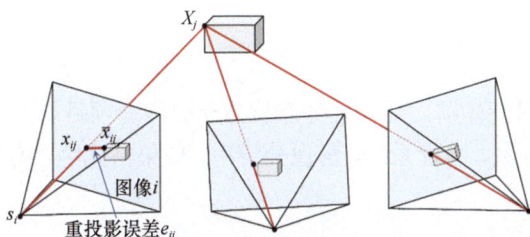

图 10-9　重投影误差

通常最小化所有的通过预测得到的 3D 空间中的点投影在平面中的像点，与真实的平面中的像点之间的误差，即所有重投影误差的和最小化，也就是：

$$\min_{R_i, t_i, X_j} \sum_{i,j} \sigma_{ij} \left\| \bar{x}_{ij} - K\left[R_i \middle| t_i \right] X_j \right\|^2 \tag{10-29}$$

式中，σ_{ij} 为指示参量，当物方点 X_j 在第 i 张影像上有成像，则 $\sigma_{ij} = 1$，否则 $\sigma_{ij} = 0$。

这时就得到了光束法平差优化模型的数学形式了。求解该最小二乘问题的过程，便是对相机位姿和三维空间点同时进行优化平差的过程，在相机内参未标定或者标定结果不理想的情况下，相机内参也将作为待优化变量参加平差优化。

光束法平差模型表示可知该问题的求解等同于对一个非线性最小二乘问题的求解。由于问题的复杂性，一般难以直接获得相应解析式的解析解，因此通常采用迭代求解的方式，从一个初始值开始，不断的更新解析式中的优化参数变量，使目标函数值不断下降，直到达到规定的迭代次数或者目标函数已经达到极小值，停止迭代并取当前的值作为近似局部最优解或近似全局最优解。对该问题的迭代求解算法有最速下降法、牛顿法、高斯牛顿法、列文伯格–马夸尔特法（levenberg–marquardt，LM）等[7][8]。

10.3　无人机摄影测量的生产流程

无人机摄影测量的生产流程主要包括：技术设计、飞行计划制定、现场踏勘、航线规划、航摄飞行、像控点采集、外业成果检查与处理、内业空中三角测量、DSM/DOM生产、三维模型生产、质量检查等。整体上，可以分为作业前准备、无人机航摄飞行、影像控制点采集、内业处理、质量检查这几个环节。传统航空摄影生产流程中，各个环节通常由不同的作业员执行，而无人机使用灵活、作业范围较小，经常是要求测绘作业人员独立执行整个任务流程。

10.3.1　作业前准备

作业前准备通常需要完成明确任务、技术设计、现场踏勘、申请空域这几个部分[9]。

1. 明确任务

明确任务是指项目开始前，要与任务布置方充分沟通项目要求，确定成果使用目的、精度要求、使用的坐标系、高程系统、影像分辨率、成果格式等，询问有无其他特殊要求。

2. 技术设计

技术设计是根据无人机航空摄影测量技术设计书的规范要求，对技术流程进行设计。目的是制定切实可行的无人机摄影测量技术方案，保证测绘产品符合技术标准和用户要求，并获得最佳的社会效益和经济效益。一般来说，技术设计书未经批准不得实施。技术设计的依据是上级下达任务的文件或合同、作业应执行的法律法规和技术标准、有关测绘产品的生产规定、成本定额和装备标准等。技术设计的基本原则包括先整体后局部，顾及发展，满足用户要求，重视社会和经济效益；选择的技术路径、作业流程、作业方法既要符合法律、法规和技术标准，又要顾及本单位部门的作业实力、作业习惯、人员素质和技术装备，选择最佳方案；广泛收集、分析利用已有测绘资料和资源；在本单位技术状况允许的情况下，积极采用适用性强的新技术、新方法、新工艺。对编写技术设计人员的要求：设计人员要明确任务的性质、工作量、技术难点、明确设计要求和原则；设计人员要对测绘任务进行分析和研究，必要时要进行实地踏勘；设计人员对其设计书负责，要对一线作业人员进行设计的辅导和讲解，在作业开始阶段要对设计进行验证，发现问题时及时变更设计。编写技术设计书的要求包括：内容要明确，文字要简练，不要抄规范，对设计难点或作业中容易混淆或容易忽视的问题应重点叙述；对新工艺、新技术、新方法的使用要慎重，要说明可行性研究或试生产的结果，以及达到的精度，必要时要有试验报告；对一些名词、术语、公式、符号、代号、代码，以及计量单位的引用要规范、有依据。

技术设计书的内容包括：

（1）任务概述。说明任务的名称、来源、作业区范围、地理位置、行政隶属、项目内容、产品种类及形式、任务量、要求达到的主要技术和精度指标、质量要求、完成任务的期限。

（2）作业区自然地理概况、地理特征、交通、气候情况、居民地分布、植被覆盖及作业区的困难类别作概要说明。

（3）已有资料的分析和可利用的情况。已有资料的类型、施测年代和单位、执行的标准、达到什么精度、存于何处、利用的可能性和利用方案。

（4）作业中执行的技术依据和参考依据。

（5）采用的测绘基准。

（6）成图的基本要求、成图规格、比例尺、精度指标、作业流程。

（7）对航摄的技术要求。

（8）对基础控制测量的布设及空三原则、作业方法、精度要求。对影像控制测量的布设原则、布设方案、作业方法、注意事项。对内业测图的主要作业方法和技术规定、取舍原则、软硬件环境。对外业调绘的主要作业方法、取舍原则、技术规定。对内业编辑的作业方法、技术规定、软硬件环境。对属性数据的输入要求、建库要求、入库方法及技术要求。质量控制程序、方法及要求。质量检查的方法及要求。

（9）计划安排和经费预算。包括作业区的困难类别划分；工作量统计、各个工序的工作量划分；生产进度的安排、各工序应投入的人力物力；经费预算等。

3. 现场踏勘

作业员需要对测区周围进行踏勘，收集地形地貌信息，以及周边的重要设备和交通信息，为无人机的起飞、降落、航线规划提供资料。现场踏勘的一个重要任务是应该根据已知的测区资料和踏勘对无人机系统的性能进行评估，判断飞行环境是否满足飞机的飞行要求，因此，现场踏勘还需要重点对以下几个方面进行考察。

（1）海拔。测区的海拔应该满足无人机的作业要求，无人机飞行的高度应该大于当地的海拔和航高。

（2）地形、地貌条件。地形和地貌主要影响无人机成图的质量，对于地面反光强烈的地区，如沙漠、大面积的盐滩、盐碱地等，在正午前后不宜摄影。对于陡峭的山区和高密集度的城市地区，为了避免阴影，应在当地正午前后进行摄影。

（3）风气和风向。地面的风向决定无人机起飞和降落的方向，空中的风向对飞行平台的稳定性影响很大，尽量在风力较小时进行摄影航测。

（4）电磁和雷电。无人机空中飞行平台和地面站之间通过电台传输数据，要保证导航系统及数据链的正常工作不受干扰。在实际到达现场时，应记录现场的风速、天气、起降坐标等信息，留备后期的参考和总结。

4. 申请空域

飞行作业前应向有关部门申请空域。我国的空中管制十分严格，由空军统一管理，所有的航空摄影项目都需要进行空域申请，得到批复后才可以实施测量。

10.3.2　无人机摄影测量任务规划

测绘无人机任务规划是指根据测绘任务需求、无人机数量及携带载荷的类型，制定无人机飞行路线并进行任务分配。测绘无人机任务规划的主要目标是依据地形和任务区环境条件等信息，综合考虑无人机的性能、有效航摄时间、油耗或者电能耗费、威胁及空域管制等约束条件，为无人机规划出一条或多条自起飞点到任务区域并完成航空摄影飞行的最优或满意的航线，并确定载荷的配置、使用及测控链路的工作计划，保证无人机高效、圆满地完成测绘任务，并安全回收。任务规划是测绘无人机安全、顺利、高质量完成测绘任务的基本保障，是无人机测绘作业流程中的重要环节。

任务规划通常需要在综合考虑任务要求、无人机的作业时间、气象、地形地貌等各种约束条件，匹配选择和优化调度最佳的无人机，并为其设计出最优飞行路线，以保证快速顺利地完成飞行任务。在设计飞行航迹的同时，还要考虑飞行和回收时可能的各种突发情况，设计应急处置方案。在应急航飞任务规划中，无人机设备选配是其中重要一环。无人机的作业半径、起飞方式、最大速度、最大高度等参数也是无人机选取过程中经常考虑的因素。根据不同的任务需求，无人机所需搭载的载荷各不相同，在侦察、灾情监测、救援、评估，以及灾后重建等不同阶段对于数据的要求不同，目前无人机可以搭载的有效测绘任务载荷包括高分辨率航空相机、小型合成孔径雷达、高光谱成像系统、小型机载 LiDAR、红外相机、倾斜摄影相机，以及普通数码相机等。设备资源的多样化在提高无人机任务能力的同时也增加任务规划的困难。航线设计是任务规划的核心，它是在无人机选配完成后，依据设备参数结合航摄区域的环境参数计算适合无人机飞行的高度、航带间距、曝光点间距等，从而生成完整的航线设计方案，满足快速获取目标区域数据的需求。

根据我国 2005 年 《1∶500 、1∶1000、 1∶2000 地形图航空摄影规范》[10]的要求，对飞行质量的要求主要有：影像重叠度、影像倾斜角、影像旋偏角等。

1. 无人机摄影测量影像重叠率要求

由于小型无人机姿态不稳定，有侧风时还有一定旋偏角，会对重叠率产生影响。为了保证实际影像有足够的重叠率，通常航线规划时，预设重叠率都要预留大于 2.2.4 小节描述的规范值，一般航向重叠率设置为 70%～85%，旁向重叠率设置为 45%～60%。制作真正射影像，航向重叠度一般为 80%，旁向重叠度一般为 60%。

然而，重叠率并不是越大越好。重叠率高了，影像数量增大，会增加影像处理的工作量；同时，立体像对之间基高比变小，影响三维信息提取的精度。因此，姿态稳定的无人机相对于姿态不稳定的无人机，可以预设更低的重叠率，效率更高。

此外，针对无人机倾斜摄影三维建模的航测任务，为了能够对建筑物侧面尽可能地拍摄到，不留死角，并且尽可能从多个角度摄影，重叠率通常设置得更高，一般航向重叠率和旁向重叠率都在 85%上下。对于城市建筑楼群密集，需要使用更高的重叠率、对于楼房稀疏的区域，可以设置较低的重叠率，以减小数据量。

2. 无人机摄影测量影像倾斜角要求

无人机受气流影响，姿态不稳定。因此，无人机影像一般都具有一定的倾斜角。根据国家测绘局行业规范《低空数字航空摄影规范》（CH/Z 3005—2010）[11]的要求，影像倾斜角一般不大于 5°，最大不超过 12°，超过 8°的影像数量不应超过总影像数的 10%；特别困难的地区一般不大于 8°，最大不超过 15°，超过 10°的影像数量不应超过总影像数的 10%。对于垂直摄影无人机测绘任务，如果影像倾斜角过大且不稳定，主要会影响影像重叠率，还会导致地物产生较大的变形，不利于后期影像匹配和立体测图，所以对倾斜角要有一定限定。

3. 无人机摄影测量影像旋偏角要求

旋偏角不但会影响影像的重叠度，而且还给航测内业作业增加难度。因此，对影像的旋偏角，一般要求小于 15°，无人机摄影测量在确保影像航向重叠度和旁向重叠度满足要求的前提下，个别最大旋偏角不超过 30°，在同一条航线上旋偏角超过 20°的影像数量不应超过 3 片，超过 15°的影像数量不得超过影像总数的 10%。此外，影像旋偏角和影像倾斜角不应同时达到最大值。

4. 其他要求

在无人机摄影测量任务规划中，通常还需要对飞行速度、快门速度等进行设置。飞行速度会影响作业效率、成像清晰度，在没有相机云台的无人机上还会影响影像倾斜角。另外，快门速度会影响相机进光量。在配置飞行速度和快门速度的时候，需要重点考虑像移造成的影像模糊。例如在阴天进行飞行作业，为了获得较好的曝光量，快门速度通常设置得比较慢（1/1000s 以下），此时，就需要设置较慢的飞行速度（10m/s 以下），避免出现地物拖影模糊。晴天的时候，快门速度可以配置得快一些（1/1000s 以上），这样飞行速度可以设置快（例如 13m/s），以提高作业效率。

此外，倾斜摄影测量任务规划时，还需要外扩航线，以获得测区外围侧面的纹理。外扩倾斜摄影作业外扩至少一个航高。

5. 影响无人机测绘任务规划的因素分析

无人机执行任务时，会受到多种限制，因此，在任务规划过程中，也必须充分考虑到这些因素。这些因素包括安全因素、平台性能因素、地形因素、气象因素等。

安全因素是无人机执行航测任务首要考虑的因素，影响安全飞行的因素有很多，比如禁飞区、航线上的障碍物、险恶地形等，在任务规划过程中，应尽量避开这些区域。

飞行区域内的气象因素也将影响任务安全，应充分考虑大风、雨雪等复杂气象下的气象预测与应对机制。

无人机平台的性能会直接约束测绘任务的规划，无人机在规划的航线上飞行，不能超越其自身平台的飞行性能，航线规划要考虑测区的形状，尽量能平行于较长的边飞行，每条航线拍摄较多的影像，以减少飞机掉头的次数。地形因素对航线规划有着很大的影响。首先，如果测区内地形起伏高差较大，一次飞行无法兼顾不同高度处的分辨率和重叠率，一般会采用分区飞行的方法，分别进行航线规划。在对航摄区域进行分区时，除了要求所有分区能完全覆盖整个摄区外，还要求每个分区内地形高差不应大于 1/6 摄影航高，且单个分区的跨度尽量大。每个分区基准面取该分区的平均高差。其次，要考虑任务航线上的地形起伏和高大建筑物，给无人机足够的安全高度，避免撞山或撞楼等事故。空气能见度会影响成像质量，在满足其他要求的情况下，可以使用较短焦距相机，尽量压低飞行高度，以获得更清晰的影像。

此外，风向会影响影像旋角，最好能迎着风飞行，减小旋角。

10.3.3　无人机航摄飞行

　　无人机摄影测量任务规划完毕之后，下一步就是到现场执行航摄飞行任务，以获取影像数据和其他辅助数据。无人机是个复杂的系统，外场航摄飞行是整个无人机测绘任务中难度最大、成本最高、最危险的环节，对无人机航摄飞行机组成员要求非常高，需要他们具备丰富的经验，科学、认真、细致执行操作规范，并应对各类突发事件。因此，我们有必要了解无人机飞行流程以及应该注意的事项，并掌握数据获取的关键技术。

　　无人机外场航摄飞行作业，一般都遵循以下流程，详细流程参见图 10-10。

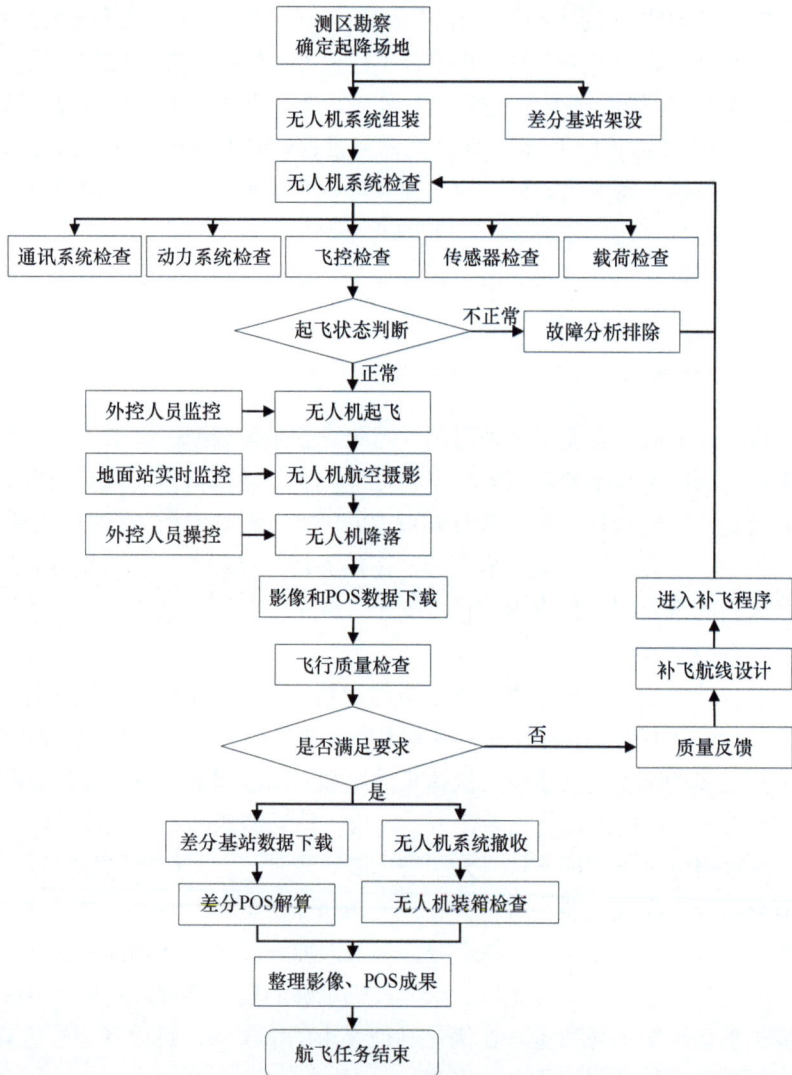

图 10-10　无人机航摄飞行流程

（1）测区勘察，确定起降场地。确定飞行任务和范围，并现场勘察，寻找起飞场地，并观察风向和天气情况。起飞点通常事先在室内卫星影像上进行预选，实地考察后再精选，要求距离测区较近，现场比较平坦，无电线，高层建筑，手机信号塔等，并提前确定好航摄架次及顺序。

（2）无人机系统组装，差分基站架设。选定起降场地后，即可进行无人机系统的组装，架设电台天线。无人机系统组装要严格按照无人机操作规范，避免器件损坏或者操作错误。根据无人机的发射方式，安装发射机构。如果无人机系统携带差分模块，可以在起飞点附近寻找安全、稳定的地方，架设差分基站。

（3）无人机系统检查。设备安装过程的同时，需要对无人机外观、连接机构进行仔细检查。组装完毕后，需要通电对整个无人机系统各个分系统进行检查。包括通信系统检查、动力系统检查、飞控检查、传感器检查、载荷检查等，确保无人机各个系统工作在正常状态，检查无误后，机长判断起飞状态。如未达到起飞状态，则需要故障排除，并重新检查。

（4）无人机起飞。各系统检查正常后，可以进入起飞程序。目前，无人机通常是自主起飞，但为了保证安全，外控人员需要在起飞过程中，观察无人机飞行状态，如遇到不正常的紧急情况，迅速切换手动模式，接管无人机控制，并降落确保安全。

（5）无人机航空摄影。无人机正常起飞后，会在起飞点附件盘旋到预设航高，然后会根据航线设计，进入测区航线飞行进行航空摄影。此时，需要地面站监控员随时通过地面站观察飞机各项遥测数据，报告飞行高度，分析无人机运行状态。如果发现无人机运行不正常，可随时通过地面站，让无人机返航，并进入应急处置程序。

（6）无人机降落。当测区航摄任务完成，无人机会自动返航，盘旋降低高度，并进入降落程序。无人机降落回收过程根据回收方式的难易，危险系数也较高。如果采用滑降方式，需要外控人员具有较高的操控技巧，并且需要较宽阔的净空；如果采用伞降回收方式，对于掌握开伞时机也是一个挑战，需要根据风向风速，掌握好开伞的高度和位置，以免开伞后被风吹跑，或者挂于树上或者落入水中。

（7）影像和 POS 数据下载。无人机安全降落后，需要检查相机影像获取是否正常，下载拷贝影像数据。同时，下载飞控上的曝光时刻 GPS 位置和姿态数据（POS 数据），检查影像的数量和 POS 数据记录的数量是否一致，如果不一致，则出现相机漏拍或者 POS 数据漏记的现象，会给影像和 POS 记录直接的对应带来麻烦。

（8）飞行质量检查。飞行质量检查是很关键的一个步骤，可以利用 Agisoft metashape 或者 pix4DMapper 等软件，对影像进行快速自由网空三处理，生成报告，查看影像重叠度，并确认自由网空三后，整个测区没有空洞，如果重叠率明显不够，或者测区出现空洞现象，说明航线规划有问题，一般需要重新规划航线，进行补飞。

（9）数据整理与撤收。当飞行质量检查合格后，下载机载差分模块的 GNSS 原始观测数据。这时，无人机系统就可以撤收装箱。同时，对影像数据和 POS 数据进行整理。量取基站天线高，并用 RTK 测出基站位置的精确坐标。下载差分基站上的导航原始数据，并进行曝光位置的差分解算，获得高精度曝光时刻相机的位置。

10.3.4　无人机影像控制点布设与测量[9]

在无人机摄影测量作业中,根据测区地形环境的不同,一般有两种影像控制点布设方案,分别是在航飞之前布设控制点和在航飞之后布设控制点。对于山区或者地面标志物较少的地区,没有明显的特征点,所以需要在航飞之前布设像控点。对于建筑密集的城市,有明显的特征点,则可以在飞行之后布设控制点。外业控制点的选择和布设直接关系到影像的最终影像匹配精度,所以遵从控制点的布设原则,保证控制点的布设密度,选择合适的控制点位是外业控制点布设的几个基本要求。根据无人机航测的特点,我们可以按照以下原则对其进行布设控制点。

1)全局控制、分布均匀

由于控制点本身以及测量过程中,都会引入误差,因此,要做到控制点能对整个测区的平面和高程进行有效的控制,像控点一般根据测区范围统一布点,应均匀、立体地布设在测区范围内。必须做到在平面和高程两个方向上做到整体控制,并且均匀分布。控制点集中在平面位置的某一侧,或者控制点高程高差分布不均匀,都不可取。如图 10-11 所示。

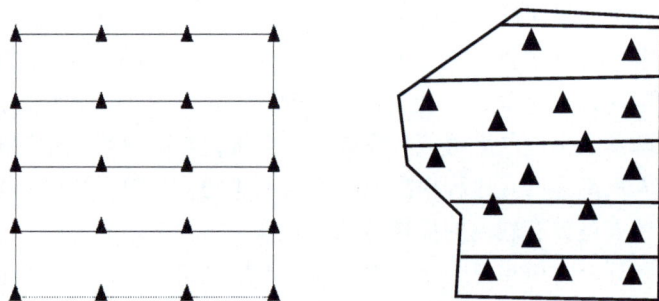

图 10-11　控制点均匀分布

区域网的周边,凸角转折处、凹角转折处需要布设控制点。控制点之间的跨度要能满足空中三角测量的精度要求。布设控制点应在首末航带布设两个控制点,并且控制点要尽量靠近像主点的直线上,相互偏差一般不超过 0.5 条基线,个别最大也不要超过 1 条基线。按照项目需要可选择间隔基线数来布设控制点,要求较低时可适当放宽。生产 1∶1000 正射影像的影像控制点布点可参照表 10-1 执行[8]。

表 10-1　布点对照表

影像控制点	平地		备注
平高控制点	航向跨度(基线)		8~10
	旁向跨度(航线)		4~6
高程控制点	航向跨度(基线)		8~10
	旁向跨度(航线)		2~4

当然，均匀分布是相对的，选点的时候，要根据区域内实际情况，做到尽量均匀的对测区内各个区域进行有效控制。根据经验，在无人机航测中，针对不同的测量任务，影像控制点的密度也可以参照表 10-2[9]。

表 10-2　不同航测任务像控点密度对照表

影像分辨率/cm	像控点密度/（m/个）	项目类型
1.5	100～200	地籍高精度测量
2	200～300	1：500 地形图测量
3	300～500	1：1000 地形图测量
5	500	常规规划测量设计

2）清晰可辨、定位准确

影像控制点除了点位在野外能定位和测量，还要求该点在影像上同样也能识别和定位。这是在室内通过影像进行控制点量测的基础。影像上的模糊、弧形地物、阴影、反差小、不能确定精确位置的地物等不能选作像控点。因此，控制点多选择线状地物交点和地物拐角上。不同分辨率的影像地物识别能力不同，一般地物需要在影像上能成 3 个像素的像，还必须和背景的色彩有反差。

在测区范围内有等级道路时，尽量选择道路路面上的交通指示。如地面上前进方向标示的箭头、限速数字尖点与拐点、拐弯箭头、过街斑马线拐角等，如图 10-12 所示；测区内有房屋，建议优先选择平顶房房角或围墙角，并且最好选择航摄影像上没有阴影的房角。当测区范围内，可识别的地物稀少时，建议优先选择水渠的分水口、桥、闸、涵等水工建筑物拐角或中点。

图 10-12　适合作影像控制点的特征

如测区内是山地、沙漠、戈壁、草原等很难找到合适的地物点时，可以考虑人工布点的方式。如图 10-13 所示，采用涂抹油漆或者撒白色石灰选择在地面上绘制十字和外接圆，要求圆的直径为分辨率的 5～10 倍为宜，线宽为分辨率的 1～2 倍，以便于在图片上可以识别和定位。

图 10-13　人工布点样式

3）对空开阔、便于测量

选取的控制点应该选择开阔地带、避免受到树木、房屋的遮挡，尽可能多的无人机影像能够对该地物进行成像。靠近房屋、靠近高大树木的地面点都不可取。根据成图精度或者应用需求，控制点需要较高的精度，精度通常为空三检查点要求的精度的 1/5 以内，并且所有控制点精度要求一致。例如，要求 1∶500 空三精度如果要求在 15cm 以内，则控制点精度要求在 3cm 左右。地物的选取应该能够方便进行仪器测量，如人员无法到达、危险的区域无法作为控制点。

4）多片覆盖、不靠边缘

控制点选择在尽量有多影像覆盖的区域，将提高控制点的控制效果。一般选择 5 片以上重叠区域；小于 2 幅影像覆盖的区域，如测区边缘（到影像边缘不小于 150 像素）不宜选作控制点。

5）任务引导、因地制宜

以上介绍的控制点选取原则是一般原则，我们需要根据任务对精度的要求、实际测区地形地貌状况，因地制宜地在作业效率和精度之间寻找最佳布设方案。

10.3.5　无人机摄影测量内业处理

无人机摄影测量内业处理主要包括以下几个步骤，如图 10-14 所示。

输入数据包括无人机影像、影像位置姿态（POS）数据、控制点（ground control point, GCP）数据，以及相机参数。这些参数除了影像外，都不是必需的，不同的输入条件，得到结果的精度不同。如果对成果要求不高，在有 POS 数据的情况下，可以不需要控制点数据和相机参数。目前，无人机大多具备差分定位能力，外方位元素获取精度可以达到厘米级，实验表明，在差分 POS 支持下，不需要地面控制点在平面上也可以获得符合规范要求的精度。

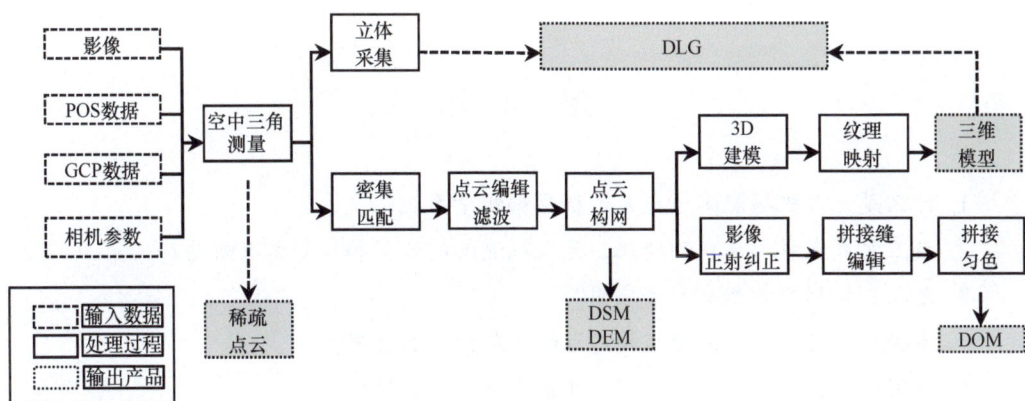

图 10-14　无人机摄影测量内业处理流程

空中三角测量环节需要在每幅影像上提取一定数量的特征点，并利用特征匹配技术，在序列影像上寻找同名像点，并人工对影像控制点进行刺点，最后利用光束法平差获得全局最优的影像外方位元素和连接点坐标，连接点的物方坐标构成稀疏点云。

当对空中三角测量进行质量检查通过后，即可进行立体采集，获得数字线划图。或者进行逐像素密集匹配，生成稠密的三维原始点云，经过点云编辑或者滤波之后，获得密集点云成果。密集点云经过构网和处理可得到 DSM/DEM[12][13]。

在密集点云的基础上，如果要构建三维模型，则进行 3D 建模纹理映射等步骤，获得三维模型。如果要生成正射影像图，则在密集点云或者 DSM 的基础上，对每幅影像进行正射纠正，然后拼接匀色，最终获得正射影像图。

目前，对于大比例尺（如 1∶500）测图任务，利用无人机倾斜摄影模型在三维环境下进行测图也是一个常用的生产线划图的方法，如图 10-15 所示。这种方法和立体测图比，不需要专门的立体显示和观察设备，可以裸眼进行 3D 测图。

图 10-15　倾斜摄影三维模型测图

思 考 题

1. 什么是无人机摄影测量与无人机摄影测量系统？
2. 与卫星或者载人遥感测绘比，无人机测绘的优势和劣势都有哪些？
3. 无人机摄影测量都有哪些应用？
4. 齐次坐标在相机成像模型构建过程中起到什么作用？
5. 请写出利用齐次坐标推导理想相机成像模型的过程。
6. 无人机摄影测量技术设计书都包含哪些内容？
7. 写出无人机摄影测量航线规划和传统航空摄影的区别并说明原因。
8. 无人机航摄飞行流程都包含哪些步骤？
9. 无人机像片控制点布设的原则有哪些？

本章参考文献

[1] 段延松. 无人机测绘生产[M]. 武汉: 武汉大学出版社, 2019.
[2] 王冬梅. 无人机测绘技术[M]. 武汉: 武汉大学出版社, 2020.
[3] 远洋航空教材编写委员会. 无人机原理与气象环境[M]. 北京: 北京航空航天大学出版社, 2020.
[4] 杨浩. 城堡里学无人机原理、系统与实现[M]. 北京: 机械工业出版社, 2017.
[5] 程小六. 视觉惯性 SLAM: 理论与源码解析[M]. 武汉: 电子工业出版社, 2023.
[6] 高翔, 张涛, 颜沁睿, 等. 视觉 SLAM 十四讲: 从理论到实践[M]. 武汉: 电子工业出版社, 2017.
[7] 王祥, 张永军, 黄山, 等. 旋转多基线摄影光束法平差法方程矩阵带宽优化[J]. 测绘学报, 2016, 45(2): 170-177.
[8] 单杰. 光束法平差简史与概要[J]. 武汉大学学报·信息科学版, 2018, 43(12): 1797-1810.
[9] 《1:500、1:1000、1:2000 地形图航空摄影测量外业规范》(GB/T 7931～2008).
[10] 《1:500、1:1000、1:2000 地形图航空摄影规范》(GB/T 6962—2005).
[11] 《低空数字航空摄影规范》（CH/Z 3005—2010）.
[12] 《1:500、1:1000、1:2000 地形图航空摄影测量内业规范》(GB/T 7930—2008).
[13] 《数字测绘成果质量要求》(GB/T 17941—2008).

第 11 章　雷达摄影测量

11.1　雷达摄影测量的定义及特点

11.1.1　雷达摄影测量的定义

雷达是"无线电测距与探测"（radio detection and ranging）的缩写 Radar 的译音，它的工作波段为电磁波谱的射频与微波，波长范围为 1mm～10m，频率范围 300～300000MHz。

雷达摄影测量（radargrammetry）是对雷达成像传感器获取的影像信息进行加工、处理和分析，获取被测目标的形状、大小、地理坐标和属性等有价值信息的理论和技术，是摄影测量重要分支之一，与光学摄影测量互为补充。可以说雷达摄影测量是雷达成像技术与摄影测量技术相结合的产物，它伴随着雷达成像系统的发展而发展[1]。

与光学成像机理完全不同，雷达摄影是一种主动成像技术，即雷达传感器发射雷达波至地物目标，地物目标反射雷达波信号至雷达传感器，雷达传感器最终接收到的数据是地物反射回来的雷达波强度和方位角点间的空间距离，其本质是一个距离测量系统。

雷达摄影测量包括雷达影像目标定位和雷达影像测图等内容[2]。利用雷达影像的像点坐标和飞行平台的有关数据，根据雷达影像成像模型，测定目标点的几何位置，称为雷达影像目标定位。利用雷达影像测绘地形图、生成数字地面模型和制作雷达正射影像图的理论和方法，称为雷达影像测图。

雷达摄影测量的使用的传感器包括真实孔径雷达（real aperture radar，RAR）和合成孔径雷达（synthetic aperture radar，SAR）两种类型。真实孔径雷达由于天线孔径、波长、脉冲宽度、作用距离等因素的限制，难以获得高分辨率的雷达影像。合成孔径雷达综合运用合成孔径、脉冲压缩和相干成像等技术，可以获取高分辨率影像。当前在摄影测量中通常使用合成孔径传感器，本章介绍的雷达摄影测量通常指合成孔径雷达（SAR）摄影测量。

11.1.2　雷达摄影测量的特点

与光学摄影测量相比，雷达摄影测量全天候、全天时工作能力，穿透能力强，分辨率与成像距离无关等优点[3]，具体如下：

（1）雷达摄影测量的全天候、全天时工作能力。电磁波在大气中传输时，因大气的吸收和散射作用会导致电磁波强度的衰减。对微波段辐射产生吸收作用的主要成分是大气中的氧气和水蒸气，吸收作用的强弱与电磁波波长有关，因此可以通过选择电磁波波长，以减少大气吸收而引起的衰减。大气散射的性质与强度取决于大气分子或微粒的半径与电磁波的波长。由半径大于 1/10 波长的微粒引起的散射称米氏散射（Mie scattering），其散射强度与波长几乎无关。由半径小于 1/10 波长的微粒引起的散射称瑞利散射（Rayleigh scattering），其散射强度与波长的 4 次方成反比。瑞利散射属于选择性散射，对短波辐射的散射很强，对长波辐射的散射较弱。由于微波波长是可见光的 10^5 倍，大气中的瑞利散射对可见光影响较大，而对微波的影响可以忽略不计。因此，微波能够一定程度上穿透云雾，具有全天候工作能力。

此外，雷达传感器是一种主动微波遥感系统，雷达天线发射探测用的微波并接受地物目标的回波，与太阳辐射无关，因此雷达遥感可以昼夜工作，具有全天时的特点。

（2）雷达波对地物具有一定的穿透能力。雷达波到达介质表面，一部分能量被表面散射，一部分能量能够进入介质内部，因此，对于天然植被、人工伪装和地表层的土壤，雷达波具有一定程度的穿透能力。雷达遥感可用于测量地面的许多特征，如土壤湿度、雪被深度和地质构造等，同时也是揭露军事目标和设施伪装的有效手段。1981年美国哥伦比亚航天飞利用搭载的 L 波段成像雷达 SIR-A 拍摄了埃及和苏丹西部的沙漠地区的雷达影像，从影像上可以观察到埋在沙土下 1m 甚至几米深处的古河道和其他地质特征。1984 年利用海洋卫星雷达对美国西部莫哈韦沙漠的分析，发现了被冲积扇埋藏的岩墙。我国利用 SIR-A 雷达影像开展内蒙古阿拉坦敖包的地质研究，发现表面平滑的沙层地带在影像上清晰呈现一亮回波体，经实地验证，发现该亮回波体所对应区域的沙层在 1m 左右深处存在岩石。这些都是利用雷达波的穿透能力进行地质探测的实例。

（3）雷达影像能与光学影像实现信息互补。光学遥感（可见光，近红外和短波红外）影像是地物目标对太阳辐射的反射能量的记录，穿透能力较差，基本不存在体散射，因而光学遥感影像反映的地物目标特征信息比较单一。雷达遥感影像的成像机理与光学遥感影像的成像机理有着本质上的不同，雷达遥感影像所记录与表达的是地物目标对某种波长雷达信号的散射回波在一定极化方向上的能量大小。雷达影像的色调和纹理与雷达系统工作参数（波长、入射角、极化方式等）参数和所摄目标的地域参数（如粗糙度、介电常数、线性地物的排列方向等）有关。同时雷达波具有较强的穿透能力，会产生体散射效应。例如雷达波束照射森林，就会经过多个平面多路径反射产生最后的雷达回波，森林回波的一部分就是波束从叶子到细枝，可能再回到树干然后返回雷达的能量所构成。因此，雷达遥感影像可以记录不同于光学影像的地物目标信息，将雷达遥感影像与光学遥感影像相融合，有利于地物目标的解译。

（4）雷达影像的分辨率与物距无关。光学影像的分辨率与成像物距成反比，卫星遥感系统的平台高度通常在几百公里至几千公里之间，航天光学遥感影像受到遥感平台高度的制约，想要提高成像分辨率较为困难。但合成孔径雷达的成像分辨率仅与波长和孔径大小有关，不受平台高度的影响，有利于获取高分辨率的航天雷达影像。

虽然雷达摄影测量具有上述光学摄影测量不具备的优点，但由于雷达影像是距离投影，影像的几何性质与光学影像具有较大差别，且影像上没有色彩信息，这给影像的解译和制图都带来了较大的困难。

11.2　侧视雷达成像原理

侧视雷达系统利用安装在与平台行进方向相垂直的一侧或两侧的雷达天线发射微波信号，然后以影像的形式记录从观测目标返回的后向散射波信号，从而获得目标的影像。

雷达影像的 y 轴方向是距离向，与雷达波发射方向一致，按反射脉冲返回的先后顺序记录像点；x 轴方向是方位向，与平台行进方向一致，通过平台行进时扫描面在地表的移动，按平台行进的时序记录像点。如图 11-1 所示，在雷达波的一个扫描行内有 3 个地面点 A、B、C，按照与雷达天线的距离远近依次成像于 a、b、c，3 个像点的 x 坐标相等。距离向扫描和方位向扫描共同构成一幅二维雷达影像。

侧视雷达分为真实孔径雷达和合成孔径雷达。

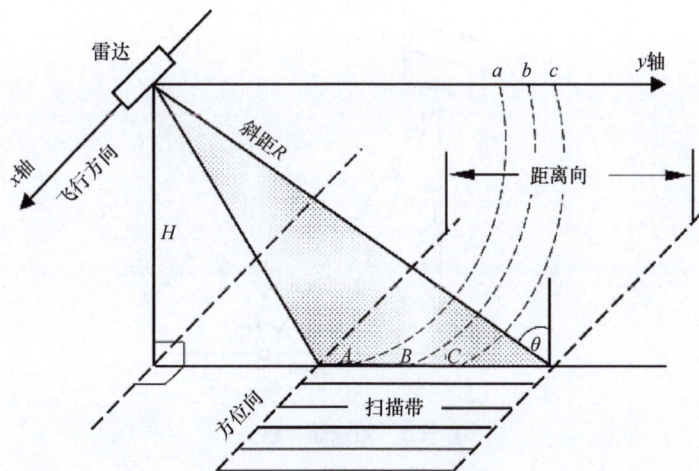

图 11-1　雷达扫描成像原理

11.2.1　真实孔径雷达

真实孔径雷达的孔径由天线发射的实际波束宽度决定。

雷达影像是由距离向扫描和方位向扫描共同形成，因此雷达影像分辨率分为距离向分辨率和方位向分辨率。距离向分辨率是在脉冲发射的方向（距离向）上能分辨两个目标的最小距离。方位向分辨率是在与雷达波束垂直方向（方位向）上相邻的两束脉冲之间能够分辨两个目标的最新距离。两种分辨率之间互不相关。

1. 距离向分辨率

距离向分辨率可分为斜距分辨率和地距分辨率。斜距是指天线相位中心至目标的直线距离，地距则是斜距在水平方向的分量。斜距分辨率是区分斜距上两个目标的能力，取决于雷达接收机在时间上区分两个目标回波的能力。真实孔径侧视雷达的时间分辨率是发射脉冲宽度 τ。如图 11-2 所示，设雷达天线相位中心与地面两个目标的距离分别为 R_1、R_2，距离差 $\Delta R_S = R_2 - R_1$，则电磁波从发射天线到达两目标的往返时间分别为 t_1、t_2，有

$$\left.\begin{array}{l} t_1 = \dfrac{2R_1}{c} \\[2mm] t_2 = \dfrac{2(R_1 + \Delta R_S)}{c} \\[2mm] \Delta t = t_2 - t_1 = \dfrac{2\Delta R_S}{c} \end{array}\right\} \tag{11-1}$$

式中，c 是光速。

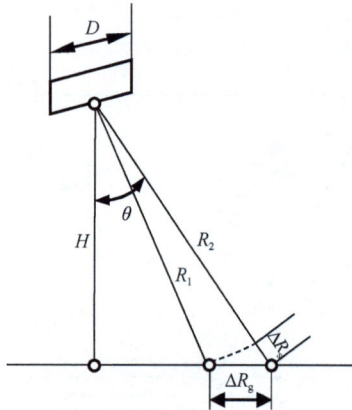

图 11-2　距离向分辨率

要区分斜距上两个目标，则两个目标的发射脉冲不能重叠。雷达系统能分辨不同信号的最小时间是脉冲宽度 τ，故 $\Delta t = \tau$，因此斜距分辨率 ρ_s 为

$$\rho_s = \frac{1}{2}c\tau \tag{11-2}$$

地距分辨率 ρ_g 为

$$\rho_g = \frac{c\tau}{2\sin\theta} \qquad (11\text{-}3)$$

式中，θ 为入射角，平坦地区称为侧视角。

分析式（11-3）可知，地距分辨率 ρ_g 与脉冲宽度 τ 和波束侧视角 θ 有关，减小脉冲宽度和增大侧视角可提高地距分辨率。但脉冲宽度过窄，雷达电磁波能量太小，不利于探测。侧视角 θ 越小，离地底点越远，分辨率越高。所以用于航空航天遥感的成像雷达，其天线波束指向侧方。

2. 方位向分辨率

在方位向上，如果要区分两个目标，则该两个目标不能位于同一波束内。因此，方位向分辨率是指相邻两束脉冲之间能分辨两个目标的最小距离。根据天线理论，当天线孔径 D 照射为均匀分布时，其波束角 β 和天线孔径 D 之间的关系为 $\beta = \lambda / D$，所以方位向分辨率 ρ_α 的计算公式如下

$$\rho_\alpha = \beta R = \frac{\lambda}{D}R = \frac{\lambda H}{D\cos\theta} \qquad (11\text{-}4)$$

式中，R 是天线相位中心至目标的斜距，H 是航高，θ 是侧视角，λ 是波长。

分析式（11-4）可知，方位向分辨率与波长 λ 和观测距离 R 成正比，与天线孔径 D 成反比。因此，采用波长较短的电磁波，增大天线孔径，缩短成像距离，可提高方位向分辨率。如用 L 波段雷达观测距离为 200km 的目标时，如果要得到 25m 的方位向分辨率，则孔径 D 要达到 2km。显然，如此大孔径的雷达天线是不可能被搭载到飞行平台上的，于是诞生了合成孔径雷达的概念。

11.2.2 合成孔径雷达

合成孔径雷达的概念诞生于 20 世纪 50 年代。1951 年，美国 Goodyear Aerospace 公司的 Carl Wiley 发现，通过对多普勒频移进行处理，可以改善方雷达的位向分辨率，于是提出了通过信号分析技术构建等效长天线的合成孔径雷达概念[4]。1952 年，第一个实用化的合成孔径雷达系统研制成功，并于 1953 年获取了第一幅机载合成孔径雷达影像。

SAR 与 RAR 有许多相似之处，主要的差别是 SAR 利用了合成孔径原理来改善方位向的分辨率，解决了方位向分辨率受天线长度、飞行高度制约的问题。如图 11-3 所示，SAR 的基本原理是利用一个孔径为 D 的小天线作为发射与接收单元，当平台沿直线匀速运动时，按一定时间间隔在经过的 n 个位置点上依次发射信号，并接收来自目标的回波信号，储存其相位和幅度。在合成孔径时间内，将储存的信号进行相干叠加处理后，影像的分辨率便可与有效孔径为 $L_s = nD$ 的天线所获取影像的分辨率一致。这种经过算法叠加处理后的等效孔径雷达就称为合成孔径雷达。

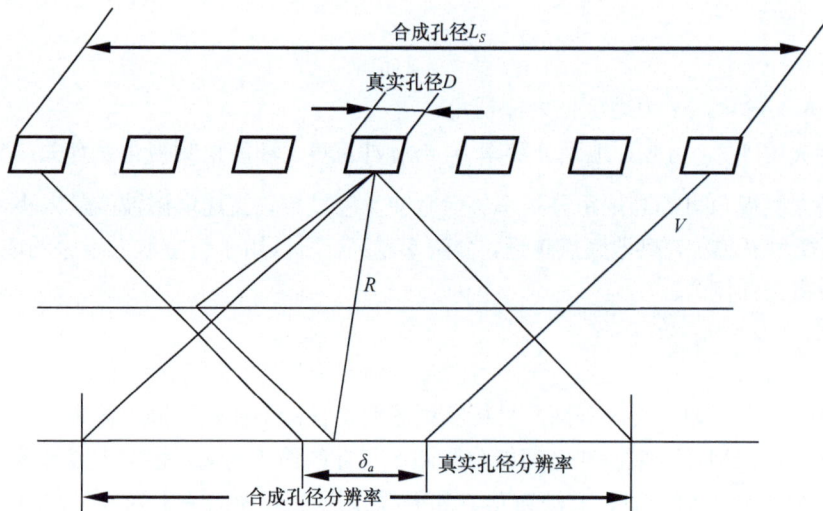

图 11-3　合成孔径雷达的原理

　　合成孔径 L_S 的最大值取决于天线运动过程中所能接收到的来自同一目标单元的回波信号的最大作用范围，它等于真实小天线的波束所能覆盖的最大范围，即 $L_S = \lambda R / D$ [5]。

　　合成孔径可分为聚焦型合成孔径和非聚焦型合成孔径两种方法。聚焦型合成孔径方法是将接收信号加以相位校正，使这些信号对于给定目标而言同向地叠加在一起；非聚焦型合成孔径方法则是对接收信号不加以相位校正而直接叠加 [2]。以聚焦型合成孔径雷达为例说明其距离向分辨率和方位向分辨率如下。

　　（1）距离向分辨率。SAR 的距离向分辨率与 RAR 距离向分辨率一致。但由于 RAR 一般使用短脉冲来提高距离向分辨率，而 SAR 通常用带宽为 B 的线性调频脉冲来实现作用距离方向上的高分辨率，不需要缩短脉冲宽度来提高分辨率。对于线性调频信号，可通过脉冲压缩得到 $1/B$ 的时间分辨率。因此，SAR 的距离向斜距分辨率 δ_s 和地距分辨率 δ_g 表示为

$$\delta_s = \frac{1}{2}c\tau = \frac{c}{2B} \tag{11-5}$$

$$\delta_g = \frac{c\tau}{2\sin\theta} = \frac{c}{2B\sin\theta} \tag{11-6}$$

　　（2）方位向分辨率。如图 11-3 所示，利用合成孔径技术后，天线长度等效于 L_S：

$$L_S = R\frac{\lambda}{D} \tag{11-7}$$

　　由于 SAR 天线是由同一个发射单元在一定时间序列上组合而成的"虚拟线阵"天线，因此并不是像实际线阵天线那样同时收发雷达信号，而是按时间序列依次发和收，各单元的之间的相位差是发、收的双程距离差引起的。对于等效长度为 L_S 的合成天线，双程距离差导致的波束宽度为

$$\frac{\lambda}{2L_S} = \frac{D}{2R} \tag{11-8}$$

对应的地面方位向分辨率为

$$\delta_\alpha = \frac{\lambda}{2L_S}R = \frac{D}{2} \tag{11-9}$$

分析式（11-9）可知，SAR 的方位向分辨率与距离 R 和 λ 无关，与平台高度无关，这对于平台高度在几百公里左右的航天摄影测量具有重要意义。从公式中还可以看出，方位向的理论分辨率是雷达天线真实孔径长度的一半，所以真实孔径越小，方位向分辨率越高。由于实际的 SAR 系统存在各种相位误差，实际成像时并达不到理论分辨率。且由于式（11-9）是一定范围内的近似公式，超过这个范围公式不再适用，因此只能说在一定范围内缩小天线尺寸可以提高方位向分辨率，但并不是无限缩小天线尺寸就能无限提高方位向分辨率。

11.3　雷达影像的特性

雷达影像是地面点在像平面的距离投影，像素值记录的是雷达天线接收到的从地面点返回的微波信号散射强度。图 11-4 是同一地区的雷达影像和光学影像的对比，从图中可以看到，由于投影方式和成像机理的不同，雷达影像与光学影像在辐射特性和几何特性上都存在很大的差异。了解雷达影像的辐射和几何特性，是实现高精度摄影测量的基础。

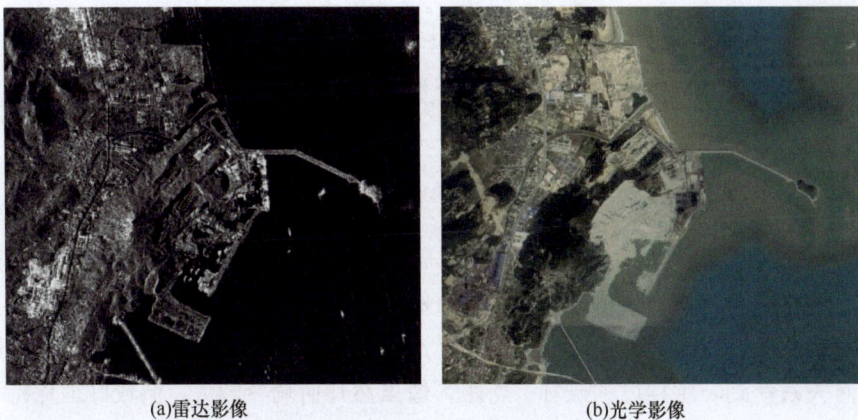

(a)雷达影像　　　　　　　　　　　　(b)光学影像

图 11-4　雷达影像和光学影像的对比

11.3.1　显示模式

雷达影像按照显示模式可以分为地距影像和斜距影像。如图 11-5 所示，地距影像通过地距投影（地物目标之间的地面距离在像平面上投影）得到，斜距影像通过斜距投影（地物目标之间沿天线相位中心至地物目标方向上的斜距在像面上的投影）得到。

设雷达系统飞行平台的高度为 H，雷达天线相位中心为 s，R_0 为近距扫描延迟，某一地物目标 P 的斜距为 R_s，地距为 R_g，俯角（SA 与水平面的夹角）为 β。从图中可得到如下几何关系式：

$$\left.\begin{array}{l} R_g = \sqrt{R_s^2 - H^2} \\ R_g = R_s \cos\beta \end{array}\right\} \qquad (11\text{-}10)$$

分析式（11-10）可知，地距与斜距之间是非线性转换关系，在地距显示成像时，需要加入延时补偿，才能实现斜距显示向地距显示的非线性转换。

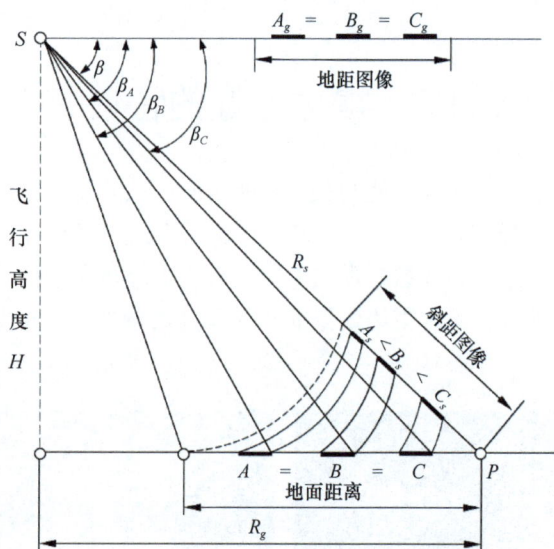

图 11-5　雷达影像的投影方式和近距压缩

要将斜距 R_s 转变为地距 R_g，平坦地区需要知道俯角 β 或飞行高度 H，山地或丘陵地区需要知道地物目标点的高程。虽然平坦地区的地距影像能较正确地反映地物目标之间的几何关系，但在山地或丘陵地区，由于地形起伏、叠掩等因素的影响，地距影像的成像几何关系受到一定程度的破坏。斜距影像虽然几何畸变较大，但较好地保持了雷达成像的几何关系，为后续的高精度雷达摄影测量提供了良好的数据源。因此，后续文中的雷达影像均指斜距影像。

11.3.2　辐射特性

雷达影像的灰度值是地物对微波的后向散射在影像上的反映，因此灰度的大小与后

向散射系数 σ_0 紧密相关。影响 σ_0 的因素有雷达系统工作参数和地域参数两类,雷达系统工作参数主要包括工作波长、波束俯角、入射波的极化方向,地域参数主要包括地表粗糙度和地物复介电常数[2]。

1. 雷达波极化方式的影响

电磁波通过在空间中传播电磁场的振动而传播电磁能量,称为电磁辐射。如图 11-6 所示,电磁波是一种横波,电场矢量的振动方向与磁场矢量的振动方向相互垂直,且皆垂直于电磁波的传播方向。电磁辐射会产生偏振现象,在微波波段将偏振称为极化。极化是指电磁波在一个振荡周期内,空间一个给定点上电场强度向量的方向,可分为线极化、圆极化和椭圆极化三种。当随时间变化时,电场强度向量的端点描绘出的轨迹是直线、圆或椭圆时,分别称为线极化、圆极化或椭圆极化,侧视雷达通常使用线极化。以地面作为基准面,线极化按照极化方向又分为水平极化(H)和垂直极化(V)。如图 11-6 所示,电磁波沿轴 Z 传播,YZ 平面平行于地面,若电场矢量沿 Y 轴垂直 YZ 平面而平行于地平面,则称水平极化。若电场矢量沿 X 轴垂直于地平面,则称垂直极化。按照天线发射和接收的雷达波的极化方向,雷达系统的极化组合工作方式包括 HH、HV、VV、VH 四种,如 HH 表示雷达波是水平发射水平接收,HV 表示雷达波是水平发射垂直接收。因为发射和接收的电磁波极化方向相同,HH 和 VV 称为相似偏振;因为发送和接收的电磁波极化方向彼此正交,HV 和 VH 称为交叉极化。

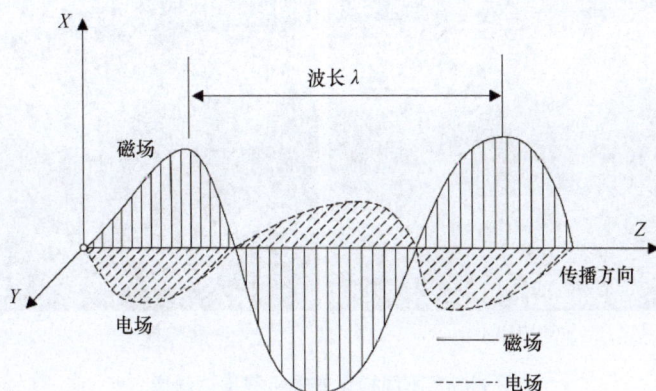

图 11-6　雷达波极化示意图

大多数自然地物对 HH 极化波能产生较强的回波,且不同地物之间的回波信号会有较大差异,使得 HH 极化雷达影像的地表信息丰富,能比较详细地反映地表面的结构,故地形测绘和资源调查多采用 HH 极化方式。在 HV 影像中表面粗糙地物的亮度大于表面光滑地物。当地物表面粗糙(如树木、农作物、耕地等),但回波与俯角无关(地表散射各向同性)时,HH 和 HV 回波基本上没有什么差别。对于河滩、水体等光滑表面,HH 回波比 VV 回波低。对于房屋建筑,HH 的回波通常大于 VV 回波。交叉极化(HV、

VH）比同极化的回波低很多（通常低 8～25dB），例如桥梁在 HH 影像上呈现明显的白色，在 HV 影像上则为深灰色。

如上所述，同一地物对不同极化电磁波的回波强弱不同，生成的影像色调也就不一样，因此不同极化影像具有差异性。利用不同极化影像之间的互补性可增加地物目标的信息量，提高雷达的探测能力，因此多极化工作模式是雷达遥感的发展方向之一。所谓多极化就是雷达系统具有至少两种以上极化方式，如果同时具备 HH、HV、VV、VH 四种极化方式，则称为全极化。图 11-7（a）～（e）是利用无人机对拍摄的某地区不同极化雷达影像，从图中可以看到，不同极化方式的雷达影像存在色调上的差异。

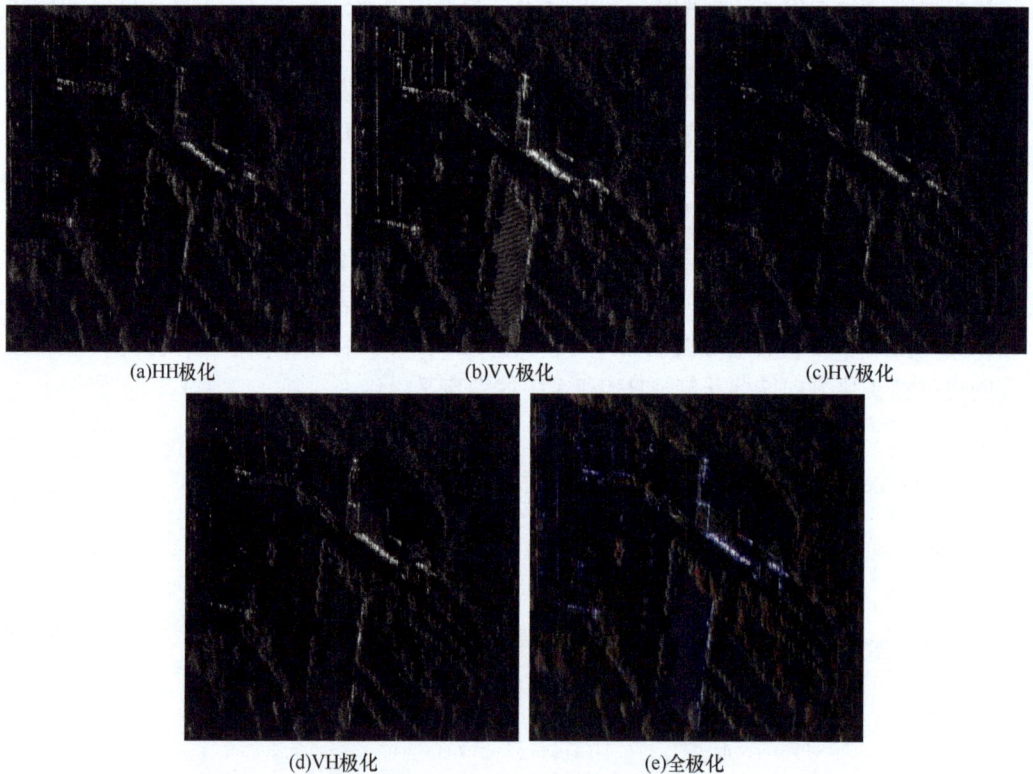

(a)HH极化　　　　　(b)VV极化　　　　　(c)HV极化

(d)VH极化　　　　　(e)全极化

图 11-7　不同极化方式机载雷达影像

2. 复介电常数的影响

复介电常数是描述物体表面电性能的复数介电常数，是确定物体表面反射率和发射率的主要物理量。复介电常数 ε_λ 可以用电容率（介电常数）R 和电导率 K 表示为

$$\varepsilon_\lambda = \frac{R}{\varepsilon_0} - \frac{K}{2\pi f \varepsilon_0} j = \varepsilon_\lambda' - j\varepsilon_\lambda'' \tag{11-11}$$

式中，ε_0 为真空介电常数，f 为频率，$j = \sqrt{-1}$，ε_λ' 是度介电常数的实部，是物体的相

对介电常数，决定着物体储存能量的能力；复数介电常数的虚部 ε_λ'' 反映了电磁波在传输过程中的损耗或衰减，取决于组成物体物质的电导率 K。

复介电常数是决定物体辐射特性的重要物理量，因而会对雷达回波强度产生重要影响。它与单位体积物质的液态含水量几乎呈线性增长关系，即含水量高，则复介电常数就大，其对电磁波的反射率就高，回波就强，影像就亮，但穿透力越小，反之亦然。因此，自然界的地物由于含水量不同导致介电常数也不同，进而影响后向散射系数 σ_0，使其在影像上的亮度产生差异。

通常情况下，在地物目标含水量不变时，频率越高（波长越短），在目标物内能量的衰减也越大，因而穿透力越小；反之亦然。同时，地物含水量越低，雷达波对其穿透力越强，如 X 波段雷达能穿透干燥土壤的深度达到 2m，穿透沙层达到几十米，但只能穿透水面 2～3mm。

3. 地表粗糙度的影响

这里的地表粗糙度是指在一个雷达分辨单元内，地面凹凸不平的程度，也称地表微地形。利用雷达进行地表观测的过程中，地表粗糙度情况对雷达波的后向散射有重要影响，因此地表粗糙度是影响雷达回波强度的最主要因素。

地表粗糙度通常分为光滑、中等粗糙和粗糙三类，所依据的分类原则和分类方法可详见文献[2]。不同粗糙度的表面对雷达波的反射类型不同，如图 11-8 所示。对于雷达探测而言，地表粗糙度是一个相对的参数，不仅与地物表面本身的起伏程度有关，还与雷达波的波长 λ 和俯角 β 有关。如一个地物可能对于长波属于光滑表面，但对于短波时却是粗糙表面。同一地物表面在固定俯角时，对不同的雷达波长可呈现光滑、中等粗糙和粗糙表面三种类型。同样，同一地物表面，在给定雷达波长时，对不同的波束俯角，也呈现出不同粗糙类型。

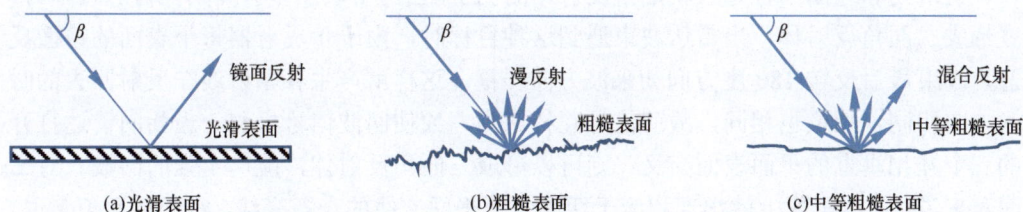

图 11-8 不同粗糙度表面的反射类型

地物表面粗糙度对雷达回波强度影响甚大，因而也对雷达影像辐射特性产生极大影响。光滑表面对雷达波产生镜面反射，即反射角等于入射角[图 11-8（a）]。此时几乎所有的反射能量都集中在以反射波束为中心线的很小的立体角范围内，其他范围几乎没有回波信号。如图 11-9 所示，影像中的机场和水面的色调为黑色。在只有当雷达波束垂直入射地物表面时，才有很强的回波。

图 11-9   光滑地表的成像性质

粗糙表面对雷达产生漫反射，即入射能量以入射点为中心，在整个半球空间内向四周各向同性地反射能量[图 11-8（b）]。此时无论天线俯角如何变化，都可以接收到较强的回波，故粗糙表面在雷达影像上为亮色调。如图 11-9 中，居民地中由于大量建筑物的存在，使得该局部范围内的地表粗糙度大，在影像上就呈现为亮色调。

中等粗糙表面对雷达波产生混合反射，即程度不同的反射和散射入射波能量[图 11-8（c）]，雷达天线可以接收到部分回波，在雷达影像上形成灰色调，如图 11-9 中的植被区域。

4. 硬目标的影响

具有较大散射截面，在雷达影像上呈现一系列亮点或一定形状的亮线的地物目标称为硬目标。如角反射物体，谐振体，金属构件等在高分辨率雷达影像中都属于硬目标。

建筑物和地面结合起来就是角反射体的例子。当两个表面垂直并朝向雷达打开时，就形成二面角反射体。当雷达波束遇到这种目标时，由于角反射器每个表面的镜面反射，波束最后反转 180 度方向朝来波方向传播，这样就产生各条射线在反射回去的时候方向相同，相位也相同，故而信号互相增强，致使回波信号极强。当朝向雷达打开的三个互相垂直的平面表面交叉，则可以形成三面角反射体，能产生强的回波。对二面角来说，雷达影像上就出现相应于两面角两平面交线的一条亮线，对于三面角来说，就在影像上形成相应于三个面交点的一个亮点。如平行于方位向的高压输电线等地物能够在雷达影像上成像，但垂直于方位向的高压输电线则不成像。有些公路在雷达影像上成像为浅色调，是因为公路路面与路旁的行道树构成了二面角反射体，增强了雷达回波信号。

5. 雷达光斑的影响

雷达影像上颗粒状的噪声称为光斑。由于 SAR 是发射相干电磁波，因此各小散射体目标的回波互相也是相干的。在 SAR 影像上的一个像素对应地面一个分辨单元。一个分辨单元对雷达接收机产生的回波，实际上是分辨单元内许多小散射体所产生的回波的矢量和。由于各小散射体相位不同，且随机变化，当它们在一个分辨单元内相加时，有的相位相同，产生强回波，呈现为亮点；有的相位相反，互相抵消，产生回波衰落，而呈现暗色调。由于合成孔径雷达对每个分辨单元只取样一次，因此，在 SAR 影像上就产生了随机分布的光点，即雷达光斑。简言之，雷达光斑是由于用相干信号照射目标时，目标上随机散射面的散射信号之间相互干涉所形成的相干斑点噪声。雷达光斑严重时极大地影响了雷达影像的目标判读性能，甚至会完全掩盖地物特征。

因此，滤除 SAR 影像上的斑点噪声，对改善 SAR 影像的辐射性能具有重要意义。目前滤除斑点噪声的方法包括成像前的多视平滑预处理技术和成像后的去斑点噪声滤波技术，具体方法详见参考文献[2]。

6. 雷达阴影的影响

由于高大地物对雷达波的遮挡，接收不到雷达波的目标自然不会有雷达回波，因而在雷达影像上不成像，出现了暗区，即雷达影像阴影。图 11-10（a）描述了雷达阴影产生的原因，图 11-10（b）中用红色圆圈绘出了雷达影像上的部分阴影区域。

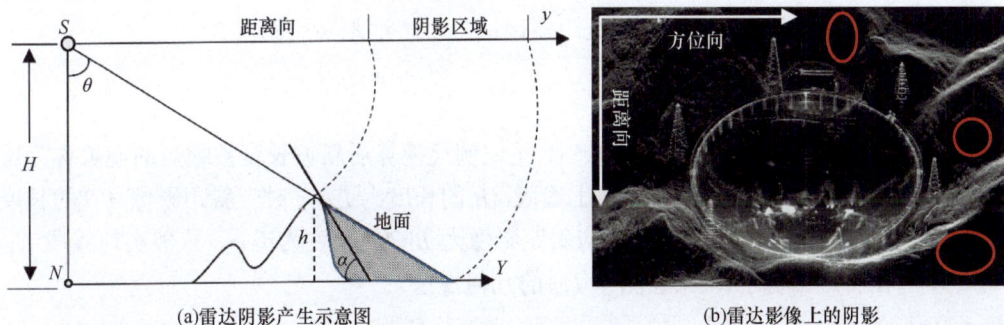

(a)雷达阴影产生示意图　　(b)雷达影像上的阴影

图 11-10　雷达阴影

分析图可知，雷达阴影仅在距离向背离雷达天线的方向出现，当雷达波束侧视角 θ 和背坡坡度角 α 之和大于 $90°$，则产生阴影。雷达影像上阴影的长度与地物的高度 h、雷达波束侧视角 θ，以及背坡坡度角 α 有关。

雷达影像阴影与光学影像阴影不同之处在于：

（1）因为雷达影像记录的是自身发射的雷达波的回波信号，与太阳辐射无关，因此阴影的方向及大小与太阳方位角和高度角无关。

（2）雷达影像上的阴影区域是基本没有回波信号的区域，而光学影像的阴影区域由于大气对太阳光的散射等原因，使得阴影区域虽然色调较暗，但仍然记录到有地物的辐射信息。

11.3.3 几何特性

像上，距离向（y 方向）上是按照从地物目标返回电磁波的先后顺序（与距离相关）来记录像点，方位向（x 方向）上是按照平台飞行的时序记录像点。因此，雷达影像属于距离投影成像，这使得其几何性质与中心投影的光学影像存在巨大差异，造成这些差异的具体因素包括近距离压缩、透视收缩、叠掩等。

1. 近距离压缩

地面上等间距的地物目标在斜距影像上的间距都被缩短，且地距越小缩短程度越大，即近距端要比远距端压缩更大，这种现象就称为近距压缩。

如图 11-5 所示，设平坦地面上有长度均为 L 的地物 A、B、C，即 $A=B=C$，它们的俯角分别为 β_A、β_B、β_C，3 个地物在斜距影像上的投影为 A_S、B_S、C_S，从图中可知，$A_S = L\cos\beta_A$、$B_S = L\cos\beta_B$、$C_S = L\cos\beta_C$，因为 $\dfrac{\pi}{2} > \beta_A > \beta_B > \beta_C > 0$，所以 $A_S < B_S < C_S$。所以在雷达斜距影像上，近距端的地物被压缩，远距端相对于近距端被拉伸。如果俯角变化大，在近距端地物的变形明显，如直线变形为曲线，方形变形为菱形。如果俯角变化较小，则变形不明显。由于近距压缩，斜距影像在距离向上没有统一比例尺，而是随着天线俯角的增大而减少，即近距端比例尺小，远距端比例尺大。

2. 透视收缩

地面上的斜坡在雷达影像上成像后，按比例尺换算后斜坡长度被缩短的现象称为透视收缩。如图 11-11 所示，地面斜坡上线段 AB 的长度为 L_{AB}，对应斜距影像 $A'B'$ 的长度为 $l_{A'B'}$；线段 BC 的长度为 L_{BC}，对应斜距影像为 $B'C'$ 的长度为 $l_{B'C'}$。虽然实地线段 $L_{AB} > L_{BC}$，但在斜距影像上却出现 $l_{B'C'} > l_{A'B'}$ 的几何现象。

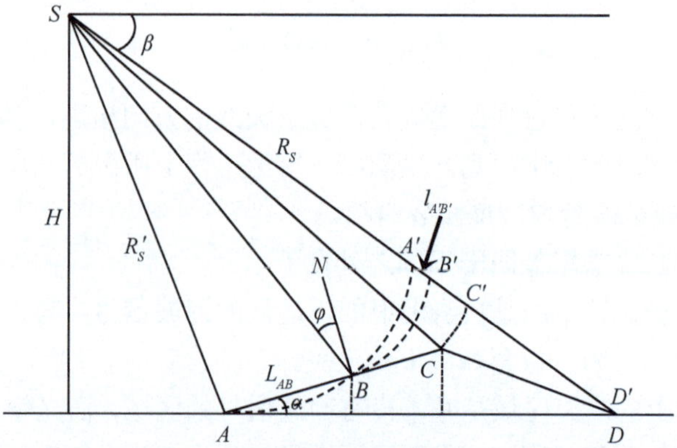

图 11-11 透视收缩

在雷达斜距影像上，斜坡的长度是入射角 φ（雷达波束与反射面法线 N 的夹角）的函数，斜坡 AB 的实地长度 L_{AB} 与斜距影像上的长度 $l_{A'B'}$ 存在如下关系式：

$$l_{A'B'} = L_{AB} \sin \varphi \qquad (11\text{-}12)$$

入射角 φ 是俯角 β 和坡度角 α 的函数，对于朝向雷达波束的坡面（前坡），有

$$\varphi = \pm \left(\frac{\pi}{2} - \alpha - \beta \right) \qquad (11\text{-}13)$$

式中，当波束入射线在入射点处法线下侧时取"＋"，反之取"－"。

对于背向雷达波束的坡面（后坡），有

$$\varphi = \frac{\pi}{2} + \alpha - \beta \qquad (11\text{-}14)$$

分析式（11-12）、式（11-13）和式（11-14），可知透视收缩的特点包括：

（1）仅在距离向出现透视收缩现象。

（2）透视收缩百分比是入射角的函数。入射角的绝对值越小，透视收缩越严重，透视收缩百分比为：$f = (1 - \sin\alpha) \times 100\%$。

（3）当 $\varphi = \pi/2$ 时，$L_{AB} = l_{A'B'}$，即有当雷达波束贴着斜坡入射时，斜坡的影像不产生透视收缩；即 $\varphi = 0$ 时，$l_{A'B'} = 0$，即当雷达波束与斜坡正交时，透视收缩达到最大。

（4）坡度相同时，离近距离端越近，俯角 β 越大，则 φ 角越小，透视收缩越大，如图中的线段 AB 和 BC。

（5）俯角相同时，相同角度的前坡比后坡的透视收缩严重。由于雷达影像的透视收缩是电磁波能量集中的表征，故此时雷达影像上前坡要比后坡亮。

3. 叠掩

在雷达斜距影像上，地面上地距大的目标的影像小于地距小的目标的影像，这种现象称为雷达叠掩，如图所示，地物 AC 的地距大于 AB，但它们在雷达斜距影像上的像 ac 却小于 ab。

产生叠掩现象是因为雷达影像是距离投影，即像点坐标是地物到天线相位中心距离的函数。如图 11-12 所示，山坡顶部 C 点的斜距 R_C 比中下部 B 点的斜距 R_B 小，所以 C 点的回波信号先于 B 点被记录成像，所以像坐标 $y_C < y_B$，从而产生了叠掩现象。

雷达叠掩具有以下特点：

（1）叠掩仅在距离向的前坡出现，后坡没有叠掩。

（2）雷达叠掩严重破坏影像的几何质量。叠掩现象有两种表现形式：表现之一为顶底位移，如山顶点和山底点颠倒显示（图中的 B 点和 C 点）；表现之二为具有相同斜距的不同地物点成像为一个像点，如图 11-12 所示，目标点 C 的地距和 A 点的地距相差较大，但斜距相等，于是 C 点的像点 c 与 A 点的像点 a 重合为一点。

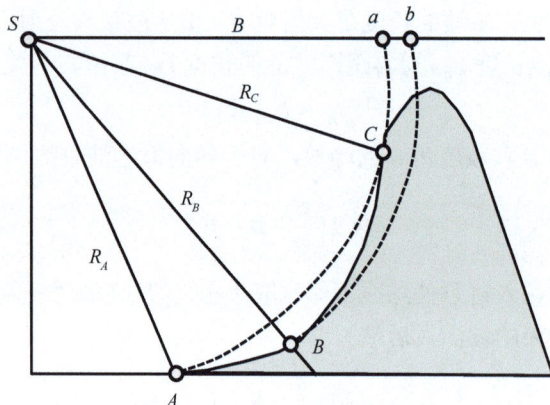

图 11-12　雷达叠掩

（3）叠掩的产生与入射角 φ 有关，而入射角 φ 是俯角 β 和坡度角 α 的函数，根据式（11-10）可知，当 $\alpha+\beta>\pi/2$ 时，$\varphi<0$，便会出现叠掩现象（如图 11-12 所示，电磁波在 C 点的入射角 $\varphi<0$）。因此，当地物目标坡度较大，雷达波束俯角也大时，极易出现叠掩现象。

4. 地形起伏引起的像点移位

光学影像上存在因地形起伏引起的像点移位，即投影误差。雷达影像同样也有投影误差，但几何特性与光学影像有所不同。造成雷达影像投影误差的原因是地形或建筑物等地物顶部的雷达回波先于底部达到雷达天线，产生了向像底点方向的移位（图 11-13）。

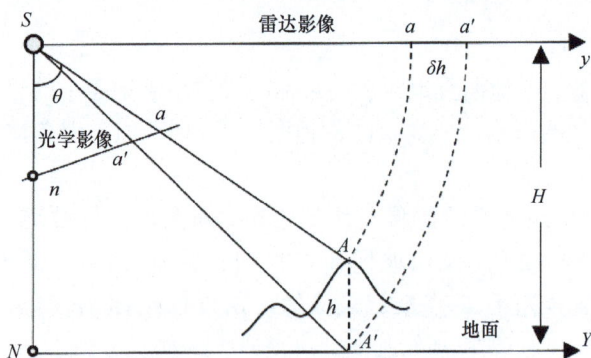

图 11-13　雷达影像投影误差

如图 11-13 所示，S 为雷达天线相位中心，航高为 H，地面点 A 在基准面上的垂直投影点为 A'，A 在雷达斜距影像上的像点为 a，A' 点的斜距影像像点为 a'，$\delta h=aa'$ 为高差 h 引起的像点移位，即投影误差，计算公式如下：

$$\delta h=\frac{h\cos\theta}{m_y} \tag{11-15}$$

式中，m_y 为雷达影像距离向分辨率，θ 为视角。

分析式（11-15）可知，雷达影像仅在距离向上存在投影误差，移位方向与光学影像的投影误差相反，即高程高的点向着底点移位。移位的大小与地物相对于基准面的高差成正比。当高差一样时，移位大小与地物距底点的距离[视角 $H\mathrm{ctan}(\theta)$]成反比，即距底点越远，投影误差越大，与光学影像投影误差随底点辐射距的增大而增大的情况相反。

11.4　雷达影像成像模型

与光学摄影测量一样，成像模型是雷达摄影测量的基础，雷达影像的成像模型主要有：距离–多普勒模型（Range-Doppler model，R-D 模型）、距离–共面模型、G·Konecny 地距投影公式和有理函数模型等[6]。R-D 成像模型符合 SAR 成像的物理意义，在正侧视条件下，它可简化为 F·Leberl 成像模型。G·Konecny 投影公式是借鉴光学影像共线条件方程的成像模型。距离–共面模型是新提出的一种 SAR 影像成像模型，它与距离–多普勒模型具有一定的相通性。有理函数模型作为通用成像模型不仅仅能够用于光学影像，也能用于 SAR 影像。本节重点介绍 R-D 模型及在其基础上简化的 F·Leberl 模型。

11.4.1　距离–多普勒模型

雷达通过侧视成像获取斜距影像，距离–多普勒构像模型根据成像时的距离条件和多普勒频移条件建立了雷达成像瞬间相对严格的物像关系，具有明确的几何和物理意义，符合雷达成像机理。

如图 11-14 所示，设雷达成像传感器平台以瞬时速度矢量 $\vec{V}=\begin{bmatrix}\dot{X}_S & \dot{Y}_S & \dot{Z}_S\end{bmatrix}^{\mathrm{T}}$ 做直线运动（$\dot{X}_S$、$\dot{Y}_S$、$\dot{Z}_S$ 是外方位线元素的一阶变率），同时，雷达天线沿斜侧视方向发射和接收雷达波，进行侧视成像，可得到斜距雷达影像和地距雷达影像。记 S 为天线相位中心，S 到基准面的航高为 H；地面点 A 在物方空间坐标系 D—XYZ 中的坐标为 (X, Y, Z)，在斜距影像上的像坐标为 (x_s, y_s)，在地距影像上的像坐标为 (x_g, y_g)，x 轴为方位向，y 轴为距离向；S 的坐标为 (X_S, Y_S, Z_S)。地面点 (X, Y, Z) 的坐标和像点坐标 (x, y) 之间的关系可用 R-D 成像模型表示，它包括距离条件方程和多普勒频移条件方程。

1. 距离条件方程

如图 11-14 所示，R_0 为近距扫描延迟，r_0 是 R_0 在基准面上的投影，R_S 是 S 到地面点 A 的斜距，m_x 为方位向分辨率，m_y 为距离向分辨率。

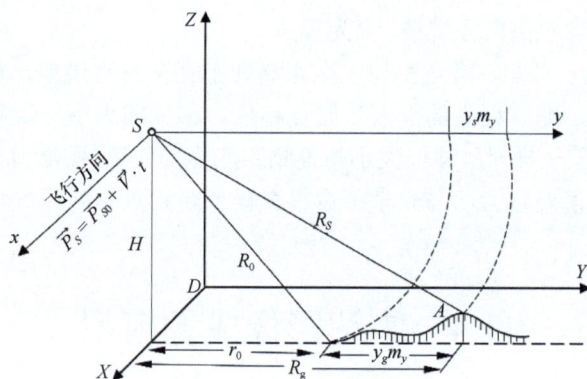

图 11-14 距离–多普勒成像模型

对于斜距显示的影像，有

$$R_S = m_y \cdot y_s + R_0 \tag{11-16}$$

对于地距显示的影像，有

$$R_S = \sqrt{\left(m_y \cdot y_g + r_0\right)^2 + H^2} \tag{11-17}$$

对于斜距显示的影像，可以建立如下的距离条件方程为

$$R_S^2 = (R_0 + m_y \cdot y_s)^2 = (X - X_S)^2 + (Y - Y_S)^2 + (Z - Z_S)^2 \tag{11-18}$$

对于地距显示的影像，其距离条件方程为

$$R_S^2 = (m_y \cdot y_g + r_0)^2 + H^2 = (X - X_S)^2 + (Y - Y_S)^2 + (Z - Z_S)^2 \tag{11-19}$$

因为卫星在轨道空间运行时受大气等空间环境要素的干扰很小，所以 S 的坐标(X_S, Y_S, Z_S)可以近似表达为飞行时间 t 或飞行距离 S_x 的多项式，即

$$\left.\begin{array}{l} X_S = X_{S0} + \dot{X}_S S_x + \ddot{X}_S S_x^2 + \cdots \\ Y_S = Y_{S0} + \dot{Y}_S S_x + \ddot{Y}_S S_x^2 + \cdots \\ Z_S = Z_{S0} + \dot{Z}_S S_x + \ddot{Z}_S S_x^2 + \cdots \\ S_x = x m_x \end{array}\right\} \tag{11-20}$$

式中，(X_{S0}, Y_{S0}, Z_{S0})是 $S_x = 0$ 时 S 的坐标；$\dot{X}_S$、$\dot{Y}_S$、$\dot{Z}_S$ 是卫星位置矢量 X_S、Y_S、Z_S 的一阶导数，即速度矢量；$\ddot{X}_S$、$\ddot{Y}_S$、$\ddot{Z}_S$ 是加速度矢量。

2. 多普勒频移方程

斜侧视成像中，平台速度分量与斜距分量的乘积是关于多普勒频率的函数：

$$\dot{X}_S(X - X_S) + \dot{Y}_S(Y - Y_S) + \dot{Z}_S(Z - Z_S) = -\frac{\lambda R_S}{2} f_{dc} \tag{11-21}$$

式中，λ 为雷达波长，f_{dc} 为多普勒频移参数。

于是可以得到斜距影像的 R-D 成像模型为

$$\left.\begin{array}{l} (r_0 + m_y \cdot y_g)^2 + H^2 = (X - X_S)^2 + (Y - Y_S)^2 + (Z - Z_S)^2 \\ \dot{X}_S(X - X_S) + \dot{Y}_S(Y - Y_S) + \dot{Z}_S(Z - Z_S) = -\dfrac{\lambda R_S}{2} f_{dc} \end{array}\right\} \tag{11-22}$$

11.4.2　F·Leberl 成像模型及其线性化

雷达成像包括正侧视成像和斜侧视成像两种模式，正侧视成像模式的雷达波束指向与雷达平台运动方向相垂直，斜侧视成像模式的雷达波束指向与雷达平台运动方向不垂直。两种侧视成像模式均可用距离–多普勒成像模型来描述。当雷达天线沿正侧视方向发射电磁波并接收地面目标回波时，由于卫星飞行速度矢量与电磁波发射方向垂直，此时多普勒频移参数 f_{dc} 为零（称为零多普勒条件），用公式表示为

$$\dot{X}_S(X - X_S) + \dot{Y}_S(Y - Y_S) + \dot{Z}_S(Z - Z_S) = 0 \tag{11-23}$$

将式（11-20）的前 3 式取一次项后，代入式（11-23）得到

$$S_x = \frac{\dot{X}_S(X - X_{S0}) + \dot{Y}_S(Y - Y_{S0}) + \dot{Z}_S(Z - Z_{S0})}{\dot{X}_S^2 + \dot{Y}_S^2 + \dot{Z}_S^2} \tag{11-24}$$

以地距雷达影像为例，其距离–多普勒构像模型可简化为 F·Leberl 公式，它包括距离条件方程和零多普勒条件方程：

$$\left.\begin{array}{l} (r_0 + m_y \cdot y_g)^2 + H^2 = (X - X_S)^2 + (Y - Y_S)^2 + (Z - Z_S)^2 \\ \dot{X}_S(X - X_S) + \dot{Y}_S(Y - Y_S) + \dot{Z}_S(Z - Z_S) = 0 \end{array}\right\} \tag{11-25}$$

式中，X_S、Y_S、Z_S 可用式（11-5）表示。

由式（11-25）可得地距 R_g 为

$$R_g = (r_0 + m_y \cdot y_g)^2 = \sqrt{(X - X_S)^2 + (Y - Y_S)^2 + (Z - Z_S)^2 - H^2} \tag{11-26}$$

地距影像的像坐标为

$$\left.\begin{array}{l} x_g = \dfrac{S_x}{m_x} \\ y_g = \dfrac{R_g - r_0}{m_y} \end{array}\right\} \tag{11-27}$$

式（11-25）中有 9 个定向参数 X_{S0}、Y_{S0}、Z_{S0}、$\dot{X}_S$、$\dot{Y}_S$、$\dot{Z}_S$、r_0、m_x、m_y，解算这 9 个定向参数至少需要 5 个地面控制点。由于 F·Leberl 公式是这 9 个定向参数的非线性表达式，为了平差解算定向参数，必须将公式线性化。

若用 F_1 和 F_2 分别表示地距影像 $F \cdot$ Leberl 公式的两个式子, 可写出:

$$\left. \begin{array}{l} F_1 = (r_0 + m_y \cdot y_g)^2 + H^2 - (X - X_S)^2 + (Y - Y_S)^2 + (Z - Z_S)^2 = 0 \\ F_2 = \dot{X}_S(X - X_S) + \dot{Y}_S(Y - Y_S) + \dot{Z}_S(Z - Z_S) = 0 \end{array} \right\} \qquad (11\text{-}28)$$

线性化的方法是将 F_1 和 F_2 在初值附近按泰勒级数展开并取一次项, 线性化后的式子用矩阵符号表示为

$$A\Delta_1 + B\Delta_2 + C \cdot V + = L \qquad (11\text{-}29)$$

式中:

$$\left. \begin{array}{l} \Delta_1 = \begin{bmatrix} \Delta r_0 & \Delta X_{S0} & \Delta Y_{S0} & \Delta Z_{S0} & \Delta \dot{X}_S & \Delta \dot{Y}_S & \Delta \dot{Z}_S \end{bmatrix}^{\mathrm{T}} \text{是定向参数改正数向量} \\[2mm] \Delta_2 = \begin{bmatrix} \Delta X & \Delta Y & \Delta Z \end{bmatrix}^{\mathrm{T}} \text{是地面点坐标改正数向量} \\[2mm] V = \begin{bmatrix} \Delta x & \Delta y \end{bmatrix}^{\mathrm{T}} \text{是像点坐标的残差向量} \\[2mm] L = -\begin{bmatrix} F_1 & F_2 \end{bmatrix}^{\mathrm{T}} \text{是常数项向量} \\[2mm] A = \begin{bmatrix} A_{11} & A_{12} & A_{13} & A_{14} & A_{15} & A_{16} & A_{17} \\ A_{21} & A_{22} & A_{23} & A_{24} & A_{25} & A_{26} & A_{27} \end{bmatrix} \\[4mm] B = \begin{bmatrix} B_{11} & B_{12} & B_{13} \\ B_{21} & B_{22} & B_{23} \end{bmatrix} \\[4mm] C = \begin{bmatrix} C_{11} & C_{12} \\ C_{21} & C_{22} \end{bmatrix} \end{array} \right\} \qquad (11\text{-}30)$$

系数矩阵 A、B、C 的具体表达形式为

$$\left. \begin{array}{ll} A_{11} = \dfrac{\partial F_1}{\partial r_0} = 2(r_0 + ym_y) & A_{21} = \dfrac{\partial F_2}{\partial r_0} = 0 \\[3mm] A_{12} = \dfrac{\partial F_1}{\partial X_{S0}} = 2(X - X_S) & A_{22} = \dfrac{\partial F_2}{\partial X_{S0}} = -\dot{X}_S \\[3mm] A_{13} = \dfrac{\partial F_1}{\partial Y_{S0}} = 2(Y - Y_S) & A_{23} = \dfrac{\partial F_2}{\partial Y_{S0}} = -\dot{Y}_S \\[3mm] A_{14} = \dfrac{\partial F_1}{\partial Z_{S0}} = 2(Z - Z_S) & A_{24} = \dfrac{\partial F_2}{\partial Z_{S0}} = -\dot{Z}_S \\[3mm] A_{15} = \dfrac{\partial F_1}{\partial \dot{X}_S} = 2(X - X_S)S_x & A_{25} = \dfrac{\partial F_2}{\partial \dot{X}_S} = (X - X_S) - \dot{X}_S S_x \\[3mm] A_{16} = \dfrac{\partial F_1}{\partial \dot{Y}_S} = 2(Y - Y_S)S_x & A_{26} = \dfrac{\partial F_2}{\partial \dot{Y}_S} = (Y - Y_S) - \dot{Y}_S S_x \\[3mm] A_{17} = \dfrac{\partial F_1}{\partial \dot{Z}_S} = 2(Z - Z_S)S_x & A_{27} = \dfrac{\partial F_2}{\partial \dot{Z}_S} = (Z - Z_S) - \dot{Z}_S S_x \end{array} \right\} \qquad (11\text{-}31)$$

$$B_{11} = \frac{\partial F_1}{\partial X} = -2(X - X_S)$$

$$B_{12} = \frac{\partial F_1}{\partial Y} = -2(Y - Y_S)$$

$$B_{13} = \frac{\partial F_1}{\partial Z} = -2(Z - Z_S)$$

$$B_{21} = \frac{\partial F_2}{\partial X} = \dot{X}_S$$

$$B_{22} = \frac{\partial F_2}{\partial Y} = \dot{Y}_S$$

$$B_{23} = \frac{\partial F_2}{\partial Y} = \dot{Z}_S$$

$$C_{11} = \frac{\partial F_1}{\partial x} = 2m_x F_2$$

$$C_{12} = \frac{\partial F_1}{\partial y} = 2(r + m_y \cdot y)m_y$$

$$C_{21} = \frac{\partial F_2}{\partial x} = -\left(\dot{X}_S^2 + \dot{Y}_S^2 + \dot{Z}_S^2\right)m_x$$

$$C_{22} = 0$$

(11-32)

11.5　雷达影像定位原理

　　雷达影像定位的基本原理就是由确定相应地面点的三维坐标(X, Y, Z)，主要分为雷达影像正射纠正、雷达影像立体定位和干涉雷达影像定位三种不同的技术途径。

11.5.1　雷达影像正射纠正

　　传感器外方位元素变化、地形起伏、大气折射、地球曲率、地球自转、斜距投影的性质和合成孔径雷达本身的结构特性等因素都会引起雷达影像的几何变形，使得雷达影像与地图的几何性质差异非常大，不能在原始雷达影像上量测像点所对应地面点的坐标。雷达影像正射纠正就是将原始的雷达影像进行坐标变换和再采样，生成一幅在地面坐标系下描述的，具有正射投影性质的影像。具体的方法包括多项式纠正和 DEM 辅助的数字微分纠正。

　　1. 多项式纠正

　　多项式纠正的基本思想就是把各种因素引起的雷达影像复杂变形用一个多项式来拟合，建立起纠正前后影像像点之间的坐标关系。常用的多项式有一般齐次多项式、勒让德正交多项式、分块插值多项式等。

一般齐次多项式的表达形式为

$$\left.\begin{aligned} x &= a_0 + a_1 X + a_2 Y + a_3 X^2 + a_4 XY + a_5 Y^2 + \cdots \\ y &= b_0 + b_1 X + b_2 Y + b_3 X^2 + b_4 XY + b_5 Y^2 + \cdots \end{aligned}\right\} \qquad (11\text{-}33)$$

式中，(x, y) 是原始影像像点坐标，(X, Y) 是正射影像像点坐标，a_i、b_i 是多项式系数，多项式的次数根据作业实际情况确定，一般多使用二次或三次多项式。生产实践证明，四次以上多项式计算稳定性差、舍入误差累计大，且计算量和多控制点数量增加，因此一般不采用。

利用控制点列出式（11-33），如果列出的公式多于要求解的多项式系数个数，则可采用最小二乘原理列出误差方程求解：

$$A\Delta_x - L_x = V_x \qquad (11\text{-}34)$$

式中，$\Delta_x = [a_0 \ a_1 \ a_2 \ a_3 \ a_4 \ a_5 \ \cdots]^{\mathrm{T}}$ 是待求多项式系数向量，$L_x = [x_1 \ x_2 \ \cdots \ x_n]^{\mathrm{T}}$ 是控制点的像坐标观测值向量，$V_x = \begin{bmatrix} V_{x_1} & V_{x_2} & \cdots & V_{x_n} \end{bmatrix}^{\mathrm{T}}$。

系数矩阵 A 的具体形式为

$$A = \begin{bmatrix} 1 & X_1 & Y_1 & X_1^2 & X_1 Y_1 & Y_1^2 & \cdots \\ 1 & X_2 & Y_2 & X_2^2 & X_2 Y_2 & Y_2^2 & \cdots \\ \vdots & \vdots & \vdots & \vdots & \vdots & \vdots & \\ 1 & X_m & Y_m & X_m^2 & X_m Y_m & Y_m^2 & \cdots \end{bmatrix}$$

根据最小二乘原理将误差方程式（11-34）法化为法方程式求解，即可得到多项式系数的解：

$$\Delta_x = \left(A^{\mathrm{T}} A\right)^{-1} \left(A^{\mathrm{T}} L_x\right) \qquad (11\text{-}35)$$

同样，按照上述方法可以求解 y 方程的系数 b_0、b_1、b_2、b_3、b_4、b_5、$\cdots$。

求解出多项式系数后，可利用式（11-33）将正射影像像点坐标 (X, Y) 转换至原始影像像点坐标 (x, y)，然后根据 (x, y) 内插该点的影像灰度值并赋值给坐标为 (X, Y) 的正射影像像点。

多项式纠正的精度与地面控制点的精度、数量、分布范围，以及纠正区域的地形特征均有关。多项式纠正法并不是按照传感器成像模型进行影像纠正，而是直接对影像变形规律进行多项式拟合，是基于两个平面间的变换，原理简单，使用方便，适合于平坦地区的航天影像（包括光学和雷达影像）几何纠正。但是由于引起航天影像几何畸变的因素较多，该方法仅用一个通用的多项式来拟合非常复杂几何畸变模型，显然难以获得高精度的纠正结果。

2. 数字微分纠正

DEM 辅助的雷达影像数字微分纠正与光学影像数字微分纠正的方法步骤基本一

致，也分为直接法和间接法两种方法，通常采用间接法进行纠正，具体步骤具体如下：

（1）利用一定数量地面控制点，结合雷达影像成像模型（如 F·Leberl 公式）解算成像模型的定向参数；

（2）将正射雷达影像的像点坐标(x', y')经过比例尺变换和坐标平移，计算出对应地面点平面坐标(X, Y)，由 DEM 内插出高程 Z；

（3）依据雷达影像成像模型求解地面点对应的原始雷达影像像点像平面坐标(x, y)；

（4）在原始雷达影像上内插出该像点的灰度值并赋给正射影像像元；

（5）重复步骤（2）至（4），直至所有正射影像像元被赋值；

DEM 辅助的雷达影像数字微分精度依赖于 DEM 的精度，DEM 精度越高，纠正精度越高。

11.5.2　雷达影像立体定位

雷达影像立体定位就是量测雷达影像立体像对上的同名像点坐标，然后根据雷达影像成像模型计算相应地面点三维坐标的过程。根据两幅雷达影像获取时天线相位中心 S_1 与 S_2 相对被测目标 A 方位的不同，立体影像可分为同侧立体和异侧立体。如图所示，同侧立体是指两次成像时雷达天线都位于被观测地物的同一侧，如图 11-15（a）所示；异侧立体则指雷达天线分别从地物的两侧对地面进行成像，如图 11-15（b）所示。

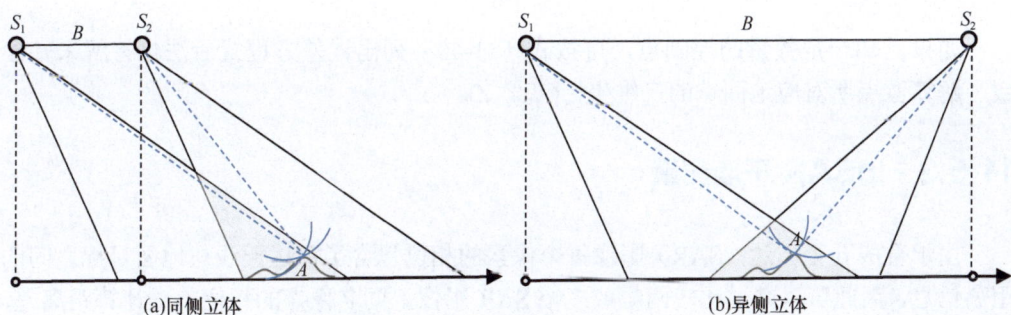

图 11-15　雷达立体像对成像方式

如图 11-15 所示，雷达影像立体定位的原理可理解为两个天线相位中心分别对同一地面点进行观测，按照成像时的斜距作圆弧，弧线的交点即为被测的地面点，即距离交会。

下面以地距雷达影像的 F · Leberl 公式为例来说明雷达影像立体定位的原理：

$$\left.\begin{array}{l} F_1 = (r_0 + m_y \cdot y_g)^2 + H^2 - (X - X_S)^2 + (Y - Y_S)^2 + (Z - Z_S)^2 = 0 \\ F_2 = \dot{X}_S(X - X_S) + \dot{Y}_S(Y - Y_S) + \dot{Z}_S(Z - Z_S) = 0 \end{array}\right\} \quad (11\text{-}36)$$

式中：

$$
\left.\begin{array}{l}
X_S = X_{S0} + \dot{X}_S S_x + \ddot{X}_S S_x^2 + \cdots \\
Y_S = Y_{S0} + \dot{Y}_S S_x + \ddot{Y}_S S_x^2 + \cdots \\
Z_S = Z_{S0} + \dot{Z}_S S_x + \ddot{Z}_S S_x^2 + \cdots \\
S_x = x m_x
\end{array}\right\}
\tag{11-37}
$$

式中各符号含义详见 11.4.2 小节。

实际作业时，式通常取一次项。根据 11.4 节的知识可知，式（11-36）是影像外方位元素 X_{S0}、Y_{S0}、Z_{S0}、$\dot{X}_S$、$\dot{Y}_S$、$\dot{Z}_S$、r_0，以及雷达成像时的设计参数 m_x、m_y、H 的非线性函数，为解算这些未知参数，需对公式进行线性化，即按泰勒级数展开取一次项。线性化后的构象方程用矩阵符号表达为

$$
A\Delta_1 + B\Delta_2 + C \cdot V + = L
\tag{11-38}
$$

式中各符号的含义详见 9.4.2 小节。

根据式（11-38）建立误差方程式：

$$
V = \begin{bmatrix} -N^{-1}C^{\mathrm{T}}B & -N^{-1}C^{\mathrm{T}}A \end{bmatrix} \begin{bmatrix} \Delta_1 \\ \Delta_2 \end{bmatrix} + N^{-1}C^{\mathrm{T}}L \quad 权\ P
\tag{11-39}
$$

式中，$N = C^{\mathrm{T}}C$。

设 $A_1 = -N^{-1}C^{\mathrm{T}}B$，$A_2 = -N^{-1}C^{\mathrm{T}}A$，$\bar{L} = N^{-1}C^{\mathrm{T}}L$，式（11-39）可简化为

$$
V = \begin{bmatrix} A_1 & A_2 \end{bmatrix} \begin{bmatrix} \Delta_1 \\ \Delta_2 \end{bmatrix} - \bar{L} \quad 权\ P
\tag{11-40}
$$

如果已知一定数量的控制点，可按式（11-40）列出误差方程式后法化答解未知参数，解算像点所对应地面点的三维坐标 (X, Y, Z)。

11.5.3　InSAR 干涉测量

由于合成孔径雷达（SAR）影像每个像素的相位包含了雷达天线与地面目标之间的距离信息，因此可以通过比较两幅或多幅 SAR 影像上同名像点的相位差来计算距离差，进而确定地面点的高程 Z。因此，干涉 SAR（interferometric synthetic aperture radar，InSAR）影像定位的基本原理就是，从不同位置或不同时刻获取的同一测区的两幅或多幅 SAR 复数影像，利用其两两干涉形成的干涉相位信息反演相应地面点的高程 Z，再依据 SAR 影像的成像模型求解地面点的平面坐标 (X, Y)，从而完成干涉 SAR 影像上的目标定位。

InSAR 与传统雷达立体摄影测量方法有本质区别，雷达立体摄影测量是利用雷达立体像对上两张影像上的像点坐标，根据成像模型求解对应地面点的坐标，InSAR 则是测定各像素的干涉相位差来确定地面点高程，进而计算地面点三维坐标。传统雷达立体摄影测量受影像分辨率和基高比的限制，高程测量精度较低，而干涉雷达信号的相位对于分数波长距离位移极为敏感，且需要的基线更小，因此具有更高的高程测量精度。

InSAR 测高原理示意如图 11-16。图中，$D—XYZ$ 是地辅坐标系，S_1、S_2 分别是两个 SAR 天线的相位中心。主天线相位中心 S_1 的高程为 H，地面点 A 至 S_1 和 S_2 的斜距分别为 R_1 和 R_2，基线 S_1S_2 的长度为 B，基线水平角为 α。基线在视线向分量为 $B_\parallel$，在垂直于视线向的分量为 $B_\perp$。θ 是侧视角。

分析图中几何关系可知，地面点 A 的高程 Z 为

$$Z_A = H - R_1 \cos\theta \tag{11-41}$$

设 $\angle AS_1S_2 = \beta$，侧视角 θ 与 β 和基线水平角 α 的关系为

$$\theta = \frac{\pi}{2} + \alpha - \beta \tag{11-42}$$

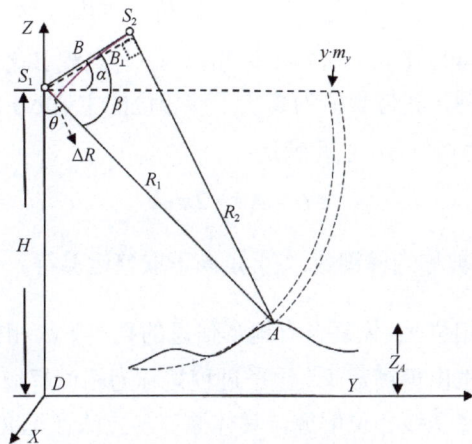

图 11-16　InSAR 测高原理图

斜距 R_1 计算公式为

$$R_1 = R_0 + y \cdot m_y \tag{11-43}$$

式中，R_0 是近距延迟，m_y 为距离向分辨率。

$\Delta S_1 S_2 A$ 中，根据余弦定理有

$$\cos\beta = \frac{R_1^2 + B^2 - R_2^2}{2R_1 B} = \frac{B}{2R_1} + \frac{\Delta R}{B} - \frac{\Delta R^2}{2R_1 B} \tag{11-44}$$

即

$$\beta = \arccos\left(\frac{B}{2R_1} + \frac{\Delta R}{B} - \frac{\Delta R^2}{2R_1 B}\right) \tag{11-45}$$

式中，$\Delta R = R_1 - R_2$ 为斜距差。

将式（11-42）和式（11-45）代入式（11-41）可得

$$Z_A = H - R_1 \cos\left[\frac{\pi}{2} + \alpha - \arccos\left(\frac{B}{2R_1} + \frac{\Delta R}{B} - \frac{\Delta R^2}{2R_1 B}\right)\right] \tag{11-46}$$

如果雷达波长为 λ，当采用单发单收和单发双收模式时，斜距差 ΔR 与绝对相位差 $\Delta\varphi$（真实干涉相位）的关系分别为

$$\Delta R = \frac{\Delta}{4\pi}\lambda, \quad \Delta R = \frac{\Delta\varphi}{2\pi}\lambda \tag{11-47}$$

因此，单发单收工作模式下，InSAR 获取高程 Z 的基本关系式为

$$Z = H - R_1\cos\left[\frac{\pi}{2} + \alpha - \arccos\frac{1}{4}\left(\frac{B}{R_1} + \frac{\Delta\varphi\lambda}{\pi B} - \frac{\Delta\varphi^2\lambda^2}{4\pi^2 R_1 B}\right)\right] \tag{11-48}$$

单发双收工作模式下，InSAR 获取高程 Z 的基本关系式为

$$Z = H - R_1\cos\left[\frac{\pi}{2} + \alpha - \arccos\frac{1}{2}\left(\frac{B}{R_1} + \frac{\Delta\varphi\lambda}{\pi B} - \frac{\Delta\varphi^2\lambda^2}{4\pi^2 R_1 B}\right)\right] \tag{11-49}$$

式（11-48）和式（11-49）建立了真实干涉相位 $\Delta\varphi$ 与高程 Z 之间的关系。然而，InSAR 系统所获得的干涉相位图，其像素值为真实干涉相位的主值 $\Delta\phi \in [-\pi, \pi]$，即缠绕相位。真实干涉相位 $\Delta\varphi$ 与缠绕相位 $\Delta\phi$ 之间满足：

$$\Delta\varphi = \Delta\phi + 2\pi \cdot k \tag{11-50}$$

式中，整数 $k = \left\lfloor\frac{\Delta\varphi}{2\pi}\right\rfloor$，被称为模糊数，$\lfloor\ \rfloor$ 是向下取整运算符。

从观测所得的缠绕相位 $\Delta\phi$ 恢复含有地形信息的真实干涉相位 $\Delta\varphi$，必须要去除缠绕相位中的相位模糊，即求出模糊数 k，这个过程被称为相位解缠。相位解缠的方法主要包括单基线相位解缠和多基线相位解缠，具体原理与方法详见文献[1]和[2]。

思　考　题

1. 什么是雷达摄影测量？

2. 光学摄影测量相比，雷达摄影测量都有哪些显著的特点？为什么？

3. 侧视雷达分为哪两种类型？各自都有什么特点？

4. 什么是距离向分辨率和方位向分辨率？都和哪些因素有关？

5. 合成孔径雷达（SAR）的基本原理是什么？

6. 合成孔径的最大值取决于什么？为什么？

7. 和光学影像对比，雷达影像都有哪些辐射特性？

8. 地表粗糙度情况对雷达波的后向散射有什么影响？

9. 雷达影像的几何特性都有哪些？

10. 请写出雷达图像的 F·Leberl 成像模型。

11. 雷达影像定位的基本原理是什么，都有哪些技术途径？

本章参考文献

[1]　靳国旺. 雷达摄影测量[M]. 北京: 测绘出版社, 2015.

[2]　肖国超，朱彩英. 雷达摄影测量[M]. 北京: 地震出版社, 2001.

[3]　高力. SAR 摄影测量处理的基本方法和实践[D]. 郑州: 中国人民解放军战略支援部队信息工程大学, 2004.

[4]　李贺. 基于图像特征的 SAR 图像模拟及应用研究[D]. 郑州: 中国人民解放军战略支援部队信息工程大学, 2009.

[5]　罗晓曼. 合成孔径雷达影像匹配技术研究[D]. 北京: 中国测绘科学研究院, 2008.

[6]　张红敏. SAR 图像高精度定位技术研究[D]. 郑州: 中国人民解放军战略支援部队信息工程大学, 2013.

第 12 章 数字摄影测量生产应用

12.1 摄影测量生产技术流程

如图 12-1 所示，以航空摄影测量为例，航空摄影测量生产技术流程包括外业工作和内业工作两个部分，航空摄影、控制测量和影像调绘属于摄影测量外业工作，空中三角测量、立体测图、数字表面模型生成、正射影像制作等属于内业工作。

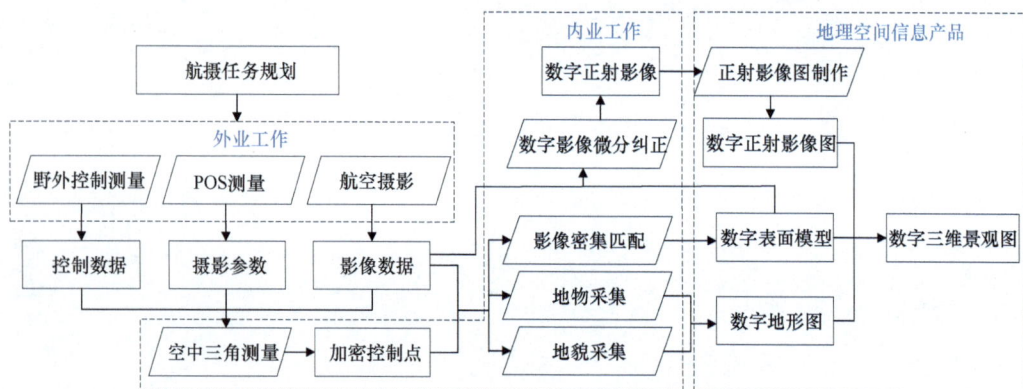

图 12-1 摄影测量生产技术流程

12.2 摄影测量外业工作

虽然摄影测量生产以内业为主，但外业工作是摄影测量生产的基础，是保证摄影测量成果质量和精度的重要环节。摄影测量的外业工作包括航空摄影、控制测量和影像调绘，航空摄影在 2.2 节已进行介绍，本节重点对摄影测量外业工作中的控制测量和影像调绘两个技术环节进行介绍。

12.2.1 野外控制测量

如前面章节所述，在 POS 测量精度不高，难以满足摄影测量精度要求时，需要一定数量的外业实测控制点以供航测内业空三加密或测图使用。这些控制点是在测区内使用 GNSS+RTK 等手段实地测量得到的，是保证摄影测量成果精度的基础。

1. 控制点测量方案

摄影测量控制点的测量分为全野外、非全野外和特殊情况三种方案[1]，作业时可根据测图精度、点位布设条件、野外点位联测条件等来选择合理的方案。

全野外测量方案是指用于测图定向或纠正的影像控制点全部通过野外控制测量得到，不需要进行内业的空中三角测量加密。这种布点方案的优点是控制点的测量精度高，缺点是外业工作量大，作业效率低。

非全野外测量方案是指在野外测定少量控制点，然后通过内业空中三角测量加密出大量测图和纠正所需的控制点。这种方案可以减少野外作业工作量，充分发挥摄影测量作业效率高的优势，是目前摄影测量广泛采用的布点方案。

特殊情况测量方案适用于航摄区域结合处、影像重叠度低、岛屿、水陆交界等特殊情况。

2. 野外控制点布设原则

摄影测量野外控制点测量应遵循的原则包括：所选择的控制点必须是几何特征明显，在影像上易于辨识的地物，如田角、房屋拐角处等；控制点一般均匀布设在影像四周范围内，可有效地降低投影差引起的偏移；控制点可布设在影像旁向重叠度中线附近，可显著地提高影像数据的处理精度；控制点一般布设在交通便利且便于保护的位置，目的是方便外业测量，并且能够实现综合利用，减少测绘成本，提高控制点的再利用率。此外，在控制点测量的同时对测量点位进行拍照，以清晰记录控制点点位的周边环境信息，方便后续内业空中三角测量时快速准确判读点位。

非全野外布点方案中野外控制点的布设要根据摄影测量比例尺大小和精度要求来制定。研究和实践表明，区域网空中三角测量的平面精度与区域周边布设的平面控制点密度有关，区域内部的控制点对精度提高并不显著，高程精度则取决于相邻两排高程控制点之间的跨距。为保证后续空中三角测量的精度，一般布设原则应遵循区域周边密集布设平面控制点结合全区域布设多排高程控制点的原则。表 12-1 是本章文献[2]给出的不同平面控制点和高程控制点布设方案所对应的光束法和独立模型法两种区域网空中

表 12-1　控制点不同布设方案下两种区域网空中三角测量的精度分析与比较

控制点布设情况		自检校光束法		独立模型法		两种方法精度比值	
平面点	高程点	$u_{xy}(B)$	$u_z(B)$	$u_{xy}(M)$	$u_{xy}(M)$	$u_{xy}(M)/u_{xy}(B)$	$u_z(B)/u_z(B)$
$i=2b$	$i=4b$	5.2	12.2	6.3	14.1	1.2	1.2
$i=4b$	$i=8b$	5.6	14.6	6.6	17.1	1.2	1.2
$i=8b$	$i=12b$	7.2	16.5	7.1	18.9	1.0	1.1
$i=11b$	$i=25b$	8.0	18.9	7.7	26.7	1.0	1.4

注：控制点不同布设方案下，自检校光束法和独立模型法的实验精度比较。Oberschwaben 实验场，Frankfurt 区，100 个立体模型，比例尺 1:28000，精度值单位 μm。

三角测量的实验精度分析。从表中可以看到，随着控制点布设间距的增大，空中三角测量的精度降低。但过于密集的控制点布设会急剧增加外业测量的工作量，降低作业效率，因此需要综合考虑作业目的、精度要求、测量区域大小、地形地貌特征等条件，选择合适的野外控制点布设方案。

表格中，b 是影像基线长度，平面点 $i = 2b$ 表示在区域周边每隔一张影像布设一个平面控制点，高程点 $i = 4b$ 表示在整个区域内每隔 3 张影像布设一排高程控制点。以摄影测量区域有 4 条航线，每条航线有张影像时为例，控制点布设方案为平面点 $i = 2b$，高程点 $i = 4b$ 时的情况如图 12-2 所示，图中的格网点代表摄站位置。

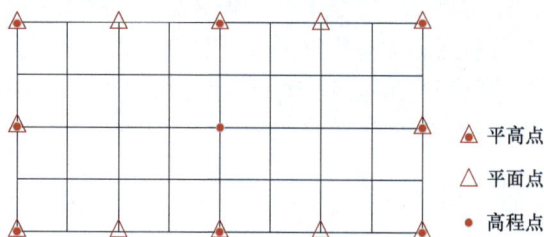

图 12-2 控制点布设方案

（平面控制点 $i=2b$，高程控制点 $i=4b$）

3. 外业控制点的测量

摄影测量控制点的野外测量需要在内外制定的布点方案基础上，到实地进行勘探和测量。测量工作包括实际勘探、点位确定、埋石标记、空间位置测量等步骤。控制点平面坐标的传统测量方法包括导线测量、三角测量、三角边测量与边角测量、交会测量等，高程坐标的测量方法包括水准测量、三角高程测量和气压高程测量[3]。随着 GNSS 系统的广泛应用，由于其不受地面通视条件的限制，可同时测量控制点的平面和高程坐标，目前已成为各级控制测量的主要方法。当控制点布设位置在城市高大建筑物旁或森林等卫星信号遮蔽严重的地区时，GNSS 测量难以得到稳定可靠的结果。此时，可先采用 GNSS 测量方法在对空通视良好的区域建立骨干控制网，然后采用导线测量等方式对卫星信号遮蔽严重地区的控制点进行联测。

12.2.2 影像调绘

影像调绘是根据目标（地物、地貌）在遥感影像上的特征，结合室内判读和野外调查的方式，识别影像上目标的属性信息，并按照制图比例尺的要求对信息进行综合取舍后，用图示符号在影像上表示出来。影像调绘是航空、航天摄影测作业技术流程中的重要一环，目的是为摄影测量内业测图提供地物地貌的属性信息，实现目标的几何和属性信息的精确测绘。

影像调绘主要包括判读、调查和标绘三部分内容。判读是对影像上的地物、地貌和地质等要素进行识别判定，通常利用立体镜、笔记本电脑、平板电脑等工具，主要通过室内判别的方式，识别影像上目标的的几何和属性信息。调查是对室内判读的有效补充，目的是现地收集影像上难以通过室内判读获取的目标属性，如地名等信息，以及影像上不能清晰识别的地物。标绘是把经过判读和调查后确定的地物、地貌和地质属性，用规定的符号标绘在影像上，为内业测图提供依据。

影像调绘主要分为全野外影像调绘法和基于数字影像的综合调绘方法两种作业方法。

1. 全野外影像调绘法

全野外影像调绘法主要是在胶片航空摄影时代使用，是利用航空摄影胶片的放大片或纸质影像图作为调绘影像，到野外实地进行调绘。模拟与解析摄影测量时期，制作调绘影像是对负片扩印制成放大片，数字摄影测量时期则是通过对数字影像拼接、分幅打印出调绘影像。这种作业模式的特点是影像调绘结果准确，影像调绘与影像控制测量可以同时进行，但作业效率较低，不适用于大比例尺摄影测量。全野外影像调绘法的生产作业流程如图 12-3 所示[4]。

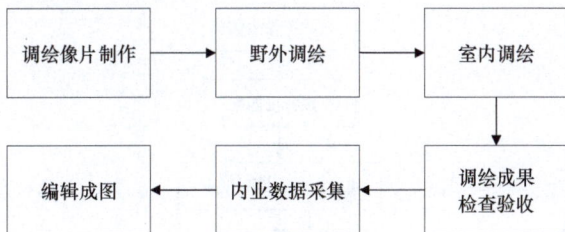

图 12-3　全野外影像调绘作业流程

2. 基于数字影像的综合调绘方法

该方法是在平板电脑或便携式笔记本电脑中安装数字影像调绘系统，将数字正射影像（digital orthophoto map，DOM）导入系统后，在室内对能够进行识别的要素进行判读并采集数字线画图（digital line graphic，DLG），然后携带系统与室内判读成果到野外进行现地调绘，对室内难以判读或影像上不能清晰显示的要素进行补充调绘。该方法可以充分结合内业判读和外业调绘的优势，在保证调绘结果准确性的基础上，有效降低外业工作量，具有较高作业效率，适用于各种比例尺的摄影测量作业，但对设备软硬件和作业人员水平的要求较高。基于数字影像的综合调绘方法的作业流程如图 12-4 所示。

图 12-4　基于数字影像的综合调绘方法的作业流程

12.3 摄影测量内业工作

利用摄影测量外业获取的遥感影像、飞行参数、地面控制数据和调绘资料等数据，通过摄影测量空中三角测量、立体测图、正射影像制作等内业工作，可以生产出摄影测量 4D 产品，即数字线划图（DLG）、数字高程模型（DEM）、数字正射影像图（DOM）和数字栅格图（DRG）。摄影测量内业的作业流程如图 12-5 所示。

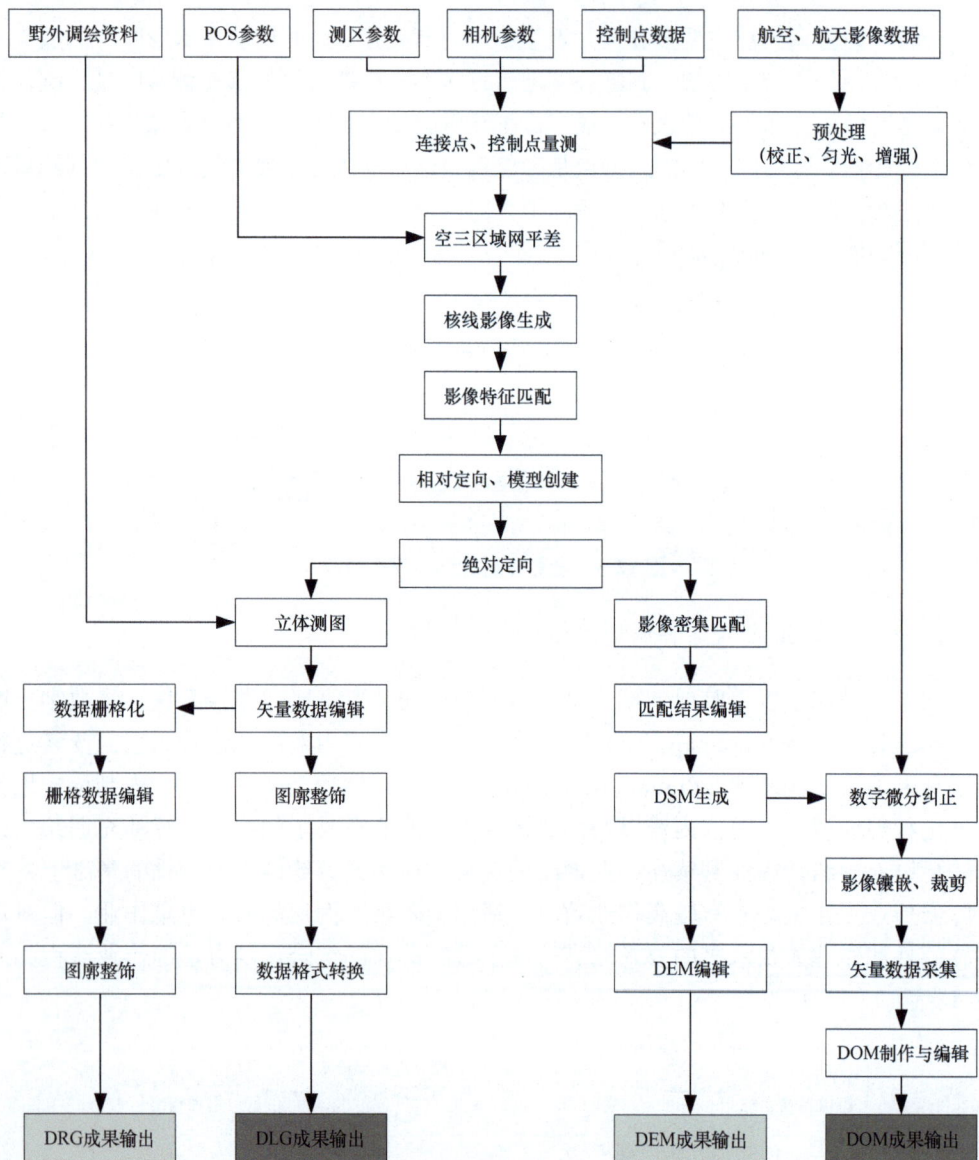

图 12-5 摄影测量内业作业流程

12.3.1　数字表面模型（DSM）制作

1. 定义

数字高程模型（DEM）是用一组有序数值阵列形式表示地形高程的数据集。可以真实完整地反映地表地形形态，通过它能够生成等高线、三维立体图，进行坡度、坡向、坡面、通视等分析计算，是制作正射影像图的基础数据之一。

数字表面模型（DSM）是地表和自然地物、人工地物空间信息的统一体。

与 DEM 不同，DSM 是地面完整的几何描述或重建，更加真实地表示了各类地物和地形，能提供地面物体相对于周围环境的高度信息。而数字高程模型是纯粹的地球表面形态的描述，它所关心的是除去包括森林、建筑等一切自然或人工地物之外的地球表面构造，即纯地形形态。通过数字表面模型能够生成更加逼真的三维实景图，用于各类地形地貌的分析计算。图 12-6 描述了 DSM 和 DEM 的区别。

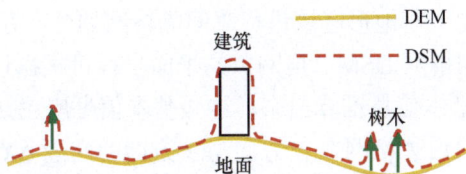

图 12-6　DSM 与 DEM 的区别示意图

DSM 和 DEM 的获取方式包括：①通过数字摄影测量技术获取，如利用多视数字影像匹配技术自动进行获取；②通过卫星、飞机和其他飞行器搭载的机载激光三维雷达、合成孔径雷达等传感器对地表直接进行测量获取。

DEM 主要面向与地形分析相关的应用，DSM 在真正射影像生产、建筑物自动提取及地理空间信息的变化检测与更新等方面都发挥着重要作用。过去由于影像分辨率、生产技术手段等因素的制约，摄影测量主要生产 DEM。随着影像分辨率的大幅提升，摄影测量技术的快速发展，DSM 已成为摄影测量一个非常重要的产品。

DSM 和 DEM 数据在表示对象和应用范围等方面有所区别，两者的数据采集、处理和存储方法基本一样，下面主要以 DSM 为例介绍其存储结构和采集方法。

2. 存储结构

如图 12-7 与图 12-8 所示，DSM 的表示形式主要包括规则格网（GRID）和不规则三角网（triangulated irregular network，TIN）。规则格网是利用一系列在 X，Y 方向上等间隔排列的地形点的高程 Z 表示数字高程模型的数据形式，其数据量小、便于使用和管理，是目前运用最广泛的形式，但缺点是有时不能准确表示地形的细部结构。不规则三角网是将按地形特征采集的点根据一定规则连接成覆盖整个区域且互不重叠的许多三角形的地形数据形式，它能较好地顾及地貌特征，表示复杂地形更精确，但缺点是数据存储量大、数据结构复杂、使用管理难度大。为综合两种数据结构的优点，有学者提出了使用 GRID 和 TIN 混合模型来描述 DSM 的方法。

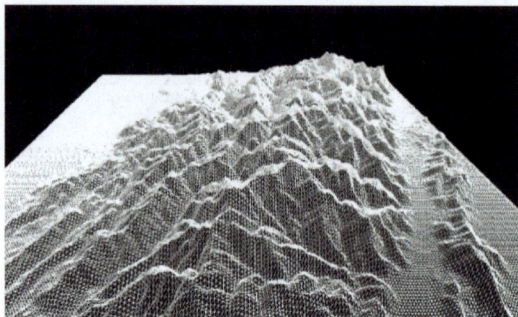

图 12-7　规则格网 DSM

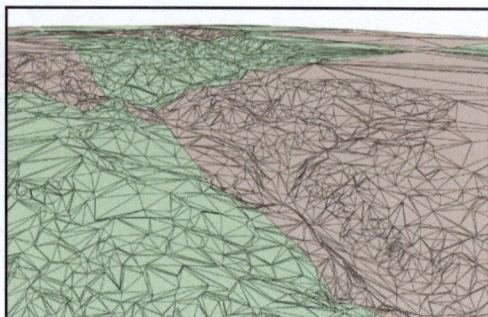

图 12-8　不规则三角网 DSM

为了减少数据的存储量及便于使用管理，通常使用 GRID 数据结构描述 DSM。GRID 数据结构是在 X、Y 方向上对地形区域进行等间隔格网划分，存储每个格网点上的高程值 Z，形成一个矩形规则格网 DSM。格网点的平面坐标可根据该点在 DSM 中的行列号及存放在该文件头部的基本信息推算出来。这些基本信息应包括 DSM 起始点（一般为左下角）坐标（X_0、Y_0），DSM 格网在 X 方向与 Y 方向的间隔 ΔX、ΔY 及 DEM 的行列数 N、M 等。第 i 行第 j 列格网点 $P_{i,j}$ 的平面坐标（X_k、Y_k）为

$$\left.\begin{array}{l} X_k = X_0 + j\cdot\Delta X\ (i=0,1,2,\cdots,M-1) \\ Y_k = Y_0 + i\cdot\Delta Y\ \ \ \ (j=0,1,2,\cdots,N-1) \end{array}\right\} \tag{12-1}$$

式中，$k=i\times j$，用于表示格网点存储在一维数组中的位置。

因此，规则格网 DSM 的存储结构与栅格影像类似，即数据文件由一个文件头和一个数据体构成，文件头描述数据的基本信息，数据体存储格网点高程值。这样软件可以使用一维数组存储数据体，数据读取与处理简单高效。

3. 制作方法

DSM 数据的采集一般包括地面测量、现有纸质地图数字化、空间传感器（激光测高仪等）测量和摄影测量方法四种方法。在此主要介绍通过摄影测量制作 DSM 的方法。

如图 12-9 所示，在摄影测量中，可通测绘等高线、量测离散高程点，以及密集匹配生成点云数据等多种方式，获取不规则排列的地形表面初始数据，然后利用插值算法将初始数据内插成按照一定间距排列的规则格网点，从而得到规则格网 DSM 数据。

传统摄影测量通常是通过人机交互的方式在立体像对上采集等高线、离散高程点等高程数据，然后内插成规则格网 DSM 数据。随着影像分辨率的提高及影像密集匹配算法的不断发展，通过自动影像匹配生成密集的点云，然后对点云进行规则格网内插得到 DSM，已成为摄影测量制作 DSM 的主流方法，在生产中广泛应用。

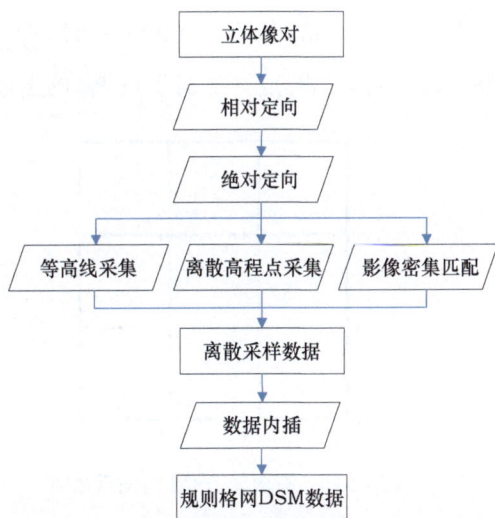

图 12-9　基于摄影测量方法的 DSM 制作

4. DSM 内插方法

DSM 内插就是基于离散、不规则分布的地表采样点，利用一定的算法插值计算规则网格点上的高程值，得到规则格网 DSM。无论是人工采集还是自动影像匹配，都需要将生成的原始地面采样点内插成规则格网数据。

内插方法可分为分块内插、剖分内插和移动内插等 3 种[5]。分块内插和剖分内插都可以称为有限元内插，它们的共同点都是将整个需要内插的区域划分成一系列的大小适当的子块（单元），每个子块用一定的数学曲面进行拟合，将某一点的平面坐标 (X, Y) 代入其所在子块的数学曲面，即可计算得到该点的高程值 Z。剖分内插是指将所有已知点进行三角剖分，每三个已知点构成一个三角形，在三角形范围内用平面方程插值未知点的高程。移动内插是以内插点为中心，在一定半径的邻域内，利用一定的内插函数和落在邻域内的已知点来计算未知点的高程值，内插函数的具体形式与邻域内点的数量有关。下面分别介绍移动曲面拟合法和有限元法。

1）有限元法

为了解算一个复杂的函数，有时需要把它分成许多适当大小的单元，每一个单元用一个相对简单的函数（例如多项式）来近似地描述。对于曲面，也可以用大量的有限面积单元来趋近它，这就是有限元法。有限元法最初主要用于弹性力学及结构力学，现在已广泛用于各个领域，包括 DSM 内插。

在此以一次样条有限元 DSM 内插为例来说明有限元内插的原理。

如图 12-10 所示，点 A 的高程值 Z_A 可由其所在格网 4 个顶点的高程值 $Z_{i,j}$、$Z_{i+1,j}$、$Z_{i,j+1}$、$Z_{i+1,j+1}$ 按一次样条函数表示为

$$Z_A = (1-\Delta X)(1-\Delta Y)Z_{i,j} + (1-\Delta X)\Delta Y Z_{i,j+1} + \Delta X(1-\Delta Y)Z_{i+1,j} + \Delta X \Delta Y Z_{i+1,j+1} \quad (12\text{-}2)$$

式中，ΔX、ΔY 是以格网边长为单位时点 A 相对于点 $P_{i,j}$ 的坐标增量。

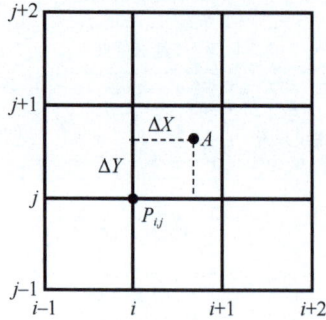

图 12-10　有限元 DSM 内插示意图

使用式（12-2）可以根据一些已知高程的数据点建立 DSM。若 A 点是已知高程的数据点，则可用其高程 Z_A 作为观测值，以格网点高程 $Z_{i,j}$、$Z_{i+1,j}$、$Z_{i,j+1}$、$Z_{i+1,j+1}$ 作为待定的未知数，可列出误差方程：

$$v_A = (1-\Delta X)(1-\Delta Y)Z_{i,j} + (1-\Delta X)\Delta Y Z_{i,j+1} + \Delta X(1-\Delta Y)Z_{i+1,j} + \Delta X \Delta Y Z_{i+1,j+1} - Z_A \quad (12\text{-}3)$$

只要有 4 个以上的已知点，便可根据误差方程式答解出四个格网点的高程。为了保证地面的圆滑，可利用 X 和 Y 方向上的二次差分条件，构成第二类虚拟观测值误差方程式为

$$\left.\begin{array}{l} v_X(i,j) = Z_{i-1,j} - 2Z_{i,j} + Z_{i+1,j} - 0 \\ v_Y(i,j) = Z_{i,j-1} - 2Z_{i,j} + Z_{i,j+1} - 0 \end{array}\right\} \quad (12\text{-}4)$$

其曲率的观测值为 0 可看作是一种虚拟观测值，可给予适当的权。最简单的是认为所有虚拟观测值不相关且等权为 1。

2）移动曲面拟合法

移动曲面拟合法是一种逐点内插方法，它是以每一个待定点为中心，以一个局部函数去拟合一定半径范围内的数据点。逐点内插计算简单，占用计算机内存少，且精度较高，但速度可能比其他方法慢。

a. 确定邻域范围

选择以待定点格网点 P 为圆心，以 R 为半径的圆作为邻域，如图 12-11 所示，判断落在圆内已知数据点的数量。数据点的数量根据所采用的局部拟合函数来确定，如果选择二次曲面内插，要求选用点的个数应大于 6。若邻域范围内的点数不够时，则应增大 R 的数值，扩大邻域范围，直至数据点的个数满足要求，便可利用选择的这些数据点来拟合内插函数。

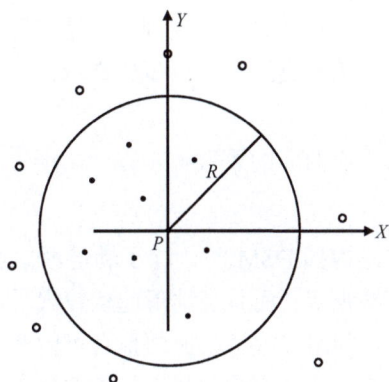

图 12-11　选取邻近的数据点

b. 建立局部坐标系

将其半径为 R 的邻域范围内的所有已知数据点的坐标原点移至该待定格网点 $P(X_P, Y_P)$ 处，计算公式为

$$\left.\begin{array}{l} \overline{X}_i = X_i - X_P \\ \overline{Y}_i = Y_i - Y_P \end{array}\right\} \tag{12-5}$$

式中，(X_i, Y_i) 是邻域内第 i 个数据点的坐标。

c. 列出误差方程式

如果选择二次曲面作为拟合曲面，即

$$Z_i = a_0 + a_1 \overline{X}_i + a_2 \overline{Y}_i + a_3 \overline{X}_i^2 + a_4 \overline{X}_i \overline{Y}_i + a_5 \overline{Y}_i^2 \tag{12-6}$$

则数据点对应的误差方程式为

$$v_i = a_0 + a_1 \overline{X}_i + a_2 \overline{Y}_i + a_3 \overline{X}_i^2 + a_4 \overline{X}_i \overline{Y}_i + a_5 \overline{Y}_i^2 - Z_i \tag{12-7}$$

d. 确定数据点权值 p_i

根据数据点与待定点的距离 d_i 来判断该数据点与待定点的相关程度，以此确定数据点的权值 p_i，d_i 愈小，它对待定点的影响应愈大，则权应愈大；反之，d_i 愈大，权应愈小。常采用的权有如下几种形式：

$$\left.\begin{array}{l} p_i = \dfrac{1}{d_i^2} \\[2mm] p_i = \left(\dfrac{R - d_i}{d_i}\right)^2 \\[2mm] p_i = e^{-\frac{d_i^2}{k^2}} \end{array}\right\} \tag{12-8}$$

式中，R 是选点半径，d_i 为数据点 i 到待定点的距离，k 是一个供选择的常数，e 是自然对数的底。

这三种权的形式都可符合上述选择权的原则，但是它们与距离的关系有所不同。具体选用何种形式来计算权值，需根据地形进行试验选取。

e. 法化求解

根据平差理论，求解出二次曲面的系数 $a_0 \cdots a_5$。由于 $\overline{X}_P = \overline{X}_P = 0$，所以系数 a_0 就是待定点的高程值 Z_P。

利用二次移动曲面拟合法内插 DSM 时，除了满足数据点多于 6 个以外，还应保证局部坐标系的每个象限都有数据点，而且当地形起伏较大时，半径 R 不能取得过大。当数据点较稀或分布不均匀时，利用二次移动曲面拟合可能产生很大的误差，这是因为解的稳定性取决于法方程的状态，而法方程的状态与点位分布有关，此时可考虑采用平面移动拟合法或其他方法。

多个邻近点的加权平均水平面移动拟合法内插公式为

$$Z_P = \frac{\sum_{i=1}^{n} p_i Z_i}{\sum_{i=1}^{n} p_i} \tag{12-9}$$

式中，n 为邻域内数据点数，p_i 为第 i 个数据点的权，Z_i 为第 i 个数据点的高程。

12.3.2　数字正射影像图（DOM）制作

在正射影像上叠加矢量地图要素，然后按照一定比例尺的图幅范围进行影像镶嵌和裁切等处理，最终形成正射影像图（DOM）。4.4 节已经介绍了利用数字微分纠正技术制作正射影像的基本原理，本章节主要介绍正射影像图具体的制作流程，主要包括：

（1）参数设置。设置正射影像分辨率、成图比例尺等参数，选择影像重采样方法。

（2）数字微分纠正。获取数字影像、影像外方位元素以及对应区域的 DEM，利用共线条件方程或有理函数模型等程序模型建立原始影像和正射影像像点之间的关系，通过数字微分纠正生成数字正射影像。依次完成作业范围内所有影像的数字微分纠正。

（3）正射影像镶嵌。按相应的地图分幅标准，对在图幅范围内的所有数字正射影像进行镶嵌。首先在相邻影像之间选择镶嵌线，然后按镶嵌线对单张正射影像进行裁切，最后进行正射影像之间的镶嵌。

（4）图幅正射影像裁切。按照内图廓线最小外接矩形范围、根据设计要求外扩一排或多排栅格点影像进行裁切，裁切后生成正射影像文件。

（5）矢量数据采集。根据测区地形要素的繁简和成图技术要求，加绘等高线和必要的地物与地貌符号、文字注记，分别制成供影像地图制版印刷用的出版数字原图。

（6）栅格与矢量数据叠加套合。将数字正射影像与等高线、必要的地物地貌符号图层、图廓、注记图层等套合，最终输出数字正射影像图。

制作航空或无人机正射影像，因为精度要求高，通常基于共线方程，利用影像内外方位元素定向参数及高精度 DEM，对影像进行微分纠正。航天遥感影像则可根据作业地区的地形特点，选择合适的方法进行正射纠正。如在地形起伏大的山区，根据共线条件方程和影像外方位元素（或有理函数模型与有理函数模型参数）并通过 DEM 数据进行微分纠正；丘陵地区可根据情况利用低一等级的 DEM 进行正射纠正；在平原地区可基于一定数量控制点，直接采用多项式进行拟合。

正射影像镶嵌是将两幅或多幅正射影像拼接在一起，构成一幅整体正射影像的过程。正射影像镶嵌包括几何镶嵌（几何拼接）和辐射镶嵌（匀光、匀色）[6]。

（1）影像几何镶嵌。几何拼接的关键是选择合适的镶嵌线（即相邻正射影像之间的拼接线），多幅正射影像可根据镶嵌线进行拼接，生成标准图幅的正射影像。由于数字微分纠正的精度限制，使得相邻正射影像拼接时，在接边处存在一定的拼接误差（如图所示），对人的视觉感受造成不良影响，降低了正射影像的质量。为了避免拼接误差破坏地物的整体性，要求影像镶嵌线尽可能避开建筑物、桥梁等"视觉显著"地物。现阶段影像镶嵌线通常是通过人机交互的方式来选取，作业效率低。近年来，不少学者针对影像镶嵌线的自动选取进行了深入研究，提出了多种能够自动绕开地物的镶嵌线自动生成方法。这些方法根据处理单元的差异可分为基于像素和基于对象两类，根据辅助条件的运用可分为带辅助数据和不带辅助数据的方法[7]。图 12-12 给出了镶嵌线穿越建筑物导致几何错位的结果。

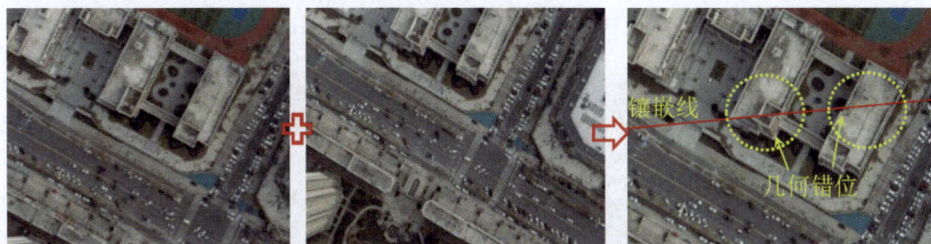

图 12-12　镶嵌线穿越建筑物的结果

（2）影像辐射镶嵌。由于光照条件及地物属性等因素的影响，导致不同时间拍摄的遥感影像之间存在亮度和色调不一致等辐射信息差异，如果在正射影像拼接时不进行处理，拼接后的影像会出现拼接线明显、影像不同区域色调不均等问题，降低了影像质量，不仅影响目视判读效果，也会给后续影像解译等工作带来麻烦。因此正射影像图制作时为了保持辐射信息的一致性，需要在影像镶嵌过程中进行辐射镶嵌即匀光、匀色处理。

传统的遥感影像匀光、匀色方法主要是作业人员利用影像处理软件，通过人机交互的方法进行处理，工作量大，作业效率低，且易受到主观因素的影响。近年来，传感器技术发展迅速，遥感影像的分辨率越来越高，影像数据量急剧增加，传统的人机交互手工处理的方式难以满足实时快速的 处理需要，成为 DOM 产品生产中的一个瓶颈问题。国内外不少学者开展了影像匀光、匀色算法研究，目的是尽可能地减少人工干预，实现影像的匀光、匀色自动处理，这些算法也可称为遥感影像色彩一致性处理算法。图 12-13

（a）是遥感影像受到云雾等因素影响造成不同区域辐射信息不一致，图 12-13（b）是经过匀光、匀色处理后的效果[7]。图 12-14（a）是多幅遥感影像拼接后存在辐射信息不一致，图 12-14（b）是匀光匀色前后的效果对比[8]。从图中看到，利用匀光、匀色算法自动处理后的影像，不同区域的辐射一致性有了较大改善，但细节部分仍有优化空间。

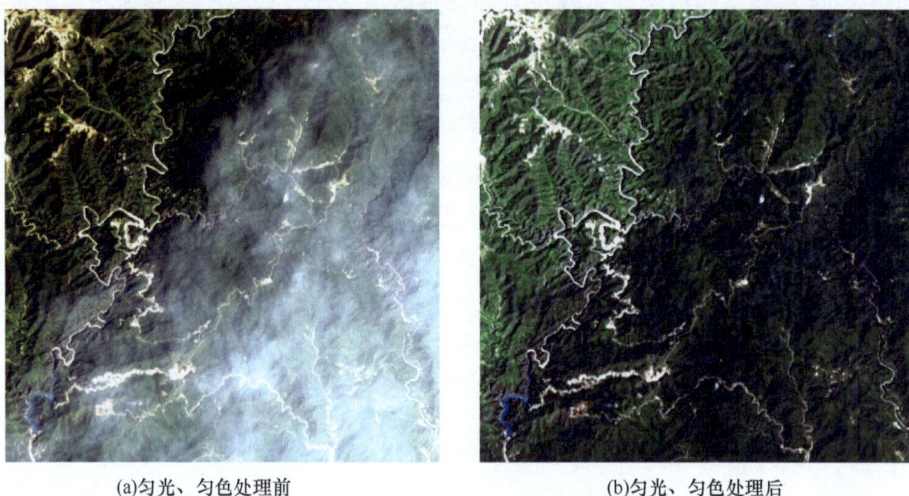

(a)匀光、匀色处理前　　　　　　　　　　　(b)匀光、匀色处理后

图 12-13　受云雾影响的遥感影像匀光、匀色后的对比效果[8]

(a)匀光、匀色处理前　　　　　　　　　　　(b)匀光、匀色处理后

图 12-14　遥感影像拼接后匀光、匀色后的对比效果[9]

12.3.3　数字线划图（DLG）制作

数字线划图（DLG）是以矢量数据格式存储的数字地图，是通过遵循特定的标准、分类组织和编码，利用各种矢量数据采集手段将地表各要素分层提取、编辑，保存各要素的空间拓扑关系和相关的属性信息而得到。DLG 是基础地理信息数据集中最重要的产品之一，是对客观现实世界中地理实体及各实体间相互关系的形象+抽象的表达，优

点是可以方便地对数据进行放大、漫游、查询、量测、叠加和检查等操作，数据量小、可分层显示，能快速生成专题地图，满足地理信息系统进行各种空间分析的要求[①]。

　　DLG 数据主要包括元数据、空间位置数据、属性数据、拓扑数据等。元数据是关于数据的数据，是数据和信息资源的描述性信息。如有关数据源、数据分层、产品归属、空间参考系、数据质量、数据更新方法、图幅接边等的数据。空间位置数据是描述确定地理实体空间位置的坐标。属性数据是描述确定地理实体的类别、级别等质量特征和数量特征的数字信息，由属性编码和其他属性信息组成。拓扑数据是描述地图上点、线、面状要素之间关联、邻接、包含等空间关系的数据。

1. DLG 要素分类

　　按照《1∶500、1∶1000、1∶2000 地形图要素分类与代码》（GB14804—93）的标准，主要把 1∶1000 地形图要素分成九个大类，包括：测量控制点、居民地和垣栅、工矿建筑物及其他设施、交通及附属设施、管线及附属设施、水系及附属设施、境界、地貌和土质、植被九大类。其中每一大类里包括多个类型，每个类型又由多个子类型构成，形成一个由 727 个要素构成的种类树状结构，每一个要素对应一个唯一的属性编码。以交通及附属设施的公路为例，图 12-15 给出了其树状结构的分类。

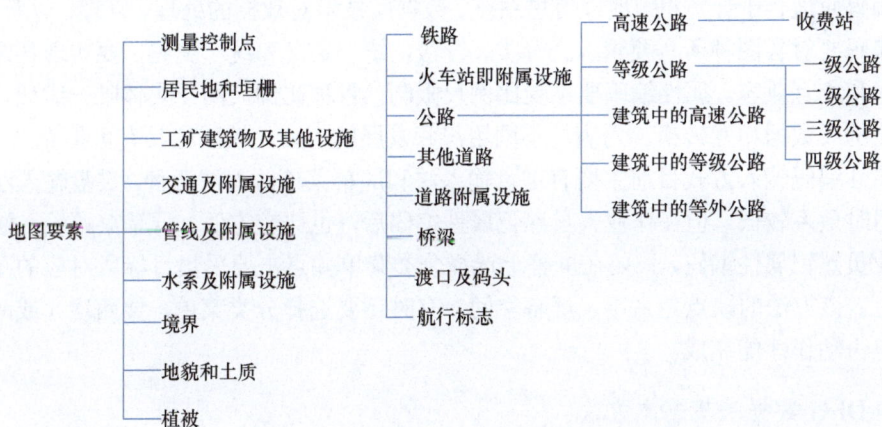

图 12-15　以公路为例的地图要素分类树状结构

2. DLG 数据采集过程

　　DLG 数据生产时把所有地物和地貌要素划分为点、线、面和注记等几何实体。其中，线形实体又根据其性质再细分为有向线、无向线和复合线等，面状实体是由闭合的线实体构成，注记是用文字表示的图面标注。

　　摄影测量采集 DLG 的方法主要包括正射影像 DLG 采集和立体像对 DLG 采集。正

[①] https://www.cnblogs.com/wzp-749195/p/12700273.html.

射影像 DLG 采集属于单像测图作业范畴，在数字正射影像上通过人机交互方式采集地物要素，具有操作简单，不需要立体观测环境的优点，缺点是只能采集地物的平面信息（X、Y 坐标）。立体像对 DLG 采集是在再立体观测环境下利用立体像对进行矢量数据采集，优势是量测精度高，可以采集等高线等三维地貌数据，缺点是对硬件设备的要求较高，需要专用的立体观测设备，且要求作业人员具备精确三维量测的能力。

DLG 数据采集包括作业准备、影像定向、数据量测、属性数据输入、在线编辑等过程。数据采集阶段的作业准备主要是输入一些基本参数，如测图比例尺、图廓坐标等。影像定向是目标精确定位的基础，它包括内定向、相对定向和绝对定向。数据量测是在量测每一个目标的坐标、形状等几何信息。属性数据输入是赋予量测目标对应的属性信息。在线编辑是对数据量测存在的误差和属性数据输入的错误进行的一些简单联机编辑改正。即在数据采集之后，进行交互图形编辑，然后再进行脱机绘图或将数字产品送入地形数据库或地理信息系统。

3. 属性编码输入

属性编码是在要素分类的基础上，用于对某一类数据中某个实体进行唯一标识的代码。属性编码在设计时应遵循以下原则，即编码的科学性、通用性、唯一性和可扩充性。属性编码应适合于计算机、地理信息系统、数据库技术对数据的处理、管理，以及应用。属性编码要对各图种所有要素综合分类、分级，统一定义和统一编码，要实现各图种数据共享和相互兼容。属性编码要不受比例尺限制，各种比例尺同一实体唯一编码，便于不同比例尺数据相互转换。为满足不同用户和发展的需要，编码应具有可扩充性。

属性编码输入方式目前主要有键盘输入法和屏幕菜单输入法两种。键盘输入法在开始使用时效率较低，但在作业人员熟记属性编码后，也比较方便。屏幕菜单输入法不需要作业员熟记属性编码，只要在屏幕上选择分类菜单并点击要采集目标所对应的图形符号即可。该方法的缺点是占用了屏幕空间，有时还要选择分类菜单，要两次（或两次以上）点击动作才能完成。

4. DLG 数据采集基本方法

1）面状要素的采集原则

因为面状地物要素（如湖泊）是由闭合的线实体构成，因此面状要素的终点与首点是同一点，采集时应提供自动闭合的功能。此外，考虑后续要素之间拓扑关系的建立，采集时要注意面边界线的采集方向。

2）直角控制功能

采集直角地物（如直角房屋）时，可以通过算法来确保地物相邻两条边的正交性。如图 12-16 所示，假设有一个矩形地物 $abcd$，边 ab 应垂直于 ab，则点 d 应在与直线 ab 相垂直的直线 ad' 上。

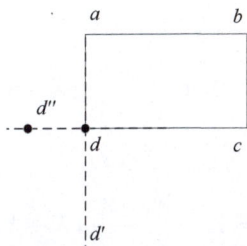

图 12-16 直角控制

若点 a、b 的坐标分别为 $(X_a、Y_a)$ 和 $(X_b、Y_b)$，则直线 ab 的方程为

$$Y = Y_b + \frac{Y_a - Y_b}{X_a - X_b}(X - X_b) \qquad (12\text{-}10)$$

与直线 ab 相垂直的直线 ad' 的方程为

$$Y = Y_a + \frac{X_a - X_b}{Y_a - Y_b}(X - X_a) \qquad (12\text{-}11)$$

如果在正射影像（单测标）已经采集了地物 $abcd$ 的 ab 边，启动了直角采集功能后，在采集角点 d 时，可控制测标只能沿着直线 ad' 移动，确保 $ad \perp ab$。

在立体像对（双测标）采集中，可由采集的点 d'' 计算得到点 d。若点 d'' 的坐标为 (X_d'', Y_d'') 则过点 d'' 与直线 ab 平行的直线方程为

$$Y = Y_d'' + \frac{Y_a - Y_b}{X_a - X_b}(X - X_d'') \qquad (12\text{-}12)$$

该直线与直线 ad' 的交点即为点 d。点 d 的坐标 $(X_d、Y_d)$ 可由下式（12-13）解算，其计算公式为

$$\left. \begin{aligned} Y_d &= Y_a + \frac{X_a - X_b}{Y_a - Y_b}(X_d - X_a) \\ Y_d &= Y_d'' + \frac{Y_a - Y_b}{X_a - X_b}(X_d - X_d'') \end{aligned} \right\} \qquad (12\text{-}13)$$

3）直角角点的自动增补

直角地物（如直角房屋）的最后一个角点可通过计算获取，而不必进行量测。

如图 12-17 所示，设房屋共有 6 个角点，在作业中只需量测 P_1 点至 P_5 点，P_6 点可自动增补。

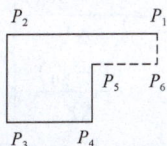

图 12-17 直角角点自动增补

过 $P_1(X_1, Y_1)$ 与 $P_2(X_2, Y_2)$ 的直线方程可表示为

$$Y = Y_1 + \frac{Y_2 - Y_1}{X_2 - X_1}(X - X_1)$$ （12-14）

过 $P_5(X_5, Y_5)$ 与直线 $P_1 P_2$ 平行的直线方程为

$$Y = Y_5 + \frac{Y_2 - Y_1}{X_2 - X_1}(X - X_5)$$ （12-15）

过 P_1 与直线 $P_1 P_2$ 相垂直的直线为

$$Y = Y_1 + \frac{X_2 - X_1}{Y_2 - Y_1}(X - X_1)$$ （12-16）

联立式（12-15）和式（12-16），即可解算出 P_6 的坐标。

若已选择了直角点的自动增补功能，当量测完第 5 个点，给出结束信号后，则采集系统计算出点 P_6 的坐标 (X_6, Y_6)。考虑到面状地物采集时需要封闭的要求，此时需要增加一个点 P_7，将第 P_1 点坐标复制到 P_7 点。

4）被遮盖直角角点的量测

当房屋的某一角（直角）被其他物体（如树）遮蔽而无法直接量测时，可利用直角角点的自动增补功能，由已量测的其他角点计算出被遮盖角点的坐标。

5）公共边的处理

若两个（或两个以上）地物有公共的边，则公共边上的每一点应当只有唯一的坐标，因而公共边只应当量测一次。后量测的地物公共边上的有关信息，可通过指针指向先量测的地物的有关记录，并设置相应的标志，或进行坐标复制，以供编辑与输出使用。

6）DLG 数据的图形显示

采集 DLG 数据时，需要在显示屏上实时显示采集结果，方便人机交互操作。由于所记录的矢量数据一般是物方坐标系统中的坐标（在有些系统中是像坐标，但处理方式与物方坐标的处理方式相似），因而显示时应转变为计算机屏幕坐标系中的坐标。通常要显示的矢量数据以图幅为单位，设其左下角坐标为 (X_0, Y_0)，若屏幕的分辨率为 $W \times H$，W 是屏幕在 x 方向（宽方向）的像素个数，H 是屏幕在 y 方向（高方向）的像素个数，每一屏幕像素对应地面点的大小为 $\Delta X \times \Delta Y$，则屏幕上的图形显示坐标 (x, y) 为

$$\left. \begin{aligned} x &= \frac{(X - X_0)}{\Delta X} \\ y &= \frac{(Y - Y_0)}{\Delta Y} \end{aligned} \right\}$$ （12-17）

式中，(X, Y) 为地面坐标系中的坐标。因为计算机屏幕坐标系的原点在左上角，y 方向向下为正，因此 y 坐标为

$$y = H - \frac{(Y - Y_0)}{\Delta Y} \tag{12-18}$$

为给作业员提供较好的人机交互体验，DLG 数据显示需要具有漫游和缩放功能。开窗放大功能是通过将鼠标选择的两个点作为需要缩放的矩形区域对角顶点，计算该矩形区域 x 方向和 y 方向的边长 Δx、Δy，分别与屏幕像素的宽高 W、H 进行比较，计算放大比例尺 scal，计算公式如下：

$$\left.\begin{array}{l} \text{scal\_}x = \dfrac{W}{\Delta x} \\[2mm] \text{scal\_}y = \dfrac{H}{\Delta y} \\[2mm] \text{scal} = \max\left\{\text{scal}_x, \text{scal\_}y\right\} \end{array}\right\} \tag{12-19}$$

按照比例尺 scal 缩放后，原有像素坐标(x, y)转换为(x', y')：

$$\left.\begin{array}{l} x' = (x - x_0) \times \text{scal} \\ y' = (y - y_0) \times \text{scal} \end{array}\right\} \tag{12-20}$$

式中，(x_0, y_0) 是鼠标拉框放大时，所选择矩形框的左上角点在屏幕坐标系中的坐标。

为便于对 DLG 数据的浏览显示，可使用鼠标滚轮、缩放工具条等交互方式进行 DLG 数据的缩小显示，利用缩放步长计算缩放后 DLG 数据的屏幕坐标系坐标。图形漫游是采用固定的 Δx、Δy（以像素为单位的图形偏移量）自动将图形平缓地作相应移动，使得感兴趣的观测区域一直位于屏幕范围内。如果 DLG 数据量超过计算机内存能够处理的上限，则不能一次性载入所有数据进行处理，需要根据计算机屏幕窗口范围计算需要显示的数据，索引其在硬盘中的存储位置，实时调度数据载入内存进行显示。

5. DLG 数据的编辑

在 DLG 数据输出之前要对其进行必要的处理，使其符合数字地图数据生产的标准规范。数字测图的 DLG 数据编辑包括联机数据编辑与脱机数据编辑两种方式。联机编辑是在 DLG 数据采集过程中，对发现的错误与矛盾进行实时编辑，一些基本的编辑功能即可满足作业要求。脱机编辑是在 DLG 数据采集完成之后，对所采集的 DLG 数据进行全面的编辑，然后作为采集成果正确输出，因此编辑功能较为复杂。

编辑任务包括字符编辑与图形编辑。字符编辑是对属性数据或注记中的数字与文字进行修改与补充。图形编辑则是按规范要求对所采集的 DLG 数据的几何图形进行修整。图形编辑又可分为点目标编辑、线目标编辑和面目标编辑。下面对图形编辑进行讨论：

1）选择编辑对象

作业人员用鼠标在屏幕上点击需要编辑的对象，软件则根据鼠标点位置计算其所对应的地面坐标，然后按照距离最近原则搜索鼠标点附近的 DLG 目标数据，选中后在屏幕上高亮显示。如果距离最近的目标不是要选择的目标时，可以通过约定的功能键按距离近远来切换离该点较近的其他目标，每按一次功能键则切换一个目标，直至选中的目标满足要求。编辑对象的旋转方法可在屏幕坐标系中选择，也可以在对应的地面坐标系中选择。

2）点目标编辑

点目标的编辑包括增加、删除、移动、改变方向等操作。增加对原有数据中缺失的数据进行补充。删除是操作人员选中编辑的点后，软件在数据中删除该点目标的所有信息，并相应改变屏幕上的显示图形。移动是操作人员选中编辑的点后，移动鼠标将其拖拽至新的位置，如果是带有方向点的点状地物，方向点也要随着定位点的移动而移动。

对带有方向的点状地物进行方向编辑时，选中要编辑的目标后，用鼠标指向新的方向点，软件根据鼠标位置生成新方向点的坐标。如果点状地物的方向用角度表示，则用定位点和方向点坐标计算方向角度值来替换原方向角度值。

3）线目标编辑

线目标编辑包括删除、平移和修改等操作。

平移操作是当选中编辑的目标后，移动鼠标至新的位置，软件根据鼠标移动量 Δx、Δy 对所有构成线目标的点进行平移操作，形成新的线目标。

线目标删除又分为整体删除和部分删除。整体删除的操作方法与点目标删除相同。部分删除时，操作人员先选中编辑的目标，然后用光标点击删除部分的两个端点，将两个端点之间的线段删除，剩余部分分为两个目标保存，并相应改变屏幕上的显示图形。

线目标的编辑包括点修改和部分修改两类操作。点修改时，操作人员选中编辑的点后，拖拽鼠标将该点移动至新的位置。部分修改时，操作人员先用光标点击修改部分的两个端点，删除两个端点之间的点，然后重新采集新点，并将新点插入该线目标的链表。

4）面目标编辑

面目标编辑包括面域点编辑和闭合线编辑。面域点的编辑方法和点目标的编辑方法相同，闭合线的编辑方法和线目标的编辑方法相同。面目标编辑后一般都需要重新建立拓扑关系，操作相对复杂。

12.3.4　数字栅格图（DRG）制作

数字栅格图的来源有两种，一种是将传统的纸质地图扫描成影像，形成一个与同等比例尺地图具有一样内容和精度的栅格地图；另一种就是将摄影测量数据采集得到的数字线划图（DLG）栅格化，得到影像形式的地图产品。随着测绘技术全面进入数字化作业与应用时代，将纸质地图扫描成 DRG 的方法逐渐被淘汰，目前主要使用 DLG 栅格化的方法制作 DRG，应用于地理信息数据处理与可视化。

DRG 的实质就是二维影像，与 DLG 相比，DRG 数据结构简单，其数据量的大小与地图中要素的复杂度无关，具有存储方便、数据传输与可视化效率高等特点。当前主流的互联网地图服务系统（如百度地图、高德地图和谷歌地图等）均是在服务器端将矢量地图栅格化，然后构建金字塔影像并切片，最后以影像的方式向客户端进行数据发布服务，以提高数据的调度和网络传输效率。在三维景观显示系统中，DRG 可以作为表面纹理叠加到 DEM 上，获得较为逼真美观的可视化效果。由于 DRG 是栅格影像数据，其中的各种地物和地貌要素不能被查询，因此难以进行空间分析等 GIS 应用。

12.4 数字摄影测量系统

进入 21 世纪以来，数字摄影测量技术得到了迅速的发展，数字摄影测量系统（digital photogrammetry system，DPS）也得到了愈来愈广泛的应用，利用数字摄影测量系统生产的产品也越来越丰富。数字摄影测量系统就是基于数字影像或数字化影像来完成摄影测量作业的所有软、硬件组成的系统。目前市场上的 DPS 可以分为三类：第一类是自动化功能较强的多用途数字摄影测量系统，有 Autometric、LH System、Z/I Imaging、Inpho、DPGrid、MapMatrix、VirtuoZo NT 等软件系统，这类系统可处理各种类型影像数据，能生成数字摄影测量全系产品；第二类是以遥感影像自动处理为主的多功能遥感影像处理系统，有 ER Mapper、Erdas、Matra、Pixel Factory、MicroImages、 PCI Geomatics 等产品，这些产品大部分没有立体测图能力，主要用于遥感影像辐射/几何纠正、影像融合、正射影像生产等；第三类是主要用于无人机影像处理，详见 10.1.3 小节。

12.4.1 数字摄影测量系统构成

1. 硬件组成

数字摄影测量系统的硬件由计算机及其外部设备组成，如图 12-18 所示。

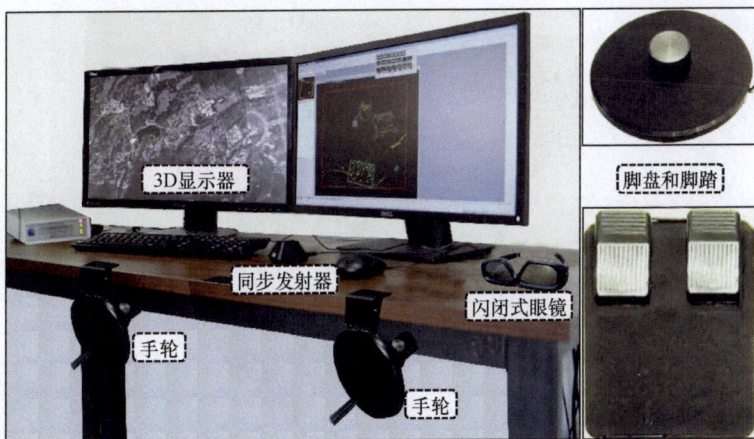

图 12-18 数字摄影测量系统的硬件

1）计算机

为了便于后期影像数据的处理，建议配置高档微机或工作站（CPU 和内存高配），并配有独立 3D 显卡。

2）外部设备

分为立体观测及操作控制设备与输入、输出设备如下：

（1）立体观测设备：立体观测可配置双屏或单屏显示器，双屏便于立体测图地物地貌数据采集结果显示，用于立体显示的显示器刷新频率须达到 120Hz；立体观测通常采用闪闭式液晶眼镜+信号同步发射器。

（2）操作控制设备：手轮、脚盘（图 12-18）与普通鼠标或三维鼠标（图 12-19）。目前的数字摄影测量系统使用普通鼠标基本能完成大部分作业任务，但是在追踪等高线时最好使用手轮和脚盘，二者配合使用可以高质量完成大比例尺测图和等高线绘制，但工作强度较大。三维鼠标可以代替传统手轮和脚盘，实现三维地形地物与线划图的全要素采集。

图 12-19　三维鼠标

（3）输入、输出设备：影像数字化仪（扫描仪）、矢量绘图仪、高分辨率影像打印机（图 12-20）。

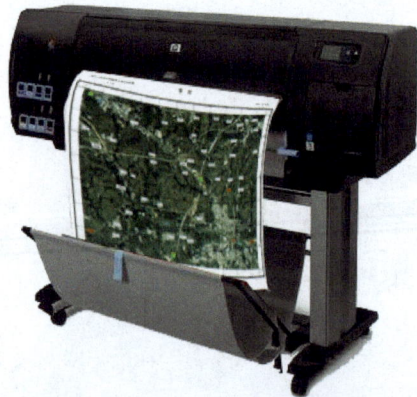

图 12-20　高分辨率影像打印机

2．软件组成

1）自动空中三角测量软件系统

（1）影像处理功能：制作压缩影像功能；彩色影像转换灰度影像功能；影像几何变换功能；制作影像金字塔功能。

（2）框标量测、内定向：人工量测框标功能；自动匹配框标功能；框标内定向功能。

（3）加密点像点坐标采集功能：航线拼接点、标准点位点、地面控制点人工采集功能；标准点位点、航线间公共点自动匹配功能。

（4）构建航线自由网：相对定向功能；模型连接功能。

（5）坐标修测：相对定向粗差点修测；航线之间公共点粗差修测；地面控制点粗差修测；保密点修测；自动标准点位点修测；测区接边点修测。

（6）像点坐标反算：地面控制点反算功能；三角点反算功能；航线之间公共点反算功能；相邻测区接边点反算功能。

（7）整体平差：多项式整体平差功能；光束法整体平差功能。

（8）GPS 数据联合平差功能：POS 数据联合平差功能；构架航带联合平差功能。

（9）各种检查功能：检测影像文件功能；影像检查及处理功能；检查内定向成果功能；检查航线拼接点功能；检查标准点位人工点功能；检查地面控制点功能；检查保密点功能；显示最终点位图功能。

（10）各种辅助功能：测区接边功能；输出小影像功能；输出最后成果功能。

2）数字摄影测量软件系统

（1）数字影像处理软件主要包括：影像旋转；影像滤波；影像增强；特征提取。

（2）模式识别软件主要包括：特征识别与定位，包括框标的识别与定位；影像匹配（同名点、线与面的识别）；目标识别。

（3）解析摄影测量软件主要包括：空中参数计算；核线关系解算；坐标计算与变换；数值内插；数字微分纠正；投影变换。

（4）辅助功能软件主要包括：数据输入、输出；数据格式转换；注记；质量报告；图廓整饰；人机交互。

12.4.2　数字摄影测量系统功能模块

1．影像数字化

利用高精度影像数字化仪（扫描仪）将传统相片（负片或正片）转化为数字影像。

2．影像处理

使影像的亮度与反差合适、色彩适度、方位正确。

3. 量测

单像量测：特征提取与定位（自动单像量测）及交互量测；立体量测：影像匹配（自动双像量测）及交互立体量测；多像量测：多影像间的匹配（自动多像量测）及交互多影像量测。

4. 影像定向

（1）内定向。在框标的半自动与自动识别与定位的基础上，利用框标的检校坐标与定位坐标，计算扫描坐标系与像点坐标系间的变换参数。

（2）相对定向。提取影像中的特征点，利用二维相关寻找同名点，计算相对定向参数。对非量测相机的影像，不需进行内定向而直接进行相对定向时，需利用相对定向的直接解。金字塔影像数据结构与最小二乘影像匹配方法一般都需要用于相对定向的过程，人工辅助量测有时也是需要的。传统的摄影测量一般只在所谓的标准点位量测 6 对同名点，数字摄影测量基于自动化与可靠性的考虑，通常要匹配数十至数百对同名点。

（3）绝对定向。主要由人工在左（右）影像定位控制点，由影像匹配确定同名点，然后计算绝对定向参数。可利用影像匹配技术对新、老影像进行匹配，实现自动绝对定向。

5. 自动空中三角测量

自动空中三角测量包括自动内定向、连续相对的自动相对定向、自动选点、模型连接、航带构成、构建自由网、自由网平差、粗差剔除、控制点半自动量侧与区域平差结算等。由于数字摄影测量利用影像匹配代替人工转刺等自动化处理，可极大地提高空中三角测量的效率。传统的空中三角测量一般只在标准点位选点，数字摄影测量的自动空中三角测量在选点时，为了利于粗差剔除、提高可靠性，不仅要选较多连接点，还要保证每一模型的周边有较多的点，以便于后续处理中相邻模型的 DEM 接边及矢量数据的接边。

6. 构成核线影像

按照核线关系，将影像的灰度沿核线方向予以重新排列，构成核线影像对，以便立体观测及将二维影像匹配转化为一维影像匹配。

7. 影像匹配

进行密集点的影像匹配，以便建立数字地面模型。

8. 建立数字地面模型及其编辑

由密集点影像匹配的结果与定向元素计算同名点的地面坐标，然后内插格网点高程建立矩形格网 DEM 或直接构建 TIN。

9. 自动绘制等高线

基于矩形格网 DEM 或 TIN 跟踪等高线。

10. 制作正射影像

基于矩形格网 DEM 与数字微分纠正原理，制作正射影像 DOM。包括两种方法：第一是由立体像对建立 DEM 后制作正射影像；第二是由单幅影像与已有的 DEM 制作正射影像，这需要输入该影像的参数或量测若干控制点后用单像空间后方交会解算该影像的参数。

11. 正射影像的镶嵌与修补

根据相邻正射影像重叠部分的差异，对相邻正射影像进行几何与色彩或灰度的调整，以达到无缝镶嵌。对正射影像上遮挡或异常的部分，用邻近的影像块或适当的纹理代替。

12. 数字测图

基于数字影像的单机或立体量测、适量编辑、符号化表达与注记，形成 DLG 产品。

13. 制作影像地图

矢量数据、等高线与正射影像叠加，制作影像图地图。

14. 制作透视图、景观图、三维图

根据透视变换原理与 DEM 可以制作地形景观透视图，将正射影像叠加到 DEM 透视图上可以制作真实地形三维景观图，将地物矢量数据赋予高程值可制作地物三维景观图。

思 考 题

1. 请简述摄影测量生产技术流程。

2. 摄影测量外业工作包括哪些步骤？

3. 影像调绘主要分为哪两种方法？有什么区别？

4. 简述摄影测量内业作业流程。

5. 什么是数字高程模型？有哪些获取方式？数字高程模型在摄影测量生产中的主要应用是什么？

6. DSM 内插方法都有哪些？DSM 的存储结构有哪些？

7. 数字正射影像图的制作有哪些步骤？

8. 数字线化图（DLG）和数字栅格图（DRG）的区别是什么？

9. 简述数字摄影测量系统构成。

本章参考文献

[1] 徐健淋, 罗军荣. 摄影测量外业控制点的布设与测量[J]. 应用技术, 2016, 265(2): 105-106.

[2] 李德仁, 郑肇葆. 解析摄影测量学[M]. 北京: 测绘出版社, 1991.

[3] 翟翊等. 现代测量学[M]. 北京: 测绘出版社, 2008.

[4] 宋珂, 张增场, 王银珠. 航空摄影测量外业调绘方案的研究及优化[J]. 矿山测量, 2013, (3): 60-62.

[5] 韩富江, 刘学军, 潘胜玲. DEM 内插方法与可视性分析结果的相似性研究[J]. 地理与地理信息科学, 2007, 23(1): 31-35.

[6] 潘洁晨等. 摄影测量学[M]. 成都: 西南交通大学出版社, 2016.

[7] 蔡平, 万一, 张永军. 点云信息辅助的航空正射影像自动镶嵌方法[J]. 测绘地理信息, 2021, 46(S1): 200-204.

[8] 许继伟. 光学遥感卫星影像对流层效应校正技术研究[D]. 郑州: 中国人民解放军战略支援部队信息工程大学, 2016.

[9] 吕晓艳. 城市 DLG 数据加工处理及其入库的研究[D]. 阜新: 辽宁工程技术大学, 2010.